U0231541

中国科学院大学化学一流学科建设项目资助

核磁共振波谱学
原理、应用和实验方法导论

Nuclear Magnetic Resonance Spectroscopy
An Introduction to Principles, Applications
and Experimental Methods

（原著第二版）
SECOND EDITION

（美）约瑟夫 B. 兰伯特 (Joseph B. Lambert)
（美）尤金 P. 马佐拉 (Eugene P. Mazzola)
（美）克拉克 D. 里奇 (Clark D. Ridge)

著

向俊锋　周秋菊 等 译

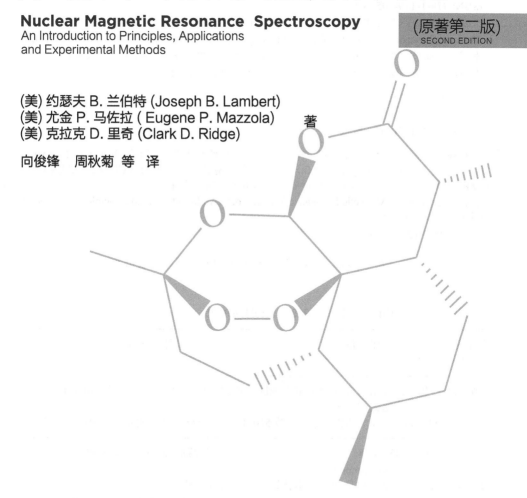

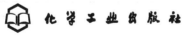

化学工业出版社

·北京·

内容简介

本书详细介绍了常用的一维核磁谱、最新的二维核磁谱和其它现代方法，所涉内容包括核磁共振实验方法、化学位移和耦合常数等重要参数、一维和二维核磁谱解析、高级核磁共振实验方法以及核磁共振谱在结构解析中的应用，解释了弛豫、NOE、相位循环等重要概念，并对核磁实验和数据处理提出建议。

本书理论与应用相结合，且每章后附有思考题和解题思路，极大地增进了读者对于核磁理论、实验和应用的理解。适合在化学、生物等专业领域从事有机和无机化合物结构鉴定与表征的科研工作者和研究生参考，同时也适合作为核磁共振相关课程教材。

Nuclear Magnetic Resonance Spectroscopy: An Introduction to Principles, Applications and Experimental Methods, 2nd edition by Joseph B. Lambert, Eugene P. Mazzola, Clark D. Ridge

ISBN: 978-1-119-29523-5

Copyright©2019 John Wiley & Sons Ltd. All rights reserved.

Authorized translation from the English language edition published by John Wiley & Sons Ltd.

本书中文简体字版由 John Wiley & Sons Ltd 授权化学工业出版社独家出版发行。

北京市版权局著作权合同登记号：01-2021-1797

图书在版编目（CIP）数据

核磁共振波谱学：原理、应用和实验方法导论 /（美）约瑟夫 B. 兰伯特（Joseph B. Lambert），（美）尤金 P. 马佐拉（Eugene P. Mazzola），（美）克拉克 D. 里奇（Clark D. Ridge）著；向俊锋等译. —北京：化学工业出版社，2021.6（2024.7 重印）

书名原文：Nuclear Magnetic Resonance Spectroscopy: An Introduction to Principles, Applications and Experimental Methods

ISBN 978-7-122-38756-1

Ⅰ.①核… Ⅱ.①约… ②尤… ③克… ④向… Ⅲ.①磁共振波谱学

Ⅳ.①O482.53

中国版本图书馆 CIP 数据核字（2021）第 048850 号

责任编辑：李晓红 张 欣　　　　　　　装帧设计：王晓宇
责任校对：刘 颖

出版发行：化学工业出版社（北京市东城区青年湖南街 13 号　邮政编码 100011）
印　　装：北京盛通数码印刷有限公司
710mm×1000mm　1/16　印张 27½　字数 510 千字　2024 年 7 月北京第 1 版第 4 次印刷

购书咨询：010-64518888　　　　　　　　售后服务：010-64518899
网　　址：http://www.cip.com.cn
凡购买本书，如有缺损质量问题，本社销售中心负责调换。

定　　价：188.00 元　　　　　　　　　　　　版权所有　违者必究

译者序

核磁共振（NMR）波谱是化学、物理、生物、医学、材料等领域鉴别（液体或固体）纯化合物和混合物结构最常用、最直接的手段之一。目前，我国拥有的核磁共振波谱仪数量接近 2000 台套，部分科研院所、高校的核磁共振波谱仪超过 10 台套，不少单位已经实现了独立自主上机测试。然而，NMR 技术起源于物理科学，涉及量子力学、无线电技术、应用数学、计算机等多个学科，理论深奥，这为仪器管理员和用户了解其工作原理，拓展应用提出了诸多挑战，充分发挥 NMR 仪器的最大效用成为当前仪器管理员和用户的迫切需求。

译者从事 NMR 仪器管理和技术应用工作近 20 年，阅读过大量的 NMR 书籍文献，仔细斟酌后选译了"Nuclear Magnetic Resonance Spectroscopy: An Introduction to Principles, Applications, and Experimental Methods"这本书。该书以具体的有机结构分析实践为例，对核磁共振波谱学中的关键概念和实验方法进行了简明扼要的讨论，全面介绍了核磁共振波谱技术在分子结构解析中的应用，实现了有机结构分析和核磁共振实验的无缝对接，这些内容对核磁仪器管理员、科研工作者以及与 NMR 密切相关的师生都有一定的参考价值。

翻译过程中对原著中一些明显错误之处已予更正，在一些值得商榷之处则加上译者注以供读者参考。

本书内容中翻译分工如下：周秋菊第 1～3 章，崔洁第 4、7、8 章，武宁宁第 5 章和第 6 章，其余部分以及全书的修订和完善主要由向俊锋负责。中国科学院化学研究所王德先研究员和王其强研究员、中国科学院大学齐婷教授和信阳师范学院郑凌云实验师详细校订了本书不同章节，特此致谢。也感谢同事张阳阳在修订改错过程中提供的帮助。特别感谢中国科学院大学化学学院对本书翻译工作的大力支持以及张晓航和李悦老师的帮助。

限于译者水平，译文中难免有翻译不妥之处，欢迎读者批评指正。

向俊锋
2021 年 4 月
于中国科学院化学研究所核磁室

前言

在本书第一版出版后的 15 年间，核磁共振实验技术有了显著的发展，并持续改变操作 NMR 的方式。在本书第二版中，我们将从化学专业高年级本科生和低年级研究生的角度来介绍和解释一些新的核磁技术。

第一个新技术是非均匀采样，这是一种增强间接维 NMR 数据分辨率的数据处理方法。它具有：①较短时间内获得与过去分辨率相同的间接 f_1 维 NMR 谱，或②与采集标准二维谱的时间相同，但获得的 NMR 谱在 f_1 维上的分辨率更高。

第二个新技术是纯位移 NMR 谱，它涉及 NMR 数据的累加和处理。这种方法可以同时获得对全部质子去耦的一维和二维 NMR 谱。在面对现在氢谱重叠严重越来越普遍的情况时，这种方法非常有用。

第三个是协方差 NMR，它也是一种数据处理方法。它有两种形式：同核直接协方差和异核广义间接协方差。直接协方差应用于对称的同核二维数据，如 COSY 和 NOESY 谱，得到 f_1 和 f_2 维分辨率相同的二维谱数据。广义间接协方差与异核数据相结合，这样就可以将两个相对用时较短的 NMR 实验如 HSQC 谱和 TOCSY 谱组合起来，获得 HSQC+TOCSY 谱，它比直接采集 HSQC-TOCSY 谱所需的时间更短。

我们认为这是一本知识性的书籍，书中讨论的主题目前没有在其它书籍中出现过。除了增添这些新内容之外，我们还对整本书进行了修订，对内容做了些许改进，增加了许多新问题，使它能满足 21 世纪 20 年代对 NMR 方法的要求。

Joseph B. Lambert（得克萨斯州圣安东尼奥）

Eugene P. Mazzola（马里兰州大学公园）

Clark D. Ridge（马里兰州大学公园）

2018 年 1 月 18 日

致　谢

作者感谢巴克内尔大学的 David Rovnyak 对非均匀采样方法进行的有益讨论，Mestrelab Research 的 Carlos Cobas 在非均匀采样方法、纯位移核磁谱和协方差数据处理方法等方面提供的帮助，MiliporeSigma 的 Jill Clouse 提供 2-降冰片烯样品，安大略省多伦多市 ACD 实验室的高级化学开发公司协助演示它们的结构解析程序，Lilly Ridge 帮助录入书中的大部分内容。

原著第一版前言

核磁共振波谱（缩写为 NMR）已经成为化学家结构解析和研究相互作用最常用的重要工具，它是少数能够用于检测三种物态的技术之一，非常灵敏，甚至可以分析出质量不足 1 mg 样品的结构。二十世纪六十年代初核磁共振技术采用纸带记录仪来绘制谱图，后来随着电子技术的不断发展，该领域的重大进展日新月异。1991 年 Richard R. Ernst 教授和 2002 年 Kurt Wüthrich 教授分别获得诺贝尔奖，这充分彰显核磁共振技术的重要性。然而，这个领域所包含的内容丰富多样，让许多用户望而生畏。其中有些 NMR 技术高度专业，远超普通用户的理解范畴，如何充分利用这些方法的优势来解决我们的实际问题呢？为了回答这个问题，作者编写了本书。本质上本书重点强调 NMR 在结构分析中的应用，而不是对整个领域进行一个数学层面的介绍。

本书前几章内容主要介绍经典的核磁谱。在开始核磁分析之前，需要彻底了解质子和碳的化学位移（第 3 章）。其它杂核 NMR 谱是检查分子中是否含有杂原子的关键。耦合常数（第 4 章）提供了原子核之间立体化学和连接关系的信息。本书特别强调了化学位移和耦合常数这两个早期的概念，它们为现代 NMR 脉冲序列的应用提供了理论基础。

第 5 章和第 6 章阐述了现代核磁共振谱的基础知识，详细介绍了弛豫、化学动力学和多共振现象，探索如何利用一维多脉冲序列测定碳原子上所含的质子数目，提高检测灵敏度，确定碳原子间的相互连接。而以前许多被认为高级的概念，如相位循环、组合脉冲、脉冲场梯度和整形脉冲已慢慢变成常见。二维方法是当前 NMR 领域的高级技术，本书将大量讨论这些实验。为了用户更好地掌握这些技术，我们不仅要讲述脉冲序列的作用，还要阐述它们的工作原理。

本书专门安排两个章节来讨论具体的 NMR 实验方法。尽管现在有专业技术人员负责为大家提供谱图，但是越来越多的化学家必须自己采集图谱，他们必须考虑和优化大量的实验参数以获得最佳性价比的仪器使用机会。这些内容不仅涉及基本的参数，如谱宽和采集时间，还涉及更高级的技术参数，如谱编辑技术和二维谱。

第 8 章以一个复杂的天然产物为例，用核磁共振方法进行全面的结构论证，总结了如何使用现代核磁共振波谱学。本章阐述了如何利用核磁技术进行结构解析的过程，从一维谱的指认到二维谱相关谱，最后利用核 Overhauser 效应分析它的立体化学。

核磁共振波谱学本身背后的理论不仅博大精深，而且它还为发展 NMR 方法学提供深入理解的机会。因此，书后提供了一系列附录，全面论述了它的理论基础，这些内容不仅对物理或分析化学家来说非常有必要，而且对合成有机或无机化学家来说可能仍有一定的启发意义。

本书提供的内容如下：
- 质子和其它核的常见化学位移和耦合常数分析；
- 现代多脉冲技术和多维谱方法的解析；
- 与运行 NMR 实验相关的实验步骤和实用建议；
- 以 T-2 毒素为例，用整章内容来阐述如何使用现有 NMR 方法来确定复杂天然产物的平面结构和立体结构；
- 附录里介绍了使用积算符和相干序图最新 NMR 方法的理论基础；
- 本书提供了大量思考题。

Joseph B. Lambert
Eugene P. Mazzola

致 谢

作者特别感谢以下人员在准备本书过程中提供的帮助。感谢 Curtis N. Barton、Gwendolyn N. Chmurny、Frederick S. Fry、Jr.、D. Aaron Lucas、Peggy L. Mazzola、Marcia L. Meltzer、William F. Reynolds、Carol J. Slingo、Mitchell J. Smith、Que. N. Van、Yuyang Wang 等在专业文字处理、插图、数字化图谱记录或其它方面给予的帮助，此外，我们感谢以下同行审阅全部或部分手稿：Lyle D. Isaacs（马里兰大学，大学公园）、William E Reynolds（多伦多大学）、Que. N. Van （马里兰州弗雷德里克国家癌症研究所）和 R. Thomas Williamson（惠氏研究）。

答 案

请访问 http://booksupport.wiley.com 网站，输入英文书名、作者姓名或 ISBN 号，将获得本书的习题答案和本书的电子图片。

符号说明

B_0 主磁场

B_1 发射器产生的磁场

B_2 双共振实验的磁场

Hz   赫兹（频率单位）

I 无维度的自旋

I_z z 方向的自旋量子数

J 间接自旋-自旋耦合常数

$\boldsymbol{M}$ 磁化或磁化强度

p 相干序

T   特斯拉（磁通密度单位，常用于表示磁场强度）

T_1 自旋-晶格（纵向）弛豫时间

$T_{1\rho}$ 转动平面上（自旋锁定）的自旋-晶格弛豫时间

T_2 自旋-自旋（横向）弛豫时间

T_2^* 有效自旋-自旋弛豫时间（包括 xy 磁化上的磁场不均匀效应）

T_c 谱峰融合温度

t_a 采样时间

t_p 发射器脉冲长度或脉宽（单位：μs）

t_1 二维谱（2D）增量时间

t_2 二维谱（2D）采样时间

W 标识弛豫通道的符号，具有速率常数单位

α 翻转角度

α^0 最佳（恩斯特）翻转角度

γ 旋磁比或磁旋比

γB_0 共振或拉莫尔频率（ω_0）

γB_2 去耦器场强（ω_2）

δ 化学位移

η 核 Overhauser 增强效应大小

μ 磁矩

ν 线频率

σ 磁屏蔽

τ 时间延迟或寿命

τ_c 有效相关时间

τ_m 混合时间

ω 角频率

缩略语

APT	碳连氢测试法
ASIS	芳环溶剂诱导位移
BIRD	双线性转动去耦技术
COLOC	长程耦合相关谱
COSY	相关谱
CP	交叉极化技术
CW	连续波
CYCLOPS	循环有序相位序列
DANTE	通过延迟章动交替实现定制激发
DEPT	极化转移无畸变增强技术
DPFGSE	双脉冲场梯度自旋回波实验
DQF	双量子过滤
DR	数字分辨率
DT	弛豫延迟时间
EXSY	交换谱
FID	自由诱导衰减
Fn	傅里叶变换数量
FT	傅里叶变换
H2BC	异核双键相关谱
HETCOR	异核化学位移相关谱
HMBC	异核多键相关谱
HMQC	异核多量子相关谱
HOD	单氘代水
HSQC	异核单量子相关谱
INADEQUATE	低天然丰度核双量子转移实验
INEPT	极化转移增强不灵敏核技术
LP	线性预测方法
MAS	魔角旋转
MQC	多量子相干技术
MRI	磁共振成像

n_i	时间增量数目
NMR	核磁共振波谱
NOE	核 Overhauser 效应或增强
NOESY	NOE 谱
np	数据点数目
ns	扫描次数
ns/i	单位时间增量上的扫描次数
NUS	非均匀采样技术
PFG	脉冲场梯度
PSYCHE	啁啾激发产生的纯位移
RF	射频
ROESY	转动平面 NOE 谱
RT	重复时间（DT + t_a）
S/N	信噪比
SR	图谱分辨率
sw	谱宽
TMS	四甲基硅烷
TOCSY	全相关谱
WALTZ	零残余裂分的宽带、相位交替、低功率去耦技术
WATERGATE	梯度裁剪激发水峰压制

目录

第**1**章

绪论

几乎所有的有机或生物分子以及许多无机分子的结构解析都始于核磁共振（nuclear magnetic resonance，简称 NMR）波谱技术。自问世半个多世纪以来，NMR 经历了多次技术革新，充分彰显它是一种复杂、高效的结构解析工具。除了 X 射线晶体技术能揭示一些纯晶体材料的完整分子结构外，NMR 波谱一直是化学家鉴定（液体或固体）纯化合物和混合物结构最常用、最直接的手段。用 NMR 波谱进行结构解析时，通常需要借助多个核磁实验从不同角度来展示分子中原子核及其核外电子的磁特性，并据此信息推导出它们的分子结构。

1.1
原子核的磁性质

氢原子是最简单的原子，由一个质子和一个电子组成。几乎所有的有机化合物都含有氢原子，它用符号 ^1H 表示。其中，上标表示原子核的质子数与中子数之和，即元素的原子质量数。从 NMR 的角度来看，氢原子的主要特征是它具有角动量，与经典旋转粒子的角动量概念类似。与圆周运动的电荷产生磁场相似（图 1.1），带正电荷的氢原子核旋转也产生磁场，且有磁矩 μ。磁矩 μ 有大小和方向，它是一个矢量，如图 1.1 所示。本书用粗体表示矢量，当只考虑大小时，则不用粗体表示，如 μ。NMR 实验通过研究原子核的磁性质来提供分子的结构信息。

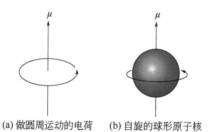

(a) 做圆周运动的电荷　　(b) 自旋的球形原子核

图 1.1　自旋原子核与做圆周运动的电荷之间的相似性比较

重元素的原子核中质子和中子的自旋性质共同决定了原子核的总自旋数。当原子序数（质子数）和原子质量数（质子数和中子数之和）都是偶数时，该原子核没有磁性，自旋量子数 I 为零（图 1.2），这种原子核被认为没有核自旋。常见的非磁性（没有自旋）原子核包括碳（^{12}C）和氧（^{16}O），它们没有 NMR 信号。当原子序数和原子质量数任意一个为奇数或二者同为奇数时，原子核表现出与其自旋相对应的磁性质，原子核的自旋量子数只能取量子化的特定值。球形原子核

的自旋量子数 I 为 1/2，非球形或者四极原子核的自旋量子数 I 等于或大于 1（增量为 1/2）。

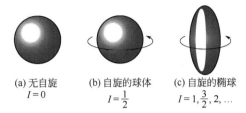

(a) 无自旋   (b) 自旋的球体   (c) 自旋的椭球
$I = 0$ $I = \dfrac{1}{2}$ $I = 1, \dfrac{3}{2}, 2, \cdots$

图 1.2　依据自旋量子数的不同对三大类原子核的划分示意图

常见自旋 1/2 的原子核有 ^{1}H、^{13}C、^{15}N、^{19}F、^{29}Si 和 ^{31}P 等。因此，有机分子中绝大部分常见元素（H、C、N 和 P）至少有一种自旋 1/2 的同位素（氧除外）。自旋 1/2 的原子核在 NMR 实验中最容易观测。四极核（$I > 1/2$）包括 ^{2}H、^{11}B、^{14}N、^{17}O、^{33}S 和 ^{35}Cl。

原子核旋转产生的磁矩大小随原子核而变，具体数值由方程 $\mu = \gamma \hbar I$（该方程的推导过程详见附录 A）决定。其中，$\hbar$ 等于普朗克常数 h 除以 2π，旋磁比或磁旋比 γ 是原子核的固有特性。原子核的磁旋比越大，产生的磁矩越大。质子数相同但中子数不同的原子核被称为同位素（如 ^{1}H/^{2}H 和 ^{14}N/^{15}N）。术语核素通常指任意原子核。

为了研究原子核的磁性质，实验工作者必须将原子核放置到一个强大的实验磁场 B_0 中，磁场强度单位为特斯拉或 T（1 T = 10^4 G，G 为高斯）。当没有实验磁场时，来自同一种同位素的原子核磁能量相同。当引入指定为 z 轴方向的磁场 B_0 时，样品中原子核的能量受到磁场的影响。假定自旋 1/2 的原子核只能有沿 z 和 $-z$ 轴方向的两种运动模式，磁矩更稍微倾向于沿常规的磁场 B_0 方向（即 +z 轴）的运动而不是反方向（即 −z 轴）。（这里将全面讲述这个运动。）这种自旋被磁场裂分为不同群的现象被称为塞曼效应。

这种相互作用如图 1.3 所示，图的左侧和右侧分别为 +z 和 −z 成分的磁矩。原子核磁铁并没有真正平行于 +z 或 −z 方向。在第一种情况下 B_0 使磁矩沿 +z 方向做圆圈运动，而在第二种情况下沿 −z 方向运动。从矢量的角度来说，z 方向的 B_0 场作用于 μ 的 x 分量，在 y 方向上产生一个力（图 1.3 中的插图）。作用力 $\boldsymbol{F}$ 是矢量，它是磁矩 $\boldsymbol{\mu}$ 和磁场 $\boldsymbol{B}$（$\boldsymbol{B}$ 为仅限于 z 方向的矢量，大小为 B_0）的叉乘或矢量积，即 $\boldsymbol{F} = \boldsymbol{\mu} \times \boldsymbol{B}$。磁矩开始向 y 方向移动。由于 B_0 对 μ 的作用力总是垂直于 B_0 和 μ（依据叉乘定义），μ 表现为绕 +z 或 −z 方向的圆周运动，这与陀螺或陀螺仪旋转的受力情况完全类似。这种运动被称为进动。

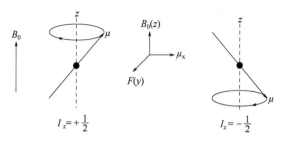

图 1.3　自旋原子核和外加磁场 B_0 相互作用的示意图

对于自旋 1/2 的原子核，量子化过程只允许有两种进动取向（图 1.3），即产生两个子集或自旋态，沿 $+z$ 方向的表示为 $I_z = +1/2$，沿 $-z$ 方向表示为 $I_z = -1/2$（有的书中用 m_I 表示量子数 I_z）。符号（$+$ 或 $-$）为人为规定。$I_z = +1/2$ 自旋态的能量稍微低一些。当没有 B_0 磁场时，原子核没有进动，所有原子核的能量相同。

当存在 B_0 磁场时，沿 $+z$ 和 $-z$ 方向进动原子核的相对比例遵循玻尔兹曼分布定律［方程（1.1）］：

$$\frac{n\left(+\dfrac{1}{2}\right)}{n\left(-\dfrac{1}{2}\right)} = \exp\left(\frac{\Delta E}{kT}\right) \tag{1.1}$$

式中，n 是自旋态的布居数；k 是玻尔兹曼常数；T 是热力学温度，单位为开尔文（用字母 K 表示）；ΔE 是两种自旋态间的能量差。图 1.4（a）表示了两种自旋态的能量以及二者之间的能量差 ΔE。

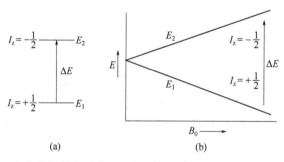

图 1.4　（a）自旋态间的能量差及（b）能量差与外加磁场 B_0 的关系示意图

磁矩围绕 B_0 进动的角频率 ω_0 亦称为拉莫尔频率，单位是弧度每秒（rad·s^{-1}）。当 B_0 增大时，角频率 ω_0 随之增大，即 $\omega_0 \propto B_0$，详见附录 A。ω_0 和 B_0 间的比例常数为旋磁比 γ，所以 $\omega_0 = \gamma B_0$。可以利用普朗克关系式中的线性频率 $\Delta E = h\nu_0$

核磁共振波谱学：
原理、应用和实验方法导论

或角频率 $\Delta E = \hbar \omega_0$ （$\omega_0 = 2\pi\nu_0$）来表示原子核的本征进动频率。借助这种方式，两个自旋态间的能量差与拉莫尔频率的关系可用方程（1.2）表示。

$$\Delta E = \hbar \omega_0 = h \nu_0 = \gamma \hbar B_0 \tag{1.2}$$

因此，如图 1.4（b）所示，当磁场 B_0 增大时，自旋态间的能量差增大。详细的推导过程见附录 A。

上述方程表明原子核自旋的本征进动频率（$\omega_0 = \gamma B_0$）取决于原子核的旋磁比 γ 和实验磁场 B_0 的大小。当磁场 B_0 为 7.05 T 时，质子的进动频率为 300 MHz，自旋态间的能量差仅为 0.0286 cal·mol^{-1}（或 0.120 J·mol^{-1}）。这个数值与振动或电子态间的能量差相比非常小。同理，当磁场 B_0 强度增大至 14.1 T 时，共振频率同比例增加至 600 MHz。

NMR 实验中，当在射频（RF）范围施加第二个磁场 B_1 时，图 1.4 中的两种自旋态将相互转换。当 B_1 场的频率与原子核的拉莫尔频率相同时，能量可通过在新施加的磁场和原子核之间的吸收和发射进行传递。当 +1/2 原子核变成 −1/2 时，表现为能量吸收，而 −1/2 转变成 +1/2 自旋态时为能量发射。由于实验开始时自旋 +1/2 的原子核数量略多，所以表现为净能量吸收。这个过程亦称为共振，可以通过电子方式检测，表示为频率对吸收的能量作图。因为共振频率 ν_0 与原子核所处结构的环境高度相关，所以 NMR 谱成为化学家解析结构工具之选。图 1.5 为苯的氢谱，其中能量吸收用水平线之上的谱峰来表示。

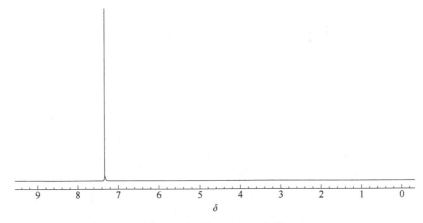

图 1.5　苯的 300 MHz 氢谱

因为不同元素甚至不同同位素的旋磁比不一样，它们的共振频率也不相同（$\omega_0 = \gamma B_0$），所以本质上来说，包括同位素在内的不同原子核，它们的共振频率不会相互重叠。如当质子（^{1}H）的共振频率为 300 MHz（磁场强度 7.05 T）时，^{13}C 的共振频率为 75.45 MHz，^{15}N 为 30.42 MHz，依此类推。当磁场强度为

14.1 T 时，^{1}H、^{13}C 和 ^{15}N 的共振频率也加倍，依次为 600 MHz、150.9 MHz 和 60.84 MHz。

旋磁比 γ 的大小也对共振信号的强度有重要影响。由方程 $\Delta E = \gamma \hbar B_0$ [方程（1.2）] 可知，两个自旋态间的能量差不仅与 B_0 成正比 [见图 1.4（b）]，还与 γ 成正比。根据玻尔兹曼定理 [方程（1.1）]，当能量差 ΔE 更大时，两种自旋态间的布居数差异也增加。也就是说，自旋态为 $I_z = +1/2$（以能级 E_1 表示）的原子核更多，意味着能翻转至 $I_z = -1/2$ 自旋态 E_2 能级的原子核更多，所以共振信号的强度更大。质子是旋磁比最大的原子核之一，两种自旋态相距更远，即能量差 ΔE 特别大，所以质子的共振信号很强。其它重要的原子核如 ^{13}C 和 ^{15}N 旋磁比较小，两个自旋态的能量差也较小（图 1.6），因此它们的共振信号强度相对较弱。

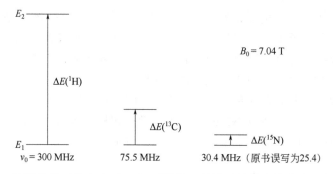

图 1.6　旋磁比绝对值大小（$|\gamma|$）不同的三种原子核的自旋态能量差示意图
^{1}H、^{13}C 和 ^{15}N 的相对 $|\gamma|$ 比依次为 26.75、6.73 和 2.71

自旋量子数大于 1/2 的原子核自旋态更多，对于 $I = 1$ 的原子核，如 ^{2}H 和 ^{14}N，其磁矩相对于磁场 B_0 的进动有三种取向：平行（$I_z = +1$）、垂直（0）和反平行（−1）。自旋量子数为 I 的原子核一般有（$2I + 1$）种自旋态，例如，$I = 5/2$ 的原子核有 6 种自旋态（如 ^{17}O）。I_z 取值从 +I 到 −I，增量为 −1（+I、+I−1、+I−2、…、−I）。当 $I = 1$ 时，$I_z = +1$、0 和 −1；当 $I = 3/2$ 时，$I_z = +3/2$、+1/2、−1/2 和 −3/2。因此，四极核自旋态的能量分布图比球形核的更加复杂。

总之，NMR 实验中，当磁性核放入强场 B_0 时，依据 I_z 值区分自旋态（自旋 1/2 的原子核，I_z 为 +1/2 和 −1/2），随后施加一个对应于待测原子核拉莫尔频率的 B_1 场（$\omega_0 = \gamma B_0$），产生净的吸收，多余的 +1/2 原子核转换成 −1/2 原子核。不同原子核的共振频率因旋磁比 γ 值差异而不同。I_z 自旋态间的能量差（$\Delta E = h\nu$）决定了吸收的强度，而它依赖于磁场强度 B_0（图 1.4）和待测核的旋磁比 γ（$\Delta E = \gamma \hbar B_0$）（详见图 1.6）。

核磁共振波谱学：
原理、应用和实验方法导论

1.2

化学位移

下面将讨论影响 NMR 谱的各种因素。谱图中最重要的特征是共振信号的位置，亦称共振频率 ν_0（或角频率 ω_0），它取决于待测核的分子环境、γ 和 B_0 值（$\nu_0 = \gamma B_0 / 2\pi$ 或 $\omega_0 = \gamma B_0$）。正是这种共振频率与结构的相关性决定了 NMR 谱在化学领域中的重要性。

环绕在原子核周围的电子云运动且带电，因此有磁矩。电子云产生的磁场改变了原子核周围微环境中的 B_0 场。也就是说，给定原子核的真实磁场取决于周围电子的性质。这种对 B_0 场的电子调制被称为屏蔽，用希腊字母希格玛（σ）表示。原子核处的实际磁场变成 B_{local}，可以表示为 $B_{\mathrm{local}} = B_0(1-\sigma)$，电子对质子的屏蔽 σ 取正值。共振频率随屏蔽的变化被称为化学位移。

把 B_{local} 取代方程（1.2）中的 B_0，共振频率与屏蔽的关系变成方程（1.3）。

$$\nu_0 = \frac{\gamma B_0(1-\sigma)}{2\pi} \tag{1.3}$$

当 B_0 不变时，σ 减小时，共振频率 ν_0 增大。例如，分子上有吸电子基团时，质子周围的电子密度降低，屏蔽减小，它的共振频率比没有吸电子基团的质子要高。因此，由于氟甲烷（CH_3F）上的氟原子吸引氢原子周围的电子，它质子的共振频率比甲烷（CH_4）质子的要高。

图 1.7 为乙酸甲酯（$CH_3CO_2CH_3$）的核磁共振氢谱和碳谱。尽管碳元素中非磁性 ^{12}C 占到天然丰度的 98.9%，实验中所用的碳谱却是建立在自旋 1/2、天然丰度仅为 1.1% 的 ^{13}C 上。由于电子对质子的屏蔽作用不同，氢谱中出现两组质子（O—CH_3 和 C—CH_3）的共振信号，碳谱中包含有三组碳原子（O—CH_3、C—CH_3 和—C=O）的共振信号（图 1.8）。

根据相邻原子的吸电子能力或电负性，可以对氢谱中的共振信号进行归属。酯基上氧原子的吸电子能力比羰基的强，所以 O—CH_3 的共振频率比与羰基相邻的甲基质子（C—CH_3）高（在其左侧）。为了与其它谱学技术保持一致，核磁谱图的频率按惯例从右到左增加。由于方程（1.3）中 σ 前有一个负号，所以从左到右核磁谱的屏蔽效应增强。

图 1.7 所用的单位体系贯穿本书，之所以这样是为了克服核磁谱中的信息经常包含在大数值间的微小差异所带来的难题。本质上来讲这个体系可以用绝对频率——如赫兹（Hz，即每秒周期数或 cps）表示。在常见的 7.05 T 磁场中，所有

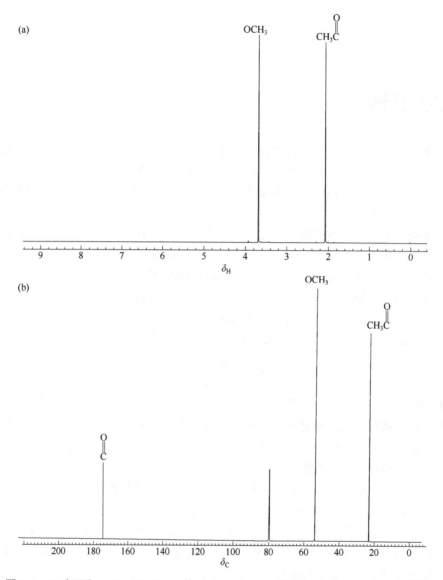

图 1.7 乙酸甲酯（CH₃CO₂CH₃）的（a）300 MHz 氢谱和（b）75.45 MHz 碳谱。碳谱 δ 77 处的共振信号源自溶剂，此碳谱已对 ^{1}H 去耦

图 1.8 理论上，乙酸甲酯的氢谱有两组共振信号、碳谱有三组共振信号

核磁共振波谱学：
原理、应用和实验方法导论

质子在 300 MHz 频率范围附近共振。但是涉及到如 300.000764 MHz 这样的数字表示就很烦琐，并且共振频率随磁场 B_0 的变化而变 [方程（1.3）]。因此，对于每一种元素或同位素来说，必须选择一个参比化合物作为相对的共振频率零点。通常采用四甲基硅烷[(CH_3)$_4$Si]，简称 TMS，作为氢谱和碳谱的参比物质，它易溶于多数有机溶剂，具有反应惰性、只有一个强共振信号、易挥发的特点。此外，硅原子的电负性弱，这意味着它周围的氢和碳原子被相对高密度的电子环绕，被高度屏蔽，所以共振频率非常低，出现在谱图的右侧。实际上，正因为硅原子的屏蔽极强，TMS 上质子或碳原子的共振信号往往出现在谱图的最右端，刚好方便定义谱图的零点。图 1.5 和图 1.7 中 δ 标记"0"就是设定的 TMS 位置。

使用两个方程（1.3），化学位移可以用与参比物质之差表示——第一个为任意原子 i，如：

$$\nu_i = \frac{\gamma B_0(1-\sigma_i)}{2\pi} \tag{1.4a}$$

第二个为参比 TMS，如：

$$\nu_r = \frac{\gamma B_0(1-\sigma_r)}{2\pi} \tag{1.4b}$$

那么由方程（1.5）给出用核磁频率单位（Hz，等于 cps）表示的二者间距：

$$\Delta\nu = \nu_i - \nu_r = \frac{\gamma B_0(\sigma_r - \sigma_i)}{2\pi} = \frac{\gamma B_0 \Delta\sigma}{2\pi} \tag{1.5}$$

这种频率差的表示依然与磁场强度 B_0 有关。为了找到一个在所有磁场强度 B_0 下通用的单位，重新用方程（1.6）定义原子核 i 的化学位移：

$$\delta = \frac{\Delta\nu}{\nu_r} = \frac{\sigma_r - \sigma_i}{1-\sigma_r} \approx \sigma_r - \sigma_i \tag{1.6}$$

即用 Hz 为单位的频率差 [方程（1.5）] 除以以 MHz 为单位的参比频率 [方程（1.4b）]，从而抵消了包括磁场 B_0 在内的常数，化学位移 δ 的单位变成 Hz/MHz，或磁场强度的百万分之几（目前，为简化表述，根据国家标准，化学位移 δ 数值统一乘以 10^6，而不再使用 ppm 表示）。由于所选的参考屏蔽常数远远小于 1.0，$(1-\sigma_r)$ 值约等于 1，化学位移 δ 对应于参比物质和被测原子核的屏蔽差。由方程（1.6）可知，随着原子核屏蔽 σ_i 的增加，它的化学位移 δ_i 变小。

如乙酸甲酯的氢谱（图 1.7）中，C—CH_3 基团中质子的 δ 值为 2.07，O—CH_3 基团中质子的 δ 值为 3.67。这些数值不再受磁场 B_0 变化的影响，即在不同磁场强度如 1.41 T（60 MHz）或极高场 24.0 T（1020 MHz）中，δ 值都一样。但是用 Hz 来表示化学位移时，其数值随磁场强度的改变而变化。这也就是说，对于特定原子核，当 B_0 为 60 MHz 时，若它的共振频率与 TMS 间距 90 Hz，则 B_0 为 300 MHz 时间距变为 450 Hz；但是用 δ 来表示时，其数值都是 1.50（$\delta = 90/60 = 450/300 = 1.50$）。注意，当共振信号出现在 TMS 的右侧时，化学位移 δ 为负值。另外，由于 TMS 不溶于水，所以用水作溶剂时，可选用 3-三甲基硅烷基-1-丙磺酸（即 4,4-二甲基-4-硅戊烷-1-磺酸，缩写为 DSS）的钠盐[(CH₃)₃Si(CH₂)₃SO₃Na] 和 3-三甲基硅烷基-1-丙酸钠[(CH₃)₃SiCH₂CH₂CO₂Na] 作内标（$\delta = 0$）。

第一代商业化谱仪中，维持 B_1 场即共振频率 ν_0 恒定不变，通过改变 B_0 场而得到图 1.5 和图 1.7 底部标尺所示的化学位移范围。由方程（1.3）可知，屏蔽 σ 增加，B_0 随之增大才能维持共振频率 ν_0 不变。由于屏蔽更大的原子核共振信号出现在谱图的右侧，实验中 B_0 从左到右递增，所以谱图的右侧是高场区，左侧为低场区。这种采集 NMR 数据的方式被称为连续波（CW）场扫描。尽管现在很少用到这种方法，但是 NMR 术语表中还是留下不少类似的不太恰当的词汇，如"高场"和"低场"之类，这些就是老仪器留下的历史印迹。

现代谱仪，通常固定静磁场 B_0 强度，改变 B_1 场频率。增加屏蔽（σ）降低了方程（1.3）右侧的数值，由此必须降低 ν_0 以保持 B_0 恒定，所以谱图的右侧对应于屏蔽更好、频率更低的核。通常频率从右向左递增，磁场从左向右递增。图 1.9 总结了这些相关的术语。尽管谱图右侧称作低频或屏蔽更强较为恰当，但为了与老的扫场方法一致，它依然常被称作高场区。

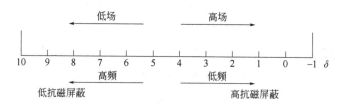

图 1.9 核磁谱图相关术语图解

更多关于化学位移方面的内容详见本书第 3 章。

1.3

激发和弛豫

要想全面理解 NMR 实验，有必要再次回到图 1.3——这次是从原子核集合的角度来进行说明（图 1.10）。平衡时，$I_z = +1/2$ 的原子核绕 $+z$ 轴进动，$-1/2$ 的原子核沿 $-z$ 轴进动。图中对顶双锥表面上仅画出了 20 个原子核，其中，有 12 个自旋+1/2 的原子核，比自旋-1/2 的 8 个多一些。这个差异比实际情况稍微有些夸大。根据玻尔兹曼方程［方程（1.1）］可计算出两个自旋态布居数的实际比例。当 $B_0 = 7.05\,\mathrm{T}$ 时，每一百万个原子核中，自旋+1/2 的原子核比-1/2 的只多 50 个。那么，如果对磁矩进行矢量加和，多出的+1/2 原子核将在+z 轴方向产生一个净矢量。这些所有的单个自旋矢量之和被称为磁化（M）。图 1.10 中用沿+z 轴方向的粗箭头表示最终的磁化矢量 M。因为原子核围绕 z 轴任意取向（或不相干），在 x、y 轴方向上没有净的磁化矢量，即 $M_x = M_y = 0$，所以此时 $M = M_z$。

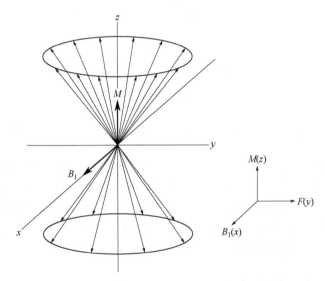

图 1.10　施加 B_1 场前，平衡态下自旋 1/2 原子核的布居数分布示意图

图 1.10 中还给出了代表沿 x 轴方向 B_1 场的磁化矢量。当 B_1 频率与原子核的拉莫尔频率匹配时，一些+1/2 自旋翻转变成-1/2 自旋，所以 M_z 略微减小。x 轴方向的磁场矢量 B 分量（B_1）对 M 施加一个作用力，结果它垂直于 B 和 M（图 1.10 右下部的插图），这个作用力源自它们的叉乘 $F = M \times B$。如果瞬间打开 B_1，磁化矢量 M 将暂时小幅偏离 z 轴，向 y 轴运动，这代表了相互垂直的方向。图 1.11 就是相互作用的结果。

图 1.10 中的 20 个原子核，有 12 个+1/2 自旋，8 个-1/2 自旋。施加 B_1 场后，同一批原子核变成 11 个+1/2 自旋和 9 个-1/2，如图 1.11 所示。在这个模型中，仅有一个原子核的自旋态发生了改变。图中稍微夸大 M_z 的减小幅度，但是磁化矢量明显偏离 z 轴。20 个自旋在圆周运动中的位置或相位不再随机分布，原因是自旋偏离 z 轴后会要求汇集。现在自旋的相位出现一些相干，它们具有 x 和 y 方向的磁化。磁化的 xy 分量就是电子学上被检出的共振信号。重要的是，当+1/2 核变成-1/2 核时，直接测量到的并不是所谓的能量吸收。

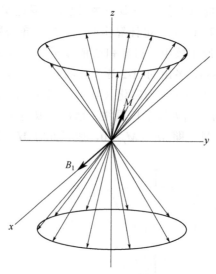

图 1.11　施加 B_1 场后自旋 1/2 原子核的瞬时布居数分布示意图

图 1.10 和图 1.11 中 B_1 场沿 x 轴来回振荡。图 1.12 代表了从 z 轴下视的情况，B_1 的行为可以看成要么是：（a）沿 x 轴方向每秒多次（频率为 ν）的线性振荡；或（b）以每秒弧度按角频率 ω（$2\pi\nu$）在 xy 平面做圆周运动。从矢量的角度来说这两种解释都一样，更深入的概念详见附录 B 和图 B.1。当 B_1 的频率和相位与原子核进动的拉莫尔频率匹配时发生共振。

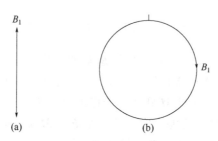

图 1.12　（a）线性振荡磁场和（b）环形振荡磁场示意图

图 1.11 代表被捕捉的 B_1 矢量和进动原子核运动的某个瞬间。实际上，每个原子核矢量都绕 z 轴进动，因此磁化 M 也绕 z 轴进动。另外可以认为 x 和 y 轴按照 B_1 场的频率转动。在图 1.12 中坐标轴沿圆周运动，那么从 x 轴的位置来看 B_1 场是静止的，而不是像图中所示的振荡模式。本书中采用旋转坐标系来简化磁化矢量示意图。在旋转平面中，单个原子核和磁化矢量 M 不再绕 z 轴进动，只要绕 x 和 y 轴的转动频率与 B_1 场对应的拉莫尔频率相同，它们之间就相对静止。

当以共振频率施加 B_1 场时，能量吸收（+1/2 核转变成−1/2）或发射（−1/2

核转换成+1/2）会同时产生。由于初始状态下+1/2自旋的数目比-1/2自旋多，所以表现为净的吸收。但是当一直施加B_1时，多余的+1/2自旋会慢慢减少直至消失，此时能量吸收和发射的速率相等，这就是所谓的样品达到饱和的现象。但是，这种情况将通过核自旋自身从饱和返回到平衡态的天然机制得以缓解。任何把z磁化恢复到平衡时+1/2自旋数目增多的过程被称为自旋-晶格弛豫或纵向弛豫，它通常是一阶过程，时间常数为T_1（时间常数为速率常数的倒数，本书也采用这个表示法）。为了恢复到平衡态，也需要消除xy平面所产生的磁化。任何恢复x和y轴磁化到零的平衡态过程被称为自旋-自旋弛豫或横向弛豫，它通常也是一阶过程，时间常数为T_2。

自旋-晶格弛豫（T_1）主要源自样品中存在共振频率附近的局部振荡磁场。这些随机磁场主要来自其它磁性原子核的运动。当溶液分子在B_0场中翻转时，每个原子核磁体的运动产生一个磁场。如果当这些磁场的频率与拉莫尔频率接近时，那么通过-1/2核转变成+1/2核的过程，相邻原子核多余的自旋能量就会互相传递。原子核通过共振的自旋弛豫回到初始状态，继续吸收能量，从而增加共振信号强度。

为了让自旋-晶格弛豫高效，翻转的磁性核必须与共振的原子核在空间上靠近。当观测^{13}C时，成键的^1H（即$^{13}C—^1H$）提供有效的核自旋-晶格弛豫通道。羰基碳或季碳的弛豫非常缓慢，容易饱和，主要原因是与之相连的原子核没有磁性（非磁性原子核如^{12}C、^{16}O等的运动不产生弛豫）。质子被与之相距最近的质子所弛豫，例如，—CH_2或—CH_3基团的质子被同碳质子（HCH）弛豫，—CH基团质子则被相邻（HC—CH）或者更远的质子弛豫。

当样品刚刚放入到磁体中的探头时，自旋-晶格弛豫也会造成自旋+1/2的原子核过量。在没有B_0场时，所有自旋的磁能量相同。而当样品放入到B_0场时，自旋受到周围运动磁性核的相互作用影响而翻转，开始产生磁化，最终形成一个自旋+1/2核数量比-1/2多的平衡态。

如果想要x和y磁化衰减到零（即自旋-自旋弛豫或T_2弛豫），核自旋的相位必须是随机的（图1.10和图1.11）。这个现象的命名机制涉及两个自旋相反原子核间的相互作用：即一个原子核自旋由+1/2变成-1/2的同时，另外一个自旋从-1/2变成+1/2，期间没有净的z轴磁化交换，也不发生自旋-晶格弛豫。但是新自旋态的相位与旧的相位不同，自旋间的相互转换造成散相。从图1.11来看，从顶锥上表面消失的自旋矢量以新的相位重新出现在下锥表面上（反之亦然）。当这个过程一直延续，沿z轴的相位随机化，xy磁化消失。这种同时交换两个原子核自旋态的过程有时被称为触发机制。

当磁场B_0不完全均匀时，也会发生自旋-自旋弛豫现象。再次回到图1.11，如果自旋矢量不处在绝对均匀的B_0场中，它们的拉莫尔频率就会有少许差别，因

此绕 z 轴的进动速率有所不同。随着原子核间的相对移动速度更快或更慢时，它们的相对相位最终将随机化。如果不同原子核在一定范围的拉莫尔频率内共振，信号的线宽自然增加。信号半高处的线宽与自旋-自旋弛豫之间存在 $W_{1/2} = 1/(\pi T_2)$ 关系。两种机制（触发机制和磁场不均匀性）都对同一个样品的 T_2 有贡献。

更多关于弛豫的具体内容详见 5.1 节和附录 E。

1.4
脉冲实验

脉冲 NMR 实验中，样品受到拉莫尔频率附近的极短时间强 B_1 场照射。脉冲作用期间，旋转坐标系中 x 轴（B_1）上的 $\boldsymbol{B}$ 矢量对 z 轴的 $\boldsymbol{M}$ 矢量施加一个作用力（见图 1.10 中的插图），驱动磁化矢量向 y 轴移动。图 1.13（a）和（b）分别为图 1.10 和图 1.11 的简化版。图 1.13 仅仅显示了净磁化矢量 $\boldsymbol{M}$。

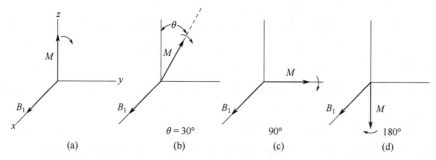

图 1.13　磁场 $\boldsymbol{B}_1$ 作用前后净磁化矢量 $\boldsymbol{M}$ 的翻转角度变化示意图：（a）B_1 作用之前，偏转角为 $0°$；B_1 作用之后，翻转角度分别为（b）$30°$、（c）$90°$ 和（d）$180°$

随着强 B_1 场的持续作用，磁化矢量 $\boldsymbol{M}$ 继续绕 x 轴的 B_1 进动或转动。当存在磁场 B_1 时，它迫使原子核向 x 轴进动，而不是绕自身较弱的 B_0 场（z 方向）进动。结果，原子核处的主要磁场是 B_1，所以它的进动频率表示为 $\omega = \gamma B_1$。如果说得更准确，这个方程在 $\omega_0 = \gamma B_0$ 共振频率处有效。偏离共振频率越远，B_1 的影响变弱，将恢复绕静磁场 B_0 的进动。对这个过程的全面数学处理要求同时考虑 B_0 和 B_1 的影响，不过从定性的角度来看，只需关注共振频率下所发生的变化。

只要有磁场 B_1 存在，磁化矢量 $\boldsymbol{M}$ 的翻转角度 θ 随之增加（图 1.13）。一个 $30°$ 短脉冲可以让磁化偏离 z 轴 $30°$ [图 1.13（b）]，三倍 $30°$ 脉冲（$90°$）则把磁化翻转至 y 轴方向 [图 1.13（c）]，双倍 $90°$ 脉冲（$180°$）将把磁化转向 $-z$ 方向 [图 1.13

（d）］，这意味着-1/2 自旋数量更多，或布居数反转，到达一个真正的反平衡态。因此，由脉冲所致的真正翻转角度 θ 大小取决于脉冲的时间 t_p。既然 ω 为原子核绕 B_1 的进动频率，翻转角度 θ 可表示为 ωt_p。而 $\omega = \gamma B_1$，所以有 $\theta = \gamma B_1 t_p$。

如果磁化在刚刚到达 y 轴时停止 B_1 照射（一个 90°脉冲），检测在共振频率下 y 轴磁化随时间的变化，那么将观测到磁化的衰减过程（图 1.14）。处于 y 方向的磁化处于非平衡状态。脉冲作用后，x 和 y（或 xy）的磁化通过自旋-自旋弛豫（T_2）进行衰减。同时，z 磁化通过自旋-晶格弛豫（T_1）恢复。图中所示的 y 磁化随时间的变化被称为自由诱导衰减（free induction decay，简称 FID），它是一个一级过程，时间常数为 T_2。

图 1.14 中的描述是任意的，原因是它只包括了一个原子核的进动情况，进动频率 γB_0 与绕 x 和 y 轴的转动频率相等。实际上，大多数样品都有几种不同的质子或碳原子，因此涉及多个共振频率［$\gamma B_0(1-\sigma_i)$］，但是转动平面只能有单个参考频率。当有多个与参考频率不同的共振时会发生什么样的情况呢？首先，再次想象只有一个频率的样品，它的拉莫尔频率与参考频率相同，如图 1.5 中苯的例子。在关闭 90°B_1 脉冲时，自旋沿 y 轴排列［图 1.15（a）］，然后原子核开始以拉莫尔频率 $\omega_0 = \gamma B_0$ 绕 z 轴进动。旋转坐标系中，x 轴和 y 轴也以 γB_0 频率沿 z 轴旋转，因此以与进动频率 γB_0 相同的原子核看上去没有绕 z 轴进动，原因是它们的转动频率与转动平面的频率匹配，所以它们保持在 z 轴方向。

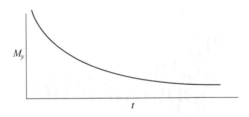

图 1.14　90°脉冲作用后，磁化矢量 M_y 随时间的变化情况（FID）

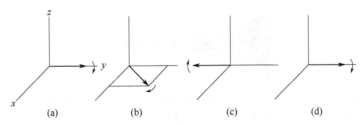

图 1.15　90°脉冲作用后，沿 y 轴的诱导磁化随时间的变化

当样品有不同原子核，拉莫尔频率不同的情况（$\omega \neq \omega_0 = \gamma B_0$）时，原子核磁体将沿 xy 平面偏离 y 轴［图 1.15（b）］。而在转动坐标系中，只有以参考频率 γB_0

进动的原子核看上去是静止的。随着时间的流逝，磁化在 xy 平面内继续转动，到达-y 轴 [图 1.15（c）]，最终返回+y 轴 [图 1.15（d）]。整个周期中检测到的 y-磁化开始时减小，在 $y=0$ 时降低为零，移向-y 区域时变为负值 [图 1.15（c）]，最后返回到正值 [图 1.15（d）]。此时的磁化强度表现出像余弦函数一样的周期性变化。当它再次回到+y 轴时 [图 1.15（d）]，由于存在自旋-自旋弛豫（T_2），其磁化比圆周运动刚开始时要小一些。并且，由于 z 磁化通过自旋-晶格弛豫（T_1）恢复，磁化矢量也逐渐偏离 xy 平面（图中没有显示这种情形）。磁化强度大小将按图 1.15 所示的一系列事件连续进行，发生类似余弦函数的周期性变化。

图 1.16（a）展示了丙酮的拉莫尔频率 ω 与参考频率 ω_0 不同时 FID 的情况。两个邻近最大峰的水平间距为丙酮质子的拉莫尔频率 ω 与 B_0 频率 ω_0 差的倒数，即 $\Delta\omega^{-1} = (\omega-\omega_0)^{-1}$。峰的强度因 y 磁化随自旋-自旋弛豫所引起的损失而逐渐降低。因为谱图中信号的线宽取决于 T_2，所以 FID 信号包含了核磁谱图中所有的必要信息——频率、线宽和强度。

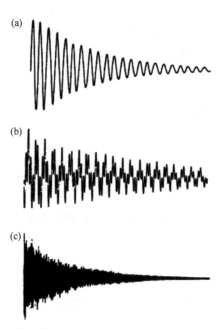

图 1.16　（a）和（b）分别是丙酮质子和乙酸甲酯质子的自由诱导衰减图，（c）是 3-羟基丁酸 ^{13}C 的自由诱导衰减图（这里的 FID 中都不含溶剂的 FID 信号）

现在考虑两种原子核共振频率不同的情况，每个原子核的频率与参考频率不同。它们的衰减互相叠加、增强或干涉，变成一个复杂的 FID，见图 1.16（b）中乙酸甲酯 [$CH_3C(=O)OCH_3$] 分子上质子的例子。图 1.16（c）中 3-羟基丁酸

　核磁共振波谱学：
　　　　　原理、应用和实验方法导论

[CH₃CH(OH)CH₂CO₂H] 碳原子的 FID 包含有 4 个频率，不可能通过看图来区分频率。这时只能借助傅里叶分析的数学处理过程，它通过将一系列正弦曲线和指数函数与 FID 匹配，从中提取每个成分的频率、线宽和强度信息。FID 是随时间的信号变化图（见图 1.14 和图 1.16），因此这种实验在时域上发生。但是实验工作者想要的是频率域的图谱，所以谱图必须转换成图 1.5 和图 1.7 所示的频率域信号。实验工作者无需检查 FID，利用计算机很快自动完成从时域到频率域的傅里叶变换（FT）。

1.5
耦合常数

当原子核周围与其它磁性核相邻时，它的共振信号形状会发生改变。例如，1-氯-4-硝基苯分子（**1.1**）中有两类质子，与硝基相邻和与氯相邻的质子分别标记为 A 和 X。

NO₂

Hₐ

Hₓ

Cl

1.1

这里暂且忽略苯环上另一侧 A 和 X 质子的影响。每个质子的自旋量子数都为 1/2，所以有 $I_z = +1/2$ 和 $I_z = -1/2$ 两种自旋态，它们之间的布居数差异仅为百万分之几。几乎一半的 A 质子与自旋为 +1/2 的 X 相邻，另外一半与自旋 -1/2 的 X 相邻。这两类 X 质子的磁环境不相同，所以 A 质子的共振信号被裂分为两个峰 [图 1.17（a）和图 1.18]。同理，X 共振信号也被裂分为两个峰 [图 1.17（b）和图 1.18]。分子 **1.1** 中，四极核如氯和氮常常被当作非磁性核而被忽略。故氯仿（CHCl₃）中质子的共振信号为单峰，没有被氯裂分。5.1 节将对这种现象进行详细讨论。

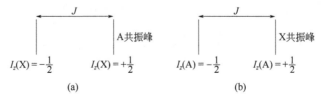

图 1.17 双自旋耦合体系（AX）一级谱的 4 个谱峰：（a）A 质子；（b）X 质子

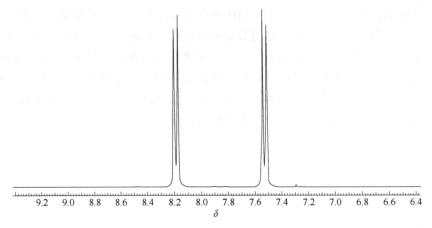

图 1.18　1-氯-4-硝基苯 $CDCl_3$ 溶液的 300 MHz 氢谱

相邻自旋对谱峰多重度的影响被称为自旋-自旋裂分或 J-耦合。一个原子核的共振峰被另外一个核裂分后产生的两个相邻谱峰间距代表两种原子核间相互作用的大小，被称为耦合常数 J，用能量单位 Hz 表示。1-氯-4-硝基苯（**1.1**）中 A 与 X 质子间的耦合常数为 10.0 Hz，对于质子来说，这个 J 值相对较大。当耦合体系只有两个原子核时，其图谱通常被称为 AX 型。注意图谱中质子 A 和 X 部分的裂分相同（图 1.18），因为 J 为原子核间相互作用大小的程度，相互作用的两个原子核间的 J 值必须相同。此外，相互作用的大小只取决于所涉及原子核的特性，与外部因素如磁场强度等无关，所以耦合常数 J 值与磁场强度 B_0 无关。无论磁场强度是 7.05 T（300 MHz，图 1.18）还是 14.1 T（600 MHz），1-氯-4-硝基苯（**1.1**）分子中质子 A 和 X 的 J 值都是 10.0 Hz。

对于耦合的两个原子核，必须存在一种自旋信息的传递机制。最常见的机理涉及沿原子核间的成键通道上电子的相互作用（见图 1.19 所示的简化双键耦合通路）。电子和质子一样都是自旋粒子，具有磁矩。X 质子（H_X）影响或极化周围电子的自旋，使电子的自旋稍微有利于 I_z 态，所以，自旋+1/2 的质子极化电子到−1/2 态，然后电子极化 C—H 键上的其它电子，依此类推，最终到达共振的 A 质子（H_A）。后面将在 4.3 节深入讨论这个机制。因为这些原子核间并没有直接作用，

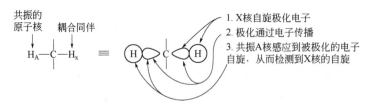

图 1.19　间接自旋-自旋的耦合机制示意图

核磁共振波谱学：
原理、应用和实验方法导论

而是通过电子通路作用，所以它被称为间接耦合。另外，由于耦合常数是通过化学键的相互作用，所以它在推测分子成键如键级和立体化学时非常有用。

当相邻的磁性原子核数目不止一个时，共振的原子核将有更多的裂分。例如，1,1,2-三氯乙烷分子（**1.2**）有两种质子，分别记为 H_A（CH_2）和 H_X（CH）。

$$ClCH_2^A-CH^XCl_2$$
1.2

A 质子受到源自 H_X 上的+1/2 和-1/2 两种不同自旋环境的影响，裂分为信号强度比 1∶1 的双重峰，这与图 1.17 和图 1.18 情况类似。但是，X 质子受到三种不同磁环境的影响，原因是必须综合考虑 H_A 上的所有自旋：两个都为（＋＋）和（－－），或一个为+1/2，另一个为-1/2；后者有两种相同的可能性（＋－）和（－＋）。质子 A 有三种不同的磁环境——（＋＋），（＋－）/（－＋），（－－）——所以得到强度比 1∶2∶1 的三个 X 峰（图 1.20）。由此化合物 **1.2** 氢谱有两组信号，1∶1 的双重峰和 1∶2∶1 的三重峰，这种谱图可表示为 A_2X（或 AX_2）型。耦合常数 J 值为双重峰或者三重峰中任意两个相邻峰的间距大小（图 1.20 和图 1.21）。

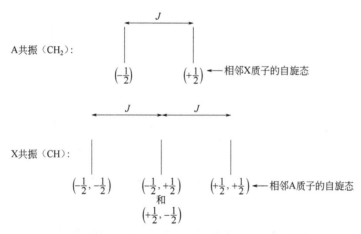

图 1.20　三自旋耦合体系 A_2X 一级谱中五个谱峰的耦合关系示意图

当相邻的自旋数目进一步增加时，原子核的共振信号更加复杂。乙醚分子中两个相同的乙基形成 A_2X_3 型谱（图 1.22）。甲基质子被相邻的亚甲基质子裂分为强度比为 1∶2∶1 的三重峰，与图 1.20 中 X 质子的情况类似。亚甲基质子受到 3 个甲基质子的影响裂分为四重峰。相邻的甲基质子自旋组合如下：三个自旋都为＋（＋＋＋）；两个自旋为＋、一个自旋为－［（＋＋－）、（＋－＋）和（－＋＋）三种方式］；一个自旋为＋、两个自旋为－［（＋－－）、（－＋－）和（－－＋）三种方式］；三个自旋都为－（－－－）。结果是 1∶3∶3∶1 的四重峰（图 1.23）。图 1.22 中所示的三重峰-四重峰特征就是样品含有乙基的充分证据。

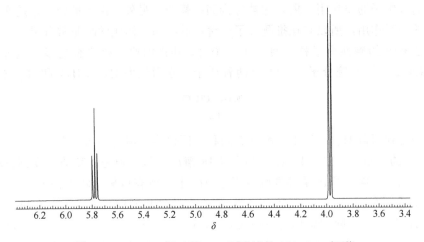

图 1.21　1,1,2-三氯乙烷 CDCl₃ 溶液的 300 MHz 氢谱

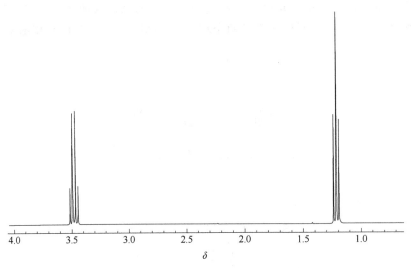

图 1.22　二乙基醚 CDCl₃ 溶液的 300 MHz 氢谱

依此类推可得更大自旋体系的信号裂分情况。对于一级谱（二级谱将在第 4 章详细讨论），如果一个原子核与 n 个等价、I 等于 1/2 的原子核耦合，将产生 $n+1$ 个峰。其信号强度比与二元一次方程二项展开式的系数一致，具体大小可从帕斯卡三角中得到（图 1.24），原因是两个 I_z 态的排列在统计学上无关。可求出两个水平相邻整数之和，结果放在两个整数之间较低一行来构造帕斯卡（Pascal）三角。假设零在三角之外，第一行（1）是没有相邻自旋的情况，共振信号无裂分，为单峰；第二行（1 1）是有一个自旋相邻的情况，共振信号裂分为强度比 1∶1 的双重峰，依此类推。我们已经看到两个和三个相邻的自旋分别给出强度比

$1:2:1$ 的三重峰和 $1:3:3:1$ 的四重峰的情况，如帕斯卡三角的第三行和第四行所示（图 1.24）。四个自旋相邻的例子见—CH_2—CHX—CH_2—（X 为非磁性原子核）结构中的 CH 质子，它被裂分为强度比 $1:4:6:4:1$ 的五重峰（AX_4）；异丙基 —$CH(CH_3)_2$ 中的 CH 共振得到 $1:6:15:20:15:6:1$ 的七重峰（AX_6）。表 1.1 列出了几种常见的一级自旋体系裂分情况。

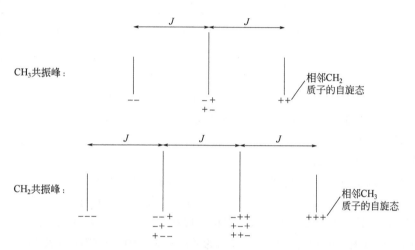

图 1.23　自旋耦合体系 A_2X_3 一级谱七个谱峰间的耦合关系示意图

```
                    1
                 1     1
              1     2     1
           1     3     3     1
        1     4     6     4     1
     1     5    10    10     5     1
  1     6    15    20    15     6     1
1    7    21    35    35    21     7     1
1   8   28   56   70   56   28    8    1
1   9   36   84  126  126   84   36    9    1
1  10  45  120  210  252  210  120   45   10   1
```

图 1.24　一级谱中各个谱峰强度的帕斯卡三角关系

表 1.1　常见的一级谱中自旋-自旋耦合的裂分模式

自旋体系	分子亚结构单元	A 核多重度	X 核多重度
AX	—CH^A—CH^X—	双重峰（1:1）	双重峰（1:1）
AX_2	—CH^A—CH_2^X—	三重峰（1:2:1）	双重峰（1:1）
AX_3	—CH^A—CH_3^X	四重峰（1:3:3:1）	双重峰（1:1）
AX_4	—CH_2^X—CH^A—CH_2^X—	五重峰（1:4:6:4:1）	双重峰（1:1）

自旋体系	分子亚结构单元	A核多重度	X核多重度
AX_6	$CH_3^X-CH^A-CH_3^X$	七重峰（1∶6∶15∶20∶15∶6∶1）	双重峰（1∶1）
A_2X_2	$-CH_2^A-CH_2^X-$	三重峰（1∶2∶1）	三重峰（1∶2∶1）
A_2X_3	$-CH_2^A-CH_3^X$	四重峰（1∶3∶3∶1）	三重峰（1∶2∶1）
A_2X_4	$-CH_2^X-CH_2^A-CH_2^X-$	五重峰（1∶4∶6∶4∶1）	三重峰（1∶2∶1）

除了二级谱外（4.1节和4.9节），化学位移相同的质子相互耦合不会引起共振信号的裂分，例如苯分子中即使每个质子都与两个邻位的质子耦合，图1.5中苯质子的共振信号仍然为单峰。同理，甲基质子间的耦合通常也不裂分甲基上质子的共振信号。其它没有裂分的图谱（单重峰）实例包括丙酮、环丙烷、二氯甲烷等。共振频率相同的耦合原子核间谱峰没有裂分的根本原因源自量子力学原理，详见附录C的解释。

到目前为止，前面所举的耦合实例几乎都是间隔三个化学键（H—C—C—H）的相邻质子间的耦合。跨越四键或四键以上的耦合通常较小或者观察不到。如果亚甲基（—CH$_2$—）上两个质子的化学位移不同，那么同碳质子可能相互裂分。当亚甲基碳在环骨架上且环的上下有非对称取代基（—CH$_2$—CXY），或分子中有一个手性中心（—CH$_2$—CXYZ）时，或者当烯烃没有对称轴（—CH$_2$=CXY）时，都能观察到亚甲基上同碳质子间的耦合裂分。这类耦合将在4.2节和4.4节详细讨论。

如同质子间耦合一样，^1H和^{13}C之间也能发生耦合。由于^{13}C的天然丰度低（约1.1%），分析氢谱时这些耦合并不重要。99%的质子都与非磁性的^{12}C直接键合。氢谱中有时可以看到1.1%的^{13}C与^1H耦合产生的卫星峰。碳谱中碳原子与相邻质子耦合。最大的耦合常数出现在与质子直接相连的碳原子上，因此甲基（CH$_3$）碳被裂分为四重峰，亚甲基（CH$_2$）为三重峰，次甲基（CH）为双峰，季碳因缺乏与其直接键合的质子即没有单键耦合而表现为单峰。图1.25（a）是3-羟基丁酸[CH$_3$CH(OH)CH$_2$CO$_2$H]未对质子去耦的碳谱，谱图中有各种多重度的碳信号。从右至左，依次是四重峰（CH$_3$）、三重峰（CH$_2$）、双峰（CH）和单峰（CO$_2$H）。所以，利用碳谱上的耦合裂分模式可以有效帮助指认分子中这些不同的基团。

实验中可利用去耦技术消除自旋-自旋裂分，5.3节将详细介绍这些去耦技术。它涉及利用第二个射频场（B_2）辐照一种原子核，同时在B_1磁场中观测另外一种共振原子核的信号。由于需要对样品施加第二个射频场，这种实验被称为双共振实验。利用这种办法采集的谱图如图1.7（b）中乙酸甲酯和图1.25底部的3-羟基丁酸碳谱。它通常用来采集每个碳原子共振信号为单峰的碳谱。分别测量去耦和未去耦碳谱，首先得到一个碳原子数目和类型的谱图，其次可以获取与碳原子直接键合的质子数目（图1.25）。第4章将详细讨论耦合的处理。

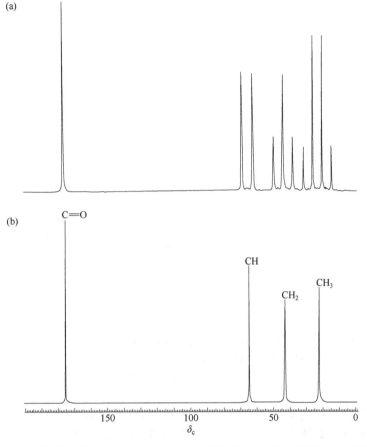

图 1.25　3-羟基丁酸［CH₃CH(OH)CH₂CO₂H］的（a）不去耦和（b）去耦的 22.6 MHz 碳谱，样品中没有溶剂

1.6
定量和复杂裂分

核磁谱中原子核的共振信号强度与原子核的数目直接成正比，因此，甲基质子（CH₃）共振信号的强度是次甲基质子（CH）的三倍。根据积分值，测量共振信号强度差异可推测分子结构。图 1.26 为反式巴豆酸乙酯［CH₃CH=CHCO(=O)OCH₂CH₃］氢谱的积分。位于共振信号上方或贯穿共振信号的积分线提供了测量相对峰面积的一种方法。δ 5.84 处双峰、δ 4.19 处四重峰和 δ 1.28 处三重峰这三组共振信号积分值比为 1：2：3。定量积分值由谱仪提供。但是，积分值仅提供

了相对强度的数据，实验员必须选择一个已知或拟定质子数目共振信号的积分值作为积分标准。

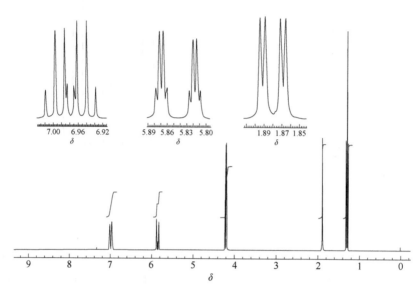

图 1.26 反式巴豆酸乙酯［$CH_3CH=CHCO(=O)OCH_2CH_3$］$CDCl_3$ 溶液的 300 MHz 氢谱。上方插图是三组共振信号的放大图；位于共振信号上方或贯穿共振信号的纵向曲线为积分线

通过分析每组信号的积分值和裂分模式，可以对图 1.26 中的反式巴豆酸乙酯氢谱的信号逐一指认。最低频（或最高场，δ 1.28）的三重峰相对积分值为 3，归属于乙基中甲基质子的共振信号。这个三重峰的耦合常数 J 值与 δ 4.19 处四重峰一致，其积分值为 2。后者必须来自亚甲基质子。相互耦合的甲基三重峰和亚甲基的四重峰属于与氧原子键合的乙基（—OCH_2CH_3）。亚甲基质子共振信号的频率比甲基质子的高，其原因是 CH_2 比 CH_3 距离吸电子的氧原子更近。

剩下的共振信号属于与多个原子核耦合的质子。这种耦合模式更为复杂，参见图 1.26 中的局部放大图。最高频（最低场）的化学位移（δ 6.98）的共振信号积分值为 1，归属于巴豆酸乙酯分子中的一个烯氢（—CH=）。这个共振信号被另外一个烯氢裂分为双重峰（$J = 16$ Hz），这个二重峰又被相邻的甲基质子裂分为四重峰（$J = 7$ Hz），其中两组四重峰之间的两个裂分发生了重叠。图 1.27 为分析 δ 6.98 共振信号复杂多重峰用的棒状图（亦称树形图）。

积分值为1的 δ 5.84 处的共振信号来自于巴豆酸乙酯分子中的另外一个烯氢，它被 δ 6.98 的质子裂分为二重峰（$J = 16$ Hz）。它与甲基有一个四键的耦合（$J = 1$ Hz），裂分为四重峰（图 1.28）。在第 4 章中将详细讨论这种耦合常数大小的意义。

核磁共振波谱学：
原理、应用和实验方法导论

由于三键的耦合常数比四键的大，其与甲基耦合的 J 值较大，所以 $\delta\,6.98$ 的信号可以被指认为紧挨甲基的质子。

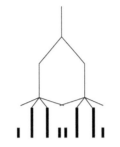

如果没有耦合，共振在 $\delta\,6.98$

被 CH=（$\delta\,5.84$）耦合裂分为 1:1 的双重峰（$J = 16$ Hz）与 CH$_3$ 质子（$\delta\,1.88$）耦合，双重峰中的每个谱峰被裂分为 1:3:3:1 的四重峰（$J = 7$ Hz）(注意中间有两个峰交叉)

图1.27　化学位移 $\delta\,6.98$ 处共振信号与多个自旋的非等价耦合产生的耦合裂分树形示意图

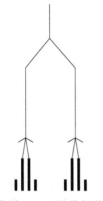

如果没有耦合，共振在 $\delta\,5.84$

被 CH=质子（$\delta\,6.98$）耦合裂分为 1:1 的双重峰（$J = 16$ Hz）(注意与 $\delta\,6.98$ 处的裂分相同)

与 CH$_3$ 质子（$\delta\,1.88$）耦合双重峰中的每个峰被裂分为 1:3:3:1 的四重峰（$J = 1$ Hz）

图1.28　化学位移 $\delta\,5.84$ 处共振信号与多个自旋的非等价耦合产生的耦合裂分树形示意图

化学位移 $\delta\,1.88$ 处共振信号的积分值为 3，所以归属为剩下的甲基质子，它与双键相连。由于它被两个不同耦合常数（$J = 7$ Hz 和 1 Hz）的烯氢裂分，所以呈现图 1.29 所示的四个峰。这种模式也被称为双二重峰；而术语四重峰通常用于裂分强度比 1：3：3：1 的多重峰。$\delta\,1.88$ 处两个耦合常数不等，这与两个烯氢的四重峰耦合常数精确吻合。

巴豆酸乙酯氢谱的信号最终归属如下：

$$\delta \quad 1.9 \quad 7.0 \quad 5.8 \quad 4.2 \quad 1.3$$
$$CH_3CH{=}CHCO_2CH_2CH_3$$

积分值还可用于分析混合物中各组分的相对含量。这时，通常需要对某个基团的质子数进行归一化，然后根据不同分子中质子的相对积分值来计算出各组分的相对含量。也可以使用已知浓度的内标，通过比较内标与待测物质的积分比就能测量出样品的绝对浓度。

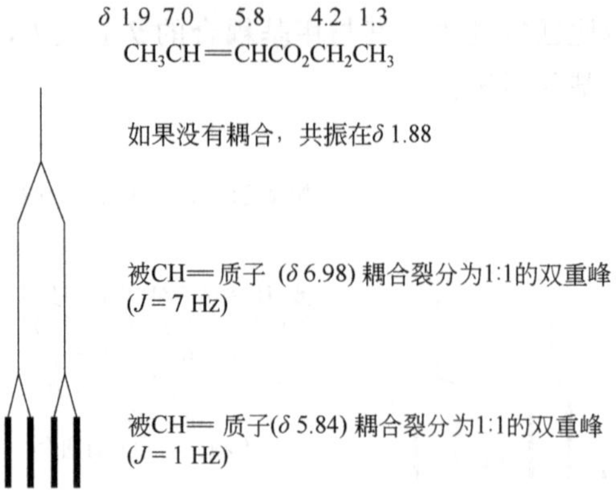

δ 1.9 7.0 5.8 4.2 1.3

$CH_3CH{=}CHCO_2CH_2CH_3$

如果没有耦合，共振在 δ 1.88

被CH= 质子（δ 6.98）耦合裂分为1:1的双重峰
（J = 7 Hz）

被CH= 质子（δ 5.84）耦合裂分为1:1的双重峰
（J = 1 Hz）

图 1.29 化学位移 δ 1.88处共振信号与多个自旋的非等价耦合产生的耦合裂分树形示意图

1.7

常用的 NMR 原子核

哪些原子核有助于解决化学相关的问题呢？具体的答案与研究领域有关。当然，对有机化学家来说，最重要的元素是碳、氢、氧和氮。生物化学家们会再加一个磷元素。有机金属或无机化学家会关注在某个领域具有潜在用途的元素，如硼、硅、锡、汞、铂，或者一些低丰度核，如铁和钾。这些元素的 NMR 实验能否成功取决于很多因素，表 1.2 列举了一些常见的原子核，接下来将详细介绍它们的 NMR 性质。

表 1.2 常用 NMR 原子核的性质

原子核	自旋	天然丰度（N_a）/%	天然灵敏度（N_s）（原子核数目相同）（相对比 ^{1}H）	感受性（相对比 ^{13}C）	NMR 频率（7.05 T）	参比物质
质子	1/2	99.985	1.00	5680	300.00	$(CH_3)_4Si$
氘	1	0.015	0.00965	0.0082	46.05	$(CD_3)_4Si$
锂-7	3/2	92.58	0.293	1540	38.86	LiCl
硼-10	3	19.58	0.0199	22.1	32.23	$Et_2O \cdot BF_3$
硼-11	3/2	80.42	0.165	754	96.21	$Et_2O \cdot BF_3$
碳-13	1/2	1.108	0.0159	1.00	75.45	$(CH_3)_4Si$
氮-14	1	99.63	0.00101	5.69	21.69	NH_3 (l)
氮-15	1/2	0.37	0.00104	0.0219	30.42	NH_3 (l)
氧-17	1	0.037	0.0291	0.0611	40.68	H_2O

核磁共振波谱学：
原理、应用和实验方法导论

原子核	自旋	天然丰度（N_a）/%	天然灵敏度（N_s）（原子核数目相同）（相对比 ^1H）	感受性（相对比 ^{13}C）	NMR 频率（7.05 T）	参比物质
氟-19	1/2	100	0.833	4730	282.27	CCl_3F
钠-23	3/2	100	0.0925	525	79.36	NaCl (aq)
铝-27	5/2	100	0.0206	117	78.17	$Al(H_2O)_6^{3+}$
硅-29	1/2	4.47	0.00784	2.09	59.61	$(CH_3)_4Si$
磷-31	1/2	100	0.0663	377	121.44	85% H_3PO_4
硫-33	3/2	0.76	0.00226	0.0973	23.04	CS_2
氯-35	3/2	75.53	0.0047	20.2	29.40	NaCl (aq)
氯-37	3/2	24.47	0.00274	3.8	24.47	NaCl (aq)
钾-39	3/2	93.1	0.000509	2.69	14.00	KCl (aq)
钙-43	7/2	0.145	0.00640	0.0527	20.19	$CaCl_2$ (aq)
铁-57	1/2	2.19	0.0000337	0.0042	9.71	$Fe(CO)_5$
钴-59	7/2	100	0.277	1570	71.19	$K_3Co(CN)_6$
铜-63	3/2	69.09	0.0931	365	79.58	$Cu(CH_3CN)_4^+BF_4^-$
硒-77	1/2	7.58	0.0693	2.98	57.22	$Se(CH_3)_2$
铑-103	1/2	100	0.0000312	0.177	9.56	金属铑（Rh）
锡-119	1/2	8.58	0.0517	25.2	37.29	$(CH_3)_4Sn$
碲-125	1/2	7.0	0.0315	12.5	78.51	$Te(CH_3)_2$
铂-195	1/2	33.8	0.00994	19.1	64.38	Na_2PtCl_6
汞-199	1/2	16.84	0.00567	5.42	53.73	$(CH_3)_2Hg$
铅-207	1/2	22.6	0.00920	11.8	62.57	$Pb(CH_3)_4$

引自参考文献[1]。

（1）自旋量子数　如 1.1 节讨论的那样，原子核的总自旋数量（表 1.2 第 2 列）由质子和中子的自旋性质决定。总的来说，自旋 1/2 的原子核比四极核（$I > 1/2$）的 NMR 性质更有利。质量数为奇数的原子核自旋为半整数（1/2、3/2 等），质量数为偶数但电荷奇数的原子核自旋为整数（1，2，…）。四极核的弛豫机制非常独特，造成它的弛豫时间极短，具体情况将在 5.1 节中讨论。依据海森堡不确定性原理，寿命（Δt）与能量变化（ΔE）之间的关系为：$\Delta E \Delta t \geqslant \hbar$（这个原理通常采用位置和动量的关系式来表示，通过单位转换，可以变成能量和时间的关系式）。自旋态的寿命则通过弛豫时间测量得到，当它非常短时，能量的不确定性（ΔE）变大，预示着频率更宽或者 NMR 谱上信号展宽。弛豫时间以及谱峰的增宽幅度也取决于原子核上的电荷分布，而电荷分布又与四极矩的大小有关。例如，尽管 ^{14}N（$I = 1$）的天然丰度大，但是它有四极增宽使得它的用途没有 ^{15}N（$I = 1/2$）广泛。

（2）天然丰度　自然界提供给我们的原子核丰度各异（表 1.2 第 3 列）。^{19}F 和 ^{31}P 的天然丰度都是 100%，^1H 接近 100%，^{13}C 只有 1.1%，用处最广泛的氮（^{15}N）和氧（^{17}O）核的天然丰度远低于 1%。原子核本身的天然丰度高，采集到它的一般 NMR 实验结果较容易。由于 ^{13}C 的含量低，同一个分子中相邻的位置同时拥有两个 ^{13}C 的概率极低（$0.011 \times 0.011 = 0.00012$，或约万分之一），所以虽然已经发展出测量 ^{13}C-^{13}C 耦合常数的方法，但是在碳谱中实际上很难观测到两个 ^{13}C 核之间的 J-耦合。

（3）天然灵敏度　不同原子核对 NMR 实验的灵敏度不同（表 1.2 第 4 列），它取决于原子核的旋磁比 γ 和相邻两个自旋态间的能量差 $\Delta E = \gamma \hbar B_0$（图 1.6）。相邻两个自旋态之间的能量差越大，处于低能级自旋态的原子核越多 [见方程（1.1）]，吸收能量的原子核更多。质子的 γ 较大，它是灵敏度最高的原子核之一，很遗憾 ^{13}C 和 ^{15}N 的灵敏度极低（图 1.6）。氚（^3H）可作为放射性标记，对生物化学家非常有用；它的 $I = 1/2$，灵敏度高；由于它的天然丰度为零，必须通过合成的方式才能引入 ^3H。作为氢的标记，氘的用途很广，但是氘的天然灵敏度低且自旋 $I = 1$，也必须通过合成来引入。无机化学家们感兴趣的原子核天然灵敏度差异较大，包括灵敏度低的铁和钾，也有高灵敏的锂和钴。因此，在设计 NMR 实验之前先熟悉原子核的天然灵敏度很重要。

（4）感受性（receptivity）　自旋 1/2 原子核的信号强度取决于核的天然丰度（合成标记的除外）和天然灵敏度。这两项的数学乘积预示着进行特定原子核 NMR 实验的难度。因为化学家们对 ^{13}C 实验非常熟悉，特定原子核的感受性可表示为其天然丰度和天然灵敏度的乘积除以 ^{13}C 的对应乘积（见表 1.2 第 5 列），所以 ^{13}C 的感受性被定义为 1.00。^{15}N 的感受性为 0.0219，这意味着 ^{15}N 的实验灵敏度比 ^{13}C 实验低 50 多倍。除了上述因素外，表 1.2 还给出了各种原子核在 7.05 T 中 NMR 的共振频率（第 6 列）。最后一列为测量各种原子核的核磁图谱时所用的参比物质，一般情况下，它们的化学位移 δ 定义为 0。

1.8

动态效应

根据前几节的理论，甲醇（CH_3OH）分子的氢谱必须包含有积分值为 3 的甲基（与 OH 耦合）两重峰以及积分值为 1 的 OH（与 CH_3 耦合）四重峰。当样品的纯度较高时或在低温下，可观测到这样的图谱 [图 1.30（b）]。但是，当样品中含少量酸或碱性杂质时，它们能促进分子间羟基质子的交换。当这个质子通过

核磁共振波谱学：
原理、应用和实验方法导论

任意机制从分子上脱离时，它的自旋态信息对于分子上剩余的质子不再有效。如果想观测到耦合，交换速率必须慢于耦合常数（单位：Hz 或 s^{-1}）。只有质子的交换速率为每秒几次时才能维持耦合现象。如果交换速率快于 J，则观测不到羟基与甲基质子间的耦合，因此高温下 [图 1.30 (a)] 甲醇的氢谱中只有两个单重峰。降低温度或减小酸碱催化剂的量，交换速率将变慢。只有当质子在氧上停留的时间足够长，允许甲基能感受到羟基质子自旋态的临界值时，才能观察到耦合现象。从图可以看出，甲醇从快交换（上图）切换到慢交换（下图）跨越了 80 ℃ 的温度范围。大多数实验条件下，样品中不可避免含有少量酸或碱杂质，所以羟基质子通常没有表现出与其它原子核的耦合。由于催化剂的含量少，OH 质子的积分值仍然是 1。有时，当处于快交换和慢交换中间的交换速率时，会观察到一个增宽的谱峰。氨基（—NH 或 —NH$_2$）、铵（—NH$_3^+$）和巯基（—SH）都有相似的现象。

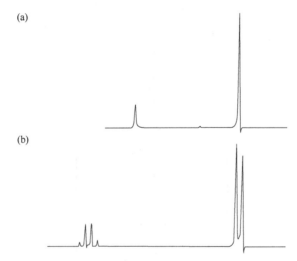

图 1.30　甲醇的 60 MHz 氢谱，实验温度：（a）50℃；（b）−30℃

耦合常数的平均过程也能平均化学位移。乙酸和苯甲酸混合溶液的氢谱中羧基质子只给出一个共振信号，原因在于分子间羧基质子的交换太快，谱图上仅显示两个羧基质子的平均化学位移。而且，当用水作为溶剂时，如羧基和醇羟基 OH 上的可交换质子并不能给出单独的共振信号。因此，乙酸（CH$_3$CO$_2$H）水溶液氢谱上只有两组而不是三组信号：水和羧基质子表现为一个信号，其化学位移值为两个纯物质的加权平均值。如果 —CO$_2$H 和水交换足够慢，将能观察到两个单独的信号。羧基质子在 CDCl$_3$ 等有机溶剂中表现为孤立的共振信号。在干燥的二甲基亚砜 [通常是氘代的 DMSO，用 (CD$_3$)$_2$SO 表示] 中，多羟基的分子通常交换缓慢，表现为分离的共振信号，有时甚至出现邻位的 H—O—C—H 耦合。

如果交换速率与化学位移差相当时，分子内（单分子）的反应也能影响 NMR

谱形状。例如，环己烷分子[(CH$_2$)$_6$]的直立键和平伏键质子不同，但是室温下其图谱中只有一个尖锐的单峰。这是因为六元环的翻转交换了平伏键和直立键的位置，分子中所有质子的平均化学位移相同，所以它的谱峰没有裂分。当这个过程的速率（单位：s^{-1}）大于平伏键和直立键间的化学位移差（单位：Hz，也是 s^{-1}）时，NMR 并不能区分这两种质子，所以只观测到一个峰。此时这个过程被称为快交换。但是当温度较低时，环翻转过程变慢。NMR 实验在-100 ℃时能区分两类质子，所以观测到两组共振信号（慢交换过程）。处在这两个温度之间则观测到增宽的谱峰，这反映了从快交换到慢交换的变化。图 1.31 为随温度变化的环己烷氢谱，除了一个质子外，其它环己烷上的质子都被氘取代（**1.3**，其中左边孤立的质子位于直立键，右边在平伏键），这消除了相邻质子-质子耦合的影响，从而简化谱图。

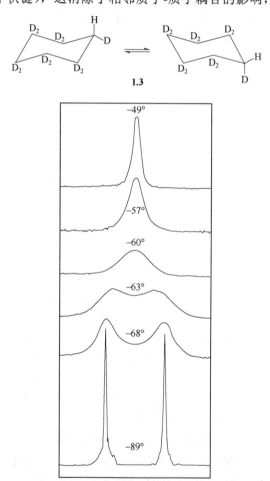

图 1.31　氘代环己烷-d_{11}在不同温度下的 60 MHz 氢谱

引自参考文献[2]，已获 American Institute of Physics 复制授权

核磁共振波谱学：
原理、应用和实验方法导论

影响谱图特征的平均化过程是可逆的，如酸催化甲醇中的分子间交换过程或环己烷中单分子重组过程。NMR是少数几种能研究平衡态下反应速率变化的方法之一。其它大多数动力学方法要求一种物质不可逆地转化成另外一种物质。动态效应所引起的化学位移或耦合常数平均化为表征每秒发生几次的过程提供了一个独特的窗口。5.2节将详细介绍这部分内容。

1.9
固体 NMR 谱

前面讨论的都是液体样品及它们的NMR谱。当然，采集固体的NMR谱也很有用，那之前我们为什么避免讨论它呢？原因是在常规液体NMR的实验条件下，得到的固体谱信号宽，无法分辨，提供的信息量有限。固体样品分辨率差的原因主要有两个。除了成键原子核之间的间接自旋-自旋相互作用（J-耦合）外，核磁子还能通过原子核偶极的作用直接耦合（D-耦合）。这种偶极-偶极或D-耦合通过空间而不是化学键产生。所得的耦合用字母D表示，它比J-耦合常数大很多。

溶液中，偶极随分子的不断翻转重新取向。正如两个磁棒在所有取向上进行平均时没有净的相互作用一样，由于随机翻滚的影响，两个原子核磁体没有净的偶极作用，因此，溶液中D-耦合通常平均为零。沿化学键发生的相互作用不能被翻转所平均，间接的J-耦合不能平均为零。固相中原子核的偶极位置固定，无法把D-耦合平均为零。固体中原子核间的主要相互作用实际上是D-耦合，大小从几百到几千赫兹。体积大的生物分子NMR谱中偶极作用也很明显，它在溶液中翻转缓慢，所以图谱的分辨率低。相互作用的大小取决于原子核偶极间的角度。假设固体中每个偶极处于任意的相对角度，那么在固体样品的最佳结构中，偶极耦合的实际值将从零到最大值变化。由于这种相互作用覆盖一系列数值，它比J-耦合和大多数的化学位移大很多，不能被平均掉，所以产生了非常宽的信号。

和J-耦合一样，可施加一个强大的B_2场来消除D-耦合。但消除D-耦合所需的功率远高于消除J-耦合，原因是D-耦合的数值比J-耦合大2～3个数量级。目前常用高功率去耦方法来窄化固体谱的线宽。实际上，对两种不同自旋1/2的原子核之间进行偶极去耦很容易，如对^1H去耦观测^{13}C。类似的对全质子去耦实验更加困难，这是因为观测核和去耦核的频率范围相同。因此，采集固体的碳谱比氢谱更容易。固体中观测四极核如^{27}Al也很困难。

固体谱中信号增宽的第二个因素是化学屏蔽各向异性。本书中避免用"化学位移各向异性"这个术语，主要原因是严格来说化学位移属于标量，没有各向异性。溶液中观测到的化学位移因为分子的快速运动，为原子核屏蔽效应在空间上所有取向的平均值。固体分子中特定原子核的屏蔽作用取决于分子相对于 B_0 场的取向。以丙酮的羰基碳为例。当 B_0 场与 C=O 键平行时，原子核受到的屏蔽作用不同于 C=O 键与 B_0 垂直的情况（图 1.32）。环绕原子核的电子产生的屏蔽作用随化学键在空间的取向而变化。图中所示结构以及所有其它结构中电子环流的差异也会产生一系列屏蔽值，从而表现为一系列的共振频率范围。对于不饱和的碳（C=O、C=C）来讲这种各向异性最大。饱和碳原子在磁场中的大部分取向屏蔽作用相似，所以它们的化学屏蔽各向异性小。

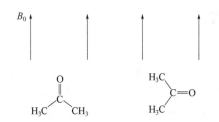

图 1.32　固态样品中屏蔽的各向异性示意图

因为屏蔽作用与几何分布有关，所以双共振并不能完全把化学屏蔽各向异性平均掉。通过样品旋转，模拟分子的翻转运动在很大程度上可以消除化学屏蔽各向异性的难题。当样品的旋转轴与静磁场 B_0 呈 54.74°夹角旋转时，消除各向异性的效果最佳。这个角度对应着立方体的边和相邻实心对角线间的夹角。沿对角线旋转正方体时，通过 x、y 和 z 轴的相互转化，每个笛卡尔坐标方向都被平均化，就像分子在液体中的翻转一样。当样品以上述角度绕磁场旋转时，图 1.32 所示的各种空间结构都被平均掉，化学屏蔽各向异性被削弱，从而得到各向同性的化学位移。在核磁上这项技术被称为魔角旋转（magic angle spinning，缩写为 MAS）。由于化学屏蔽各向异性大小通常为几百至几千赫兹，为了平均所有的取向，旋转速率必须大于这个数值。一般情况下最小的旋转速率为 2~5 kHz，但是可能高达 50 kHz（目前最高旋转速率已经超过 150 kHz）。此外，魔角旋转也可减弱偶极和四极相互作用。

高功率去耦技术减小偶极耦合，MAS 技术消除屏蔽各向异性，这两项技术相结合，得到几乎和液体碳谱一样高分辨率的固体碳谱。但是获取高分辨的固体氢谱或四极核谱需要更复杂的实验方法。图 1.33 给出了 β-对苯二酚甲醇包合物多晶样品的固体碳谱；其中，顶部没有特征的宽峰谱就是典型的固体谱 [图 1.33（a）]。施加高功率双照射技术削弱偶极耦合，得到具有一些特征的结构信息核磁谱 [图 1.33（b）]。MAS 技术结合高功率去耦得到真正的高分辨 NMR 谱 [图 1.33（c）]。

此外固态样品中原子核的弛豫时间极长，主要原因是自旋-晶格弛豫所需的有效运动速率缓慢甚至缺乏。通常脉冲之间需要等待几分钟才能让原子核充分弛豫，

核磁共振波谱学：
原理、应用和实验方法导论

所以采集固体碳谱时花费的时间一般很长。这里可充分利用与碳耦合的质子来克服固体碳谱实验时间太长的缺点。利用与消除 J-耦合和 D-耦合相同的双照射过程将质子的更高磁化和更快弛豫转移到碳原子，这个过程被称为交叉极化技术（cross polarization，缩写为 CP），它是现在大部分固体碳谱采集时的标准方法。在该脉冲序列中，利用一个 90°脉冲将质子的磁化转移到 y 轴后，连续施加 y 轴射频场保持磁化沿坐标轴进动，这个过程被称作自旋锁定。这个射频场的频率（ $\gamma_H B_H$ ）由实验员控制。当打开 ^{13}C 通道时，它的频率（ $\gamma_C B_C$ ）必须与质子的频率（ $\gamma_H B_H$ ）相等（Hartmann-Hahn 条件： $\gamma_H B_H = \gamma_C B_C$ ）。此时质子和碳以相同的频率进动，故它们的净磁化矢量一样。这样，质子的磁化被有效转移到碳原子上。与常规脉冲实验结果相比，碳原子的磁化显著增强。因此，碳原子的共振信号强度增加，弛豫更快（和质子一样快）。当碳原子共振信号强度达到最大值时，关闭射频场 B_C（接触时间结束），采集碳的磁化，同时维持 B_H 以实现偶极去耦和其它有用的效果，最终得到高分辨的固体碳谱。

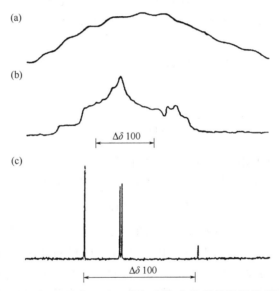

图 1.33　使用不同技术所得 β-对苯二酚甲醇包合物多晶样品的固体碳谱：（a）不去耦碳谱；（b）偶极去耦碳谱；（c）高功率去耦和魔角旋转联用技术所得碳谱
引自参考文献[3]，已获 JEOL News 复制授权

交叉极化-魔角旋转技术具有高分辨率和高灵敏度的优点，它为固体 NMR 的应用开辟了广阔的空间。固体 NMR 可用于不溶解或难溶的无机、有机材料研究，如合成高分子和煤就是最早研究的两个固体样品。随后，木材、腐植酸、生物膜等生物、地质样品也是固体 NMR 的研究对象。最重要的是固体 NMR 可以用于研究固相独有的难题——如液态和固态结构或构象的差异。

思考题

以下思考题中，假定所有分子都能绕单键快速转动。

1.1 指出下列分子中化学不等价氢原子和碳原子的数目及其相应的比值。

(a)　(b)　(c) $C_6H_5CH_2OCCH_3$　(d)

1.2 预测下列分子中各种质子的多重度。

(a) $ClCH_2CH_2CH_2Cl$　(b) $BrCH(CH_3)_2$　(c) $C_6H_5OCCH_2CH_3$　(d)

1.3 预测下列分子中不去耦时 ^1H 和 ^{13}C 共振信号的多重度。^{13}C 谱仅限于碳氢单键耦合，^1H 谱仅限于相邻质子的耦合（HCCH 或 ^3J）。

(a) $CH_3CH_2CH_2OCCH_3$　(b) —CH_2CH_2Br　(c)

(d) $N(CH_2CH_3)_3$　(e)

1.4 根据以下的 300 MHz 氢谱，完成以下任务：

（1）根据元素组成，计算不饱和度 U。不饱和度计算公式为：

$$U = C + 1 - 1/2(X - N)$$

其中，U 代表不饱和度，双键的不饱和度为 1，三键的不饱和度为 2，单环的不饱和度为 1；C 为四价原子（C 和 Si 等）的数目；X 为一价原子（H 及卤素）的数目；N 为三价原子（N 和 P 等）的数目。

（2）计算每组质子的相对积分值，通过选定一个基团确定积分，把积分值转换成绝对质子数目。

（3）归属各分子的结构，确保质子种类、积分值和裂分模式等方面与谱图完全吻合。

核磁共振波谱学：
原理、应用和实验方法导论

（a）C_4H_9Br

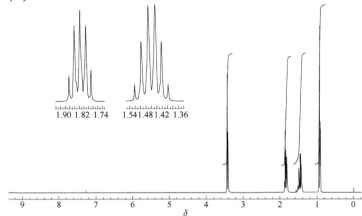

（b）$C_7H_{16}O_3$（δ 1.2 为信号强度比为 1:2:1 的三重峰，δ 3.6 为信号强度比为 1:3:3:1 的四重峰）

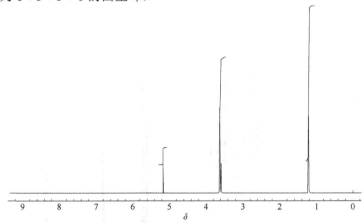

（c）$C_5H_8O_2$（本阶段忽略分子的立体化学）

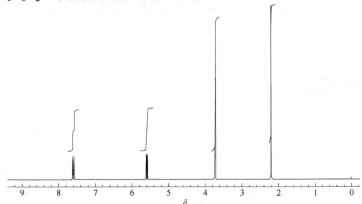

（d）$C_9H_{11}O_2N$（提示：最高频率 δ 6.6~7.8 处的共振信号为对位二取代苯环的质子信号，都是双峰。δ 4.3 信号为四重峰，δ 1.4 信号为三重峰。）

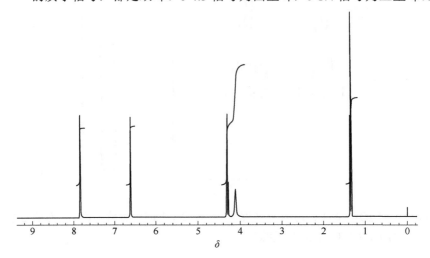

（e）C_5H_9ON（δ 1.2 和 δ 2.6 信号都为三重峰）

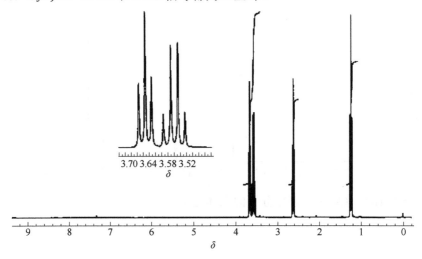

思考题解答提示

有些提示可能是上述思考题的答案，请务必自己思考之后再看。有些提示涉及到第 3 章和第 4 章内容。

（1）仅从元素分析得到化合物分子式的情况极少，通常需要通过分析高分辨质谱结果。如果没有这些信息，可借助核磁谱来推断。例如，碳谱提供不同碳原

核磁共振波谱学：
原理、应用和实验方法导论

子的个数以及等价碳原子的相对数量。当从核磁谱中推断出碳官能团数目时，必须把它们记下来，用于后续的分子各个部分结构的拼接。分析质谱和化学位移可知道是否有杂原子。

（2）如果问题中提供了分子式，那么第一步是计算不饱和度。列举出核磁谱分析过程中推导出的不饱和度，并与理论不饱和度相比较，直到包括所有的不饱和度。

（3）完成答题后，必须核对谱图，确定化学位移、耦合常数、积分信息与分子结构吻合。

（4）得到氢谱后，首先应该判断分子中是否存在芳烃、烯烃、饱和官能团（有无吸电子官能团）。碳谱首先判断是否有羰基。第 3 章列出了这些官能团的可能化学位移范围。

（5）被 X 取代后，氢谱和碳谱中甲基（CH_3—X）化学位移一般出现在最低频率（高场），其次是亚甲基（—CH_2—X），最后是次甲基（$\diagdown$CH—X）。

（6）乙基的特征峰包括一个 1∶2∶1 的三重峰和一个 1∶3∶3∶1 的四重峰，它们的耦合常数大小相同。异丙基由强度比 1∶1 的一个双峰和 1∶6∶15∶20∶15∶6∶1 的一个七重峰组成。有时可能会因为七重峰两侧的裂分太小而观测不到，因此第一眼看上去像个五重峰。

（7）依据电负性的不同，NO_2、Cl、Br、OH、CN、NH_2、C(=O)R、CHO、CO_2H、C≡C 等吸电子官能团使氢谱、碳谱中饱和原子核的共振信号产生相应的位移。本书中采用字母 R 表示烷基取代基，Ar 代表芳环取代基。取代基对化学位移的影响随距离的增加而下降，如 1-溴丙烷（$BrCH_2CH_2CH_3$），溴对最近的质子或碳影响最大，远离后随之降低。

（8）不饱和官能团（NO_2、CN、C=O）或含有孤对电子取代基（R_2N：、RO：、Cl：）与双键或芳香环相连时，存在共振效应，从而使双键和芳香环的共振信号向高频或低频位移，具体大小取决于它们是吸电子（不饱和取代基）还是推电子（孤对电子取代基）基团。作为取代基芳环既可以吸电子也可以推电子。烷基 R 取代基效应见第（5）条提示。

（9）伯醚（CH_2—OR）和伯醇（CH_2—OH）上的质子化学位移通常在 δ 3.7 附近，仲醚或仲醇的质子（CH—O）信号出现的频率更高，甲氧基上甲基（CH_3—O）信号在更低频率出现，与第（5）条提示一致。伯胺（—CH_2N）的质子信号通常在 δ 2.7 附近，与仲胺和甲胺质子信号适度偏离。与羰基相连的甲基质子信号在 δ 2.1 附近，与碳氢化合物中双键相邻的甲基质子信号在 δ 1.7 附近。

（10）碳氢化合物中环丙烷亚甲基质子（C—CH_2—C）的信号频率最低，通常在 δ 0.2 附近，环丙烷次甲基质子（C—CHR—C）的信号一般不在这个区域出现。

（11）与醚和醇的亚甲基质子（δ 3.7 附近）相比，酯中亚甲基 [RC(=O)OCH$_2$] 信号出现在更高频率（δ 4.2 附近），原因是酯基上氧原子的吸电子能力更强。酯中羰基存在吸电子共振效应，造成氧原子上带正电荷[RC(—O$^-$)=O$^+$—CH$_2$]。

（12）醛基氢[HC(=O)]信号在 δ 9.8 附近，这个位置比较特殊。

（13）羧基质子[HO—C(=O)]信号共振频率高，范围在 δ 12~14。超出了绝大部分有机化合物的 δ 0~10 常规氢谱范围。如果怀疑样品中有羧基，必须对谱宽进行相应的调整。当样品不含顺磁性杂质时，为了覆盖所有的共振信号，氢谱的谱宽应设为 δ −1~+15，碳谱的谱宽为 δ −5~+225。

（14）胺或醇中氮或氧原子上的质子（**OH**、**NH**、**NH$_2$**）通常在氯仿溶液中表现为一个宽且没有裂分的信号。由于交换现象，信号出现在 δ 1~4 附近。有机溶剂如 CDCl$_3$ 中，当醇浓度较稀时，R—OH 质子信号出现在 δ 1~2，当醇浓度较大或不含溶剂时，谱峰移至 δ 3~5。苯酚质子（**ArOH**）在 CDCl$_3$ 中为 δ 5~7，在 DMSO 溶液中为 δ 9~11。

（15）CDCl$_3$ 溶液中加一滴 D$_2$O 可以判断样品中是否含有可交换的质子。溶液会分层，少量 D$_2$O 层在顶部。摇动核磁管，可交换的质子如 OH 或 NH 与 D$_2$O 交换产生 OD 或 ND，它们在氢谱中没有信号。因此，对比滴加 D$_2$O 前后的氢谱，可交换质子信号消失，从而判断样品是否存在可交换质子。实验时，顶部水层最好在检测线圈外不被检测出来。

（16）依据 $n+1$ 规律判断相邻质子的数目用途有限。当前，判断质子之间的连接更多的是通过二维相关谱（COSY）实验（详见第 6 章）以及极化转移无扭曲增强（DEPT）得到的碳取代模式（CH$_3$ *vs* CH$_2$ *vs* CH *vs* C）及其相关实验（详见第 5 章）来进行推导。

参考文献

[1] Lambert, J.B. and Riddell, F.G. (1983). *The Multinuclear Approach to NMR Spectroscopy*. Dordrecht: D. Reidel.

[2] Bovey, F.A., Hood, F.P. III, Anderson, E.W., and Kornegay, R.L. (1964). *J. Chem. Phys.* 41: 2042.

[3] Terao, T. (1983). *JEOL News* 19: 12.

拓展阅读

Abraham, R J., Fisher, J., and Loftus, P. (1992). *Introduction to NMR Spectroscopy*, New York: Wiley.

Becker, E.D. (2000). *High Resolution NMR*, 3rd., New York: Academic Press.

核磁共振波谱学：
原理、应用和实验方法导论

Bovey, F.A., Jelinski, L.W., and Mirau, P.A. (1988). *Nuclear Magnetic Resonance Spectroscopy*, 2nd. San Diego: Academic Press.

Breitmaier, E. (2002). *Structure Elucidation by NMR in Organic Chemistry: A Practical Guide*, 3rd. New York: Wiley.

Brevard, C. and Granger, P. (1981). *Handbook of High Resolution Multinuclear NMR*, New York: Wiley.

Brey, W.S. (ed.) (1988). *Pulse Methods in 1D and 2D Liquid-Phase NMR*, New York: Academic Press.

Claridge, T.D.W. (2016). *High-Resolution NMR Techniques in Organic Chemistry*, 3rd. New York: Elsevier.

Derome, A.E. (1987). *Modern NMR Techniques*, Oxford, UK: Pergamon Press.

Duddeck, H. and Dietrich, W. (1992). *Structure Elucidation by Modern NMR*, 2nd. New York: Springer Verlag.

Farrar, T.C. (1989). *Pulse Nuclear Magnetic Resonance Spectroscopy*, 2nd. Chicago: Farragut Press.

Field, L.D. and Sternhell, S. (ed.) (1989). *Analytical NMR*, Chichester, UK: Wiley.

Findeisen, M. and Berger, S. (2014). *50 and More Essential NMR Experiments: A Detailed Guide*, New York: Wiley-VCH.

Freeman, R. (1988). *A Handbook of Nuclear Magnetic Resonance*, New York: Longman Scientific & Technical.

Friebolin, H. (2011). *Basic One- and Two-Dimensional NMR Spectroscopy*, 5th. New York: Wiley-VCH.

Fyfe, C.A. (1983). *Solid State NMR for Chemists*, Guelph, ON: C.F.C. Press.

Günther, H. (2013). *NMR Spectroscopy*, 3rd. New York: Wiley.

Harris, R.K. (1983). *Nuclear Magnetic Resonance Spectroscopy*, London: Pitman Publishing Ltd.

Harris, R.K. and Wasylishen, R.E. (ed.) (2012). *Encyclopedia of NMR* (10 volume set), New York: Wiley.

Hore, P.J. (2015). *Nuclear Magnetic Resonance*, 2nd. New York: Oxford University Press.

Jackman, L.M. and Sternhell, S. (1969). *Applications of Nuclear Magnetic Resonance Spectroscopy in Organic Chemistry*, 2nd. Oxford, UK: Pergamon Press.

Laws, D.D., Bitter, H.-M.L., and Jerschow, A. (2002). *Angew. Chem. Int. Ed.* 41: 3096-3129.

Ning, Y.-C. and Ernst, R.R. (2005). *Structural Identification of Organic Compounds with Spectroscopic Techniques*. Weinheim, Germany: Wiley-VCH.

Sanders, J.K.M. and Hunter, B.K. (1993). *Modern NMR Spectroscopy*, 2nd. Oxford: Oxford University Press.

第 **2** 章

NMR 实验方法介绍

在掌握了核磁共振波谱基本原理的基础上，接下来我们可以学习获取 ^1H NMR 谱和 ^{13}C NMR 谱的实验原理、方法及具体过程。^{13}C NMR 实验原理适用于许多其它自旋量子数为 1/2 的原子核如 ^{15}N、^{19}F、^{29}Si 和 ^{31}P。本章讨论的主要内容包括核磁共振波谱仪的典型构成、样品制备、信号优化、谱图采集参数设置、数据处理参数设置、谱图展示和仪器校准等。

2.1
核磁共振波谱仪

虽然市面上有各式各样的核磁共振波谱仪，但是它们的基本构成单元都相同，主要包括：①提供 B_0 场的磁体；②产生 B_1 脉冲和接收所产生 NMR 信号的部件；③磁体中放置样品的探头；④稳定 B_0 磁场和优化信号的硬件；⑤控制仪器运行和 NMR 信号处理的计算机等。

最早的 NMR 谱仪使用电磁铁，在连续波（CW）模式下工作，它的方式与现代的很多红外和紫外-可见光谱仪很相像。虽然这种谱仪的磁体灵敏度低、稳定性差，但是也有一代的化学家使用过这种仪器。现代的台式永磁仪器维护更加简单，但是灵敏度依然很低。目前绝大多数科研型的谱仪使用超导磁体，运行在脉冲傅里叶变换模式下（通常被称为 FT-NMR，1.4 节）。超导磁体的场强范围为 7.0～23.5 T（对应着 300～1000 MHz 之间的质子共振频率），它的稳定性更好、灵敏度更高。更重要的是，由于化学位移及其差值（都表示为 Hz）随场强的增加而提高，超导磁体产生的强磁场区分核磁信号的效果更好。超导磁体通常配有双层杜瓦的夹心结构，类似于一个带有中心轴孔的实心圆柱体，外层杜瓦填充液氮、内层杜瓦填充液氦。超导螺管线圈浸泡在液氦中，温度控制在 4.2 K 左右。目前螺管线圈中央腔的孔径为 53 mm 或 89 mm，购置后者的费用明显更高。中央腔管维持在室温环境，磁场 B_0 的方向（z 方向）与圆柱体的轴向一致。大多数样品配制成溶液，装在圆形 NMR 管中进行检测。对于无法用 NMR 溶剂溶解或更适合固态检测的材料，进行固体 NMR 研究变得越来越重要。液体核磁管的放置方向与超导磁体的 z 轴平行，而固态样品一般采用魔角旋转的办法采集数据（1.9 节）。

仪器控制台通常不与磁体放置在一起，它一般含有两个或多个发射通道。通常，质子通道与专用碳通道或宽带（broadband，缩写为 BB）通道平行，每个通道都有自己的频率合成仪和功率放大器。除了 ^{13}C 频率外，宽带通道还能调谐到任意一个低频核如 ^{15}N、^{31}P 和 ^{29}Si 等。大多数谱仪设计为可记录多个原子核的共振信息（多核谱仪）。由于 NMR 信号本身微弱，所以控制台还配有宽带信号接收器和用于放大来自探头的弱信号（与其它光谱方法如红外和紫外相比而言）的前置放大器。其它的标配还包括温控单元、匀场线圈电源和模数转换器等。几乎所有现代谱仪的附件中都包括脉冲场发生器（用于在一个或多个通道上产生梯度脉冲）和波形发生器（用于产生所需的形状脉冲和去耦脉冲序列来照射谱图的特定区域）。除了有与谱仪通讯和记录数据的主计算机外，现代谱仪还有配备专用的控制器/处理器来采集数据。如果经济条件允许，还会配置一台或多台工作站与主计算机相连，以便进行离线数据处理和绘制谱图。

样品通过探头被放置到磁体中磁场最均匀的区域。探头包括：①样品台；②调节样品在磁场中位置的传输管；③两个（或多个）用来提供 B_1 和 B_2（双共振）射频场和接收 NMR 信号的发射线圈；④场频连锁电路的线圈和⑤改善磁场均匀性的匀场单元等。接收线圈的位置与探头的主要目的密切相关。如果主要检测 ^1H，探头的内部为 ^1H 检测线圈，它离样品更近以获得最佳 ^1H 灵敏度，外部为检测 X 核的线圈。对于用于检测质子外杂核（包括 ^{13}C）的探头，X 核检测线圈在里，^1H 线圈在外。根据要求的不同，探头内径也不一样，可能使用直径 1.7～30 mm 的样品管。其中 5 mm 样品管的使用最广泛，它通常需要 500～650 μL 体积的溶剂，直径大于 10 mm 的样品管通常仅用于生物样品测试。

对于溶解度好但量少的样品，可使用所需溶液体积更小的微量管（120～150 μL）或亚微量管（25～30 μL）。微量探头的检测线圈与样品充分靠近，它能高效检测出微量浓缩样品的信号。相反，直径更大的 10 mm 或 15 mm 样品管适用于如下的情况：①样品充足、溶解度良好；②样品量少且溶解不好；③缺乏检测低灵敏核专用的微量探头。当样品量有限时，应该用微量核磁管；如果样品溶解度受限，则需要用直径较大的核磁管。

如果样品量少或（因分子量大所致）浓度相对较稀，还有两种提高 NMR 信号的方法。一种是传统的增加谱仪磁场强度办法，原因是检测灵敏度与场强 B_0 的 3/2 次方成正比。另外就是使用最近发展出的超低温探头，它的接收线圈和前置放大器都处于液氦或液氮的低温环境中，降低了电子电路上的噪声，从而提高信噪比。

2.2
样品制备

样品制备对于采集优质核磁图谱至关重要，第一个重要环节是选择高质量的 NMR 管。对于高场谱仪［400 MHz（含）以上］而言，核磁管的质量特别重要，它们也只能使用高质量的核磁管，如 New Era 公司的 MP5、HP5 和 UP5，Wilmad 公司的 528、535 和 541，以及 Aldrich 公司的 Z569348、Z569364 和 Z569380 等型号。使用过的核磁管必须认真清洗后才能重新使用。合理的清洗步骤如下：①使用玻璃洗液清洗核磁管；②用水冲洗（至少 10 次，彻底消除清洗液）；③依次用丙酮、乙醚（有时也可以用甲醇、$CHCl_3$）冲洗；④倒立核磁管，用吹风机或用真空泵风干。或者使用专门的核磁管清洗仪，它利用溶剂喷射来清洗核磁管，市场上有 New Era、Millipore Sigma 和 Wilmad-Lab Glass 公司销售专用的核磁管清洗器。它们与实验室的抽气泵相连后，能快速大量清洗核磁管，不能完全清洗的核磁管最好扔掉。清洗时碰到的最大问题是样品长时间放置后核磁管内的溶剂挥发。最简单的解决办法是制订良好的规章制度：在采集图谱后，易变或挥发性溶剂配制的样品必须快速转移到小瓶中，然后立即清洗核磁管。绝对禁止使用铬酸-硫酸（"清洁液"）清洗核磁管，原因是残留的顺磁性铬离子将会增宽下一个样品的信号（特别是质子）。此外，避免用烘箱干燥核磁管，加热以及放置不均匀会使核磁管变形而无法再次使用。

选择溶剂的基本依据是：①样品在该溶剂中溶解优良；②溶剂的信号与样品信号不重叠或不干扰被观测区域的信号。NMR 实验中一般使用氘代溶剂，它提供了锁场用的 ^2H 信号（2.3.3 节）。最常用的有机 NMR 溶剂是 $CDCl_3$。难溶于 $CDCl_3$ 的极性化合物可选用 CD_3OD 或丙酮-d_6。DMSO-d_6 是溶解极性化合物或者含羟基化合物的最佳溶剂。不过，需要特别注意 DMSO-d_6 容易吸水，样品回收需要使用高质量的真空泵。D_2O 是高极性离子化合物的良溶剂，如果待测样品浓度太稀，可采用水峰压制技术来抑制 D_2O 和大气中的 H_2O 交换后产生单氘代水（HOD）的强信号。最后，如果需要进行高于或低于室温范围的实验，应保证整个实验过程中所用的溶剂最好不能沸腾或凝固。

对于 NMR 实验来说，磁场的均匀性非常关键（2.3.4 节）。样品管的填充高度也很重要，它既不能太高也不能太低。探头或谱仪手册中一般会给出仪器所用 NMR 管最佳的样品溶液高度。样品的高度不足会对样品区域的磁场均匀性产生不利影响，而过高会使一部分样品处于接收器线圈外导致信噪比变差。如果偶尔 NMR 样品过高，有几种解决办法。如果在小瓶或试管中还有样品剩余，核磁样品仅仅是整个溶液的一部分，那么可以把多余的样品取出，放回到小瓶中。但是，如果核磁管中的样品①就是全部的样品，②相对量少，或③没有时间蒸发多余的溶剂，那么前面的方法就没有吸引力。这时必须考虑怎么把样品管合理放入到磁体中，这些内容将在 2.3.1 节中重点介绍。

样品在转移到核磁管之前，必须过滤去除溶液中残留的灰尘、污垢和不溶物等固体颗粒。过滤时，可将溶液吸入注射器中，通过 Millipore 滤膜或等效的过滤装置来清除固体颗粒。但是这种方法有一个难点，那就是可能引入邻苯二甲酸酯等杂质。如果怀疑样品中含有颗粒物，可以将核磁管翻转 45°来观测样品。当溶剂重新返回到核磁管底部时，很容易从样品管底部旋转的溶剂中观察到是否含有悬浮颗粒。

如果想要得到小分子化合物的超高分辨 NMR 谱，那么对样品进行脱气除氧很有用。为了克服核磁管密封时需要吹制玻璃的困难，可选用带螺纹帽的核磁管。当测量样品的绝对（不是有效）弛豫时间时，必须对样品进行严格的除气处理（详见 7.1 节）。

目前，质量少于 1 µg 的样品也能得到氢谱。不过，所得结果与待测物质的分子量、磁场强度、探头以及样品制备等因素有关。采集碳谱一般至少需要毫克级的样品量。最近开发的微量探头或亚微量探头进一步减少了采集氢谱和碳谱所需的样品量，目前最低样品量可分别为纳克级和微克级。

2.3
信号优化

2.3.1　样品管位置

除了本身就位于磁体中的探头外，还必须考虑样品管在探头中的位置。在转子中放置核磁管的正确位置通常采取以下两种方式中的一种来实现（关于在采样期间旋转样品管的原因将在 2.3.4 节中讨论）。一般情况下大多数仪器和探头制造商会提供样品高度表，它给出包含核磁管转子涡轮的结构图。确保转子正确放置的最佳办法是使用高度量规。这个小装置可以从仪器厂商处购买，也可以自行加工。不管如何，核磁管都要插入到转子涡轮中，转子涡轮要么按高度图放置，要么插入到高度量规中，向下推样品管直达底部，与高度图匹配或接触到高度量规的底部。

把核磁管正确放置在转子涡轮上至关重要。如果核磁管插入的高度不对，部分样品将处在接收器的线圈之外（这种情况与多加样品的效果一样）。如果核磁管插入太深，那么后果将更加糟糕。温度传感器、玻璃插件等都安装在稍低于核磁管极限深度的位置。核磁管插入太深很容易损坏价格昂贵的探头，有些样品也会因此超出接收器线圈的范围。前面已经提到过核磁管样品偶然过高，无法移除多余样品的问题，它的解决办法就在高度量规本身。一些量规直接给出接收器线圈的中心位置。如果有这个信息，那么可以通过调整样品管过高的位置，让接收器的线圈位于溶液的中央，这样可以保证射频（RF）线圈上下的样品量相同。然而，重要的是记住这种操作只能在插入的核磁管不超过最大管深时才可以。

2.3.2 探头调谐

NMR 实验一直饱受灵敏度低和分辨率差两个难题的困扰。为了达到最佳的灵敏度，现代的探头被设计成在一个狭窄频率范围内提供最优的性能。因此，必须仔细调谐探头到特定频率，使之与溶液的介电常数相匹配。探头中每个线圈都有调谐和匹配电容。第一步（调谐）是将线圈设置为所研究原子核的共振频率（表1.2）。这种操作类似于将无线电的旋钮转到所需的电台频率。适当的调谐是优化探头的灵敏度所需。第二步（匹配）是使线圈、含样品的溶剂和核磁管交流阻抗的总有效电阻等于发射器和接收器的交流阻抗之和。匹配是将射频能量最大程度从发射器转移到样品，然后再传递到接收器所必需。调谐是通过调整电容，使探头的调谐曲线或示波器的信号电平最低，或实现水平方向（调谐误差）和垂直方向（匹配误差）的 V 型信号与最佳位置重合。通常需要至少两次交替调整这两个电容优化探头才能达到最佳效果。探头的调谐电路非常精密，因此调谐时必须谨慎。

前面讲过，探头通常有两个线圈：^{1}H 核线圈和 X 核如 ^{13}C 或 ^{15}N 线圈。内部（或观测）线圈更灵敏，调整需要更加仔细。通常 ^{1}H NMR 谱的信噪比高，浓度较大的样品没有必要每次都进行探头调谐。但是，对于检测 X 核的 1D 和 2D 谱实验，以及许多检测 ^{1}H 的二维谱实验来说，调谐非常重要。此外，通常情况下，如果需要对质子宽带去耦，检测 X 核（1.5 节），也需对 ^{1}H 去耦线圈进行调谐优化。

2.3.3 场频锁定

所有磁体都有磁场漂移的现象，它可以通过电子锁定磁场与样品中所含物质的共振频率给予补偿。脉冲实验中锁场所用的原子核不能与待测或去耦的核相同，因此不能用 ^{1}H 锁场。氘（^{2}H）是锁场原子核的最佳候选者。几乎所有常见的有机溶剂都含有能被氘取代的质子。这种利用氘代溶剂的锁场办法亦称内锁。有些谱仪探头内部安装了密封的独立锁场用样品管，这种方式称为外锁。外锁技术只用于特殊用途的设备上，如只检测 ^{1}H 的连续波仪器和研究固态样品的谱仪等。

在前一种情况下，内锁通过调整锁场发射器的频率直到它与氘代试剂的共振频率匹配来实现。当锁场发射器的频率越来越接近氘的共振频率时，操作者将观察到干涉模式的正弦波数目逐渐下降，当两者频率相同时这种现象消失，随后操作者按下键盘上锁场按钮的"ON"键即完成锁场操作。许多现代化谱仪都有自动锁场的程序，软件自动寻找氘的共振频率，找到后完成自动锁场。

氘锁系统可以看作是与所期待的 NMR 实验同时进行的、但不可见的实验。和待测核一样，氘也有发射器和接收器。锁场信号的稳定性取决于以下几个因素：①磁场均匀性；②锁场发射器的功率，越低越好；③锁场信号的相位。锁场信号的特征与所涉及的问题有关。锁场信号没有规律地上蹿下跳说明样品含有必须过滤的悬浮颗粒物；锁场信号间歇性的波动表明锁场功率太大，出现锁场信号饱和。判断锁场信号是否饱和可用一个简单的办法：降低锁定功率，观察锁定电平的变化。如果发生了饱和，一开始降低锁场功率，锁场电平会下降，但随后重新升高到比以前更高的水平。

因为饱和或颗粒悬浮将造成锁场不稳定，干扰锁场通道对磁场均匀性的校正，所以要尽量避免出现这种现象。严重时它将造成锁场信号完全丢失。当锁场电平稳定时，应调节锁场相位（具体内容详见 2.3.4 节）使锁场电平最大。然而，大部分情况下我们只需要一个近似最大的锁场相位，原因是锁场相位依赖于磁场均匀性，这将在下一节讨论。

2.3.4　谱仪匀场

如前所述，NMR 实验本身就存在灵敏度和分辨率的难题。如果要求分辨率小于 0.5 Hz，那么 B_0 场必须有极高的均匀性（当 400 MHz 谱仪上分辨率为 0.4 Hz 或 600 MHz 为 0.6 Hz 时，磁场均匀性必须优于十亿分之一）。这种对于磁场均匀性的苛求也许能借助光学的角度来进行理解。已故的瓦里安核磁专家詹姆斯·舒勒里曾把这种分辨率形象比喻为：相当于在月球上用望远镜分辨地球上相隔约一只猫长度的两只猫。使用匀场线圈对 B_0 范围内的小梯度进行校正，从而提高磁场的均匀性，这个过程被称为匀场。这个名称来源于 NMR 发展早期，人们利用非磁性金属（垫片）小块放置在两块电磁铁之间，通过改变距离来提高磁场的均匀性而得名。当今，磁体 z 方向的场强通常随位置而改变，可通过对探头内置的匀场线圈施加一个小电流来补偿磁场梯度。目前用于校正梯度的匀场线圈包括笛卡尔坐标系三个坐标轴方向（主梯度 x、y 和 z）、高阶（z^2、z^3、z^4 等）和组合梯度（xz、yz、x^2-y^2 等）。

匀场所需的程度取决于以下因素：①制备样品的质量；②初始匀场参数；③待测样品对分辨率的要求。因此当把样品放入磁体中，调谐探头，锁场后，操作者

核磁共振波谱学：
原理、应用和实验方法导论

调整各种匀场按钮，让样品区域的磁场尽可能均匀。一种匀场的方法是优化一阶和二阶轴向梯度（z 和 z^2），快速采集氢谱来检查磁场的均匀性。如果氢谱中谱峰的线形对称，整体外观合理，那么操作者可以继续匀场。如果均匀性很差，则操作者可以从①之前采集的相同溶剂氢谱，或②从（已经创建的）核磁实验匀场数据库中读取保存的（同一个探头）匀场文件。不管哪种做法都能提供一个良好的匀场初始值。

判断匀场效果好坏有两种办法：锁场电平最大或样品 FID 的面积最大。第一种方法比较简单，容易操作，但是当要求的分辨率极高时，第二种方法更好。后者通过 FID 信号面积最大来判断匀场效果并不是观察图谱中实际的共振信号。不管如何，重要的是记住匀场是一个交互过程。当磁场的均匀性提高时，锁场电平也随之增加，此时必须重新调整锁场信号的相位（与核磁信号类似，2.6.1 节）来保证每次重新匀场前锁场的电平最大。

利用气流让样品绕 z 轴以 $20\sim25$ Hz 的速率旋转可以进一步提升磁场均匀性。样品旋转提升分辨率的原因是样品管中特定位置的原子核感受到的磁场被圆周运动平均掉。超导磁体中核磁管方向与 z 轴一致。但是旋转无法消除 z 方向上的梯度，因此必须对 z 方向梯度匀场。如果图谱中出现明显的旋转边带（强信号两侧的信号与中心信号的间距与旋转频率相等），推荐优化非旋转的梯度（xy 或 xz）。现代谱仪配备非轴向匀场线圈的自动匀场程序，一般无需这个步骤即可完成上述操作。

匀场是一门艺术，几乎所有的匀场高手都是核磁专家。开始匀场前，必须把锁场电平调整到锁场窗口的中间位置，同时避免锁场功率过高引起锁场信号饱和（2.3.3 节）以及锁场增益设置不当出现锁场电平偏高的现象。当锁场电平非常接近最大值时，很难看清楚匀场是否改善。Braun 等人提出了一套详尽的匀场方案[1]。对于当今的超导磁体来说，能满足大多数实验的简单匀场方案如下：①旋转样品，交替调整 Z1 和 Z2（先粗调后细调）使锁场电平最大；②停止旋转，交替调整 Z1 和低阶的非旋转梯度（X、Y、XZ 和 YZ）；③再次旋转样品（转速与之前的一致），交替调整 z 轴的高阶梯度（如 Z3、Z4、Z5，如果面板上有这些按钮）；④再次停止旋转，交替调整高阶的非旋转梯度（X2-Y2、X3、Y3 等）。建议每个步骤采集一张氢谱，方便比较谱图质量。随着匀场的改进，图谱质量得以提高。如果在 Z1、Z2 优化之外的步骤中发现锁场电平或 FID 面积发生重大的变化，那么必须根据测试结果重复第一步和其它可能的步骤。二维实验一般不旋转样品，所以优化 z 方向的梯度时，也不能旋转样品。

实际上，如果制备的样品质量高、初始匀场参数好，一般只需第一步匀场。如果需要深入的匀场，使用谱仪软件的自动匀场程序会更方便。这种自动匀场程序会依次反复优化梯度匀场线圈。当处理相对不敏感、变化小的锁场信号时它们特别有用，因为操作员常常不知道在匀场期间某个特定的匀场变化是否正确。

通常可以通过图谱线形（通常用氢谱）来判断匀场效果。图 2.1 给出了一个或多个匀场线圈调整不当时核磁共振信号的特征线形。

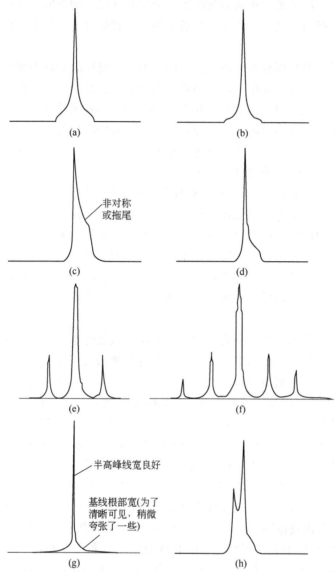

图 2.1　匀场线圈设置错误时谱峰线形的变化：（a）Z3、（b）Z5、（c）Z2 和（d）Z4 错误；（e）一阶旋转边带，X、Y、XZ 和 YZ 不对；（f）二阶旋转边带，XY 和 X2-Y2 在一阶边带顶部设置不当；（g）高阶的非旋转匀场，X3、Y3、Z3X 和 Z3Y 设置不当；（h）Z1、Z2 和 Z4 设置不当（作为演示，这些影响稍微有些夸大）

资料来源：瓦里安技术说明

　核磁共振波谱学：
　　　　原理、应用和实验方法导论

如果奇数的匀场线圈设置不当，将会造成线形的对称展宽，Z1 数值不正确时对称展宽非常明显。如图 2.1（a）、（b）中所示，如果 Z3 或 Z5 设置不当，展宽的程度不仅更小，而且还接近于越来越高阶梯度的基线。与 Z3 的展宽相比［图 2.1（a）］，Z5 的幅度看上去更小，变形的起始位置更靠近基线［图 2.1（b）］。

如果如图 2.1（c）和（d）一样，Z2、Z4 设置不当，将造成线形不对称增宽。这些偶数的匀场线圈对谱线增宽影响的大小同样与匀场线圈的阶数成反比。图 2.1（c）的 Z2 增宽信号比图 2.1（d）的 Z4 更高。此外，非对称的方向（高或低频）与线圈调整不当的方向与磁体制造厂商有关。图 2.1（c）和（d）所示的例子中，当 Z2 或 Z4 设置过大时，非对称性展宽出现在低频（高场）方向。如果设置过小，则出现在高频（低场）方向。如果磁体的极性颠倒，上面所讲的 Z2 和 Z4 非对称展宽现象正好相反。

当样品旋转，匀场效果依然很差时，那么 x、y 梯度产生异常大的旋转边带。这些边带在信号（通常是尖锐单峰）的两侧出现，与信号（中心）的距离分别为转速的整数倍，如果转速为 20 Hz，那就依次为 20 Hz、40 Hz 等。如果一阶匀场（X、Y、XZ 或 YZ）设置不当［图 2.1（e）］，则观察到不均匀的大一阶（内侧）旋转边带。相反，如果 XY 或 X2-Y2 设置不对，会出现异常的大二阶（外侧）旋转边带。当上述两组匀场线圈同时不对时，将出现如［图 2.1（f）］所示的一阶和二阶旋转边带。最后，当高阶的非旋转匀场线圈（X3、Y3、Z3X 和 Z3Y）设置不当时，将造成信号的底部增宽［图 2.1（g）］。当然，绝大多数情况下会出现多个匀场线圈同时设置不当的现象，得到的线形更加纷乱，上面依赖于眼睛的分析也更加复杂。比如［图 2.1（h）］Z1 方向不对、Z2 太小、Z4 太大的情况。注意，如果谱仪维护良好，每个样品通常只需调整 Z1 和 Z2。

对于带有脉冲场梯度附件和梯度线圈探头的谱仪来说，还有一种更快捷有效的匀场方法（6.6 节）。这个过程被称为梯度匀场。脉冲梯度附件用来产生沿特定轴的一个场"图"，然后计算与这个轴有关的匀场线圈优化设置。绝大部分情况下，探头只有一个 z 轴梯度线圈，这个方式只能优化 Z1～Z5 的设置。但是，这些设置最关键，如果有合适的梯度附件，强烈推荐使用这种匀场方法。

2.4
NMR 谱采样参数设定

在收集 FT-NMR 实验数据之前，必须考虑多个采样参数。第一个必须考虑的参数是谱图的分辨率（spectral resolution，缩写为 SR），它由采样所需的时间直接决定。为了区分相差 $\Delta\nu$（单位为 Hz）的两个信号，数据采样时间至少为 $1/\Delta\nu$ s。例如，如果所需碳谱的分辨率为 0.5 Hz，采样时间至少为 1/0.5 Hz 即 2.0 s。延长采样时间能提高分辨率，例如采样时间为 4 s 时，分辨率为 0.25 Hz。因此，在达到信号的自然线宽之前，如果所需谱线较窄，采样时间将更长。

第二个参数涉及检测频率的范围（即谱宽 spectral width，缩写为 sw）。它由检测器采样 FID 值的频率，即采样率（sampling rate）决定。FID 由一系列正弦曲线构成（图 1.16）。为了确定一个特定信号的频率，必须在一个正弦周期内至少进行两次采样（Nyquist 条件）。假如所有信号的频率范围为 N Hz，FID 信号的采集速率就应该为 $2N$ Hz。例如，共振频率为 100 MHz 时，碳谱的谱宽为 20000 Hz（化学位移范围为 200），其采样频率必须为 40000 次/秒。图 2.2 就是这种情况：顶部（a）在每个周期内精确采样信号两次（每个点为一次采样）；（b）较高频率的信号以相同的速率采样，但采样速率不足，无法确定它的共振频率。实际上，（c）的低频信号与（b）的点集完全相同，这就无法区分（b）数据点的真实信号与（c）偏移或折叠信号的频率（这将在 2.4.2 节中讨论）。对于上面的 ^{13}C 样品，如果当谱宽减少到 10000 Hz（100 MHz 下谱宽为 10000 Hz），每秒采集 20000 次/秒时，在 δ0～100 检测范围内，δ150（15000 Hz）的频率将表现为一个扭曲的谱峰。这时精确测量的最高频率为采样速率的一半，即 10000 Hz。由于测试的频率比允许的最大频率还大，所以可以计算出来这个信号的偏移程度，为 15000 Hz（实际）－10000 Hz（限制）= 5000 Hz（100 MHz 谱仪上为 $\Delta\delta$ 50）。

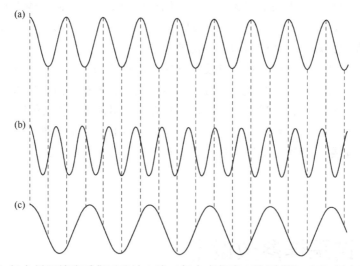

图 2.2　（a）每个循环精确采集正弦波 2 次（每个点代表一次采样）；（b）每个循环采集正弦波少于 2 次；（c）与（b）采样的点数相同，但正弦波频率更低，每个循环采样多于 2 次［（b）的频率没有被检测到，但是表现为（c）频率处的一个偏移的信号］

来源：引自参考文献[3]，已获得 IBM Instrument 复制许可

核磁共振波谱学：
原理、应用和实验方法导论

如果对信号进行 20000 次/秒采样，检测每个点需要 50 μs。采样速率的倒数被称为驻留时间（dwell time），它表示采样时间的间隔。减小驻留时间意味着单位时间内采样的点数更多，因此需要更多的计算机内存。采样时间为 4 s（分辨率 0.25 Hz）、采样速率为 20000 次/秒（谱宽为 10000 Hz）时，计算机需要储存 80000 个数据点。如果计算机内存不足，只能储存较少的数据点，那么可适当降低分辨率或减小谱宽。

与现在的计算机相比，FT-NMR 技术发展早期时谱仪专用的计算机速度缓慢且内存有限。因此，核磁专家必须对上述的谱宽和分辨率进行取舍。值得庆幸的是，现在我们有速度快、内存大的谱仪专用计算机。绝大部分情况下，核磁专家不再受限于计算机，仅需从科学的角度来精确设置实验参数。

就像 2.3.4 节中讨论的 NMR 实验室匀场数据库一样，核磁谱仪通常自带适合于常见样品氢谱和碳谱实验的采样参数。然而，了解这些谱图参数及它们的作用也很重要。

2.4.1　数据点数

当数据点数（data points，简写为 np）为 2 的整数次幂时，执行离散傅里叶变换的计算机算法更有效。通常覆盖整个谱宽至少需要 16384（氢谱 "16 K"）和 32768（碳谱 "32 K"）个数据点。现在的高场谱仪配备的计算机内存更大，常用更多的数据点。

2.4.2　谱宽

谱宽（sw）是待测 NMR 信号的频率范围，当然它也是预期信号的频率范围。通常氢谱的谱宽（$\Delta\delta$）小于 10，但是少数样品的谱宽高达 20（第 3 章）。正常碳谱的频率范围不超过 220（也见第 3 章），通常设置其谱宽为 220。氢谱的谱宽范围设置取决于所测样品是已知还是未知。如果是不含异常去屏蔽质子（它会导致信号的频率高，出现在低场）的已知样品，$\Delta\delta$ 10 的谱宽足够。但是，对于未知样品，初始谱宽 $\Delta\delta$ 可设置为 15，以防出现极高频率如羧酸质子的信号。如果没有观测到这种信号，随后谱宽可设置为 10。

本节开始时从采样速率的角度介绍过信号变形或折叠的概念。当信号的频率超出谱宽的范围时，它将折叠到谱图中，表现为扭曲的信号。谱图中发生信号折叠的方式取决于检测信号的方法。现代仪器中正交相位检测（见 5.8 节）是一种标准方法，它有两种方式：①参考相位差为 90°的两个相敏检测器；②一个检测器，每次采样后接收器相位增加 90°。对于操作者而言，了解仪器采用的检测方式很重要，原因是这两种检测方式产生的信号折叠完全不同。

图 2.3 示意了采用两种不同正交相位检测方法得到的谱图中 NMR 信号折叠的区别。

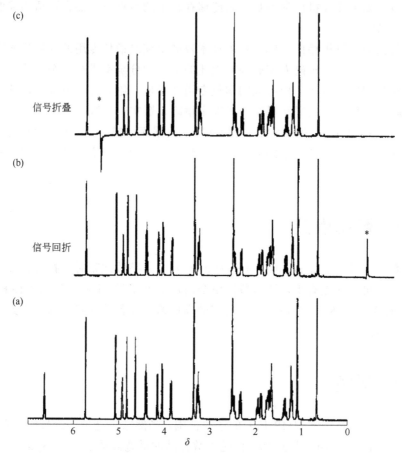

图 2.3 发生信号折叠图谱的比较：（a）正常谱图，所有信号的化学位移正确；
（b）最高频的信号折叠到低频端的谱图中；（c）最高频信号折叠回后高频区
的图谱中。折叠信号用星号标记，两种情况下都发生扭曲
来源：引自参考文献[4]，已获 Elsevier 复制许可

如果采用两个相敏检测器，谱宽外的信号将在与自己位置相反的另一侧出现，例如本应该出现在高频区的信号出现在相反的低频区，反之亦然 [图 2.3（b）]。相反，只用一个单相检测器时，本该在高频区出现的信号折叠后依然在相同的高频区，反之亦然 [如图 2.3（c）所示]。

当操作者怀疑有扭曲信号时，判断扭曲的测试步骤也取决于所用的正交检测

核磁共振波谱学：
原理、应用和实验方法导论

方法。不过，不管使用哪种方法，必须要增加 sw 参数。所怀疑的扭曲共振位置将随剩余信号的变化而发生改变。

此外，单相检测体系中可以改变发射器偏置（2.4.5 节）几百赫兹，所怀疑的折叠信号将朝正常信号相反的方向移动。这个改变发射器偏移的测试方法假设在奇数次累加上出现折叠。一般很少听说过 ^1H 和 ^{13}C 谱有多重折叠的现象。但当观测不常见的原子核时须谨慎，因为不常见原子核的信号少，化学位移范围宽，出现假信号的可能性更大。当在偶数次累加检测到折叠时更加困难，原因是改变发射器偏移的测试可能没有用处（所有的信号可能朝相同的方向移动）。对于任何一种正交检测的方法，如果谱图中只有倍增（偶数）的异常信号，增加谱宽不一定是最佳办法。这时，采用逐渐减小谱宽、标记信号的位置，直至信号出现奇数次折叠或回折会更好。

2.4.3　过滤器带宽

除了信号偶尔超出谱宽外，噪声也会折叠返回到谱图中。如果在所需谱宽的边缘放置过滤器可以大幅降低这些噪声。然而，设置这些过滤器的位置时必须小心，因为它们不会快速截止，反而会降低接近预期谱图末端的信号强度。过滤器的位置由过滤器带宽参数决定，通常为谱宽的 1.1～1.25 倍。当谱宽设定完成后，谱仪软件会自动设置过滤器的带宽。

2.4.4　采样时间

采样时间（t_a）与之前方程（2.1）提到的两个参数有关：

$$np = 2(sw)t_a \qquad (2.1)$$

如果氢谱的 np = 32 K、sw = 4000 Hz（对应着 400 MHz 时 $\Delta\delta$ 10 的范围），则 t_a 约为 4.1 s。如果记录碳谱时，np = 32 K、sw = 22000 Hz（100 MHz 上谱宽为 $\Delta\delta$ 220），则 t_a 大约为 0.75 s。当数据点数和谱宽设置确定后，谱仪软件将自动完成采样时间的设置。

2.4.5　发射器偏移

发射器偏移定义了观察频率的位置，它与谱宽密切相关。当使用正交相敏检测样品的信号（5.8 节）时，发射器的频率位于谱宽的中央。这样操作者就有最好时机以相同强度照射那些接近和远离发射频率的共振原子核。质子化学位移的范围窄，同时激发所有的共振核很容易，但是，对那些化学位移范围大的原子核来说就比较困难（第 3 章）。

标准采样参数的设置通常包含典型的发射器偏置值。如果需要的谱宽更大，可以用浓缩样品或标样进行简单尝试，以便实验人员选择并确定谱宽。例如，如果怀疑样品里有强去屏蔽的质子时，需要将常规谱宽 10×10^{-6}（对应于 400 MHz 中的 4000 Hz）增大至 15×10^{-6}（6000 Hz），为了将增加的 5×10^{-6}（2000 Hz）的 sw 移至 $10 \times 10^{-6} \sim 15 \times 10^{-6}$ 的高频（低场）端，这需要发射器偏移量 2.5×10^{-6}（400 MHz 仪器上的 1000 Hz）。这样做把发射器偏置依然位于谱宽的中心位置。

2.4.6 翻转角度

翻转角度（α）的设置有不少争议，情况详见图 1.13。如果记录谱图数据的时间一定，有两种采集信号的基本方式：①使用一系列 90° 脉冲［如图 1.13（c）所示］，在脉冲之间等待一段时间［采集时间加弛豫延迟时间（DT）］来恢复平衡磁化（M_{z0}），或②使用一系列短脉冲［如图 1.13（b）所示，其中 α 可能是 30°］，脉冲之间没有任何等待的时间。后者意味着在采样时间（t_a）内 M_{z0} 必须完全恢复。

可以通过以下的分析解决翻转角度的问题。如图 1.13 所示，让我们将一个广义的核矢量放入一系列不同宽度的脉冲中，并确定接收器检测的是原始磁化在 y 轴上的分量。我们之前看到 90° 脉冲把所有的磁化移至 y 轴［图 1.13（c）］。相反，30° 脉冲仅使磁化偏离 z 轴 30°［与图 1.13（b）类似］。利用三角函数关系式可发现 y 轴的磁化分量与角度 α 之间呈正弦关系，因此 30° 脉冲转移一半的原始磁化（sin30°）到 y 轴，但是约 87%（cos30°）保留在 z 轴上。与 90° 脉冲相比，使用 30° 脉冲时 z 磁化恢复更快，因此执行 30° 脉冲的速度比对应的 90° 脉冲更快一些。当然，采用这种方法，每次脉冲后采集到的信号强度会更小一些。

Richard Ernst 教授（1991 年的诺贝尔化学奖得主）最终证明使用小于 90° 脉冲且脉冲间没有延迟（DT）的方法更好[2]。他计算了 T/T_1（max）比值与最佳翻转角 α^0（恩斯特角）的关系。这个公式中，T 是脉冲周期的时间，为采样时间 t_a 和弛豫时间 DT 之和。T_1（max）是待测样品的最长纵向弛豫时间。图 2.4 为 T/T_1（max）比值与最佳翻转角 α^0 之间的关系图。使用时，把估算或测试的 T_1（max）除脉冲周期 T，然后从图中读出该值所对应的最佳翻转角度。如果使用 90° 脉冲，则 $T = 1.27T_1$（max）。

核磁共振波谱学：
原理、应用和实验方法导论

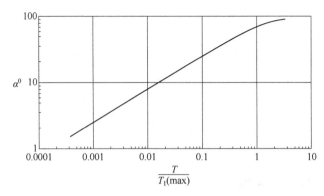

图 2.4　最佳翻转角度（恩斯特角）与 T/T_1（max）比值的关系图

多年以来恩斯特角关系式的使用效果一直良好，但是，由于各种原因，如果当 T/T_1（max）比值超出图中的范围（如图 2.4 的左侧）或计算得到的最佳翻转角太小，超出仪器范围时，就会出现问题。以下情况需要使用弛豫延迟。首先是 T_1 异常长的情况，其次存在 t_a 太短的风险，在更高场强（如 14.1 T，600 MHz，^{1}H）下这种现象现在越来越普遍。当 B_0 增加时，以赫兹为单位的 sw 也增加，根据方程（2.1），t_a 随 sw 的增加而减小。此时，引入弛豫延迟可以把 T/T_1（max）比值恢复到有效的正常范围内。

从 2.4 节开始处可知，即使 t_a 对于所涉及的弛豫时间来说似乎不短，但谱图分辨率（SR）和 t_a 成反比。例如，当所需氢谱和碳谱的 SR 依次为 0.25 Hz 和 1 Hz 时，对应的采样时间 t_a 分别约为 4 s 和 1 s。解决 t_a 过短的一个办法是使用更多的数据点。如果 np 从 32768（32 K）加倍至 65536（64 K），t_a 值也加倍（假设 sw 不变）。但是这种办法要求谱仪计算机的速度更快、内存更多。

对于氢谱和碳谱来说，恩斯特角关系式的效果明显不同。从 2.4.4 节可知，400 MHz 氢谱的谱宽 10 对应约为 4 s 的采样时间，100 MHz 碳谱的谱宽 220 约为 0.75 s 的采样时间。因此，本质上如果 T 等于采样时间 t_a（脉冲宽度 t_p 一般为微秒级，可以忽略它对 T 的贡献），则对于 ^{1}H 和 ^{13}C 来说，T/T_1（max）的分子完全不同。当不考虑季碳时，分母比想象的差别要小。质子的 T_1 值和与氢成键的碳大小相似，如果分子量很小，则低于 2～3 s（详见 5.1 节）。季碳属于另外一种情况，它的 T_1 相对更长。不过，在计算 T/T_1（max）值时，核磁专家通常不会直接考虑季碳的 T_1 值。

通常由于 ^{1}H 和 ^{13}C 的 T_1 值未知，可利用如下的方式选择翻转角度（α）。对于 ^{1}H NMR 实验，$T = t_a$，约为 4 s；T_1（max）约为 2～3 s 时，恩斯特角（α^0）约为 76°～83°。由于这些 T_1 是近似值，许多操作者直接把翻转角度设置为 90°。这时，弛豫更慢的质子平衡磁化将不能完全恢复，它们的信号强度会降低甚至有时消失。不过，一般这样做没有问题。

　　对于 ^{13}C NMR 实验，情况就不是特别清楚。通常设置 $T = t_a$，约为 0.75 s；与氢相连碳的 T_1（max）约为 2～3 s，恩斯特角 α^0 约为 40°～45°。但是，假设我们要观测的分子中含有季碳时，可将翻转角度 α 设置得更小一些，这样季碳也能给出信号，不过强度稍低。许多操作者取个中间值，如果季碳最长时间估计为大约 10 s，则设置 $\alpha = 45°$；如果预期的 T_1 值更长，可设置 $\alpha = 30°$。

2.4.7　接收器增益

　　当原子核被激发，失去相位相干、重建 z 磁化平衡时产生微弱的瞬态信号，此时打开接收器检测此信号的时机是依据经验而定。设置合适接收器增益的重要性在于：①增益太高将会导致傅里叶变换后信号的基线扭曲和②增益太低会损失微弱的信号。现代谱仪包含自动增益设置程序，它根据脉冲翻转角一定时，第一次发送信号时完整的接收器增益来设定。如果出现接收器溢出现象，可以降低增益 10% 再尝试，重复这个过程，直到接收器不过载时为止。

2.4.8　扫描次数

　　扫描次数（ns）或瞬态信号的收集不仅与所需的谱图质量有关，某种程度上还与操作员可用的机时以及成本有关。此外，NMR 实验本身就需要多次扫描或信号平均，所以必须考虑如何提高图谱的信噪比（S/N）。这个过程中数字化的 FID 存储在计算机内存里。然后将记录下的其它 FID 添加到相同的存储位置。随着扫描次数的增加，信号被加强，而噪声被抵消。如果扫描 n 次，对结果进行数学加和，随机过程理论表明，信号强度与 n 成正比，噪声与 $n^{1/2}$ 成正比，因此 S/N 增加的幅度为 $n/n^{1/2}$，即 $n^{1/2}$。例如，氢谱中最初设置 ns 为一个较大的数值，如 1024，开始时 4 次扫描。如果发现设置的 ns 数值太小，则可以再增加 60 次，累加后进行傅里叶变换。两次实验增加的 S/N 大小为 S/N $= \sqrt{64/4} = 4$。在 FT-NMR 中多次累加已经是常规操作，对于天然丰度低、难以观察的如 ^{13}C、^{15}N 等原子核来说，多次累加不可或缺。

　　氢谱的扫描次数必须为 4 的倍数，原因是它是满足 CYCLOPS 相位循环的最少次数，它能减弱与正交信号检测相关的缺陷（5.8 节）。获得一个基线光滑的优质谱图通常需要扫描 4～128 次。但是，扫描次数主要取决于样品的浓度，氢谱累加超过一小时的情况很少。

在这方面，很多谱仪增加了一个模块大小的参数。氢谱的模块大小通常设为4 或 4 的倍数，具体的数值取决于样品的浓度。扫描次数乘以重复的时间就是操作者使用的总实验时间（现代化谱仪都有计算实验总时间的自动化程序，根据扫描次数 ns、采样时间 t_a 和弛豫延迟 DT 可计算出实验的总时间）。每个模块结束后，总 FID（见上述）之和写入计算机的内存，进行傅里叶变换。当显示的谱图 S/N 达到实验要求后，即可中止采样。记住，基于上面讨论的平方根关系，如果 S/N 加倍，扫描次数必须是原来的 4 倍。

对于 ^{13}C 和其它灵敏度低的原子核来说，获取一张良好谱图所需的扫描次数远远多于氢谱。它采用与氢谱类似的办法，扫描次数设置为操作者预留的最大谱仪时间对应的数值（现在是几个小时）。由于扫描的次数很多，模块大小通常设置为 32 或 64。如果样品量少，2 h 内无法给出满意的图谱时，最好考虑过夜实验（再次提醒，想要 2 h 实验的 S/N 加倍要求采集 8 h，即使这样，累加的时间也不一定够）。

2.4.9 稳态扫描次数

使用稳态或空扫的目的是让样品在数据采集前恢复到平衡状态。它类似于常规实验中的多次扫描，但在它正常的采样时间内不收集数据。通常在实验开始前进行稳态扫描，但是，对于一些较老仪器上的实验，可以在每个时间增量开始前进行稳态扫描。典型的一维核磁实验并不需要这种技术，但是差谱、无扭曲增强极化转移（DEPT）实验（7.1.2.2 节）和几乎所有的二维实验都需要稳态扫描。

除非另有说明，第 2 章和第 7 章实验部分给出的稳态扫描次数都在采样开始之前进行。

2.4.10 过采样和数字滤波

从 2.4.7 节可知，接收器增益的设置既不能太高也不能过低。特别是在测量混合物的氢谱时，如果混合物中主成分的信号非常大，想要观测的次要成分信号小时，这就有潜在的问题。这种情况下，接收器的增益当然要设置在一个较低的数值避免过载，但这会造成次要成分的信号往往较弱。

这个难题可通过对 FID 过采样得以解决，它涉及到以比 Nyquist 条件更快的速率对图谱数据进行数字化（2.4 节）。之前判断信号的数字化是否合适主要考虑谱宽的影响，而不是考虑采样的速率是否充分。过采样可以看成是用比正常谱图更大的谱宽采集数据。数字化噪声（与 2.4.8 节所说的热噪声不一样）的下降遵循 2.4.8 节中提到的 S/N 增强关系：过采因子为 N 时数字化噪声降低 $N^{1/2}$。氢谱中常用的过采样因子一般为 16～32。

过采样技术带来的一个潜在问题与数据处理有关。依据 2.4.4 节的方程（2.1），如果谱宽增加到几百千赫兹，FID 所需的数据点会大幅增加。这样，不仅需要更大的计算机内存，数据的处理速度也会明显下降。现代谱仪把过采样技术与数字信号过滤技术结合在一起，避免了这些限制。在存储过采样数据平均后的 FID 前，把数据压缩到正常的数据点数（16 K 或 32 K），然后在满足所需谱宽 Nyquist 条件的间隔提取数据点，最后得到的 FID 数据点数与正常的实验一样。

第二个潜在的问题涉及到谱宽增加而产生的叠加噪声。数字与模拟滤波器相结合（2.4.3 节）可以高效防止不必要的噪声（以及信号!）混叠进入所选的图谱窗口。如果谱宽选择不当，这种非常有效的过滤方式就会变成不利因素，因为混叠共振时不会显示意外留在谱窗之外的信号。

2.4.11　对 X 核去耦

根据 1.5 节可知，采集 X 核（如 ^{13}C 或 ^{15}N）的图谱时一般需要对 ^{1}H 去耦，其中最主要的原因是提高检测灵敏度。通常大部分 X 核的天然丰度低（1.7 节），这就造成 X 核谱本身信号弱，加上它与 ^{1}H 有直接和长程的 X-^{1}H 耦合（1.5 节），这两个因素共同作用，把本来就很弱的 X 核单重峰裂分成更小的多重峰信号，对于 ^{13}C 谱来说，这个问题尤其严重。对 ^{1}H 去耦不仅能克服采集 X 核谱碰到的上述难题，还会利用大家熟知的核 Overhauser 效应（简称 NOE 效应，详见 5.4 节）显著增加 X 核单重峰信号的强度。^{13}C 谱中对 ^{1}H 去耦还能消除信号拥挤的问题。例如，在与 ^{1}H 耦合的碳谱上脂肪酸的所有亚甲基碳信号本来难以区分，如果再有信号严重重叠，那就更不可能识别了。

在某些方面，对 ^{1}H 去耦可看作是另外一个同时进行的 ^{1}H NMR 实验。就像 X 核观测频率的位置有发射器偏移一样，质子的去耦频率也有一个相应的偏移。多数谱仪中都有对应的发射器和去耦器的功率水平。不过，还有三个专门的去耦参数，它们与之前介绍过的谱图采集参数不能互相对应。

去耦的方法有很多（5.3 节），这里所讨论的方法本质上属于非选择性或宽带去耦。去耦的意思就是连续照射整个氢谱，让 X 核无法感受到相邻质子的自旋耦合。图 1.25 就是一个这样的碳谱。当谱仪的磁场强度小于等于 7.05 T（或对应的质子共振频率小于等于 300 MHz）时，可用标准的宽带去耦方法消除质子的耦合效应。

当谱仪的磁场强度大于等于 9.4 T，相应的质子共振频率大于等于 400 MHz

时，不能再用宽带去耦方法，原因是这种技术在去耦时会产生大量的热量，最终影响实验效果。不过，科学家们已经发展出多种适合高场仪器的质子去耦技术，Freeman 教授提出的零量子残留裂分去耦、宽带相位交替低功率技术（WALTZ）是最流行的一种，详见 5.8 节。这里，我们只需明白去耦器磁场强度必须由 WALTZ 去耦方式决定。测定 WALTZ 参数及各种发射器脉冲时间（用来产生不同强度的翻转角）的步骤详见 2.7.2 节。

2.4.12　典型 NMR 实验

前面已经介绍了采集谱图的各种参数，接下来讲一个常规的 ^{1}H FT-NMR 实验。图 2.5 为这个实验所用的脉冲序列图，其中观察 t_p 脉冲持续时间 [亦被称为脉宽（2.7.1 节），为微秒数量级]，在图中被放大。实验前要优化弛豫 DT（秒数量级），在此期间 z 磁化恢复至平衡态。随后是观测脉冲（t_p），在这个时间内发射机工作一段时间，z 磁化按设定的翻转角度转动（2.4.6 节），接收器检测到采样时间（t_a，单位 s，2.4.4 节）内的信号。必要时重复这个序列直到傅里叶变换后得到所需信噪比适当的谱图（2.4.8 节）。

图 2.5　典型的一维 ^{1}H NMR 脉冲序列示意图

典型的 ^{13}C FT-NMR 实验需要对质子去耦，图 2.6 所示的脉冲序列必须同时考虑这两个原子核。

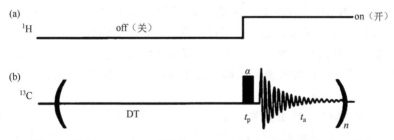

图 2.6　照射 ^{1}H（a）、观测 ^{13}C（b）的典型一维脉冲序列示意图

序列的 ^{13}C 部分（底部）与图 2.5 所示的内容一样，^{1}H 部分（顶部）表示实验期间去耦器的工作状态。根据去耦器在各个时期（t_p、t_a、DT）的开关状态，

一共有 4 类 ^{13}C NMR 实验：①标准去耦法，即采集 ^{13}C NMR［图 1.25（b）］期间，^{1}H 去耦器一直处于打开状态，同时有信号强度的 NOE 增强效应（5.4 节）；②去耦器一直关闭，得到 ^{1}H 耦合的 ^{13}C 谱，没有 NOE 增强效应；③门控去耦 ^{13}C NMR 实验，在 DT 期间打开去耦器，在 t_p 和 t_a 期间关闭，采集到有 NOE 增强和与 ^{1}H 耦合的碳谱；④反门控去耦的 ^{13}C NMR 实验，去耦器在 DT 期间关闭，在 t_p 和 t_a 期间打开，得到没有 NOE 效应的去耦碳谱。实验③和④分别利用和压制 NOE 效应。前者碳谱的信号强度比实验②的更强，而后者可用于计算 ^{13}C 谱中各个碳原子所含质子的数目。

2.5
NMR 谱处理参数设定

采集数据完成后，将 NMR 数据保存到操作员的磁盘是一个好习惯。这样，原始数据就比较安全（尤其是对于耗时很长如过夜或数周采集的数据而言），不会因为意外断电被删除，或者在工作结束后忘记保存数据（确实发生过）。

2.5.1　指数加权

数据采集结束后，显示器上给出的 FID 有两个不同的区域（1.4 节和图 1.16）。左边区域的开始部分包含傅里叶变换后观测到的谱图中大多数信号强度信息。相反，右侧 FID 的尾部包含大部分噪声，这些噪声与产生谱峰的信号混合在一起，它属于 FID 的分辨率部分。在进行傅里叶变换前，一般会把两种基本的加权函数施于 FID。

如果像 ^{13}C NMR 那样主要关注灵敏度，那么可用图 2.7（a）中所示的指数加权函数施于 FID 的尾部。这样做可提高 S/N，代价是牺牲分辨率。使用这种加权函数削弱了 FID 的分辨率，不可避免造成信号谱峰展宽，同时损失分辨率。因此，在谱仪手册中这种加权函数被称为线宽函数。^{13}C NMR 谱图使用的线宽函数因子通常为 0.5～3 Hz。

如果像 ^{1}H NMR 一样主要关注分辨率，则不需要指数加权，但是，在检查图谱后，操作员也许希望使用分辨率增加函数。它能提升分辨率，代价是牺牲了 S/N，原因是它削弱了 FID 的开始部分，突出了尾部。图 2.7（b）为使用分辨率函数增强的实例，其中曲线 iii 是结合了一个负的线宽函数 i 和一个高斯函数 ii 的共同结果，与图 2.7（a）相反。谱线的展宽和增强分辨率函数对 ^{1}H NMR 的影响分别见

核磁共振波谱学：
原理、应用和实验方法导论

图 2.8 和图 2.9。^{1}H NMR 通常不需要引入这种线宽的处理方法，但是对于氢谱的定量分析它很有用。

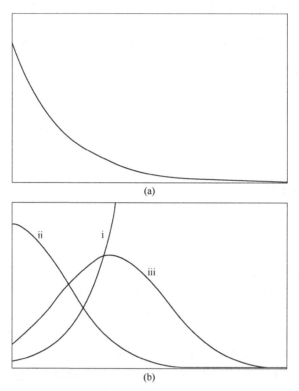

图 2.7　（a）灵敏度增强和（b）分辨率增强各种加权函数示意图

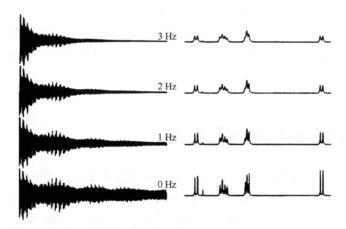

图 2.8　加权函数线宽因子分别为 3 Hz、2 Hz、1 Hz 和 0 Hz 时
对 FID 的影响以及对应的 ^{1}H NMR 谱
来源：引自参考文献[3]，已获 IBM Instrument 复制许可

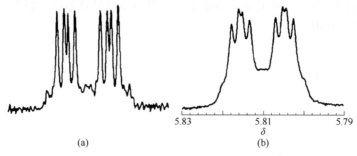

图 2.9 分辨率增加函数处理前（b）和处理后（a）的 ^{1}H NMR 谱

2.5.2 零填充

完成加权函数处理（主要是 ^{13}C NMR）后，下一步是零填充数据至少 2 倍（亦称作一级零填充）。之所以执行这个步骤是因为在对 np 个数据点进行复数傅里叶变换时，有实部（FT 的余弦部分）和虚部（FT 的正弦部分）两个部分，每部分在频域上有 np/2 个数据点，这样傅里叶变换后最终的实际谱图只有一半原始数据点的信息。零填充技术可以让所有的数据点有效用于生成实际的图谱，它通过搜索被抛弃的虚部图谱时丢失的信息来实现这一目标，从而提高数字分辨率（DR）。具体操作办法是在收集完数据后对数据增加同等数量的零，即 np 加倍。如果常规情况 np = 32768，那么进行一级零填充，傅里叶变换的数字（Fn）= 2np = 65536。借助这种方式，图谱的数据点变为 32768，而不是 16384。实行零填充操作的唯一要求是在采样时间结束后 FID 必须衰减到零。

当然也可以进行 2 倍因子以上的零填充，虽然不能进一步改善线宽，但是在定量分析时很有用（2.6.3 节），原因是它提供更多的数据点用于确定线形和信号的位置。

2.5.3 FID 截尾和谱图伪峰

采样时间［2.4.4 节，方程（2.1）］与磁场强度成反比，原因是：①谱图所用的数据点数基本相同，与待测核无关；②^{1}H NMR 和 ^{13}C NMR 的谱宽与场强成正比。如果采样时间 t_a 结束前 FID 还没有衰减至零，得到的 NMR 信号就会被扭曲。这种 FID 现象在 NMR 上被称为截尾，谱图中强信号的根部会出现对称的振荡信号，如图 2.10 所示。

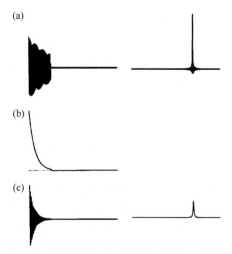

图 2.10　信号截尾的影响：（a）截尾后的 FID 信号（左图）对应的傅里叶变换后根部起伏的信号（右图）；（b）切趾法处理所用的指数加权函数；（c）切趾后的 FID 信号（左图）及其对应的傅里叶变换信号（右图），根部的振荡部分被消除，信号被展宽

来源：引自参考文献[5]，已获 John Wiley & Sons 复制许可

如果观测到截尾的震荡信号或抖动信号，为了保证 FID 在 t_a 结束前衰减为零，可对 FID 施加指数加权函数进行改善。这个过程被称为切趾法（apodization，源自希腊词根，意思是"removing the feet"）。

^{1}H NMR 谱的采样时间 t_a 较长（约为 2～4 s），FID 可以完全衰减，通常不会出现截尾的现象。但 ^{13}C NMR 谱不同，它的谱宽更大，t_a 一般在 0.5～1 s 内，经常出现 FID 截尾的现象，尤其是对于 T_2 相对较长的小分子。一般情况下观察不到图 2.10 示意的几种 FID 截尾现象，原因是数据已经通过增强灵敏度加权函数处理过，如图 2.7（a），每个 ^{13}C 的 FID 基本都在使用这种办法。切趾函数对二维 NMR 实验非常重要，详见第 7 章。

2.5.4　分辨率

NMR 领域内有好几个广泛使用的分辨率术语。在这一点上我们需要进一步定义这些术语以避免产生混淆。SR 涉及采集数据时所用的采样时间。根据 2.4 节内容可看出 SR 是采样时间 t_a 的倒数，单位是 Hz。如果 np = 32768、sw = 4000 Hz，那么 t_a = 4.1 s，可以根据方程（2.2）计算出 SR。

$$SR = \frac{1}{t_a} = \frac{1}{4.1\,s} = 0.24\,Hz \tag{2.2}$$

DR 与谱宽（单位为 Hz）和傅里叶变换时实际使用的数据点数目两个因素有关。它是一个重要的概念，因为要想区分相距 Δv 的两个信号（可能是两个单重峰或一个耦合常数），DR 必须至少约为 $\Delta v/2$，如当 Δv 约为 1 Hz 时，要求 DR 为（约 1 Hz）/ 2，即 0.5 Hz。对于前面的 SR 例子，DR 由方程（2.3）计算得到。

$$DR = \frac{sw}{np/2} = \frac{4000\,Hz}{(32768/点)} = 0.24\,Hz/点 \qquad (2.3)$$

现在一维实验的数据点都非常大（32 K 或 64 K），DR 不足的现象比较少见。方程（2.2）和方程（2.3）表明 SR 和 DR 数值相同。两者都是通过 2.4.4 节中方程（2.1）推导得到。但是 DR 为零填充和恢复丢失的数据点提供了办法（2.5.2 节）。例如，上述的例子在进行一级零填充后，数据点变成 65536，由方程（2.4）计算出的 DR 值为：

$$DR = \frac{sw}{np/2} = \frac{4000\,Hz}{(65536/2点)} = 0.12\,Hz/点 \qquad (2.4)$$

当然，分辨率也可以指磁场均匀度。它是一种测量磁体匀场性的一个方法，与上述术语无关。这时，分辨率要用图 2.11 所示信号的半峰全宽（full width at half maximum，缩写为 FWHM）来评估。

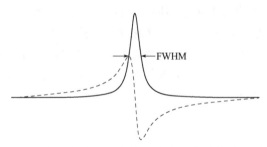

图 2.11　吸收（实线）和离散（虚线）信号的线型对比图
一般对图谱进行相位校正后就可以得到纯吸收模式的谱峰（箭头所指为半峰全宽）
来源：引自参考文献[5]，已获 John Wiley & Sons 复制许可

核磁专家用分辨率为 0.5 Hz（合格）或 0.25 Hz（良好）来评价匀场的效果。这些数字使用前假设用户已经选定了合适的 t_a（针对 SR）和 np（针对 DR）值，甚至采用了零填充方法，让操作员观察实际所需的分辨率级别。

核磁共振波谱学：
原理、应用和实验方法导论

2.6
NMR 谱处理与展示

2.6.1　信号相位校正和基线平滑

在对累加的 FID 数据完成零填充、指数加权和傅里叶变换后，下一步就是对所得的信号进行相位校正，给出一张纯吸收模式的图谱（详见下面内容以及附录 B）。NMR 实验中，通常有图 1.13 所示的很多矢量，它们对应于不同化学位移的原子核，共振频率不一样。施加观测脉冲后，开始时这些矢量部分 [图 1.13（b）] 或完全 [图 1.13（c）] 沿 y 轴排列。然后，它们在脉冲间的延迟期间内演化（在 xy 平面中旋转远离 y 轴）。

必须校正信号相位的原因如下。为了简化，我们可以把磁化矢量看成在 xy 平面内旋转的矢量（图 1.13）。当打开接收器时，它们的初始相位与接收器不太可能完全一致。不过，对于所有的矢量而言，它们的相位差大致相同，与共振频率无关，此时所用的相位校正被称为零阶相位校正。然而，当矢量在 xy 平面上分散时，出现的情况更加复杂。频率最高的矢量移动最快，如果它们没有追上移动最慢的矢量，那么需要最大限度的相位校正。这种相位校正与矢量的共振频率有关，因此被称为一阶相位校正。

NMR 实验检测到的两类基本信号为吸收（垂直于 B_1）和色散信号（平行于 B_1），详情参见图 2.11 和附录 B。从分析的角度来说，NMR 谱显示纯粹的吸收信号。相位差表现为相位校正前信号的色散特性。图 2.12 给出了零阶和一阶相位校正前后的信号变化情况。

谱图中具有零阶相位差的共振信号表现出相同程度的色散特性[图 2.12(a)]，通过零频率相位控制（也称为零阶或右相位控制）进行调整，就可给出吸收信号。带有一阶相位差的共振在谱中显示出不同程度的色散 [图 2.12（b）]，可通过使用一阶或左相位进行相位校正，它的校正幅度随频率呈线性变化。

通常这两种相位校正都必须要做，常见的相位校正程序是先用零阶校正极低频信号的相位，然后操作员移动到谱图的更高频率，对共振峰进行一阶相位调整。由于这个过程相互影响，所以在相位校正最高频率的信号后，可能还需对最低频率的共振进一步校正。一般谱图中的信号校正 2～3 次就足以校准所有信号的相位，正确相位的谱图如图 2.12（c）所示。大多数现代谱仪都有自动相位校正的程

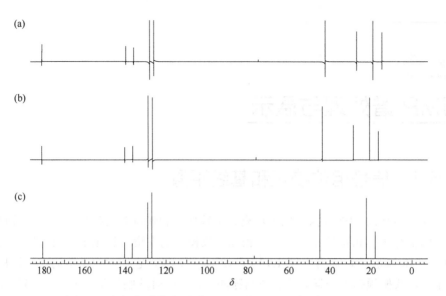

图 2.12　展示零阶和一阶相位差的布洛芬（异丁苯丙酸）氢谱：（a）具有与频率无关的（零阶）相位差；（b）有与频率相关的（一阶）相位差和（c）相位正确校正后的谱

序，它能快速对图谱进行相对较好的相位校正。

图 2.13（a）展示了一个看起来相位不对，但实际上是 FID 截尾（2.5.4 节）的谱图。

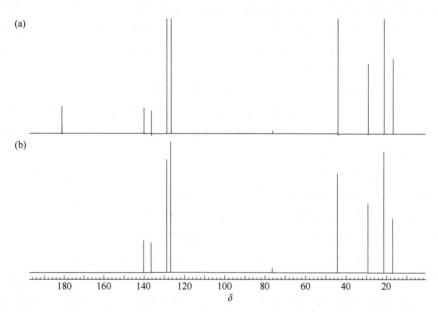

图 2.13　布洛芬（异丁苯丙酸）的碳谱：（a）采样时间太短导致发生部分信号扭曲（DT = 0 s）；（b）引入一个弛豫延迟（DT = 1 s）后没有发生扭曲

　核磁共振波谱学：
　　　　原理、应用和实验方法导论

注意，有时大多数信号都可正确校正相位，但是有些信号出现轻微扭曲（相位相反）的现象，如 ^{13}C 谱中 δ 17、30、44、136 和 140 的位置。对这些信号进行相位校正后，发现这些扭曲并不是因相位差所引起。Comisarow 已经证明，这些信号实际上是由于部分 FID 的采集时间太短而被截尾所致。当小分子中含有 T_2 长的碳原子时，它们的碳谱经常会出现这种问题。消除 FID 截尾效应最便捷的方法有两种：①施加一个较大的线宽加权函数（详见 2.5.1 节）；②如图 2.13（b）所示的引入弛豫 DT 办法（详见 2.4.6 节）。

最后，如果显示的谱图基线不平滑，还可进行基线校正。就像相位自动校正一样，输入一个简单的基线平滑命令，执行后立即完成基线校正。

2.6.2 零点参考

绘图前要完成的最后一件事是为图谱上的信号选择适当的化学位移参考零点。前面 1.2 节中已经简单提到这个问题，大多数情况下，科学家已经就每个原子核的参考物质达成一致（表 1.2），并将它们的相对频率定义为化学位移零点。前面已经提到的四甲基硅烷（TMS）就是氢谱、碳谱和硅谱的零点参考。

TMS 是一个近似理想的参考物质，它的信号出现在低频（高场）区，只有极少数氢、碳信号出现在它的右侧。然而，它的挥发性高是一个真正的难题，往样品管中加入少量的（即使刚从冰箱中取出）TMS 也是非常困难。现在很多常见的溶剂如氯仿，可购买含 TMS 的商品。除了使用 TMS 作为化学位移的主要参考外，还可选择第二个参考。这个情况下可采用氢谱中氘代试剂的残余质子峰作为参考，例如 $CDCl_3$ 中少量 $CHCl_3$ 的 ^1H 化学位移为 δ 7.24，其 ^{13}C 谱的参考位移为溶剂 $CDCl_3$ 三重峰中间的谱峰，δ 77.23。表 2.1 列举了一些常见的氘代试剂碳和残余溶剂质子的化学位移数据。

表 2.1　常见氘代 NMR 试剂的化学位移数据[①]

溶剂	^1H 化学位移[②]	^{13}C 化学位移
乙酸-d_4	2.04(5)	20.0(7)
	11.65(1)	178.99(1)
丙酮-d_6	2.05(5)	29.92(7)
	—	206.68(1)
乙腈-d_3	1.94(5)	1.39(7)
	—	118.69(1)
苯-d_6	7.16(1)	128.39(3)
氯仿-d	7.24(1)	77.23(3)
重水	4.81[③]	—

溶剂	¹H 化学位移[②]	¹³C 化学位移
二氯甲烷-d_2	5.23(3)	54.00(5)
N,N-二甲基甲酰胺-d_7	2.75(5)	29.76(7)
	2.92(5)	34.89(7)
	8.03(1)	163.15(3)
二甲亚砜-d_6	2.50(5)	39.51(7)
1,4-二氧六环-d_8	3.53(m)	66.66(5)
甲醇-d_4	3.31(5)	49.15(7)
	4.87(5)	—
吡啶-d_5	7.22(1)	123.87(3)
	7.58(1)	135.91(3)
	8.74(1)	150.35(3)
四氢呋喃-d_8	1.73(1)	25.37(5)
	3.58(1)	67.57(5)

① 括号内为多重度。
② 溶剂的残余质子信号。
③ 化学位移受 pH 与温度影响大。
来源：由 CIL 提供。

1.2 节中已经提到过两种水溶性化合物（3-三甲基硅烷基-1-丙酸钠和 3-三甲基硅烷-1-丙磺酸）可用作氢谱和碳谱的内标，不过它们也有一些问题。需要再次提醒现在的谱仪非常灵敏，只需往 NMR 管中加入少量的粉末样品就够了，因此处理这些材料有时不方便。更糟糕的是这两个分子上三甲基硅烷基的质子化学位移明显与温度有关，就像我们前面看到的 TMS 例子一样。此外，还有一种质子和碳原子的辅助参考物质可供选择：1,4-二氧六环（二噁烷）。它溶于水，5 mm核磁管中加 1 滴即可提供不是太强但容易观测的信号。1,4-二氧六环上的 8 个质子为单重峰（δ 3.68），4 个碳原子也是单重峰（δ 67.06）。它的化学位移也有一定程度的温度依赖性，但是比上面所说的两种固体参比化合物来说要小得多。

2.6.3　获取 NMR 谱的参数

2.6.3.1　化学位移和耦合常数

定义好 NMR 谱的参考零点后，后续 ¹³C 化学位移的测定很简单，因为碳谱要对 ¹H 去耦，碳谱的信号常常表现为单重峰。现代谱仪配有标峰程序，设置好阈值就能记录下高于这个阈值的信号。

氢谱中大部分质子的信号表现为多重峰，因此标定 ¹H 的化学位移过程比较麻烦。严格来讲，如果信号具有二级谱特征，只有完成图谱分析后才能确定它的化学位移和耦合常数（见第 4 章和附录 D）。对于一级谱或伪一级谱，一般看图就能确定质子的耦合常数和化学位移，不过，实际操作时应谨慎从事。

分析氢谱的化学位移前，首先要把 ^{1}H 谱展开，显示器上只出现一个多重峰或包含一个多重峰的区域。把鼠标的十字光标（或箭头）放在①双数谱峰上的多重峰信号中间或②奇数信号的多重峰上的中间峰顶部，然后在实验记录本上记下鼠标光标/箭头的位置。

确定耦合常数时经常误用标峰程序，原因是耦合常数固定。图 1.22 中乙醚甲基三重峰（约 δ 1.2）的耦合常数必须与其亚甲基四重峰（约 δ 3.5）的一致，约 7 Hz。但是，如果我们对乙醚氢谱的 7 个谱峰值列表后相减，很快就会发现这些谱峰的间距（即表观耦合常数）几乎不完全相同。产生这种偏差的原因在于：标峰过程中选取的位置要么是每个谱峰对应的最高点，要么是根据谱峰的位置外推后预期的最高点。在水平方向碳谱有数千赫兹宽，标峰时向左或右稍微偏差几个赫兹影响不大，所以这对于测定 ^{13}C 的化学位移没有问题。但是，质子间的耦合常数一般不超过 20 Hz，读取化学位移的偏差将产生显著的差异。对上述图谱逐段放大以及数据平均测定 ^{1}H 化学位移的办法可以避免了这个难题，不过这样做会比较烦琐。

还有另外一种标峰办法。即对数据进行傅里叶变换后、再对质子的 FID 进行 3 到 4 次的零填充处理，例如，如果 np = 32 K，Fn 必须设置为 256 K 或 512 K。这样得到的谱峰数据点数足够多，满足准确标峰的要求。这种办法可以用一组多重峰如三重峰或四重峰来进行验证。如上所述，两条或三条谱线的间距必须一样，这应同时反映在显示器上所给出的谱峰列表中。但是，不管使用什么方法，所报道的原子核间相互耦合的 J 值必须一致。必要时，也可以采用平均值的办法。

2.6.3.2 氢谱积分

根据 1.6 节内容可知，氢谱中检测到的信号强度与产生该信号的质子数目成正比。但是，对于大多数需要对 ^{1}H 去耦的 ^{13}C 谱来讲，由于各个碳原子的 T_1 值大小和 NOE 效应的差异（详见 5.4 节），所得信号的强度比与产生这些信号的碳原子数目之间没有比例关系。

测量 NMR 信号强度的过程被称为积分，正常情况下我们只对氢谱进行积分。整个图谱的积分为一条曲线，从图谱的左侧开始，随着每一个 ^{1}H 信号逐步增加。这条连续线被分割部分的面积与其下方的质子数目相对应，称为积分值。这个命名源自开始 NMR 研究时发现的现象：基本化合物的信号积分比值是简单的整数比。图 8.1 是真菌代谢产物 T-2 毒素的氢谱积分。

通常有两种方法对氢谱积分，具体用哪一种取决于样品是单一化合物还是混合物。如果是前者，积分非常简单，它的积分比值必须是整数比。这类图谱可以用前面所讲的方式进行采集，如采集时间大约 4 s，基本上质子都能在采样时间 t_a 后完全弛豫，恢复到平衡态。但是对于混合物，积分须谨慎，它们的积分很少满足简单的整数比。为了定量准确，保证两次扫描间所有的质子完全弛豫非常重要。由于质子的 T_1 较短（从微秒到几秒不等），实验中可以使用小翻转角度和设置数秒的弛豫 DT。

开始积分时，需要确定切分信号的位置，保证最大信号的积分线不被划分到基线上。这个区域可能含有最大数目的质子信号。在屏幕上放大信号（展开幅度比之前确定化学位移和耦合常数时的要小），使积分的幅度最大，将这个积分的面积设置成一个合适的整数，比如 2000，这样数值容易二倍、三倍等。接下来将剩下的信号分割成可以精确积分的区域（这些区域通常比前一节中确定 ¹H 化学位移和耦合常数的区域要小一些）。

如果工作人员愿意，也可以最大化这些小区域的积分幅度，这样它们也是第一个信号强度的倍数。不过这些信号积分与最大信号相比很小，因而精确度较低，大小可变，更容易比较。通过倍数关系，记录下所有的积分，然后缩放到相同的积分大小。在混合物的分析时这种做法特别有效，因为它们的积分比通常不满足简单的整数比关系。

和匀场一样，积分的方法有很多。Gard、Pagel 和 Yang 提出一种 ¹H NMR 精确定量的方法，具体的参数如下。

采样参数：

① 翻转角度约 30°，DT = 1 s。

② 如果信号接近于谱宽的边缘，增加过滤器的带宽 500～1000 Hz。

③ 设置扫描次数足够多，确保 S/N 良好，进而积分更平滑。

④ 调整接收器的死时间（脉冲结束到信号采集开始间的时间）以减小脉冲泄漏，它会造成基线扭曲。有些谱仪可用下面的方式进行操作。首先采集一张谱，正常调节相位。然后把一阶（左）相位设置为零再采一张谱图，依据这两张谱图，利用软件指令计算仪器的死时间。

处理参数：

① 线宽因子 = 0.2～0.3 Hz。

② 用三级零填充（8 np），例如，如果 np = 32 K，则有 Fn = 256 K。

谱图绘制：

① 仔细调整相位很重要。

② 如果允许，积分的区域设置为 5～7 倍的峰宽以得到完整的积分。然而，更重要的是所有的积分区域宽度相同，每个信号两边的间距相等。

③ 当谱峰明显倾斜时，必须对每个积分的区域分段，进行基线校正。由于零填充提供更多定义峰型的数据点，大量的零填充（见处理参数步骤②）很有用。少许谱峰展宽使图谱的积分线更平滑，基线噪声更少。

④ ^{13}C 的卫星峰要么都积分要么都不积分（1.5 节）。

2.7
仪器参数校正

2.4 节介绍了许多谱图的采集参数。除了翻转角度 α 和（用于 WALTZ 去耦）去耦器的调制频率这两个参数之外，其它参数的设置都非常直接。不能直接输入翻转角度 α 和去耦器的调制频率，需要对仪器校准后才行。很多或最新的仪器都有相应的自动化程序，理解这些过程也很重要。

2.7.1 脉冲宽度（翻转角度）

由 1.4 节可知，磁化矢量可以任意角度 θ 绕 z 轴转动。90°脉冲偏转 z-磁化 90° 到 y 轴，从而检测到最大信号 [图 1.13（c）]。相反，180°脉冲使整个 z-磁化偏转至$-z$ 方向，不产生任何信号 [图 1.13（d）]。270°脉冲偏转 z-磁化至$-y$ 方向，从而得到最大的负信号；360°脉冲使 z 磁化矢量返回到开始的 z 轴位置。当 θ 从 0° 增加到 360° 的过程中，检测到的磁化随 θ 变化的情况见图 2.14 所示。当 $\theta = 90°$ 时得到的信号最大。

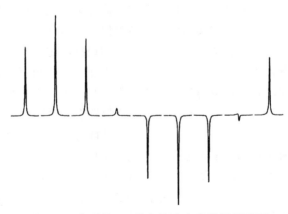

图 2.14　典型的 90°脉宽校准实验结果展示图

打开发射器的时间长短如脉冲宽度（t_p）可以实现一特定角度的矢量转动，具体经验可通过下面的方式来测定。原理上，任何样品都能用于 ^{1}H 的 90°脉宽测试。但从实际使用上来讲，样品至少应该有一个明确的信号，例如，单脉冲实验中观测到的单重峰信号强。更重要的是测试信号的 T_1 值不能太大，否则发射下一个脉冲前 z-磁化无法恢复到平衡态。在本节中将深入考虑这种重要的选择标准。含 10%丙酮的氘代氯仿溶液可以作为 ^{1}H 的 90°脉宽校准标样。因为这个标样中甲基质子的 T_1 值约为 30 s，所以样品如果没有密封和除气会更好。

试样放入磁体后，要对 ^{1}H 进行调谐，优化磁场均匀性。随后采集一张谱图，所用的 t_p 值不重要。然后从这个图谱开始，减小谱宽后测试下一个图谱。现在原始的 sw 降为约 500 Hz，调整发射器偏置，让它位于缩小 sw 后图谱的中央。由于 sw 显著减小，数据点也必须同时减少至约 4000 个，保证采样时间依然约为 4 s。

采集减小谱宽后的单次扫描谱图以绝对强度模式显示，其 t_p 设为仪器自带的 90° t_p 脉宽指标的一半，例如，如果仪器出厂时 90° t_p 为 10 μs，那么这里设置 t_p 为 5 μs。所得的单峰谱图处理时线宽函数用 1 Hz，进行相位校正，基线位于屏幕中央，信号高度调整为屏幕垂直方向大小的一半。

以上述 t_p 值为初始值，逐步递增至约 5 倍指定的 90° t_p 并采集一系列谱图，结果见图 2.14。建议如果 90° t_p 约为 6 μs，那么 t_p 取值依次为：3 μs、6 μs、9 μs、12 μs、15 μs、18 μs、21 μs、24 μs 和 27 μs。另外，这一系列实验中每个脉冲间的弛豫 DT 估计为测试质子 T_1 值的 3 倍（约为 30～45 s）。现代化谱仪配有自动程序来显示这些累加信号，如图 2.14 所示。

图 2.14 给出的结果为我们提供一个粗略的测量 90° t_p 值的方法，但这没有关系，我们真正感兴趣的是 360° t_p 的准确值。测定 360° t_p 比 90° t_p 值更好有多个原因。首先 t_p 在 360°附近时如从 350°到 10°信号从负到正的变化很容易看到，但是 90°附近的最大值如 80°到 100°的信号变化不明显。其次，如果测试质子的 T_1 值未知，脉冲间的弛豫 DT 可能不够长，造成 z 磁化无法充分恢复到平衡态。弛豫不完全，检测到的信号强度比实际值小。随着磁化矢量的恢复程度越来越低，达到稳态条件时，表现出的脉宽更小，这就影响到最终测定的 90°脉宽准确性。90°附近的一系列 t_p 脉冲中不完全弛豫的现象更加严重，它要求每个脉冲后几乎要恢复到完全的 z-磁化，它所花费的时间比 360°附近的一系列脉冲要长很多。360°附近的各个脉冲间的小变化仅对 z-磁化偏离平衡位置有轻微的影响。

现在进行第二组实验，DT 设置为 30 s，t_p 设置为一系列在 360°脉宽附近的数值。在常用的有机溶剂间 t_p 值不会显著变化，由此无需对每个样品都测量脉宽。与非离子型的样品不同，离子型样品要求对探头重新调谐，因此在更换样品后，必须重新测定后者的 t_p。但是，必须指出的是，这样测定的 90°脉宽会比 360°/4 略大，原因是 90°脉冲的上升时间（发射器开启后到达到最大强度所需的时间）

比 360°的要短一些。然而，由于在 90°脉宽测试过程中存在 z-磁化不完全弛豫和最大值不好确定两方面的问题，可以在 360°脉宽的测试过程得以避免，所以常用 360°脉宽测试来确定 90°脉宽。

^{13}C 的 90°脉宽测试方法也和质子一样。但是，由于碳信号远弱于质子信号，单次脉冲就能有较强信号需要 ^{13}C 标记或者极浓的样品当作 ^{13}C 的 90°脉宽测试标样。可以用 ^{13}C 灵敏度标样 60% C_6D_6/40%二氧六环，它观测的是二氧六环的碳信号。由于标样通常是除气的，所以实验时必须特别注意，确保开始采集图谱之前使用适当的弛豫 DT（45～60 s）。360°系列测试时 DT 可以短一些。测试之前须匀场并对 ^{1}H（去耦）和 ^{13}C（发射）进行调谐。采集对 ^{1}H 全去耦的碳谱（也许用线宽因子 3～4 Hz），信号的表现方式与测量 ^{1}H 的 90° t_p 相同。^{1}H 和 ^{13}C 的 t_p 值每个月至少要校准一次。

通常必须设置合适的发射器功率和去耦器功率，使 ^{1}H 和 ^{13}C 的 90° t_p 脉宽在 5 至 10 μs 范围内。小于 5 μs 的脉宽不准确，原因是脉冲上升和下降时间都在微秒级。探头的脉宽明显大于 10 μs 也不好，它可能无法满足发射器开关快速切换的实验要求。

2.7.2　去耦器场强

根据 2.4.11 节可知，①当谱仪的磁场强度大于等于 9.4 T（或谱仪 ^{1}H 共振频率大于等于 400 MHz）时，采集碳谱时常用 WALTZ 质子去耦；②每台谱仪对于 WALTZ 去耦的一个参数——去耦器场强（γB_2）都须校准。去耦器场强是去耦器功率的函数，它是探头的一个重要指标。如果待测样品的离子强度太大，也会影响 γB_2，正像我们在上面讲过的更换不同的有机溶剂需要探头调谐一样。

校准 γB_2 的标准方法是一种称作偏共振去耦的技术（5.3 节和图 5.8）。在图 1.25 质子耦合的 ^{13}C NMR 谱中，甲基碳的信号为四重峰，亚甲基碳为三重峰，次甲基碳为二重峰。在偏共振质子耦合的 ^{13}C 谱上也能看到同样的裂分（双重峰，三重峰等），但是质子-碳的耦合常数变小。（我们前面已经介绍过的）^{13}C 灵敏度标样 60% C_6D_6/40% 1, 4-二氧六环样品可以用作 γB_2 校准实验的标样。

偏共振去耦的方法中，测量亚甲基减小后的碳-氢耦合常数（J_R）需要完成两个连续的偏（质子）共振实验，其中要求去耦器的频率要分别高于和低于亚甲基质子的化学位移。这样得到两个亚甲基的碳信号都是三重峰，减小后的碳氢耦合常数是 γB_2 和两次偏共振实验去耦器频率差 $\Delta \nu$ 的函数。

和前面测定 90°脉宽校准的实验类似，样品放入磁体后，对 ^{1}H（去耦）和 ^{13}C（观测）通道调谐，匀场，采集一张对 ^{1}H 去耦的 ^{13}C 谱，缩小谱宽至 500 Hz，发射器的偏置也需调整到谱宽的中心（即信号中心）。由于谱宽显著缩小，故 np 也应该减小至 4000（以确保采样时间 t_a 依然约为 4 s）。所得谱图用线宽因子 3～4 Hz 处理，并进行相位校正，然后调整三重峰中间的信号高度其占据整个屏幕，即和屏幕高度一样，三重峰信号占据屏幕水平方向约 3/4 的空间。

当采集第一个部分去耦图谱时，其去耦器频率需偏离约+1000 Hz。减少的耦合常数最好通过测量缩小的三重峰外侧间距并将这个结果除以 2 来确定（耦合常数值在三重峰中出现两次，1.5 节）。然后在实验记录本上记下这个耦合常数。当采集第二个图谱时，去耦器的频率与中心要偏移约−1000 Hz，与前面类似，测量并记下耦合常数值。大多数现代化谱仪有相关程序，可以根据两个减小后的耦合常数和二氧六环的正常耦合常数（J_0 值为 142 Hz）计算出 γB_2。还可以根据方程（2.5）计算 γB_2。

$$\Delta \nu = \gamma B_2 J_R / 2\pi (J_0^2 - J_R^2)^{1/2} \tag{2.5}$$

式中，J_R 是上面所讲的缩小后的碳氢耦合常数；J_0 是正常的 C—H 单键耦合常数（约 142 Hz）；$\Delta \nu$ 是 1, 4-二氧六环两个等价碳原子的共振频率和去耦器的频率之差。WALTZ 去耦所用的去耦器调制频率为 $4(\gamma B_2)$。

思考题

2.1　（a）采样时间为 0.66 s 的谱图分辨率是多少？

　　（b）谱宽为 25 kHz 时，避免谱图信号出现扭曲的最小采样速率是多少？

2.2　（a）数字分辨率为 1.22 Hz/点、谱宽为 20 kHz 的实验需要多少个数据点？

　　（b）谱宽为 20 kHz、数据点为 32768 的实验需要的采样时间是多少？

2.3　下面两种实验方法所得信号有什么差异：

　　（a）四个 90°脉冲、脉冲之间的时间间隔为 3 s；

　　（b）12 个 30°脉冲、脉冲之间的时间间隔为零。假如两个实验的 $t_p = 1$ s 且在下一个脉冲前弛豫完全恢复。

2.4　（a）扫描次数从 4 次增加到 16 次时，信噪比增加幅度是多少？

　　（b）实验时间在 1 h 基础上再增加 15 h，信噪比增加幅度是多少？

　　根据这两个问题的答案，能推导出什么样的结论？

参考文献

[1]　Braun, S., Kalinowski, H.-O., and Berger, S. (1998). *150 and More Basic NMR Experiments*, 2nd. New York: Wiley-VCH.

核磁共振波谱学：
原理、应用和实验方法导论

[2] Ernst, R.R. and Anderson, W.A. (1966). *Rev. Sci. Instrum.* 37: 93.

[3] Cooper, J.W. and Johnson, R.D. (1986). *FT NMR Techniques for Organic Chemists*. IBM Instruments, Inc.

[4] Claridge, T.D.W. (2016). *High-Resolution NMR Techniques in Organic Chemistry*, 3rd edition. Elsevier Science.

[5] Hoch, J.C. and Stern, A.S. (1996). *NMR Data Processing*. Wiley.

拓展阅读

Fukushima, E. and Roeder, S.B.W. (1981). *Experimental Pulse NMR*. Reading, MA: Addison-Wesley.

Martin, M.L., Martin, G.J., and Delpeuch, J.-J. (1980). *Practical NMR Spectroscopy*. Philadelphia: Heyden.

第 **3** 章
化学位移

3.1

影响 ^{1}H 化学位移的因素

如果要从分子结构的角度来解释氢谱中共振峰的位置，那么需要对影响 ^{1}H 化学位移的因素有所理解。化学位移随结构变化的原因是原子核感受到周围电子产生的磁场屏蔽不同。当没有受到屏蔽时，原子核感受到的磁场强度为 B_0，但是当周围有电子屏蔽时，原子核经受的磁场强度为 $B_0(1-\sigma)$，其中，σ 被称作屏蔽常数 [图 3.1（a），（b）]。因为电子诱导的磁场（$-B_0\sigma$）与静磁场 B_0 的方向相反，所以这种效应亦被称为抗磁屏蔽（用符号 σ^d 表示）。

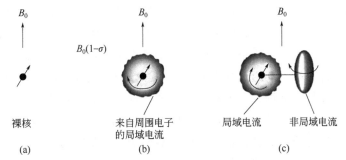

图 3.1　（a）没有屏蔽的原子核、（b）被局域电流和（c）非局域电流屏蔽的原子核在磁场中的情况

3.1.1　局域场

共振核周围的电子屏蔽被认为来自局域磁场，它可通过电子密度来评估。对于质子，利用物理有机化学中的电子效应（电负性和共轭）就能方便解释结构对电子密度的影响。借助这种办法，与质子相连和距离较远的原子都可以调节质子处的电子密度，从而改变屏蔽效应大小。

电负性效应通常被称为极性或诱导效应，表现为以下形式。当与吸电子基团如—OH 或—CN 相连或邻近时，原子核的电子密度下降，从而降低抗磁屏蔽，造成相连质子的共振向低场方向移动（到更高频率；图 1.9）。相反，与给电子的原子或基团相连增加质子的抗磁屏蔽，将共振向高场方向移动（到更低频率）。虽然用频率来表述屏蔽对化学位移的影响更恰当，但是我们还是同时使用磁场方面的术语。相关术语的含义虽然不太准确，但使用广泛，易于理解。

由于氯具备从相邻质子吸电子的能力，所以甲烷分子用氯逐步取代氢后，甲烷上质子的化学位移依次向更高频（低场）方向移动：CH_4（δ 0.23）、CH_3Cl（δ 3.05）、CH_2Cl_2（δ 5.30）和 $CHCl_3$（δ 7.27）。这一系列甲基质子的化学位移变化趋势通常可用极性效应来解释。CH_3X 系列化合物中，当取代基 X 分别为 F、OH、H_2N、H、Me_3Si 或 Li 时，它们的化学位移依次为 δ 4.26、3.38、2.47、0.23、0 ［四甲基硅烷（TMS），氢谱的参考零点］和 -0.4（最后这个数值与所用溶剂密切有关，负号表示它的频率比 TMS 还低）。这个变化趋势可用与 CH_3 成键原子的电负性大小解释。

电子密度受到共轭效应（有机化学中称之为共振）和极性效应的共同影响，特别是在烯烃、芳烃等不饱和分子中更是如此。通过与甲氧基的共振给电子效应，乙烯醚（**3.1**，化学位移 δ 标识在对应质子附近）β 位质子和苯甲醚（$C_6H_5OCH_3$）对位质子的电子密度增加。因此，与乙烯上质子的化学位移 δ 5.28 相比，**3.1** 分子中 β 位质子化学位移出现在约 δ 4.1 处。它的共振频率降低，正是源自所预期的给电子效应，屏蔽增加。这里 CH_3O 基团的吸电子极性效应被共振效应所压制。硝基、氰基和芳基等基团通过共振效应和诱导效应共同吸引电子，因此使分子上对应的质子向高频（低场）显著移动。例如，反式巴豆酸乙酯（**3.2**，1.6 节）的例子就很好地说明了这种影响。吸电子基团让 β 位质子（δ 7.0）向高频显著位移。尽管 α 位质子没有受到这种共振效应的明显影响，但是它与吸电子的乙氧甲酰基邻近，也受到极性效应影响，稍微向高频（δ 5.8）方向位移。

3.1

3.2

与质子成键碳原子的杂化程度也影响电子密度。当 sp^3、sp^2 到 sp 轨道中的 s 特征比例依次增加时，成键电子越来越靠近碳原子，远离质子，质子被去屏蔽。因此，甲烷和乙烷的质子共振位置分别在 δ 0.23 和 δ 0.86，乙烯质子的化学位移为 δ 5.28。但乙炔的质子例外，将在后面详细讨论。杂化对有张力原子的分子位移也有贡献，如环丁烷（δ 1.98）和立方烷（δ 4.00），其轨道杂化介于 sp^3 和 sp^2 之间。

核磁共振波谱学：
原理、应用和实验方法导论

3.1.2　非局域场

　　由于原子核四周有局部电流的作用，诱导效应、共轭效应和轨道杂化都可影响质子周围的电子密度［图 3.1（b）］。当电子密度不变时，如果取代基的形状不对称，就会出现单纯的取代基磁场效应，对质子屏蔽产生重大的影响。图 3.1（c）为局域场和非局域场共同作用的综合效果图。例如，产生非局域场的基团包括甲基、苯基或羰基等，共振的原子核不必与取代基直接相连。要了解球形或各向同性（"在所有方向上相同"）的基团没有非局域效应的原因，可以考虑与氯相连的质子。局域效应源于共振质子周围的电子。取代基上的电子并没有在共振质子周围，但也在磁场中进动［图 3.1（c）］。它们诱导产生一个与 B_0 场方向相反的磁场，造成质子位置处的磁场强度不为零。

　　非局域诱导的磁场可以用图 3.2 中的磁力线表示。如果从球形取代基到共振质子的化学键与图 3.2（a）所示的 B_0 方向平行，则质子处诱导磁场的磁力线与 B_0 场方向相反，因而起到屏蔽作用。如果球形取代基与共振质子的化学键垂直于图 3.2（b）的 B_0 场，质子处诱导的磁力线加强了 B_0 场，对质子有去屏蔽作用。因为基团各向同性，所以两种取向的概率均等。当分子在溶液中翻转时，诱导磁场产生的效应相互抵消。与此类似，其它方向上诱导磁场产生的效应也可以相互抵消。因此，各向同性的取代基除了通过诱导或共振效应提供局域电流外，没有其它影响。

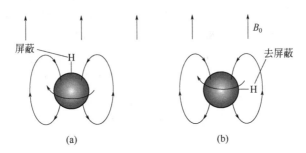

图 3.2　球形（各向同性）取代基的屏蔽示意图：（a）C—H 键与静磁场 B_0 方向平行；（b）C—H 键与静磁场 B_0 方向垂直

　　不过，大多数取代基并不是球状，例如，类似于扁椭球体（扁平、形状像盘子）的芳环，而拉长的单键或三键与长椭球体（形状像棒状）相像。位于如苯环等扁椭球体边缘的质子，同样有两个极端（图 3.3）。当平面部分与静磁场垂直时，它边缘上的质子表现出去屏蔽效应，原因是诱导磁力线加强了 B_0 场［图 3.3（a）］。对于形状相同［图 3.3（a）］的椭球中心质子则表现出屏蔽效应，它诱导的磁力线方向与静磁场 B_0 的相反。而且，因为芳香电子很容易在芳环平面上下做环流运动，所以这种屏蔽效应影响很大。不过，当环平行于 B_0 场时〔图3.3（b）〕，诱导电流会从一个环面向另外一个环面移动，结果，这种形状很少产生诱导的磁场或电流。当分子在溶液中翻滚时，芳香环上没有球形分子那样的抵消作用。当基团在空间中不同方向上被 B_0 场诱导产生的电流互不相同时，被称为具有抗磁各向异性（各个方向都不同）。图3.3（a）所示的形状中，因为扁椭球面影响较大，所以芳环边缘的质子被去屏蔽，在中心或中心以上的质子被屏蔽。这也就是苯环质子（低场，δ7.27）比烯烃如乙烯质子（δ5.28）的共振频率异常高的原因。

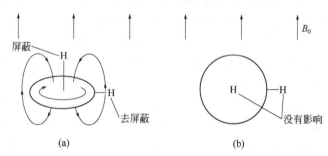

(a)   (b)

图3.3 扁椭球形取代基的屏蔽示意图（以芳环为模型），扁椭球体（a）垂直和（b）平行于静磁场 B_0 方向

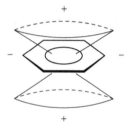

图3.4 苯环周围的屏蔽情况示意图

局域效应既可以造成屏蔽效应（源自给电子），也可以产生去屏蔽效应（源自吸电子作用），非局域效应也有这两种性质，具体情况取决于非局域场到底是增强还是削弱静磁场 B_0。图3.4描述了苯在环平面上下屏蔽（+）和边缘区去屏蔽（-）的抗磁效应。

McConnell 将这种效应定量归属为磁偶极对质子所在位置的空间影响，并推导出极坐标（r, θ）中氢原子在空间任意一点处受各向异性基团（用偶极 X—Y 表示）屏蔽 σ_A 影响的方程（3.1）。

$$\sigma_A(r, \theta) = \frac{(\chi_L - \chi_T)(3\cos^2\theta - 1)}{3r^3}$$

(3.1)

在这个方程中，r 是从偶极 X—Y 中心到氢原子的距离；θ 是 X—Y 中点和（r, θ）点间的连线与 X—Y 直线间的夹角；χ_L 和 χ_T 分别是基团（X—Y）自身沿纵向、横向的抗磁磁化率，详情如图3.3（a）和3.3（b）所示。当磁场与芳环呈 54°74′ 时，屏蔽为零，所谓的魔角就是（$3\cos^2\theta - 1$）项为零的情况，在此位置处屏蔽 σ_A 的符号为一个节点（即零）。

核磁共振波谱学：
原理、应用和实验方法导论

尽管苯环质子位于圆锥的去屏蔽区，但是还需要构建分子结构来研究这种效应的影响范围。1,6-亚甲基桥[10]轮烯（**3.3**）上的亚甲基质子处在芳香体系的 10 个 π 电子上方，受到屏蔽作用的影响，其化学位移（$\delta-0.5$）出现在比 TMS 更低的频率（更高场）。[18]轮烯（**3.4**）的一部分质子处在芳环的边缘，受到去屏蔽作用的影响，化学位移为 $\delta\,9.3$，其它部分位于环的中央，受到屏蔽效应的影响，化学位移为 $\delta-3.0$。

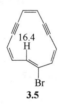

3.3　　　　　　　　　　　　　　　　**3.4**

共轭体系中存在抗磁性电子环流的要求是有（$4n+2$）个 π 电子，这也是所谓的芳香性 Hückel 规则。Pople 指出：对于 $4n$ 个 π 电子（反芳香性）的体系，外界磁场能诱导反向或顺磁性的电子环流。这种情况下它的结果与图 3.3（a）和 **3.4** 结构得出的结论相反，即外层质子被屏蔽，内部质子被去屏蔽。[16]轮烯的图谱与这个解释相吻合（内部质子 $\delta\,10.3$，外部质子 $\delta\,5.2$）。其中[12]轮烯（**3.5**）是最显著的例子。在[12]轮烯结构中引入溴原子后，它抑制了芳环内部和外部质子的构象翻转。化合物 **3.5** 环内质子的化学位移为 $\delta\,16.4$，而具有（$4n+2$）个 π 电子的[18]轮烯上环内质子化学位移为 $\delta-3.0$。

3.5

长椭球有两种排列方式，可作为单键或三键的模型，它们可以利用与上面类似的方式考虑（图 3.5）。

这种情况下，很难弄清哪种结构产生的诱导电流更强（或有更高的抗磁化率 χ）。以乙炔的 π 电子为例，当分子轴平行于 B_0 时 [图 3.5（a）]，π 电子特别容易绕圆柱做圆周运动产生电子环流；而按照图 3.5（b）所示结构进行运动时，乙炔的 π 电子就没有效果，两种结构诱导产生的磁场无法相互抵消。因此，当乙炔质子与此类电子排列的末端连接时，将受到屏蔽效应的影响。故乙炔质子的共振位置（$\delta\,2.88$）位于乙烷（$\delta\,0.86$）和乙烯（$\delta\,5.28$）之间。乙炔分子的轨道杂化效应被 C≡C 的抗磁各向异性取代。根据 McConnell 方程 [方程（3.1）]可知，纵向

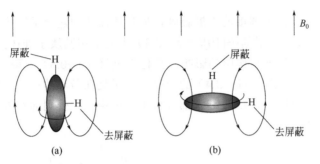

图 3.5 长椭球体化学键模型的屏蔽效应示意图：（a）长椭球体平行于 B_0 方向；
（b）长椭球体垂直于 B_0 方向

磁化率 χ_L 远大于横向磁化率 χ_T，即 $\chi_L > \chi_T$。炔键末端（$\theta = 0°$）的屏蔽效应必须为正，该处质子的化学位移向低频（高场）位移。

绕碳-碳单键的电子环流比碳碳三键的弱很多，当碳-碳单键的键轴与 B_0 场垂直时，屏蔽效应更强 [图 3.5（b），对碳-碳单键：$\chi_T > \chi_L$]。因此，单键侧面的质子比末端的质子受到的屏蔽更强 [图 3.6（a）]。刚性环己烷结构中直立键和平伏键的质子就是这种结构的实证 [图 3.6（b）]。

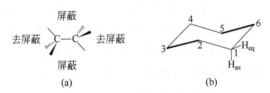

图 3.6 （a）绕 C—C 单键的屏蔽区；（b）环己烷结构

相对于 1,2-键和 6,1-键来说，这两个质子等价，它们受到的屏蔽效应相同。然而，1 位的直立键质子处于较远 2,3-键和 5,6-键的屏蔽区（黑色），而 1 位平伏键的质子则处于去屏蔽区。由于直立键质子受到的屏蔽作用强于平伏键质子，所以直立键质子的信号出现在更低频率（高场），它的化学位移数值比平伏键质子小 0.5。

单个 X 基团取代的化合物中次甲基（CH）质子的共振频率比亚甲基（CH_2）的高，亚甲基的比甲基（CH_3）的高 [如在$(CH_3)_2CHX$、CH_3CH_2X、CH_3X 中的质子]，它可归因于其它 C—C 单键的各向异性影响（图 3.7），当然轨道杂化也有影响。

甲基质子被　　　　亚甲基质子被　　　　次甲基质子被
一个单键去屏蔽　　两个单键去屏蔽　　三个单键去屏蔽

图 3.7 甲基（CH_3）、亚甲基（CH_2）和次甲基（CH）质子受到的屏蔽效应

与环己烷的质子（$\delta\,1.43$）相比，环丙烷的质子（$\delta\,0.22$）受到的屏蔽更强，这既可归因于与芳环类似的环电流效应，又可归因于三元环 CH_2 基团与 C—C 单键各向异性相反的影响。这种效应远远大于所示的 $\delta\,1.2$（$1.4\sim0.2$），因为 sp^2 环丙烷上碳原子的轨道对氢（与环己烷的 sp^3 轨道相比）有很强的去屏蔽作用，所以环丙烷能屏蔽更远的质子，如在螺[2,5]辛烷（**3.6**）分子中，所示的平伏键质子 H_{eq} 的化学位移比垂直键质子 H_{ax} 要大 1.2（更高场）。而一般情况下，环己烷平伏键质子 H_{eq} 的化学位移比直立键质子 H_{ax} 的大 $\Delta\delta\,0.5$，所以总的差异为 1.7。这是因为平伏键质子 H_{eq} 位于环丙烷环的屏蔽区，故而它的共振频率进一步降低（高场）。

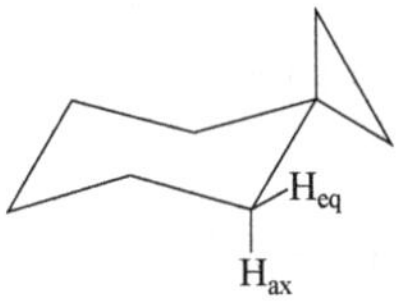

3.6

多数含有一个杂原子单键（如 C—O、C—N）官能团的屏蔽效应与 C—C 的类似。不过，C—S 键（$\chi_L-\chi_T$）值的符号与 C—C 的相反。此外，所有杂原子单键的空间结构比 C—C 更复杂，有时还涉及杂原子上孤对电子的特殊作用。*N*-甲基哌啶（**3.7**）分子的直立键上孤对电子通过 n-σ^* 作用屏蔽相邻直立键 H_{ax} 质子，对平伏键 H_{eq} 质子没有任何影响。因此，*N*-甲基哌啶分子的直立键质子和平伏键质子的化学位移差 $\Delta\delta_{ae}$ 增加到 1，比正常的差值 0.5 大很多。

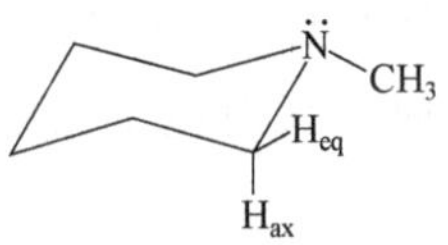

3.7

双键的各向异性很难确定，原因是它们有三个不等价轴。因此，只有两个维度的 McConnell 方程不能简单适用于这种情况。根据 McConnell 模型，可预测烯烃和羰基双键上质子的屏蔽通常比平面上质子的更大（图 3.8）。

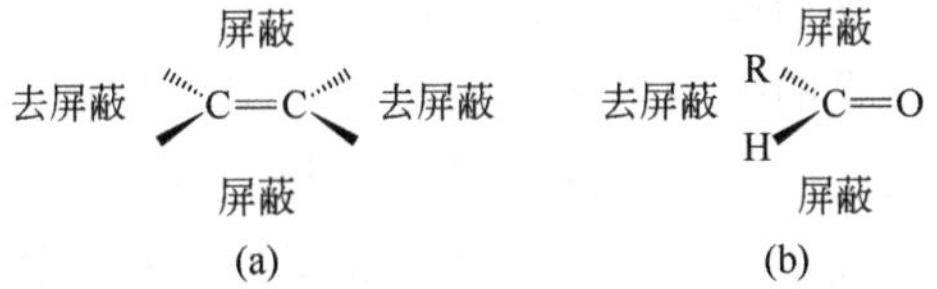

图 3.8　碳碳双键 C＝C（a）和羰基 C＝O（b）的抗磁各向异性屏蔽示意图。这种性质会因受到相邻原子的电子结构微扰而改变

从 Marchand 和 Rose 的工作可知，结构 **3.8** 中指向双键上的 9 位质子（顺式，

9s）位于双键的最佳屏蔽区，化学位移为 $\delta\,0.48$，而 9a 位质子的化学位移为 $\delta\,1.2$。当改变其相对于双键的位置，质子离双键更近、更远或偏离中心的一侧时，这种效应可能会被减弱甚至反转。这种变化不仅会受到锥形区内双键各向异性的影响，还将受到后面将进行讨论的范德华屏蔽（σ_w）效应的影响。

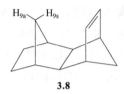

3.8

芳环和乙炔的各向异性效应更强，仍然可用图 3.3～图 3.5 中的模型解释。醛基（$\delta\,9.8$）的去屏蔽作用强，应该归属于强诱导效应和羰基抗磁性各向异性贡献共同作用的结果。

非球形的孤对电子结构也可表现出抗磁各向异性，当然，这种抗磁各向异性可以看作对局域电流的微扰。质子与孤对电子形成氢键后，总是被去屏蔽。因此，在非氢键溶剂如 CCl_4 中，乙醇稀溶液中羟基质子的化学位移为 $\delta\,0.7$，但是在强氢键的纯乙醇中，共振位置在 $\delta\,5.3$ 处。羧基质子（**COOH**）的共振频率在极高频区（低场，$\delta\,11\sim14$），原因是分子易形成二聚体或多聚体，羧基上每个质子形成了氢键。孤对电子的各向异性还可用于解释杂原子取代的乙基（CH_3CH_2X）质子化学位移的变化趋势。极性效应的影响很好地解释了与 X 相连的 CH_2 基团质子的共振位置变化 [X = F（$\delta\,4.36$），Cl（$\delta\,3.47$），Br（$\delta\,3.37$），I（$\delta\,3.16$）]，但相距更远的甲基质子（依次为 $\delta\,1.24$、1.33、1.65、1.86）化学位移的变化趋势与之相反。当取代基 X 变大时，孤对电子离甲基更近，对质子的去屏蔽作用更强。

总之，官能团对质子化学位移的影响主要来自两种效应：①诱导效应（包括轨道杂化）或共轭效应的吸或推电子能力，影响质子的电子密度，从而改变共振质子周围的局域场。电子密度越大，屏蔽作用越强，质子的共振频率越低（高场）；②非球形取代基的抗磁各向异性效应，主要用于解释芳香族化合物、乙炔、环丙烷、环己烷和易形成氢键物质质子的化学位移变化。

另外还有两种不常见的抗磁效应也会对化学位移有影响。如前所述，取代基可以通过极性吸电子效应而使邻近的质子去屏蔽，即降低 σ^d。如果取代基间隔多个化学键，这种效应可以忽略。当取代基的原子处于刚性结构中，与共振质子间距小于范德华半径之和时，取代基原子排斥相邻共振核上的电子，净的结果是 σ^d 减小 [原子核去屏蔽，化学位移向高频（低场）移动]。这个现象可归因于诱导偶极（范德华力、伦敦力或色散力）间的相互排斥作用。这个效应（σ_w）随核间距

核磁共振波谱学：
原理、应用和实验方法导论

的增加而迅速减小，它还与原子核的大小和极化率密切相关。质子的核间距只有不超过 2.5 埃以内时才对相邻的质子起到去屏蔽作用，溴原子可以从更远距离上对质子去屏蔽，氟原子处于中间。

与间二叔丁基苯、对二叔丁基苯相比，邻二叔丁基苯中叔丁基的质子因范德华效应向高频位移 0.2。一个典型的例子是部分笼状化合物分子 **3.9**，它上面的 H_b 和 H_c 化学位移分别为 $\delta\,3.55$ 和 $\delta\,0.88$。作为对比，环己烷分子上亚甲基质子的化学位移约为 $\delta\,1.4$，因此氧原子对 H_b 去屏蔽作用超过 $\Delta\delta\,2$；有趣的是，H_b 的电子密度部分向 H_c 偏移，导致 H_c 被屏蔽约 $\Delta\delta\,0.5$。

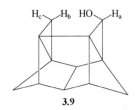

3.9

另一个抗磁效应涉及极性键，它能在邻近共振原子核处产生相当强的电场。这个电场扭曲了原子核周围的电子结构，通常减小 σ^d，从而产生去屏蔽作用。电场效应和通过化学键传递的极性效应不同，如果立体化学排列适合，它可以来自于相隔多个化学键的极性基团。当要获得大的 σ_E 数值 [方程（3.5）] 时，极性键与共振核的间距必须足够小，但无需在范德华半径内。

^{19}F 谱中有许多电场屏蔽的例子，原因是氟谱的化学位移范围大且 ^{19}F 的电负性强，因此它的电场屏蔽效应更明显。1-氯-2-氟苯（**3.10**）中 ^{19}F 的共振信号（化学位移）向高频移动超过 20，这不能用简单的极性效应来解释。计算结果显示，这个明显的位移主要来自 C—Cl 键电场引起的去屏蔽作用。与环己烷中两种质子的化学位移相差仅 0.5 相比，全氟代环己烷（**3.11**）中直立键与平伏键氟的化学位移相差 18。

3.10 **3.11**

抗磁各向异性（σ_A）效应无法解释两种 ^{19}F 之间化学位移相差这么大的现象。分子 **3.11** 中两种氟原子周围的电场与分子中其它极性化学键周围的电场不同。两种氟原子之间也许还有范德华力的贡献，原因是它们的核间距相对靠近。当分析 ^{19}F 谱的化学位移时，必须同时考虑这两种效应才算完整。许多体系或多种原子核中这些效应的重要性尚未得到充分研究，还有许多工作需要去做。

3.2

¹H 的化学位移与结构关系

要想根据 NMR 谱指认分子结构，这就要求对基于前面原理发展而来的化学位移与官能团的关系有深入了解。通常，解析结构时会同时采集并分析化合物的氢谱和碳谱。本节讨论质子化学位移和结构之间的关系。图 3.9 总结了常见官能团 ¹H 的化学位移范围。

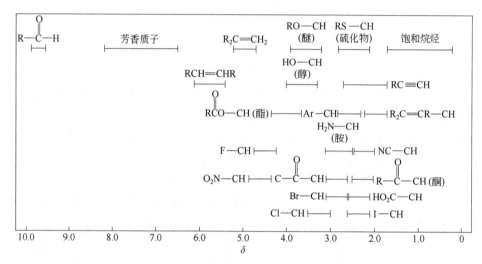

图 3.9 常见官能团质子的化学位移范围

甲基、亚甲基或次甲基用符号 CH 表示，R 表示饱和烷基。羧基（—CO₂H）和其它易形成氢键的质子化学位移超出图中的范围，位于本图的左侧。图中的化学位移范围仅适用于常见的化合物，实际的谱图范围可能会更宽

3.2.1 饱和烷烃

3.2.1.1 烷烃

在所有的简单碳氢化合物中，因为环丙烷具有环电流或 C—C 单键各向异性，所以它的质子共振频率最低（$\delta\,0.22$），与没有取代甲烷质子的化学位移（$\delta\,0.23$）基本相同。在乙烷（CH_3CH_3，$\delta\,0.86$）、丙烷（$CH_3CH_2CH_3$，$\delta\,1.33$）和异丁烷

[(CH$_3$)$_3$CH，δ 1.56] 系列化合物中，随着饱和 C—C 单键的数目逐步增加，对应甲烷质子的化学位移向高频（低场）缓慢移动（图 3.7）。由于环丁烷中碳轨道的 s 成分较低，所以其质子的共振频率（δ 1.98）异常高。除了环丙烷和环丁烷之外，其它环烷烃质子的化学位移与开链烷烃的相似，如环己烷的质子 δ 1.43。激素或生物碱等结构复杂天然产物中相似的烷基质子太多，大量信号重叠在 δ 0.8～2.0 区域，分析它们时尽可能用高场强的谱仪。

3.2.1.2 官能化烷烃

由于官能团具有极性和抗磁各向异性，引入官能团会改变相邻质子的共振位置。乙烷（δ 0.86）是甲基质子频率最佳的参考点。羟基取代乙烷的甲基后变成甲醇（CH$_3$OH），它的共振位置在 δ 3.38。氧原子具有吸电子效应，导致甲基质子位移到高频（低场）。和没有官能化的烷烃情况一样，亚甲基（CH$_3$CH$_2$OH，δ 3.56）和次甲基质子 [(CH$_3$)$_2$CHOH，δ 3.85] 同样向高频移动。当被 X 核取代后，同类化合物中亚甲基、次甲基质子的化学位移通常会比甲基质子分别向更高频移动 0.3 和 0.7（CH$_3$X 相对于 —CH$_2$X 相对于 $>$CHX）。不同取代情况差异可能很大，这取决于结构的其它部分，因此特定功能团的共振频率变化可能会超过 1。醚类的化学位移与醇类的相似（CH$_3$OCH$_3$，δ 3.24）。但是，酯烷氧基质子的共振频率更高 [CH$_3$O(CO)CH$_3$，δ 3.67]，原因是酯烷氧基中的氧原子存在酯的共振结构（**3.12**），它的吸电子能力更强。

3.12

氮原子的吸电子能力比氧原子弱，因此胺的共振频率一般比醚的低一些（更高场）：水溶液中甲胺（CH$_3$NH$_2$ 水溶液）上甲基质子位移为 δ 2.42。季铵化后引入一个正电荷，诱导氮原子的吸电子能力增强，向高频位移，(CH$_3$)$_3$N（甲基 δ 2.22）和(CH$_3$)$_4$N$^+$（甲基 δ 3.33）。如酰胺类化合物通过共振作用产生中等程度电荷，引起中等程度的位移，如 N,N-二甲基甲酰胺甲基质子（**3.13**，δ 2.88）。

3.13

硫原子的电负性更弱，这意味着硫化物的共振频率更低（更高场），如甲硫醚（CH$_3$SCH$_3$）甲基质子位移 δ 2.12。被卤素原子取代后，质子的共振频率向高频移动，位移的大小与卤素原子的电负性大小一致，如 CH$_3$I、CH$_3$Br、CH$_3$Cl、CH$_3$F

系列化合物中甲基质子的化学位移依次为 δ 2.15、2.69、3.06、4.27。这些例子中 C—X 键的各向异性是化学位移变化的主要原因，不过，这种各向异性的影响很难评价，在开链体系中有时因化学键自由转动而消失。其它吸电子的取代基也会使甲基质子向更高频位移，例如乙腈（CH_3CN，δ 2.00）中的氰基和硝基甲烷（CH_3NO_2，δ 4.33）中的硝基。给电子原子如 TMS（δ 0.00）中的硅原子使甲基质子向更低频率位移（更高场）。

当甲基质子与不饱和碳原子成键时，它的化学位移通常在 δ 1.7~2.5 之间，比如异丁烯 [$(CH_3)_2C{=}CH_2$，δ 1.70]、甲基乙炔（$CH_3C{\equiv}CH$，δ 1.80）和甲苯（$C_6H_5CH_3$，δ 2.31）。当与碳氧双键成键时，甲基质子的共振频率通常在 δ 2.0~2.7，如丙酮 [$CH_3(CO)CH_3$，δ 2.07]、醋酸（CH_3COOH，δ 2.10）、乙醛（CH_3CHO，δ 2.20）和乙酰氯（CH_3COCl，δ 2.67）。随着进一步取代后，与官能团相邻的亚甲基或次甲基质子的共振频率也出现在各自的范围内。

3.2.2 不饱和烷烃

3.2.2.1 炔烃

碳碳三键具有各向异性，使 sp 杂化碳上质子的共振频率相对较低（高场）。乙炔质子的化学位移为 δ 2.88，取代后炔基的质子大致范围为 δ 1.8~2.9。

3.2.2.2 烯烃

烯烃上 sp^2 碳的电负性增加，加上碳碳双键具有各向异性，导致了烯烃碳原子上的质子向高频（低场）位移，化学位移的范围变大（δ 4.5~7.0），具体位置取决于双键上取代基的性质。乙烯质子的化学位移为 δ 5.28。1,1-双取代烃类烯烃（亚乙烯基化合物）包括环外亚甲基（$C{=}CH_2$）双键上质子的共振频率小幅度降低，如异丁烯 [$(CH_3)_2C{=}CH_2$，δ 4.73]。乙烯基（—$C{=}CH_2$）上 CH_2 部分质子的共振频率一般小于 δ 5.0。1,2-双取代烯烃（—$CH{=}CH$—）如桥环双键，和三取代双键，其化合物双键质子的共振频率一般大于 δ 5.0 [反式 2-丁烯（$CH_3CH{=}CHCH_3$），δ 5.46]。双键的角张力使其质子的共振频率向高频移动，如降冰片烯（**3.14**，δ 5.94）。共轭效应也会使质子的共振位置向高频位移，如 1,3-环己二烯（**3.15**，δ 5.78）。环戊二烯（**3.16**）中碳碳双键的质子同时受到张力作用和共轭效应的影响，所以它的共振频率更高，化学位移为 δ 6.42。

5.94   5.78   6.42

3.14   3.15   3.16

核磁共振波谱学：
原理、应用和实验方法导论

苯乙烯（C₆H₅CH═CH₂）中，苯环通过极性效应吸引碳碳双键上的电子，因此紧邻苯环的 α 位质子的共振频率更高，化学位移为 δ 6.66。距离更远的（β 位）CH₂ 上两个质子不等价，化学位移分别为 δ 5.15 和 δ 5.63。β 位上两个质子的化学位移不同，主要源自芳环的各向异性差异。相邻更近的顺式质子位移到更高频率。苯乙烯上非苯环部分—CH═CH₂ 有专有名称即乙烯基。对于碳碳双键的质子来说，通常用烯烃质子表述比乙烯基质子更合适。

羰基由于同时拥有诱导效应和共振效应，它的吸电子能力很强。因此，与羰基共轭的双键上 β 位质子的共振频率极高（低场），如反式 CH₃CH₂O₂C—CH═CH—CO₂CH₂CH₃ 上的 α,β-不饱和酯（注意：该对称结构中两个双键质子都在 β 位）β 位质子的化学位移为 δ 6.83。化合物（**3.17** 和 **3.18**）的示意图说明了共轭效应对烯烃质子化学位移的影响。不过，与环己烯正常双键质子 δ 5.59 相比，不饱和醚（**3.17**）中氧原子通过共振把电子传递到 β 位，β 位质子被位移到更低的频率（δ 4.65）。氧原子通过诱导作用从 α 位处吸电子，使其位移向高频（δ 6.37）。相反，不饱和酮（**3.18**）上的羰基通过共振从 β 位吸电子，使其共振频率移向高频（δ 6.88）。这种情况下，羰基的极性效应使 α 位质子的共振向高频小幅位移（δ 5.93）。

3.17　　　　**3.18**

在 Tobey 和 Pascual、Meier 和 Simon 等人的经验方法中这些影响被量化，转化为方程（3.2）来计算双键上质子的化学位移。

$$\delta = 5.28 + Z_{gem} + Z_{cis} + Z_{trans} \qquad (3.2)$$

将与目标质子呈同碳、顺式和反式的取代基常数 Z_i 加入烯烃的化学位移计算公式中即可计算出对应的化学位移。在谱仪的计算机程序中已编入此类经验计算公式，它们将在 3.2.5 节中进行讨论。

3.2.2.3　醛

由于受到羰基的诱导效应和可能抗磁各向异性共同作用的共同影响，醛基质子向高频 （低场）位移。乙醛（CH₃CHO）的醛基质子 δ 9.80。它的变化范围较小，通常为 δ 10±0.3。

3.2.3　芳香族化合物

苯环的抗磁各向异性增强了 sp² 碳原子的去屏蔽作用，使得苯环的质子向高频（低场）位移，δ 7.27。取代基的极性或共振效应与烯烃的类似。如甲苯（$C_6H_5CH_3$）上甲基的电子效应较小，苯环上的所有 5 个质子在 δ 7.2 处共振。饱和烃取代（芳烃）质子的化学位移范围通常较窄，但是，取代基与苯环共轭导致了芳香共振的范围更宽，它的氢谱表现出自旋-自旋裂分的图谱多样性。如与苯或甲苯相比，硝基苯（**3.19**）的硝基具有极性效应，这使苯环上所有质子的共振向高频移动（图 3.10），但是，通过共轭吸电子作用，邻位和对位质子的共振向高频移动的幅度更大。相反，与苯的质子相比，苯甲醚（**3.20**）上甲氧基通过共轭作用给电子，苯甲醚中苯环上邻位和对位质子的共振频率更低。

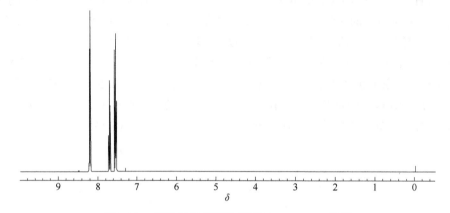

图 3.10　硝基苯氘代氯仿溶液的 300 MHz 氢谱

因杂原子具有极化效应，杂环中质子通常位移至更高的频率，如吡啶（**3.21**）和吡咯（**3.22**）。

如果芳环上没有两个相邻的取代基（即没有立体位阻效应），就可用经验公式计算芳环质子的化学位移。通过把取代基参数与苯的化学位移相加，就可用方程（3.3）计算出特定质子的化学位移。

$$\delta = 7.27 + \sum S_i \tag{3.3}$$

核磁共振波谱学：
原理、应用和实验方法导论

Jackman 和 Sternhell 从大量的原始资料中整理出各种取代基的常数，建立了估算芳烃质子的化学位移的方法 [详见 Jackman 和 Sternhell 合著书籍，1969，表 3.6.1，符号约定与方程（3.3）相反]。

3.2.4　氧和氮上的质子

强电负性如 O 和 N 原子上质子的核磁性质容易受到酸、碱及介质氢键能力的影响。少量的酸或碱杂质能引起羟基质子的快速交换，如图 1.30 所示。图谱中观测到的化学位移为这些质子的化学位移与其它分子内或分子（如溶剂）间可交换质子的算术平均值。所有可交换的质子只能在加权的平均位置处观察到一个共振信号。此外，观察不到分子中可交换质子与其它质子间的耦合。根据交换速率的不同，观察到的共振信号峰形可能极其尖锐，也可能是宽峰。在有机溶剂如 $CDCl_3$ 中确定分子是否存在羟基质子的简便办法是往核磁管中加入一两滴 D_2O，轻微摇晃核磁管，促使 OH 质子和过量的氘交换。有机卤代溶剂层与重水分相，通常水层位于核磁管的上方，处于检测线圈之外。这样，两相体系中观测不到原始图谱中的羟基共振峰（它们大部分转变为 OD）。高纯度的溶剂如二甲基亚砜中，活泼质子间的交换变慢，可以观察到 OH 与邻近质子之间的耦合。

极稀 CCl_4 溶液中（无氢键），醇羟基质子的化学位移为 $\delta\,0.5$；常规浓度（5%～20%）时形成氢键，共振信号在 $\delta\,2\sim4$。偏酸性的苯酚（ArOH，其中 Ar 代表芳基）羟基质子的共振频率更高（更低场），为 $\delta\,4\sim8$。如果酚羟基与邻位的基团完全形成氢键，那么它的位置将移动到 $\delta\,10$ 或更高。即使在稀溶液中，羧酸（RCO_2H）也以氢键二聚体或低聚体的形式存在，因为几乎每一个 OH 质子都形成氢键，所以酸质子共振在非常高的频率，$\delta\,11\sim14$，如乙酸（CH_3CO_2H，$\delta\,11.37$）。其它易形成强氢键的质子共振频率也在这个范围内，如磺酸（RSO_3H）或烯醇化的乙酰丙酮 OH 质子。由于羟基质子的共振位置和信号特征变化大，所以在图谱指认时须谨慎。

氮原子上的质子也有类似特性，但是氮原子比氧的电负性稍低，因此氮上质子的共振频率比 OH 质子稍低（高场）：脂肪胺 $\delta\,0.5\sim3.5$，芳香胺（苯胺）$\delta\,3\sim5$，酰胺、吡咯或吲哚 $\delta\,4\sim8$，铵盐 $\delta\,6\sim8.5$。氮元素中天然丰度较大的原子核是 ^{14}N，它是四极核，自旋量子数为 1（详见 1.7 节和 5.1 节），由此产生三种自旋态，可以将所连接质子的共振裂分成 1∶1∶1 的三重峰，但是只有高度对称的分子结构如 $[NH_4]^+$ 或 $[NMe_4]^+$ 中才能观测到这种裂分模式。否则，四极核快速弛豫将平均这三种自旋态。根据弛豫速率的不同，氮上质子的共振峰可以从三重峰变成单峰，但是大部分情况下表现为不完全平均的宽峰。有时，会因信号太宽而完全观测不到 NH 质子的信号。此外，氨基质子与溶剂或其它可交换质子之间可能存在快速交换，将得到一个平均后的化学位移。

3.2.5　^{1}H 化学位移的经验计算程序

目前已有大量关于取代烷烃、烯烃和芳香族结构的数据，基于这些数据，人们已开发出用于质子化学位移的经验计算公式，但是这些计算绝不简单。为了避免主要由立体位阻效应引起的非加和性，必须对计算结果进行相应的校正。例如单个碳原子上三个基团，双键上处于顺式的两个体积大的取代基，或者芳香环上两个邻位基团都会引起标准参数的偏离。如果有足够多的模型化合物，就能对此进行校正。对于任何结构，都可以进行经验计算，因此可把环丁烷的重叠张力、环戊酮的位阻作用或降莰烷的各种角张力等考虑在内。

现在预测质子化学位移的商业化软件已广为使用（参考文献[1,2]），它们主要基于各种数据库中成千上万个分子中质子的化学位移数据开发而成。使用时，首先需要画出化合物的分子结构，然后软件在数据库中查找质子结构环境与预测化合物相近的化合物。根据已有的数据，程序进行计算并给出预测的氢谱。这样得到的信息价值重大，因为程序所用的经验数据量远远超过了大多数实验员，甚至比所有出版物提供的还多。

不过，这种方法也有局限性：①数据库里缺乏一些特殊骨架或官能团的相关信息；②该数据库可能不包括评价立体位阻效应的充分信息，可能导致特定系列化合物的非加和性；③没有充分考虑溶剂效应（3.3 节）；④耦合常数的计算关系过于简单，如 Karplus 方程（4.6 节）。因为定量计算不可靠，所以商业软件计算所得耦合信息的准确性往往比化学位移相差不少。通常，程序提供一系列用于计算化学位移的化合物，实验员可以判断它们与待预测化合物结构的相关性。有时，所研究的化合物已经收录在数据库中，软件直接就给出实际的谱图。否则，实验员须仔细核对计算化合物的分子结构，判断计算结果的可信度。尽管理论化学位移计算已经取得了显著的进步，但所得的结果还不够精确，不能重建大部分的氢谱，无法保证与实际值的误差在 0.1 以内。半经验算法和从头算法没有这种缺陷，但是很难应用于所有的分子结构。Bagno 成功利用密度泛函理论（DFT）预测了一些有机化合物的氢谱（参考文献[3]）。

核磁共振波谱学：
原理、应用和实验方法导论

3.3
介质和同位素效应

3.3.1 介质效应

原子核受到的屏蔽包括分子内 σ_{intra}（已经在 3.2 节中讨论过关于质子的情况）和分子间 σ_{inter} 的屏蔽，则总的屏蔽由方程（3.4）给出。

$$\sigma = \sigma_{\text{intra}} + \sigma_{\text{inter}} \tag{3.4}$$

Buckingham、Schaefer 和 Schneider 提出了 5 种分子间的屏蔽项，参见方程（3.5）。

$$\sigma_{\text{inter}} = \sigma_B + \sigma_W + \sigma_E + \sigma_A + \sigma_S \tag{3.5}$$

其中，前面已经讨论过几个分子间的屏蔽因素，如范德华效应（σ_W）、电场效应（σ_E）、抗磁各向异性（σ_A）。接下来将对这些分子间的屏蔽项逐一介绍并给出具体实例。

溶剂的整体抗磁磁化率取决于样品容器的形状。球形容器中溶剂对溶质的屏蔽程度与圆柱形容器稍有不同，其屏蔽常数由方程（3.6）给出。

$$\sigma_B = \left(\frac{4}{3}\pi - \alpha\right)\chi_V \tag{3.6}$$

其中，α 是形状参数；χ_V 是溶剂的体积磁化率。球形容器中 $\alpha = 4\pi/3$，σ_B 为零；圆柱形容器中 $\alpha = 2\pi/3$，σ_B 为 $2\pi\chi_V/3$ 溶质和标样 TMS 通常处于相同溶液中（内标法），这种情况下它们受到宏观效应的影响相同，不需要对化学位移校正 σ_B。内标法很常见，因而大部分情况下都可忽略宏观磁化率的影响。不过，当没有内标时，如果比较样品的化学位移所用的样品容器形状不同，一个样品用正常圆形，另一个为球形微管，或使用不同体积磁化率的溶剂，则必须校正 σ_B。

当溶剂与溶质的性质接近时，即使溶剂和溶质都是非极性的，质子周围的电子云会被扭曲而出现去屏蔽效应。这种现象［方程（3.5）中的 σ_W 项］与范德华效应对化学位移的影响类似，大小基本上不超过 0.3。如果采用内标法测量化学位移，样品和标样受到的 σ_W 影响相同，所得的化学位移大部分情况下与 σ_W 无关。

极性溶质或甚至含有极性基团的非极性分子将在周围的介质中产生诱导电场。这个场大小与 $(\varepsilon-1)/(\varepsilon+1)$（$\varepsilon$ 为介质的介电常数）成正比，它能影响分子中其它位置质子的屏蔽。离极性基团最近的质子通常受影响［方程（3.5）中的 σ_E］的程度最大。由于 σ_E 与角度有关，所以它的符号可正可负，但通常它为负值（表明去屏蔽）。这种效应无法通过内标法进行补偿。即使在同一种溶质分子内，各个质子的效应不尽相同。对于在介电常数大溶剂中的极性分子，σ_E 范围可达 $\Delta\delta 1$，介电常数低的溶剂中 σ_E 也小。

各向异性溶剂在溶质周围也不可能完全随机取向，因此，即使非极性的溶质如甲烷也可能优先暴露在苯的屏蔽区或乙腈的去屏蔽区。通常，芳香族（盘状）溶剂诱导向低频（高场）的位移［方程（3.5）中的 σ_A 项］，而棒状溶剂（乙炔、乙腈、CS_2）诱导向高频（低场）位移。如果溶质和溶剂之间不存在相互作用 σ_S（电荷转移、偶极-偶极、氢键相互作用等），那么内标和溶质的各向异性作用相同，用内标法可以消除 σ_A。不过，通常溶质中的极性基团和溶剂之间存在独特的相互作用，故各向异性的溶剂对溶液中不同的质子影响不一样。与内标相比，溶质共振频率的位移可达 0.5。有时，只有官能团附近的质子受到影响。因此可利用不同的溶剂采集到同一个分子的不同谱图。当分析图谱时，这项技术很有用，它可用于改善偶尔谱峰重叠的情况。由于盘状溶剂和棒状溶剂引起的位移方向不同，研究者可用溶剂效应来控制共振的位移。

芳香族溶剂引起的化学位移变化被称之为芳香溶剂诱导位移（Aromatic Solvent-Induced Shifts，缩写为 ASIS）。使用芳香溶剂得到的化学位移与使用 $CDCl_3$ 的比较见方程（3.7）。

$$\Delta_{C_6H_6}^{CDCl_3} = \delta_{CDCl_3} - \delta_{C_6H_6} \qquad (3.7)$$

由于通常向低频（高场）位移，故 Δ 符号通常为正。虽然极性基团附近各向异性的位移通常最强，但它们与电场效应有很大的区别：电场效应依赖于溶剂的介电常数，而不是溶剂的形状。

溶质和溶剂之间的特殊作用如氢键能引起很大的影响（σ_S）。目前尚不清楚 ASIS 是由极性官能团周围时间平均的溶剂分子簇引起，还是由 1:1 的溶质-溶剂电荷转移复合物引起。如果是后者，将 ASIS 归为 σ_S 而不是 σ_A 更合理。

在早期溶剂对位移的影响研究中，Buckingham、Schaefer 和 Schneider 研究了甲烷质子的情况。甲烷中 σ_E 和 σ_S 为零，借助内标法可计算或消除 σ_S 值。因此，只有 σ_W 和 σ_A 会影响溶质的化学位移。他们测定了甲烷在不同溶剂中质子的化学位移，与气相中的化学位移进行比较，并对溶剂沸点的汽化热作图。后一个量是用来测量范德华相互作用。他们使用 12 种以上的溶剂，包括新戊烷、环戊烷、己烷、环己烷、2-丁烯、乙醚、丙酮、$SiCl_4$ 和 $SnCl_4$，所得结果为一条直线，斜率为一

核磁共振波谱学：
原理、应用和实验方法导论

个小的负值。气态甲烷在高频（低场）的位移范围从季戊烷中 $\delta\,0.13$ 变化到 $SnCl_4$ 中的 $\delta\,0.32$，主要是原子极化率的函数。它与 ΔH_V 呈线性关系，表明 σ_W 是影响其化学位移变化的唯一原因。直线上方是盘状的芳香分子苯、甲苯和氯苯，也有硝基作为扁球形各向异性的溶剂：硝基甲烷和硝基乙烷；直线下方是棒状的溶剂分子：乙腈、丙炔、二甲基乙炔、丁二炔和二硫化碳。由于甲烷是非极性分子，呈各向同性，它与溶剂没有直接的 σ_S 相互作用，所以在这些溶剂中甲烷偏离了 $\Delta\nu$ 相对于 ΔH_V 直线的原因是各向异性位移（σ_A）。与直线最大的正偏离来自硝基苯（0.72），最大的负偏离为乙炔二氰 $N\!\equiv\!C\!-\!C\!\equiv\!C\!-\!C\!\equiv\!N$（0.53）。

分子 **3.23** 为电场效应提供了一个有趣的实例。

3.23

表 3.1 列出了在环己烷（$\varepsilon = 2.02$）、二氯甲烷（$\varepsilon = 9.1$）中，C-8、C-10 和 C-13 位甲基质子的化学位移。所选的两种溶剂 σ_A 效应小；利用内标法可以不考虑 σ_W 和 σ_B 的影响。接近于醚键（C-8 和 C-13）的甲基质子由于电场效应向高场位移 0.067。由于电场影响随距离的增大而快速消失，故 C-10 甲基质子位移几乎没有变化。

表 3.1　甲基上质子化学位移（δ）与溶剂的函数关系（Laszlo）

溶剂	ε	δ_{10}	δ_8	δ_{13}
环己烷	2.02	0.855	1.01	1.12
二氯甲烷	9.1	0.852	1.07	1.20

N,N-二甲基甲酰胺（**3.24**）分子内，两个不等价甲基质子的相对化学位移表现出更大的 ASIS 效应。

3.24

当用苯代替 $CHCl_3$ 做溶剂时，两个甲基质子的化学位移差增大至 1.7。有趣的是，所有的化学位移差主要是由低频信号的变化引起。这个结果可以用短寿命的 1：1 溶质溶剂复合物模型来解释，其中一个甲基位于苯环上方，另一个远离苯环。环己酮与苯之间形成 1：1 复合物，该模型被用来证明 2,6-直立键的质子（位于复合物中苯环的上方）向低频位移，而 2,6-平伏键质子的位移可以忽略不计（位于不受影响的 54.74°区域）。这些变化也可以用时间平均的溶剂团簇理论来解释，它可以产生的效果相同，不需要使用短寿命的 1∶1 复合物模型。

3.3.2　同位素效应

分子内同位素取代可改变邻近原子核的化学位移。与 α 位甲苯-d_1 相比，甲苯的甲基质子向高频位移 0.015±0.002。与氘代环己烷-d_{11} 分子中的质子相比，环己烷质子向高频移动 0.057。对其它原子核如 ^{19}F 来说，同位素效应更明显，但是会随距离的增大而快速减弱。同位素位移是由于 H 与 D 体系间的零点振动能级差所致。对 1,4-二氧六环分子环翻转的研究中发现了不同的同位素效应 [方程（3.8）]。

$$\tag{3.8}$$

在未氘代的二氧六环中，H_{eq} 和 H_{ax} 的化学位移（在所用的磁场中）偶然相同，所以它们在低温下不可能被区分出来（1.8 节和 5.2 节）。1,4-二氧六环-d_7（1,4-二氧六环-d_8 中的杂质）中，H_{eq} 和 H_{ax} 两种质子都因同位素效应向低频移动，不过 H_{ax} 质子的位移稍大。因此，与非氘代样品不同，它在低温下平伏键和直立键质子的化学位移不同。由于氯的同位素效应，在磁场强度高于 9.4 T 的谱仪上，氯仿不适合做内锁或分辨率标样。高分辨氯仿的谱图将出现多个紧密相连、来自 $CH(^{35}Cl)(^{37}Cl)_2$、$CH(^{35}Cl)_2(^{37}Cl)$、$CH(^{35}Cl)_3$、$CH(^{37}Cl)_3$ 的谱峰。

3.4
影响 ^{13}C 化学位移的因素

碳是构成有机化合物的基本元素，但是它主要同位素 ^{12}C 的自旋量子数为零。20 世纪 60 年代后期，出现脉冲傅里叶变换技术后，才让低丰度的 ^{13}C 测试成为实用的核磁技术。单个分子中出现 ^{13}C 与 ^{13}C 直接相邻的概率很低 $[(0.0111)^2 = 0.0001$ 或 0.01%]，这就消除了由碳-碳耦合产生复杂图谱的可能性。当用去耦技术抑制碳-氢耦合后（5.3 节），最终得到的谱图不再带有自旋-自旋耦合，而出现对应着每一种碳原子的单峰，因此分析 ^{13}C 的谱图比 ^{1}H 的更简单。由于碳原子的弛豫时间范围比氢原子的大，且去耦干扰了信号强度（第 5 章），所以碳谱的积分值不那么可靠。即便这样，^{13}C 峰的化学位移解析很直接，通常比氢谱的更有效。

核磁共振波谱学：
原理、应用和实验方法导论

如图 3.1（b）所示，影响质子化学位移的抗磁屏蔽（σ^d）由原子核的电子云环流引起。阻挠自由电子环流的产生是另外一种被称为顺磁屏蔽（σ^p）（总屏蔽 $\sigma = \sigma^d + \sigma^p$）的效应。虽然 s 轨道的电子可以自由转动，2p 轨道的电子却拥有阻碍自由转动的角动量。因为 σ^p 的作用是减小 σ^d，所以二者的符号相反。抗磁屏蔽高使信号向低频（高场）移动，而顺磁屏蔽强使共振向高频（低场）移动。质子周围只有 s 电子（缺乏角动量），因此只表现出抗磁屏蔽。碳（以及几乎所有其它原子核）还被 s 和 p 电子环绕，所以具有 σ^p 和 σ^d 两种屏蔽效应。顺磁这个术语很合理，因为它引起的效应与抗磁贡献的符号相反。这里不应该把这个词与常用来描述带有未配对电子分子的表示方法给混淆。一些作者把 p 电子对原子核的闭壳分子屏蔽称为二阶顺磁效应，而与未配对电子有关的现象称为一阶顺磁效应。

与抗磁屏蔽（σ^d）相比，顺磁屏蔽可能很大（σ^p）。质子化学位移的范围一般只有几（1～10）（图 3.9），而其它原子核的顺磁位移范围多达几百甚至几千。从定性的角度来讲，角动量源自电子激发态和 π 键。当原子核的电子密度增加时，顺磁效应也增大。Ramsey、Karplus 和 Pople 将这三个因素归纳为一个简单的经验方程（3.9）。

$$\sigma^p \propto -\frac{1}{\Delta E}\langle r^{-3}\rangle \sum Q_{ij} \tag{3.9}$$

其中，ΔE 是某些电子跃迁诸如多数 ^{13}C 和 ^{15}N 核的 n→π^* 跃迁平均激发能量；$\langle r^{-3}\rangle$ 为 2p 电子（对元素周期表中第二行元素如 ^{13}C）到原子核的平均距离，它是电子密度的量度；$\sum Q_{ij}$ 为碳原子的 π 键量度。方程（3.9）中等号后面的负号表明顺磁屏蔽 σ^p 与抗磁屏蔽 σ^d 的方向相反。

结构变化可影响方程中所有的三个因素。其中 ΔE 代表基态与某些激发态间的加权平均能量差。从对称性的角度来看，通常忽略 n→π^* 跃迁。因为 ΔE 出现在分母中，所以低能量激发态（ΔE 较小者）的贡献占比最大。饱和分子如烷烃属于没有低能级激发态的典型化合物（即 ΔE 较大），故 σ^p 较小，烷烃碳的共振出现在低频（高场）。注意：顺磁屏蔽使共振向高频移动，抗磁屏蔽使共振向低频位移。与此相似，脂肪胺的氮原子、脂肪酯或醇中的氧原子也没有低能量的激发态，因而这些分子中 ^{15}N 或 ^{17}O 的共振也出现在低频区。羰基（C＝O）碳原子有一个低能量的激发态，即氧原子的孤对电子向反键 π 轨道移动产生顺磁电流，这种 n→π^* 跃迁使羰基碳原子的共振向高频显著位移，与 TMS 化学位移相比，它们之间的差值最大可达 220。碳正离子（R_3C^+）的共振频率更高，为 δ 335。

方程（3.9）中 $\langle r^{-3}\rangle$ 项与电子密度有关，它类似于质子化学位移的极性效应。当 p 电子离原子核越近，它的顺磁屏蔽越大。因此，给或吸电子取代基会影响顺磁位移。给电子增加电子之间的排斥作用，这种排斥作用随距离 r 的增大而减小。顺磁屏蔽随之减小，引起向低频（高场）位移。同理，吸电子取代基使电子与原子核靠近，顺磁屏蔽随之增大，共振向高频位移。因此，在碳原子上依次增加一系列吸电子的原子核后，共振逐渐移向高频，如 CH_3Cl（$\delta\,25$）、CH_2Cl_2（$\delta\,54$）、$CHCl_3$（$\delta\,78$）和 CCl_4（$\delta\,97$）系列化合物。从定性的角度看，这种情况与质子的相似，但数量上要大得多，原因是这些位移的变化来自顺磁项。这两种情况下取代基效应通常与碳原子上基团的电负性有关。

电负性是衡量原子核吸引电子能力的一个量度。电负性强高的元素如氧吸引 p 电子的能力就强于碳原子，从而减小了 p 电子到氧原子的核间距 r，因此，^{17}O 的化学位移值比相应碳原子的大。以脂肪酯的 ^{17}O 化学位移对相应脂肪族烷烃 ^{13}C 的化学位移作图，为一条直线，斜率约为 3。这个线性关系表明氧和碳原子的化学位移对同一个结构因素敏感，斜率大于 1 表示氧原子更敏感，因为它的 2p 电子离原子核更近。

方程（3.9）中第三项 $\sum Q_{ij}$ 与电荷密度和键级两个因素有关，可视为多重键的量度。多重键的程度越大，越向高频移动（低场）。这项为解释乙烷（$\delta\,6$）、乙烯（$\delta\,123$）和丙二烯中间的 sp 杂化碳原子（$CH_2{=}C{=}CH_2$，$\delta\,214$）的系列化学位移变化提供了理论基础。芳烃碳原子的化学位移（苯，$\delta\,129$）与烯烃碳原子的相近，这与质子的情况相反。抗磁各向异性对碳原子化学位移的影响程度与质子的相似，但是引起的共振频率变化幅度比顺磁屏蔽的小得多。因为炔烃为线性结构，绕 $C{\equiv}C$ 轴的角动量为零，所以它们的化学位移并不遵循这种模式，而是处于中间位置（对于乙炔上的碳原子 δ 为 72）。

除氢以外，大多数元素的化学位移可以用方程（3.9）中的三个因素来解释：激发态能级、与 p 电子的距离和键的多重度。对于烷烃、烯烃、芳烃和羰基上的碳来说，可以用这种方式解释它们的位移变化以及给电子或吸电子基团的影响。除了乙炔这个特例之外，重原子效应也是典型特例。与系列氯化物不同，CH_3Br（$\delta\,10$）、CH_2Br_2（$\delta\,22$）、$CHBr_3$（$\delta\,12$）、CBr_4（$\delta\,-29$）系列化合物中碳原子的化学位移变化不符合电负性的规律。此外，相同系列碘化物的化学位移变化也与含氯化合物的相反，它们的共振频率随碘原子数目的增加而降低（CI_4，$\delta\,-290$）。这种所谓的重原子效应由自旋-轨道耦合产生的一种新的角动量源所引起。当氢以外的原子核被重原子取代时，可以预料会出现这些向低频（高场）的反常位移。

3.5
^{13}C 的化学位移与结构关系

图 3.11 给出了常见官能团 ^{13}C 化学位移的范围。

核磁共振波谱学：
原理、应用和实验方法导论

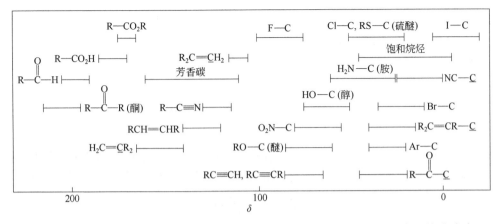

图 3.11　常见官能团的 ^{13}C 化学位移范围。符号 C 代表甲基、亚甲基、次甲基或季碳；R 代表饱和烃基。图中所示为常见化合物的化学位移范围，实际范围可能更宽

3.5.1　饱和烷烃

3.5.1.1　非环烷烃

由于非环烷烃没有低能量的激发态和 π 键，所以它们受到的顺磁屏蔽作用较小，化学位移出现在极低频（高场）区。甲烷上碳原子的共振位置为 δ −2.5，随后的乙烷（CH_3CH_3）、丙烷（CH_3CH_2CH）、异丁烷 $[(CH_3)_3CH]$ 系列化合物中碳原子依次向高频移动（δ 5.7，δ 16.1，δ 25.2），这个趋势与甲基、亚甲基、次甲基中质子的化学位移变化类似。烷烃碳原子上的一个 H 被 CH_3 取代后，位移增加大约 9。当碳原子上 H 被饱和的 CH_2、CH 和 C 基团取代时也有类似的效应。因为增加的甲基直接与共振碳原子成键，所以这种变化被称为 α 效应（**3.25**）。这种效应并不局限于碳取代 H。任意 X 基团取代共振碳原子上的氢后都会引起相对恒定的位移，具体大小主要取决于 X 基团的电负性。

$$\alpha\text{效应} \qquad\qquad \beta\text{效应}$$

$$-\overset{|}{\underset{|}{C}}-H \longrightarrow -\overset{|}{\underset{|}{C}}-X \qquad -\overset{|}{\underset{|}{C}}-Y-H \longrightarrow -\overset{|}{\underset{|}{C}}-Y-X$$

3.25　　　　　　　　　　**3.26**

共振碳原子上 β 位 H 被 CH_3（或 CH_2、CH、C）取代（**3.26**）也会引起约 +9 的位移。因此，戊烷（$CH_3CH_2CH_2CH_2CH_3$）中间的碳原子由于两个亚甲基的 α 效应和两个甲基 β 效应共同影响，化学位移为 δ 34.7。γ 位 H 被 CH_3（或 CH_2、CH、C）取代后，会引起约 −2.5（低频或高场）位移（**3.27**）。与 α、β 效应不同，γ 效应有重要的立体化学影响，它引起负的化学位移变化。因为存在 α、β 和 γ 效

应，故烷烃碳原子的化学位移范围相对很大。烷烃中甲基碳原子的共振通常为 δ 5～15，具体数值取决于 β 位取代基的数目，亚甲基碳原子的为 δ 15～30，次甲基碳原子的为 δ 25～45。

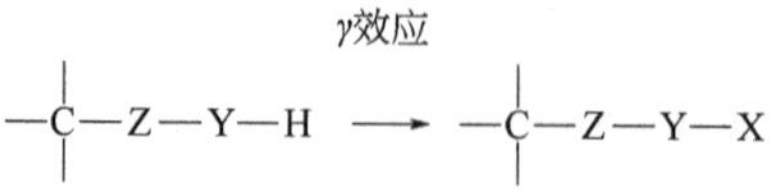

$$\gamma效应$$

3.27

碳-13 的化学位移容易测量到，往往有明确的取代基效应，因此便于经验分析。对于饱和的非环状碳氢化合物，Grant 提出计算化学位移的经验方程（3.10）。

$$\delta = -2.5 + \sum A_i n_i \qquad (3.10)$$

对于任意碳原子的共振峰，分子中 5 个化学键以内的碳原子取代参数 A_i 都被加入甲烷的化学位移（δ −2.5）中。碳原子的取代基（CH_3、CH_2、CH、C 均可）参数分别为 α 位（9.1）、β 位（9.4）、γ 位（−2.5）、δ 位（0.3）和 ε 位（0.1）。前三个数字已经在前面提及。如果 α 位不止一个碳原子，则 α 位取代基效应为取代基参数 A_i 乘以相应的 n_i，其它位置的多取代也可以使用类似的方法进行处理。图 3.12 演示了计算戊烷中各个碳原子化学位移的方法。甲基碳原子的化学位移是甲烷的化学位移与 α 位（9.1）、β 位（9.4）、γ 位（−2.5）、δ 位（0.3）碳四个效应的叠加。2 位碳原子的化学位移是甲烷化学位移和两个 α 位（9.1）、一个 β 位（9.4）、一个 γ 位（−2.5）碳效应的叠加。^{13}C 化学位移的计算值和观测值通常相差在 0.3 之内，它为碳谱指认提供了一种可靠的方法。

$$\overset{\alpha\ \beta\ \gamma\ \delta}{CH_3CH_2CH_2CH_2CH_3} \qquad \delta = -2.5+9.1+9.4-2.5+0.3=13.8 \quad (实测值13.9)$$

$$\overset{\alpha\qquad \alpha\ \beta\ \gamma}{CH_3CH_2CH_2CH_2CH_3} \qquad \delta = -2.5+(9.1\times2)+9.4-2.5=22.6 \quad (实测值22.8)$$

$$\overset{\beta\ \alpha\qquad \alpha\ \beta}{CH_3CH_2CH_2CH_2CH_3} \qquad \delta = -2.5+(9.1\times2)+(9.4\times2)=34.5 \quad (实测值34.7)$$

图 3.12　戊烷分子中各个碳原子化学位移的计算办法演示

不过，也有比较复杂的情况。Grant 发现方程（3.10）仅适用于直链烷烃，如果有分子中支链，则必须对它进行校正。当甲基碳原子与叔碳（CH）相邻时，需要−1.1 的修正，而与季碳相邻时，需要校正−3.4。当亚甲基碳与叔碳以及季碳相邻时，分别需要−2.5 和−7.2 的校正。而当次甲基碳与仲碳、叔碳和季碳相邻时，需要分别校正−3.7，−9.5 和−1.5。最后，当季碳与一级和二级碳原子相邻时，分别需要校正−1.5 和−8.4。当叔碳和季碳相邻时，校正确实很明显，具体原因尚不清楚。例如，异丁烷中的甲基（图 3.13 中的第一个计算式）与叔碳相邻。计算的

甲基位移包含一个 α 碳效应、两个 β 碳效应，与−1.1 的校正项，原因是甲基与一个叔碳（3°）中心相邻。图 3.13 中的第二个计算例子（新戊烷）中，甲基与季碳中心（4°）相邻。

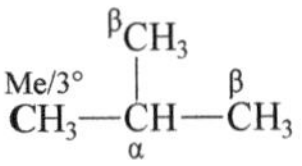

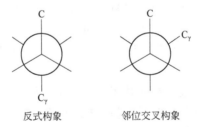

$$\delta = -2.5+9.1+(9.4\times2)-1.1 = 24.3 \quad (实测值24.3)$$

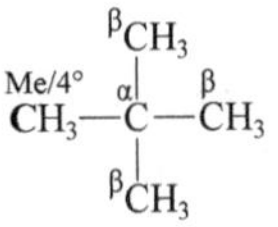

$$\delta = -2.5+9.1+(9.4\times3)-3.4 = 31.4 \quad (实测值31.7)$$

图 3.13　2-甲基丙烷（异丁烷）和 2,2-二甲基丙烷（新戊烷）分子中所示
碳原子的 ^{13}C 化学位移计算方法演示

值得注意的是碳原子取代基的 γ 位效应是负值（−2.5）。相对于共振的碳原子来说，γ 位碳原子可位于邻位交叉或反式的位置（图 3.14），各种构象所占的比例随分子的结构而变。Grant 使用的 γ 效应值−2.5 仅仅是开链构象的加权平均值，这并不能准确反映所有的结构。纯粹的 γ 反式效应的校正位移为+1，单纯 γ 邻位交叉效应的校正位移约为−6。Grant 提出的数值−2.5 明显是两种构象的混合平均值。如果烃类与一般情况有异常大的偏差时可能会让方程（3.10）的计算结果变得很糟糕。α效应和 β 效应是根据固定的几何构型测定，基本不考虑立体化学关系。

C
C$_\gamma$
反式构象

C
C$_\gamma$
邻位交叉构象

图 3.14　丁烷分子片段的反式和邻位交叉构象示意图

3.5.1.2　环烷烃

环丙烷碳原子的化学位移为 δ −2.6，在所有碳氢化合物中共振频率最低。环丁烷为 δ 23.3，环己烷为 δ 27.7，其它环烷烃与环己烷的化学位移偏差在±2 范围内。以环己烷为代表的立体化学固定的结构需要一套全新的经验参数，这些参数取决于直立键或平伏键取代基的性质，以及与共振碳的距离远近，详情见 Grant 论著。

3.5.1.3 官能化烷烃

当碳原子上的质子被杂原子或不饱和基团取代后，由于距离项的极性效应，通常会导致共振碳向高频（低场）位移。这个效应与它对应的 ^1H 化学位移影响因素相似，但是作用机理不同。强吸电子基团产生较大的正 α 效应。卤化物 CH_3X 系列中，当 X = F、Cl、Br、I 时，甲基碳原子化学位移依次为 δ 75.4、δ 25.1、δ 10.2 和 δ −20.6。多取代产生更大的变化，如 $CHCl_3$ 的化学位移为 δ 77.7。前面提到重原子如碘或溴的 α 效应受到自旋-轨道机制的影响，因此不遵循简单的电负性规律。碳氢化合物中，由于 α 位的卤素效应，CH_2X、CHX 系列化合物的共振频率比相应 CH_3X 的高 25（低场），原因是任何碳氢片段的 α 效应和 β 效应都有助于上述官能团向高频位移。

甲醇（CH_3OH）中碳原子的 δ 为 49.2，羟基取代的碳原子为 δ 49~75。二甲醚［$(CH_3)_2O$］碳原子为 δ 59.5，烷氧基取代的碳原子为 δ 59~80。醚类碳原子比对应醇类碳的共振频率更高（位移向低场移动几个）的原因是醚类比对应的醇多了一个 β 效应。

与氧相比，氮原子的电负性稍低，导致胺中碳原子的共振向低频（高场）位移。水溶液中甲胺碳原子的化学位移为 δ 28.3。由于氮原子可以有三个取代基，α 和 β 效应更多，所以胺类化学位移范围比相应醇类的大，变化幅度可达 30。甲硫醚上碳原子的化学位移为 δ 19.5、乙腈 δ 1.8、硝基甲烷 δ 62.6，其它硫醚、腈、硝基化合物上碳原子的共振频率分别比甲硫醚、乙腈、硝基甲烷高约 25。氰基化合物的共振频率异常低，这是因为氰基是圆柱形的官能团，角动量小，顺磁成分更低所致。

双键对相连的甲基碳化学位移影响小。反式 2-丁烯（*trans*-CH_3CH=$CHCH_3$）的甲基碳位移为 δ 17.3，甲苯（$C_6H_5CH_3$）的甲基在 δ 21.3。双键相连的碳原子范围为 δ 15~40。羰基上甲基碳的频率稍微高一点（低场）：丙酮 δ 30.2，乙醛 δ 31.2，范围为 δ 30~45。

烷基链上引入杂原子或不饱和基团后，根据取代基的类型、与共振碳的距离（α、β 或 γ）以及取代基的位置［端基（**3.28**）或内部（**3.29**）］不同，相关碳原子 ^{13}C 化学位移的计算要求有全新的经验参数列（表 3.2）。

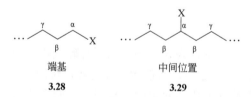

这些数字代表了在各自位置用 X 基团取代氢原子后对碳共振的影响。除了常见的氰基、炔基、重原子 I 外，α 效应主要由取代基的电负性大小来决定。有趣的是，β 效应都是正值，且大小相近（6~11）；γ 效应都是负值，大小相近（−2~−5）。

虽然具体的原因尚未明了，显然简单的极性效应并不能主导 β 和 γ 效应。

　　使用表 3.2 中所列的取代基参数时，将数值加入相应的非取代碳氢类似化合物的碳原子位移加和，再对计算结果四舍五入取整数，就是该碳原子的化学位移值。如图 3.15 所示，1,3-二氯丙烷 1 位碳原子的位移由丙烷甲基碳原子的位移（δ 16）加上表 3.2 中的参数得到。同理，根据环戊烷的位移（δ 27）和表 3.2 中的参数可计算出环戊醇 β 位碳原子的化学位移。

表 3.2　官能团碳原子的取代基参数表

X	端基 X(3.28)			中间 X(3.29)		
	α	β	γ	α	β	γ
F	68	9	−4	63	6	−4
Cl	31	11	−4	32	10	−4
Br	20	11	−3	25	10	−3
I	−6	11	−1	4	12	−1
OH	48	10	−5	41	8	−5
OR	58	8	−4	51	5	−4
OAc	51	6	−3	45	5	−3
NH_2	29	11	−5	24	10	−5
NR_2	42	6	−3			−3
CN	4	3	−3	1	3	−3
NO_2	63	4		57	4	
$CH=CH_2$	20	6	−0.5			−0.5
C_6H_5	23	9	−2	17	7	−2
$C\equiv CH$	4.5	5.5	−3.6			−3.5
(C=O)R	30	1	−2	24	1	−2
(C=O)OH	21	3	−2	16	2	−2
(C=O)OR	20	3	−2	17	2	−2
$(C=O)NH_2$	22		−0.5	2.5		−0.5

来源：参考文献[4]。

$$\overset{\alpha}{Cl}—CH_2CH_2CH_2—\overset{\gamma}{Cl} \qquad \delta = 16+31−4 = 43 \quad （实验值42）$$

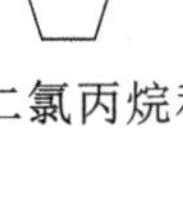

$$\delta = 27+8 = 35 \qquad （实验值34）$$

图 3.15　1,3-二氯丙烷和环戊醇所示碳原子 ^{13}C 化学位移的计算办法演示

3.5.2　不饱和烷烃

　　抗磁各向异性效应对 ^{1}H 和 ^{13}C 化学位移的影响程度相似，不过，对碳原子来

说，它的顺磁屏蔽更大，这使抗磁各向异性效应不重要。因此，苯（δ 128.4）和环己烯（δ 127.3）中烯烃上碳原子的化学位移几乎相同，这与质子的情况完全相反。烯烃和芳烃碳原子的整个共振范围约为 δ 100～170。

3.5.2.1 烯烃

没有取代基的烯基碳原子（＝CH_2）在低频共振（高场），如异丁烯 $[(CH_3)_2C＝CH_2]\ \delta$ 107.7，碳氢化合物的大致范围是 δ 104～115。有一个取代基的烯基碳原子（＝CHR），如反式丁烯（δ 123.3），共振范围是 δ 120～140。最后，二取代烯基的碳原子（＝CRR′），如异丁烯（δ 146.4），共振频率最高（δ 140～165）。当双键的极性取代基与双键共轭时，它的共振位置将显著改变。如 **3.30** 和 **3.31** 的 α,β-不饱和酮分子，α 位碳原子的共振频率较低，β 位碳原子的共振频率较高。在非环化合物中这种效应会减小，但给电子取代的效果刚好相反，如在烯醇醚中：$CH_2^{\beta}＝CH^{\alpha}OCH_3$ [δ (α) 153.2，δ (β) 84.2]。推或吸电子通过离域作用改变距离项。

3.30　　**3.31**

3.5.2.2 炔烃和腈类

带氢的炔烃碳（≡CH）共振的频率范围窄，为 δ 67～70。与碳取代基相连后（≡CR），其共振稍微向高频位移（δ 74～85），原因是来自取代基 R 的 α 和 β 效应。共轭效应、极性取代基可增加上述范围至 δ 20～90。氰基的碳原子共振范围在 δ 117～130 以内（乙腈，$CH_3C≡N$，δ 117.2）。n→π^* 跃迁使这个范围向高频移动。

3.5.2.3 芳香族化合物

芳香族化合物被烷基取代时，如甲苯（**3.32**），主要是 α 效应对本位碳原子的影响。由于这个碳与质子不相连，弛豫时间比其它碳原子长很多，所以通常本位碳的信号强度较低。像硝基（**3.33**）等共轭取代基强烈扰动芳环碳的共振，它是 α、β、γ 效应与离域后电子密度的变化（**3.19**，**3.20**）共同作用的结果。

3.32　　**3.33**

类似的相互作用体现在吡啶（**3.34**）和吡咯（**3.35**）碳原子的共振位置上。

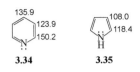

3.34　　　　　　**3.35**

3.5.3　羰基化合物

羰基在氢谱上没有信号，只有碳谱可提供用于分析羰基的独特信息。羰基碳原子的化学位移范围为 $\delta\,160\sim220$，远离并高于其它所有官能团的共振频率。与腈类和芳环的本位碳类似，除了醛外，羰基的碳原子没有直接结合的质子，弛豫缓慢且信号强度低。

醛类碳的共振处于羰基的中间，为 $\delta\,190\sim205$，乙醛（CH_3CHO）$\delta\,199.6$。不饱和醛类上的羰基与双键或苯环共轭，碳原子的共振向低频（高场）位移，如苯甲醛（C_6H_5CHO，$\delta\,192.4$）、丙烯醛（$CH_2{=}CHCHO$，$\delta\,192.2$）。酮碳有 α、β、γ 取代基效应的加成，化学位移增加，共振位于羰基碳原子化学位移范围的高频侧，为 $\delta\,195\sim220$，丙酮 $\delta\,205.1$、环己酮 $\delta\,208.8$。不饱和的取代基再次把酮羰基碳原子的共振移向低频。

羧酸衍生物羰基的化学位移范围为 $\delta\,155\sim185$。羧酸盐（CO_2^-）、羧酸（CO_2H）、酯（CO_2R）等系列化合物碳原子的共振范围区分非常明显，如乙酸钠（$\delta\,181.5$）、乙酸（$\delta\,177.3$）、乙酸甲酯（$\delta\,170.7$）。酯类碳共振的范围是 $\delta\,165\sim175$，羧酸为 $\delta\,170\sim185$，酰氯的频率稍低（高场）：$\delta\,160\sim170$，乙酰氯（CH_3COCl）$\delta\,168.6$。酐类的范围为 $\delta\,165\sim175$，乙酸酐 $[CH_3(CO)O(CO)CH_3]$ $\delta\,167.7$。内酯碳与酯类的范围重合，六元环内酯 $\delta\,176.5$。酰胺碳的化学位移范围类似，为 $\delta\,160\sim175$，乙酰胺 $[CH_3(CO)NH_2]$ $\delta\,172.7$。肟类的范围更大，为 $\delta\,145\sim165$。联烯类（$R_2C{=}C{=}CR_2$）中间碳原子的范围与酮的相近，为 $\delta\,200\sim215$，不过两头的碳原子共振频率更低，为 $\delta\,75\sim95$。

3.5.4　^{13}C 化学位移的经验计算程序

基于便利和精确的 ^{13}C 化学位移经验计算方法，已经开发出用于一般 ^{13}C 化学位移预测的商业计算机程序。与 ^1H 的化学位移预测一样（3.2.5 节），预测结果的好坏与创建时所使用数据集的质量有关。除非引入特定的关系，不然这些程序假设多取代效应可以叠加。其它没有考虑到或者非加和的现象，如构象和其它位阻效应，将造成实测值和计算值间容易出现意外偏差。

3.6
^1H 和 ^{13}C 的化学位移表

未知有机材料的结构分析通常从氢谱和碳谱的解析开始。如果可能的话，利用合成前体的分子式和结构信息来辅助分析其所处的共振位置。表 3.3～表 3.7 列举了来自本章末文献提供的代表性化合物化学位移。

表 3.3　代表性化合物中甲基、亚甲基的 ^1H 和 ^{13}C 化学位移

化合物	$\delta(^1H)$		$\delta(^{13}C)$	
	CH$_2$	CH$_3$	CH$_2$	CH$_3$
CH$_3$Li		−0.4		−13.2
CH$_3$CH$_3$		0.86		5.7
(CH$_3$)$_3$CH		0.89		25.2
(CH$_3$)$_4$C		0.94		31.7
(CH$_3$)$_3$COH		1.22		29.4
CH$_3$CH=CH$_2$		1.72		18.7
CH$_3$CH≡CH		1.80		−1.9
(CH$_3$)$_3$P=O		1.93		18.6
CH$_3$CN		2.00		0.3
CH$_3$CO$_2$CH$_3$		2.01		18.7
CH$_3$COCH$_3$		2.07		30.2
CH$_3$CO$_2$H		2.10		18.6
(CH$_3$)$_2$S		2.12		19.5
CH$_3$I		2.15		−20.6
CH$_3$CHO		2.20		31.2
(CH$_3$)$_3$N		2.22		47.3
CH$_3$C$_6$H$_5$		2.31		21.3
CH$_3$NH$_2$		2.42		30.4
CH$_3$(SO)CH$_3$		2.50		40.1
CH$_3$(CO)Cl		2.67		32.7
CH$_3$Br		2.69		10.2
(CH$_3$)$_4$P$^+$		2.74		11.3
CH$_3$(SO$_2$)CH$_3$		2.84		42.6
(CH$_3$)$_2$NCHO		2.88		36.0
		2.97		30.9
CH$_3$Cl		3.06		25.1
(CH$_3$)$_2$O		3.24		59.5

化合物	$\delta(^1H)$		$\delta(^{13}C)$	
	CH$_2$	CH$_3$	CH$_2$	CH$_3$
(CH$_3$)$_4$N$^+$		3.33		55.6
CH$_3$OH		3.38		49.2
CH$_3$CO$_2$**CH$_3$**		3.67		51.0
CH$_3$OC$_6$H$_5$		3.73		54.8
CH$_3$F		4.27		75.4
CH$_3$NO$_2$		4.33		57.3
(CH$_3$CH$_2$)$_2$S	2.49	1.25	26.5	15.8
CH$_3$CH$_2$NH$_2$	2.74	1.10	36.9	19.0
CH$_3$CH$_2$C$_6$H$_5$	2.92	1.18	29.3	16.8
CH$_3$CH$_2$I	3.16	1.86	0.2	23.1
CH$_3$CH$_2$Br	3.37	1.65	28.3	20.3
CH$_3$CH$_2$Cl	3.47	1.33	39.9	18.7
(CH$_3$CH$_2$)$_2$O	3.48	1.20	67.4	17.1
CH$_3$CH$_2$OH	3.56	1.24	57.3	15.9
CH$_3$CH$_2$F	4.36	1.24	79.3	14.6
CH$_3$CH$_2$NO$_2$	4.37	1.58	70.4	10.6
BrCH$_2$CH$_2$Br	3.63		32.4	
HOCH$_2$CH$_2$OH	3.72		63.4	
ClCH$_2$CH$_2$Cl	3.73		51.7	

表 3.4　饱和环体系典型化合物上的 ^1H 和 ^{13}C 化学位移

化合物	位置	$\delta(^1H)$	$\delta(^{13}C)$
环丙烷		0.22	−2.6
环丁烷		1.98	23.3
环戊烷		1.51	26.5
环己烷		1.43	27.7
环庚烷		1.53	29.4
环戊酮	(α)	2.06	37.0
	(β)	2.02	22.3
环己酮	(α)	2.22	40.7
	(β)	1.8	26.8
	(γ)	1.8	24.1
环氧乙烷		2.54	40.5
四氢呋喃	(α)	3.75	69.1
	(β)	1.85	26.2
四氢吡喃	(α)	3.52	68.0
	(β)	1.51	26.6

化合物	位置	$\delta(^1\text{H})$	$\delta(^{13}\text{C})$
四氢吡喃	(γ)		23.6
氮杂戊环	(α)	2.75	47.4
	(β)	1.59	25.8
哌啶	(α)	2.74	47.5
	(β)	1.50	27.2
	(γ)	1.50	25.5
硫杂丙环		2.27	18.9
四氢噻吩	(α)	2.82	31.7
	(β)	1.93	31.2
环丁砜	(α)	3.00	51.1
	(β)	2.23	22.7
1,4-二氧六环		3.70	66.5

表 3.5 代表性烯烃的 ^1H 和 ^{13}C 化学位移

化合物	位置	$\delta(^1\text{H})$	$\delta(^{13}\text{C})$
$CH_2\!=\!CHCN$	(α)	{5.5~6.4}	107.7
	(β)		137.8
$CH_2\!=\!CHC_6H_5$	(α)	6.66	112.3
	(β)	5.15, 5.63	135.8
$CH_2\!=\!CHBr$	(α)	6.4	115.6
	(β)	5.7~6.1	122.1
$CH_2\!=\!CHCO_2H$	(α)	6.5	128.0
	(β)	5.9~6.5	131.9
$CH_2\!=\!CH(CO)CH_3$	(α)	{5.8~6.4}	138.5
	(β)		129.3
$CH_2\!=\!CHO(CO)CH_3$	(α)	7.28	141.7
	(β)	4.56, 4.88	96.4
$CH_2\!=\!CHOCH_2CH_3$	(α)	6.45	152.9
	(β)	3.6~4.3	84.6
$\begin{array}{cccc}4 & 3 & 2 & 1\\ CH_3CH\!=\!C(CH_3)\!-\!CH\!=\!CH_2\end{array}$	(1)	5.02	
	(2)	6.40	
	(4)	5.70	
$(CH_3)_2C\!=\!CHCO_2CH_3$	(α)	—	114.8
	(β)	5.62	155.9
环戊烯		5.60	130.6
环己烯		5.59	127.2
1,3-环戊二烯		6.42	132.2，132.8

核磁共振波谱学：
原理、应用和实验方法导论

化合物	位置	$\delta(^{1}\text{H})$	$\delta(^{13}\text{C})$
1,3-环己二烯		5.78	124.6，126.1
2-环戊酮	(α)	6.10	132.9
	(β)	7.71	164.2
2-环己酮	(α)	5.93	128.4
	(β)	6.88	149.8
exo-亚甲基环己烷	(=CH₂)	4.55	106.5
	(C=)	—	149.7
丙二烯	(=CH₂)	4.67	74.0
	(=C=)	—	213.0

表 3.6 典型芳香族化合物的 ^{1}H 和 ^{13}C 化学位移

化合物	$\delta(^{1}\text{H})$			$\delta(^{13}\text{C})$			
	o	m	p	i	o	m	p
C₆H₅CH₃	7.16	7.16	7.16	137.8	129.3	128.5	125.6
C₆H₅CH=CH₂	7.24	7.24	7.24	138.2	126.7	128.9	128.2
C₆H₅SCH₃	7.23	7.23	7.23	138.7	126.7	128.9	124.9
C₆H₅F	6.97	7.25	7.05	163.8	114.6	130.3	124.3
C₆H₅Cl	7.29	7.21	7.23	135.1	128.9	129.7	126.7
C₆H₅Br	7.49	7.14	7.24	123.3	132.0	130.9	127.7
C₆H₅OH	6.77	7.13	6.87	155.6	116.1	130.5	120.8
C₆H₅OCH₃	6.84	7.18	6.90	158.9	113.2	128.7	119.8
C₆H₅O(CO)CH₃	7.06	7.25	7.25	151.7	122.3	130.0	126.4
C₆H₅(CO)CH₃	7.91	7.45	7.45	136.6	128.4	128.4	131.6
C₆H₅CO₂H	8.07	7.41	7.47	130.6	130.0	128.5	133.6
C₆H₅(CO)Cl	8.10	7.43	7.57	134.5	131.3	129.9	136.1
C₆H₅CN	7.54	7.38	7.57	109.7	130.1	127.2	130.1
C₆H₅NH₂	6.52	7.03	6.63	147.9	116.3	130.0	119.2
C₆H₅NO₂	8.22	7.48	7.61	148.3	123.4	129.5	134.7

化合物	$\delta(^{1}\text{H})$			$\delta(^{13}\text{C})$		
	α	β	其它	α	β	其它
萘	7.81	7.46	—	128.3	126.1	—
蒽	7.91	7.39	8.31	130.3	125.7	132.8
呋喃	7.40	6.30	—	142.8	109.8	—
噻吩	7.19	7.04	—	125.6	127.4	—
吡咯	6.68	6.05	—	118.4	108.0	—
吡啶	8.50	7.06	7.46	150.2	123.9	135.9

表 3.7　部分羰基化合物的 ^1H 和 ^{13}C 化学位移

化合物	$\delta(^1H, CH_3)$	$\delta(^1H,$ 其它$)$	$\delta(^{13}C, C=O)$
$H(CO)OCH_3$	3.79	8.05(HCO)	160.9
$CH_3(CO)Cl$	2.67	—	168.6
$CH_3(CO)OCH_2CH_3$	2.02(CH_3CO)	4.11(CH_2)，1.24(CH_3C)	169.5
$CH_3(CO)N(CH_3)_2$	2.10(CH_3CO)	2.98(CH_3N)	169.6
CH_3CO_2H	2.10	1.37[①](HO)	177.3
$CH_3CO_2^-Na^+$	—		181.5
$CH_3(CO)C_6H_5$	2.62	—	196.0
$CH_3(CO)CH=CH_2$	2.32	5.8~6.4($CH=CH_2$)	197.2
$H(CO)CH_3$	2.20	9.80(HCO)	199.6
$CH_3(CO)CH_3$	2.07		205.1
2-环己酮	—	5.93, 6.88($CH_\alpha=CH_\beta$)	197.1
2-环戊酮	—	6.10, 7.71($CH_\alpha=CH_\beta$)	208.1
环己酮	—	1.7~2.5	208.8
环戊酮	—	1.9~2.3	218.1

① 原文有误，应该是 11.37。

思考题

3.1　一个三取代苯分子含有一个溴原子和两个甲氧基，它的三组质子化学位移分别为 δ 6.40、6.46 和 7.41，请问这个化合物的具体结构是什么？

3.2　八面体钴配合物（CoL_6）有两个完全充满的 t_{2g} 和两个空的 e_g 分子轨道。一些类似配合物的 ^{59}Co 化学位移与紫外-可见光谱中最远长波吸收峰的波长呈线性关系。请根据屏蔽效应的 Ramsey 方程（3.9）解释此线性关系。

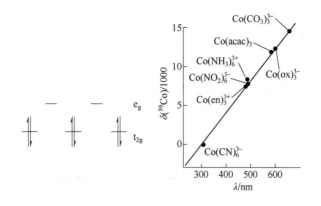

 中的图示内容

3.3 计算下列分子所有碳原子的 ^{13}C 共振位置，忽略 δ 效应和 ε 效应。

（a）$CH_3CH_2CH(CH_3)CH(CH_3)_2$

（b）$ICH_2CH_2CH_2Br$

（c）$CH_3CH_2CH(NO_2)CH_3$

（d）$(CH_3)_3CCN$

3.4 萘的 α 位质子和 β 位质子（见结构）共振频率哪个更高，为什么？与苯的相比，它们的共振频率有什么差异，为什么？

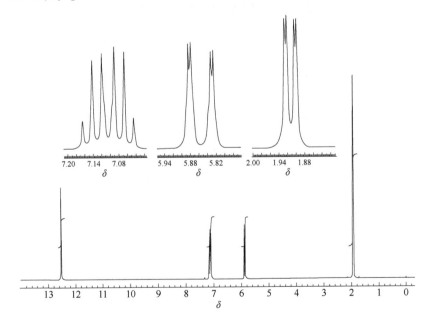

3.5 $CDCl_3$ 中低浓度苯酚—OH 质子的化学位移是 δ 5.80，低浓度 2-硝基苯酚羟基质子的化学位移是 δ 10.67，解释原因。

3.6 根据化合物（a）～（g）的氢谱（300 MHz）和碳谱（75 MHz）推断分子结构。除（f）之外，都使用 $CDCl_3$ 为溶剂，^{13}C 谱中 δ 78 处强度比为 1:1:1 的三重峰源自 $CDCl_3$ 上碳原子。

（a）$C_4H_6O_2$

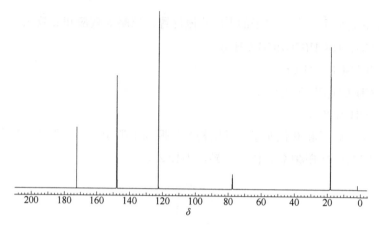

（b）C₄H₈Cl₂

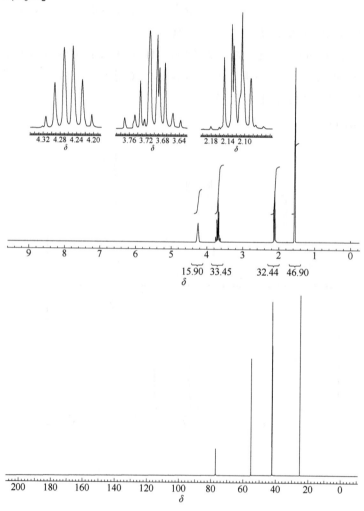

核磁共振波谱学：
原理、应用和实验方法导论

（c）C₅H₉OCl

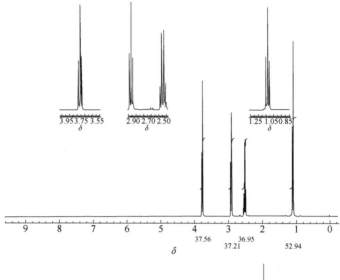

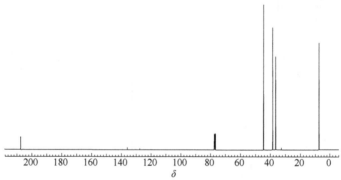

（d）C₄H₈O₂

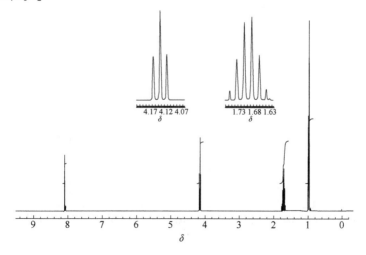

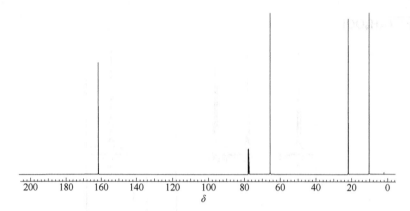

（e）$C_{10}H_{12}O_3$（滴加 D_2O，摇晃后，$\delta\,6.87$ 处的信号消失）

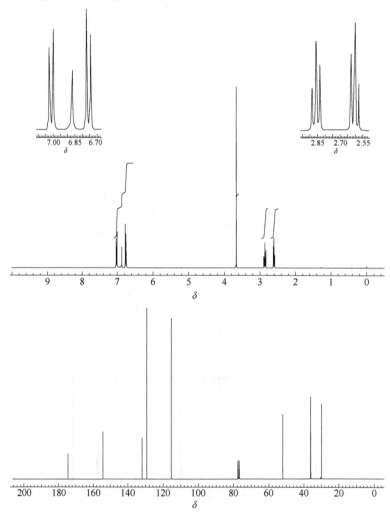

核磁共振波谱学：
原理、应用和实验方法导论

（f）$C_8H_7BrO_3$（图中没给出 δ 12 处积分值为 1 的信号；^1H 谱中 δ 2.05 和 ^{13}C 谱中 δ 30 的信号来自溶剂氘代丙酮上的残余质子和甲基碳原子）

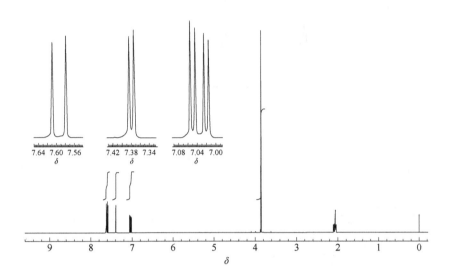

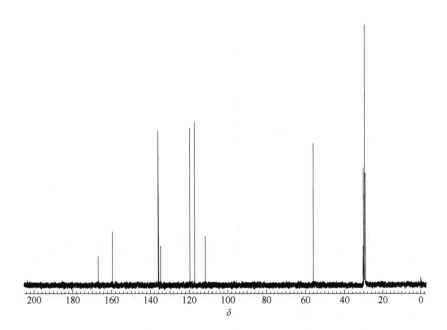

（g）C_6H_7NO

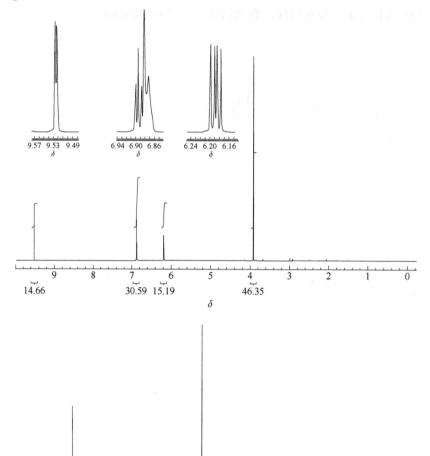

3.7 钾通道活化剂比马卡林(bimakalin)的 500 MHz 的 ^1H 谱中芳烃和烯烃部分信号如下，结合分子结构，回答问题

（a）根据耦合裂分模式，归属并讨论 8 个质子信号。

（b）解释 $\delta 7.6$ 附近三组信号聚集的原因。

核磁共振波谱学：
原理、应用和实验方法导论

（c）为什么 $\delta\,6.12$ 信号出现的共振频率如此低？

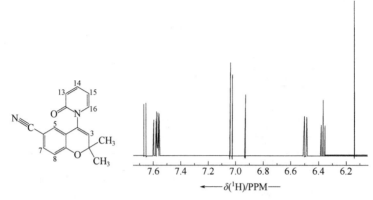

已获 K. G. R. Pachler, *Magn. Reson. Chem.*, **36**, 437 (1998)复制许可

3.8　*Commiphora mukul* 的树皮脂具有降低胆固醇和脂肪摄入量的功效。主要活性成分为下面的 5 个松柏烯类化合物分子，具体的分子结构如下。

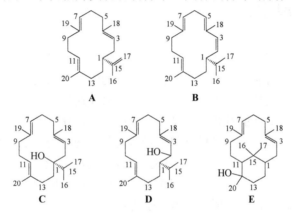

下表中已经完成了对这 5 个化合物氢谱信号的归属。根据核磁数据，归属结构 **A~E**。表中化学位移的单位为 δ，多重裂分即耦合常数的单位为 Hz。自己可以先练习一下，逐一指认信号，然后再去核对比较已归属的相关信息。

氢	化合物 1	化合物 2	化合物 3	化合物 4	化合物 5
1	2.06 m	1.63 m	n/a	1.28 m	1.45 m
2	2.02 m 1.98 m	5.19 dd, 15.5, 9.8	2.22 m, 2.18m	4.58 d, 8.7	2.72 m
3	5.22 t,7.6	6.09 d, 15.5	5.27 t, 7.4	5.33 d, 8.7	5.69 d, 12.5
4	n/a	n/a	n/a	n/a	n/a
5	2.14 m, 2.19 m	5.55 t, 7.6	2.22 m	2.17 m, 2.20 m	2.09 m, 2.23 m
6	2.19 m, 2.29 m	2.44 dd, 3.4, 1.5, 3.07 br s	2.12 m, 2.31 m	2.12 m, 2.20 m	2.05 m, 2.42 m
7	5.00 t, 6.2	5.13 d, 10.6	4.91 t, 6.8	5.04 t, 5.8	4.91 d, 10.5

氢	化合物 1	化合物 2	化合物 3	化合物 4	化合物 5
8	n/a	n/a	n/a	n/a	n/a
9	2.08 m	2.06 m, 2.23 m	1.95 m, 2.14 m	1.94 m, 2.13 m	2.11 m, 2.26 m
10	2.14 m	2.03 m, 2.32 m	2.10 m	2.07 m, 2.18 m	1.33 m, 1.49 m
11	5.08 t, 6.2	4.90 d, 6.8	5.01 t, 7.4	4.94 dd, 7.9, 7.2	2.27 m
12	n/a	n/a	n/a	n/a	n/a
13	1.96 m	2.02 m	1.94 m	2.05 m	1.86 m
14	1.69 s	1.69 m	1.65 m	1.69 m	2.00 m
15	n/a	1.51 m	1.72 m	1.79 m	n/a
16	1.58 s	0.88 d, 6.8	0.96 d, 6.8	0.99 d, 6.8	0.81 s
17	4.68 s, 4.74 s	0.84 d, 6.8	0.94 d, 6.8	0.96 d, 6.8	0.74 s
18	1.59 s	1.82 s	1.56 s	1.60 s	1.56 s
19	1.62 s	1.62 s	1.59 s	1.59 s	1.53 s
20	1.57 s	1.54 s	1.61 s	1.56 s	1.28 s

思考题解答提示

（1）有些提示可能是上述思考题的答案，请务必自己思考之后再看提示。有些提示涉及第 4 章内容。分子结构与化学位移的经验关系为谱峰的指认提供了很好的指导，但是这些结果并不总是完全可靠。只能通过引入相互作用的因子后才能解决官能团非加和性的难题，但是在计算质子的位移时常常被忽略。如果没有两个相邻取代基，芳环上质子的计算值最为可靠（思考题 3.1）。^{13}C 化学位移的经验关系式更加成功（思考题 3.3），目前已有很多引入相互作用因子的成功例子。基于图谱经验计算开发出的商业化程序不可能比它们所用的模型分子更精确，因此，计算时必须总要包括对所用模型分子进行预判。

（2）在 CH_3CH—CH 或 CH_3CH=CH 结构中，当 CH_n 基团同时与一个甲基和一个次甲基耦合时，会产生双四重峰（dq）。但是，根据 J（CH_3CH）和 J（CH—CH）的相对值，观察到的谱图模式能从 4 个峰变成 8 个峰。如果后者的耦合常数为零，得到的是一个四重峰。根据 Karplus 方程，当 CH—CH 的二面角接近 90° 时，就会发生这种事情（4.6 节）。如果 CH—CH 的耦合常数比 CH—CH_3 的大很多时，如反式 CH_3CH=CH（4.6 节），将观察到多达 8 个峰（dq）。当两个耦合常数的大小相当时，可能观察到 5 到 8 个峰，具体取决于耦合的相对值。而在思考题 3.6（a）中，中间的 4 个谱峰重叠，得到 6 个峰。这种情况可以用 1.6 节中所讲的棍图或树状图进行分析，详情见第 4 章 Hoye 等人的完整处理（1994）。

（3）思考题 3.6（a）中质子的积分值和碳峰的强度说明了质子的积分强度与质子数目一一对应，而碳谱没有这种对应关系。虽然每个碳峰代表了一个碳原子，但是它们的相对强度差可以超过 2 倍。COOH 上羰基的碳原子与质子不相连，弛豫更慢，信号的强度最小。与质子相连碳原子的信号强度与相连和相邻的质子数目以及谱图采集参数（如等待时间）都有关系（2.4.6 节）。

（4）以 CDCl$_3$ 为溶剂的 ^{13}C 谱中在 δ 78 处有一个溶剂峰，它是强度比为 1∶1∶1 的三重峰，它来自 CDCl$_3$ 的碳原子与氘耦合，由于氘的自旋量子数 I 为 1，所以有三种布居数相同的自旋态（+1，0，−1）。

（5）氢谱上，孤立的双亚甲基（—CH$_2$CH$_2$—）通常会出现成对的 1∶2∶1 三重峰。如果不满足一级条件，两个三重峰上内外侧峰的强度比将会改变。

（6）H（C＝O）（甲酰基）是醛类官能团，通常在 δ 9.8 处表现为一个尖锐的单峰。不过，甲酸酯也含有甲酰基，如 H（C＝O）OCH$_3$（甲酸甲酯），但是它的甲酰基质子共振比醛类的频率更低（高场），通常在 δ 8.0 附近 [思考题 3.6（d）]。

（7）根据裂分模式通常不能明确判断含氧化合物烷基的相对位置 [思考题 3.6（e）]。如果需要区分到底是醚/酯（CH$_3$O—）还是羰基 [CH$_3$（C＝O）—]，可参考以下数据。羰基上甲基质子的位移约为 δ 2.1，醚甲基为 δ 3.7，酯甲基为 δ 4.1，这样就可以区分这类化合物。当甲基碳的取代基增加时，如结构 RCH$_2$O— 或 RCH$_2$（C＝O）—，其碳原子的位移出现在更高的频率。

（8）为了区分酮类、醛类与酯类、羧酸类、酰胺类及其类似物，记住 δ 190 非常有用，它是这些化合物羰基碳信号的分水岭。酮、醛的羰基碳原子共振通常高于 δ 190，而羧酸系列化合物中碳原子的化学位移通常低于 δ 190。思考题 3.6（a），（c）～（f）就是其中的例子。

（9）双取代的芳环 [思考题 3.6（e）] 有邻、间或对三种取代模式。了解其 H—H 耦合常数大小规律：J（邻）>J（间）>J（对）就可以区分这些取代模式。这个顺序与化学键的数目多少（三、四和五个化学键）有关，实际更复杂的情况讨论见 4.4～4.6 节，基本可以忽略 5 键的对位耦合。在对位取代情形（**C**）中，间位耦合（HCCCH）小，处于两个等价质子之间，因此图谱主要表现为更大的邻位耦合（HCCH）。这种图谱通常可以简化为一个简单的双自旋 AX 谱，出现四个谱峰（1.6 节和图 1.18），有时由于磁不等价，图谱将变得更加复杂（4.2 节）。如果对位的 X 和 Y 取代基相同，则图谱只有一个单峰。间位取代（**B**）时，两个取代基中间的质子通常表现为单峰或裂分间距很小的三重峰（耦合裂分小是因为它是源自间位质子的耦合）。剩余的三个质子要么是 AMX 耦合体系（两个双重峰和一个三重峰），要么是 A$_2$X 耦合体系（一个双重峰和一个三重峰），具体情况取决于 X 和 Y 是否相同。外部质子的双峰能被间位质子耦合而进一步裂分。邻位取代（**A**）时情况最为复杂，当 X 和 Y 不相同时，为 AGRX 耦合体系，相同时为 AA′XX′ 耦合体系。AA′XX′ 耦合体系见 4.2 节中讨论的二级谱图例子，典型谱图为图 4.3 所示的 1,2-二氯苯的情况。

（10）三取代的芳环［思考题 3.6（f）］有三种模式：1,2,3、1,2,4 或 1,3,5 取代。这些谱图的模式变化多样，这里我们只讨论三个取代基都不同的情况。三个取代基都相同或两个相同的情况比较容易分析。1,3,5 取代（**C**）时，谱图上出现三个单峰或裂分间距很小的双重峰（间位耦合引起的）。1,2,3 取代（**A**）时，三个苯环质子为 AMX 耦合体系，邻近 X 和 Z 的质子在谱图上出现两组裂分大的双重峰（或因为间位耦合，双重峰进一步裂分成间距更小的双重峰）。（与 Y 对位）中间的质子表现出一个与两个相邻质子耦合（两个耦合常数相等）、强度比为 1：2：1 的三重峰。1,2,4 取代（**B**）时，谱图的判断更加困难。Y 和 Z 间的质子为单峰或因间位耦合裂分间距极小的二重峰。靠近 Z 的质子为来自邻位耦合的双重峰，还通过间位的耦合裂分为间距极小的双重峰（dd）。X 相邻的质子只表现出邻位耦合的双重峰，没有其它耦合。思考题 3.6（f）中的图谱给出了间距大的特征双重峰，小间距双重峰以及双二重峰。这三个取代基的模式得到了几个结构异构体。仅通过耦合常数的分析可能无法确定 X、Y 和 Z 取代基的相对位置，有时，经验性的化学位移分析能帮助完成这种任务（思考题 3.1）。

（11）思考题 3.6（e）说明判断 OH 和 NH 质子信号还是有难度，因为它们出现的位置不同。^{14}N 原子（思考题 3.6g）也能增宽环上 α 位质子的信号，故不能把一个宽峰自动断定为 OH 或 NH 信号，必须根据 $CDCl_3$ 溶液中滴加 D_2O 后的图谱特征来验证。

（12）尽管 N—CH₃ 通常在约 δ 2.4 处共振，但是这仅仅是胺的例子。改变 N 原子上的电荷或杂化状态将影响其化学位移。铵盐［$(R_3N—CH_3)^+$］中甲基质子在 δ 3.3 处共振，酰胺在约 δ 2.9，吡咯在 δ 3.7，参见思考题 3.6（g）。N—CH₃ 甲基碳原子化学位移的变化与氢谱的相似。

参考文献

[1] ACD NMR Predictor, http://www.acdlabs.com/（2018 年 3 月 21 日登录）.

[2] gNMR (2003). http://www.adeptscience.co.uk/tag/gnmr（2018 年 3 月 21 日登录）.

[3] Bagno, A. (2001). *Chem. Eur. J.* **7**: 1652-1661.

[4] Wehrli, F.W., Marchand, A.P., and Wehrli, S. (1988). *Interpretation of Carbon-13 NMR Spectra*, 2nd. Chichester: Wiley.

拓展阅读

其它参考文献见 Harris et al. (2008), Haigh and Mallion (1979), Pascual et al. (1966), Friedrich and Runkle (1984), Beauchamp and Marquez (1997), Tilley et al. (2002), Lodewyk et al. (2012), Homer (1975) and Berger (1990).

化学位移约定

Harris, R.K., Becker, E.D., Cabral de Menezes, S.M. et al. (2008). *Magn. Reson. Chem.* 46: 582-596.

抗磁各向异性

Chen, Z., Wannere, C.S., Corminboeuf, C. et al. (2005). *Chem. Rev.* 105: 3842.

Haddon, R.C. (1971). *Fortschr. Chem. Forsch.* 16: 105.

Haigh, C.W. and Mallion, R.B. (1979). *Prog. Nucl. Magn. Reson. Spectrosc.* 13: 303.

Lazzeretti, P. (2000). *Prog. Nucl. Magn. Reson. Spectrosc.* 36: 1.

范德华效应

Rummens, F.H.A. (1975). *NMR Basic Princ. Progr.* 10: 1.

计算 ^{1}H 和 ^{13}C 化学位移的经验关系式

Beauchamp, P.S. and Marquez, R. (1997). *J. Chem. Educ.* 74: 1483-1485.

Brown, D.W. (1985). *J. Chem. Educ.* 62: 209-212.

Craik, D.J. (1983). *Annu. Rep. NMR Spectrosc.* 15: 1.

Friedrich, E.C. and Runkle, K.G. (1984). *J. Chem. Educ.* 61: 830.

Lodewyk, M.W., Siebert, M.R., and Tantillo, D.J. (2012). *Chem. Rev.* 112: 1839.

Martin, G.J. and Martin, M.L. (1972). *Prog. Nucl. Magn. Reson. Spectrosc.* 8: 163.

Pascual, C., Meier, J., and Simon, W. (1966). *Helv. Chim. Acta* 49: 164.

Shine, H.J. and Rangappa, P. (2007). *Magn. Reson. Chem.* 45: 971-979.

Tilley, L.J., Prevoir, S.J., and Forsyth, D.A. (2002). *J. Chem. Educ.* 79: 593-600.

Tobey, S.W. (1969). *J. Org. Chem.* 34: 1281.

溶剂的化学位移

Gottlieb, H.E., Kotlyar, V., and Nudelman, A. (1997). *J. Org. Chem.* 62: 7512-7515.

溶剂效应

Homer, J. (1975). *Appl. Spectrosc. Rev.* 9: 1.

Laszlo, P. (1967). *Prog. Nucl Magn. Reson. Spectrosc.* 3: 231.

Ronayne, J. and Williams, D.H. (1969). *Annu. Rev. NMR Spectrosc.* 2: 83.

同位素效应

Batiz-Hernandez, H. and Bernheim, R.A. (1967). *Prog. Nucl. Magn. Reson. Spectrosc.* 3: 63-85.

Berger, S. (1990). *MMR Basic Princ. Progr.* 22: 1.

碳-13 化学位移

Breitmaier, E. and Völter, W. (1987). *Carbon-13 NMR Spectroscopy*, 3rd. Weinheim: Wiley-VCH.

Bremser, W., Franke, B., and Wagner, H. (1982). *Chemical Shift Ranges in ^{13}C NMR*. Weinheim: Wiley-VCH.

Kalinowski, H.-D., Berger, S., and Braun, S. (1988). *Carbon-13 Spectroscopy*. Chichester: Wiley.

Levy, G.C., Lichter, R.L., and Nelson, G.L. (1980). *Carbon-13 Nuclear Magnetic Resonance Spectroscopy*, 2nd. New York: Wiley.

PihlaJa, K. and Kleinpeter, E. (1994). *Carbon-13 NMR Chemical Shifts in Structural and Stereochemical Analysis*. New York: Wiley.

Stothers, J.B. (1973). *Carbon-13 NMR Spectroscopy*. New York: Academic Press.

常见杂核的化学位移

Berger, S., Braun, S., Kalinowski, H.-O., and Becconsall, J.K. (1997). *NMR Spectroscopy of the Nonmetallic Elements*. New York: Wiley.

Brevard, C. and Granger, P. (1981). *Handbook of High Resolution Multinuclear NMR*. New York: Wiley.

Chandrakumar, N. (ed.) (1996). *Spin-1 NMR*, NMR Basic Principles and Progress, vol. 34.

Harris, R.K. and Mann, B.E. (1978). *NMR and the Periodic Table*. London: Academic Press.

Lambert, J.B. and Riddell, F.G. (ed.) (1983). *The Multinuclear Approach to NMR Spectroscopy*. Dordrecht: D. Reidel.

Laszlo, P. (ed.) (1983). *NMR of Newly Accessible Nuclei*. New York: Academic Press.

Mann, B.E. (1991). *Annu. Rev. NMR Spectrosc.* 23: 141-207.

Mason, J. (ed.) (1987). *Multinuclear NMR*. New York: Plenum Press.

特殊杂核的化学位移

C. D. Schaeffer Jr.，NMR Bibliography. http://www.wiredchemist.com/nmr/bibliography, Part V （2018 年 3 月 21 日进入）.

化学位移的经验预测程序

ChemNMR. http://www.cambridgesoft.com/software/details/?ds=7（2018 年 3 月 21 日登录）.

ChemWindow. http://www.bio-rad.com/en-us/product/chemical-structure-drawing-software （2018 年 3 月 21 日登录）.

第 **4** 章
耦合常数

4.1
一级谱和二级谱

到目前为止，前面讲过的大多数谱图都属于一级谱。一级谱必须满足一个条件，$\Delta v/J > 10$，即两个耦合核化学位移间的频率差（Δv）要远远大于耦合常数 J 值。此外，还要满足下节将要讨论的一个重要的对称性条件。常见的一级谱具有如下特征：

① 自旋-自旋耦合多重峰以它的共振频率为中心；

② 相邻自旋-自旋耦合多重峰的间距等于耦合常数 J；

③ $I = 1/2$ 核耦合产生的多重峰裂分可用 $n+1$ 规则（通常为 $2nI+1$）来解释，如两个相邻的等价质子将共振核的信号裂分为三重峰；

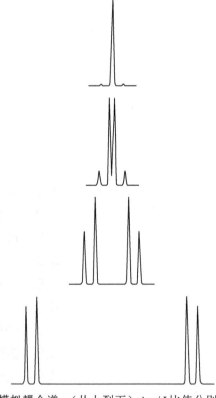

图 4.1 双自旋体系的模拟耦合谱，（从上到下）$\Delta v/J$ 比值分别为 0.4、1.0、4.0 和 15.0

④ 自旋 1/2 核的自旋-自旋耦合多重峰强度可用帕斯卡三角二项式的展开系数（图 1.24）来表示；

⑤ 化学位移相同的原子核即使耦合常数不为零也不会相互裂分。

当两个原子核间的化学位移差小于等于 10 倍的 J 值（$\Delta \nu / J \leqslant 10$）时，这两个原子核紧密耦合，表现为二级谱，它们谱峰强度比偏离二项式系数比，以及具有不同于上述一级谱特征的性质（4.8 节）。根据 Pople 表示法，一级耦合的原子核用字母表中相距远的字母来表示如（AX），而二级耦合的原子核则用相邻的字母表示，如（AB）。图 4.1 为两个自旋从 AB 耦合到 AX 耦合的渐变实例。当 $\Delta \nu / J$ 为 0.4 时，谱图上只看到一个单峰。越靠近多重峰的中心，谱峰的强度越大，二级多重峰通常偏向与其耦合的共振峰。从图中可以看出，即使 $\Delta \nu / J = 15$，多重峰内各峰的强度也不相同。因此，不能仅凭"$\Delta \nu / J = 10$"这个标准来判断谱图是一级谱还是二级谱。当质子的共振频率等于或高于 300 MHz 时，所得氢谱多为一级谱，但也有例外。

4.2
化学等价和磁等价

除了满足化学位移差与耦合常数比值（$\Delta \nu / J$）的要求外，一级谱还有对称性的要求。两个化学等价的核与其它任意核的耦合常数必须相同。不满足这个条件的原子核对磁不等价，它们的图谱是二级谱。在进行这个测试之前，首先要了解 NMR 谱中对称性的作用。

如果原子核可以通过分子的任何对称操作被交换，那么它们就是化学等价。因此，1,1-二氟乙烯（**4.1**）或者二氟甲烷（**4.2**）中两个质子可通过 180° 旋转相互交换，那么这两个质子化学等价，可通过旋转进行对称性互换的原子核被称为等位核。C—C 单键的旋转速度飞快，以至于化学家很少考虑 CH_3CH_2Br 上甲基的三个质子实际上对称性不等价（与 **4.3** 中原子核 A 和 X 相比）。

4.1　　　　　**4.2**　　　　　**4.3**

但是，C—C 键的快速旋转产生了一个平均化的环境，它们在这个环境中是等价的。我们将在 5.2 节中深入讨论此类运动的动力学效应。我们不能混淆旋转的对称操作和旋转的物理操作，前者无需考虑分子结构的实际运动，完全是一种虚拟操作，而后者涉及原子或官能团的物理运动，如甲基的旋转。

如果分子没有旋转对称轴，那么面对称的原子核对映异位。例如，溴氯甲烷（**4.4a**）的质子化学等价且对映异位，原因是它们与 C、Br 和 Cl 组成的对称面有关。如果把分子放在手性的环境中，这个说法就不再成立。可以通过使用光学活性材料如溶剂或将分子置于酶的活性位点来创建手性的环境。这种环境如 **4.4b** 所示，其中在溴氯甲烷的一边放一只手。

4.4a   **4.4b**

由于手具有手性，所以相邻的质子不再等价。在手性环境下对称面消失，原子核不再对映异位，它们变成了化学不等价（没有对称操作可以将它们互换）。在光学活性的溶剂中，对映异位的核可能化学不等价，产生不同的共振峰。在生物环境中，对映异位质子与酶作用时其效果可能不同，表现出不同的化学性质，例如酸性或反应速率。

"对映异位（enantiotopic）"一词因来自分子上一对质子中一个质子被其它原子或基团如氘取代后，它与剩下的质子被相同基团取代（**4.4d**）后的分子互为对映异位体（非重叠镜像 **4.4c**）而得名。

4.4c   **4.4d**

用这种方法处理的一对等位核将得到重叠镜像相同的分子。对映异位或等位的质子不必都在同一个碳原子上。因此，环丙烯（**4.5**）中烯烃的质子等位，而3-甲基环丙烯（**4.6**）中烯烃的质子对映异位。在 Pople 光谱速记法中，化学等价的核（等位或对映异位）用同一个字母表示。环丙烯（**4.5**）为 A_2X_2 体系，与二氟甲烷（**4.2**）的一样，原因是 **4.2** 的两个氟原子自旋为 1/2。3-甲基环丙烯（**4.6**）环上的质子为 AX_2 体系。

4.5   **4.6**

磁等价的原子核必须化学等价，并与分子中其它任意原子核的耦合常数大小都相同。这个条件比化学等价的要求更加严格，原因是它不只仅仅考虑了分子的整体对称性。本章最初讨论的两个分子对比结果就很好。二氟甲烷（**4.2**）中每个氢原子与任何一个氟原子的耦合常数相同，因为分子上两个氢原子与对应的氟原子空间关系相同，所以这两个质子磁等价。同样，两个氟原子与任意质子的耦合常数大小相同，它们也是磁等价，该自旋系统可标为 A_2X_2。

然而，1,1-二氟乙烯（**4.1**）上两个质子与任意一个氟的空间关系都不同，故耦合常数 J（HCCF）不同，一个是 J_{cis}，另一个 J_{trans}（**4.7**），所以二者磁不等价。

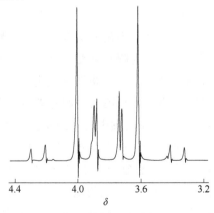

4.7

它们的自旋体系可用符号 AA′XX′表示，两个耦合常数表示为 J_{AX}（J_{cis}）和 $J_{AX′}$（J_{trans}）。相反，二氟甲烷（**4.2**）或环丙烯（**4.5**）的 A_2X_2 体系中只有一个耦合常数 J_{AX}。AA′XX′体系中，J_{AX} 和 $J_{A′X′}$大小相等，$J_{AX′}$和 $J_{A′X}$大小相等。根据定义，任何包含化学等价但磁不等价原子核的自旋体系都属于二级。另外，提高仪器的场强并不会改变这些原子核间的基本结构关系，即使在目前强度最高的磁场中，它仍然是二级谱。化学位移不同（异频）的原子核磁不等价，原因是它们的共振频率不同（根据化学位移标准磁不等价）。如果等频核（化学位移相同的核）与其它核的耦合常数不同，不满足耦合常数的标准，那么它们磁不等价（磁不等价中的耦合常数标准）。

AA′XX′符号可以这样来理解：A 和 X 核的化学位移相距甚远（在字母表的两端）；A 和 A′核化学等价（用字母表中同一个字母表示），但它们磁不等价（用撇号表示），X 和 X′核也一样。图 4.2 为 1,1-二氟乙烯上 AA′质子部分的谱图，一共有 10 个峰。这种现象与预期中强度比 1：2：1 简单三重峰的一级谱差别很大，如图 1.22 中甲基的三重峰，它就是 A_2X_3 一级谱的一部分。根据图 4.2 显示的多重峰，甚至可以计算出化学等价质子间的耦合常数 J_{AA} 值，这在图 1.22 的一级谱中是不可能的。二级谱中出现等价原子核间的裂分强调了确实存在这种耦合，但在一级谱中并没有表现出来。

图 4.2　1,1-二氟乙烯氯仿溶液的 90 MHz 氢谱

原子核共振频率相同但磁不等价现象并不少见，如对位和邻位二取代苯的自旋体系 AA′XX′（如果化学位移接近，则变成 AA′BB′体系）。图 4.3 为 1,2-二氯苯（**4.8**）的氢谱，其中 H_A、$H_{A'}$ 与 H_X 的耦合常数大小不同，它属于 AA′XX′体系，谱图相对复杂。如果分子结构中有环结构单元，环的约束通常带来磁不等价现象，例如丙内酯（**4.9**，其中 H_A、$H_{A'}$ 与 H_X 的耦合常数大小不同）。尽管只有在考虑到有贡献的旋转异构体才能理解这些概念，但开链体系如 2-氯乙醇（$ClCH_2CH_2OH$，图 4.4）也含有磁不等价的自旋体系（见下面两段内容和本章末尾的思考题）。因此，丙内酯、氯乙醇以及邻二氯苯和对二氯苯都给出 AA′XX′（或 AA′BB′）谱（如果忽略了乙醇中的羟基质子）。

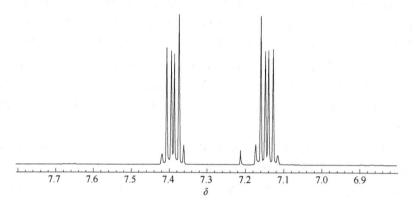

图 4.3　1,2-二氯苯氯仿溶液的 300 MHz 氢谱（杂质信号用字母 i 标记）

图 4.4 中谱图的二级特征可从两个角度来看。首先，峰的强度不再满足二项式系数的强度比关系，每个共振的内侧峰强度都比外侧峰的更强，而一级谱由两个强度比 1∶2∶1 的三重峰组成。仔细分析图谱发现，$n+1$ 规则也不成立。每个共振不再是三个峰，而是四个峰。但是第四个谱峰需要将谱图放大后才能在高频（低场）中心峰的右侧容易看到，在低频中心峰的左侧不太明显。

当质子位于不同的碳上时，根据对称性通常很容易判断它们是否化学等价。同碳质子（如 CH_2）可能不明显。想象一下乙基苯（$C_6H_5CH_2CH_3$）上的质子及它的 β-溴-β-氯衍生物（$C_6H_5CH_2CHClBr$）上的质子，每个分子围绕饱和 C—C 键进行旋转，产生三个旋转异构体，表示为 **4.10** 和 **4.11** 分子中的纽曼投影式。

核磁共振波谱学：
原理、应用和实验方法导论

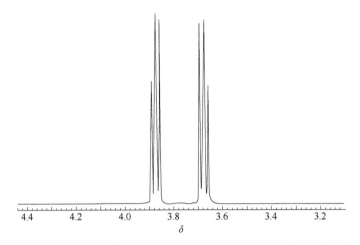

图 4.4　2-氯乙醇氯仿溶液的 30 MHz 氢谱（只给出了亚甲基的信号）

4.10 中三个旋转异构体相同。但在旋转异构体 **4.10a** 中，由于有对称面，所以 H_A 和 $H_{A'}$ 化学等价，处于对映异位。当甲基的旋转变慢时，H_A 和 $H_{A'}$ 磁不等价，因为每一个亚甲基的质子与 H_X 或 H_Y 的耦合常数不相等。实际上对称面要求把 H_Y 标记为 $H_{X'}$，我们用不同字母来说明甲基旋转的影响。因此瞬时结构 **4.10a** 将表现出 AA'XX'Z 谱。甲基的快速旋转平均了 X、Y（X'）和 Z 的环境差异，从而导致三个甲基质子化学等价，那么 A 和 A'质子与三个甲基质子平均化后的耦合常数大小相等，因此变成磁等价。当忽略芳香族的质子时，它们只表现出一个平均的耦合常数，其谱图属于 A_2X_3 体系。

分子 **4.11** 在次甲基处有一个手性或立体中心，故三个旋转异构体不同（**4.11a**～**4.11c**）。此外，它们中任何一个都没有从 H_A 到 H_B 的对称操作。因此即使 C—C 快速旋转，H_A 和 H_B 的化学位移也不同，表现出相互耦合。根据化学位移的标准，它们磁不等价，属于 ABX 体系（如果化学位移差别大，将是 AMX 体系）。**4.11** 分子中 AB 质子代表了一类特殊的化学不等价核，称为非对映异位。非对映异位体是立体异位体，但不是对映异位体。用氘分别取代 H_A 和 H_B 得到分子 **4.11d** 和 **4.11e**，它们为非对映异位体。

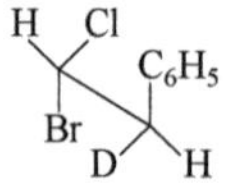

H Cl C₆H₅

4.11d

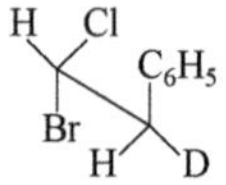

4.11e

氘代后衍生物有两个立体中心。一般来说，当分子的其它地方有立体中心时，饱和亚甲基的质子为非对映异位，原因是没有与这两个质子有关的对称操作。因为手提供了立体中心，所以 **4.4b** 分子上质子变为非对映异位。当化学位移的差异很小时，偶尔会发生化学位移的简并现象，使得谱图中非对映异位质子看上去是等价的。

原子核和官能团可以是非对映异位的。当分子中存在立体中心时，异丙基中甲基也能表现为非对映异位，如 α-莳烯（**4.12**）分子的情况。异丙基中两种甲基的质子（与次甲基的质子耦合）表现为一对双峰，（质子去耦）碳谱上为两个单峰。

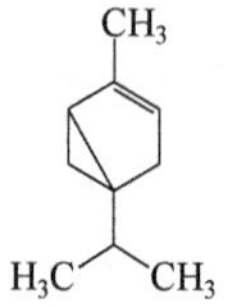

4.12

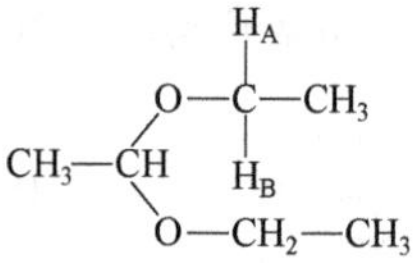

4.13

对于亚甲基的质子来说，立体中心不是成为非对映异位的必要条件。对于乙醛的二乙基缩醛（**4.13**），整个分子含有对称面，没有立体中心，但 CH_2 上两个质子无相关的对称性，所以它们非对映异位。我们可以通过检查旋转异位体或用氘取代 H_A 的办法来理解这件事情。后一个办法同时创建两个立体中心，—$OCHD(CH_3)$ 和—$OCH(CH_3)O$—，最终得到的是分子中 H_B 被氘代后的非对映异位体。顺式 1,2-二氯环丙烷（**4.14a**）分子中的亚甲基质子属于非对映异位，原因是 **4.14b** 和 **4.14c** 是非对映异位体。如果环己烷分子中环被固定，由于环己烷-d_{ax} 和环己烷-d_{eq} 是非对映异位体，所以碳上的直立（ax）和平伏（eq）质子非对映异位。当在 NMR 时间尺度上环翻转很快时，同碳质子因为被平均而等价，因此，从本质上来讲，这些质子是否为非对映异位取决于分子的内转换速率。

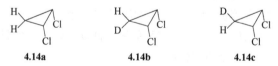

4.14a **4.14b** **4.14c**

4.3
耦合符号和耦合机制

自旋-自旋耦合之所以产生，是因为有关核自旋的信息通过电子在原子核间进

核磁共振波谱学：
原理、应用和实验方法导论

行传递。这个过程具体怎样发生的呢？目前已经有几种机制，其中最重要的是费米接触机制。在这个机制中，原子核和电子都是磁偶极，它们的相互作用通常可用点-偶极近似来描述，就像 McConnell 在抗磁各向异性分析中所用的公式（3.1）一样。费米发现，当偶极距离非常接近（与质子半径相当）时，这种近似就不起作用。此时原子核和电子基本接触，它们之间的相互作用可以用一种新的机制——费米接触项来描述。它们相互作用的能量与原子核和电子的旋磁比、自旋的标量（点）积（$\mathbf{I}$ 表示原子核，$\mathbf{S}$ 表示电子）以及电子在原子核上出现的概率 Ψ^2（与原子核零距离时电子波函数的平方）成正比：$E_{\mathrm{FC}} \propto -\gamma_n\gamma_e(\mathbf{I} \cdot \mathbf{S})\Psi^2(0)$。由于原子核和电子的旋磁比符号相反（$\gamma_{\mathrm{H,C}} > 0$，$\gamma_e < 0$），所以当原子核和电子呈反平行（自旋成对）时，结构更稳定。

根据这个模型，化学键 X—Y 上 X 和 Y 核具有磁性，键上的一个电子与 X 核在相同的位置处停留的时间有限。如果 X 核的自旋 $I_z = +1/2$，那么根据费米接触机制，则与之成对的电子自旋方向相反（−1/2）更有利。这样，核自旋对电子的自旋进行极化（使自旋态的布居数更多）。另外，这个电子与 X—Y 键中另外一个电子共享同一个轨道。根据泡利不相容原理，当第一个电子的自旋为−1/2 时，其成对的电子自旋必须是+1/2。第二个电子（+1/2）通过费米机制使 Y 核极化，使其更倾向于−1/2 自旋。在两个费米机制的共同作用下，耦合作用的能量与积 $\gamma_A\gamma_X\gamma_e^2(\mathbf{I}_A{\cdot}\mathbf{S})\Psi_A^2(0)(\mathbf{I}_X{\cdot}\mathbf{S})\Psi_X^2(0)$ 成正比。所有的常数乘积合并为一个比例常数，用耦合常数 J 表示，它与两个核的旋磁比乘积 $\gamma_A\gamma_X$ 成正比。因此，只要 X 核自旋为+1/2，则 Y 核倾向于−1/2。图 4.5 为 $^{13}\mathrm{C}$—$^{1}\mathrm{H}$ 耦合的费米接触机制，其中向上箭头表示自旋+1/2，向下箭头表示自旋−1/2。由于它们通过成键的电子来传递自旋信息，所以接触项不会因为分子的翻转作用而被平均为零。

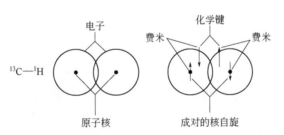

图 4.5　双自旋间接耦合的费米接触机制

和上面 X—Y 键的耦合模型一样，当一个自旋稍微反向极化另一个自旋时，按照惯例，两个自旋间的耦合常数 J 符号为正。当自旋极化相同（平行）方向的自旋时，耦合常数的符号为负。根据图 4.5 的模型，我们可以定性预测双键耦合如 H—C—H 的耦合常数为负，而三键如 H—C—C—H 耦合常数为正。虽然这个定性方法有很多例外，但是它对理解 J 值的符号和大小很有用。

两个磁活性核的磁耦极也可以通过空间直接作用。然而，在溶液中这种原子核的相互作用将分子翻转占据所有可能的相对取向平均为零。当分子运动受到如外部电场、液晶溶剂、固体、甚至高黏度液体的阻碍时，在谱图中可以看到直接耦合的信息（用 D 表示，以区别于间接 J 耦合）。D 耦合是一件不令人愉快的事情，它导致谱线增宽，或者可用它来获得核间距或耦合绝对符号的信息。当样品受到外部电场的作用时，可以得到 D 的绝对符号。D 和 J 的相对符号可以从部分取向的分子如液晶溶剂中的谱图推导得到。借助这种办法，可从电场实验中推断出 J 的绝对符号。Buckingham 和 McLauchlan 从电场实验结果中发现 4-硝基甲苯邻位耦合常数的绝对符号为正。这样，所有 J 耦合常数的符号都与一些实际测量过的绝对符号有关。

　　高分辨 NMR 谱通常不受耦合常数的绝对符号影响。即使自旋体系中每一个耦合常数的符号相反，所得的谱图结果依然相同。然而，许多谱图依赖于耦合成分的相对符号。例如，ABX 谱的结果一般由三个耦合常数确定：J_{AB}、J_{AX} 和 J_{BX}（4.8 节）。即使 J_{AX} 和 J_{BX} 的大小相同，当二者的符号相同（两正或两负）时，所得的谱图与符号相反（一个正和一个负）的情况完全不同。

　　习惯上用字母 J 左上标的数字代表耦合原子核间化学键的数目，右下标或括号来表示其它的特征。质子间的二键（同碳）耦合表示为 $^2J_{HCH}$ 或者 $^2J(HCH)$，质子和碳之间的三键（邻位）耦合表示为 $^3J_{HCCC}$ 或者 $^3J(HCCC)$。三键以上质子间的耦合统称为长程耦合。

4.4

^1J 耦合

　　很容易从没有去耦的碳谱中获得质子和碳间单键的耦合常数。通常情况下由于去耦的原因观测不到这种耦合，但它还是提供了有用的信息，下面给出几个重要的原则。由于 p 轨道具有节点，这样它的电子永远不能与原子核接触，因此只有 s 轨道上的电子才对费米接触机制有贡献。事实上，s 轨道在原子核的位置处电子密度最大。质子所有的电子都在 1s 轨道，但其它的原子核只有具备 s 特征的轨道才会对耦合产生影响。当质子与 sp^3 碳（25% s 特征）相连时，$^1J(^{13}C—^1H)$ 数值大约是与 sp 碳相连（50% s 特征）的一半。烯烃 CH（sp^2，33%）耦合常数的大小在中间。甲烷（sp^3）、乙烯（sp^2）、苯（sp^2）和乙炔（sp）的 ^1J 值分别为 125、157、159 和 249 Hz。这些数字定义了碳轨道的 s 特征百分比和单键耦合常数间的线性关系 [方程（4.1）]。

　　核磁共振波谱学：
　　　　　原理、应用和实验方法导论

$$\%s(C—H) = 0.2J(^{13}C—^1H) \qquad (4.1)$$

该方程的截距为零，说明当 s 特征为零时不存在耦合，这与费米接触模型的结果一致。

单键 C—H 的耦合常数范围大概在 100～320 Hz 之间，其中大部分的变化可以用方程（4.1）中 J-s 关系来解释。环丙烷的耦合常数大小（162 Hz）表明氢与碳原子的轨道接近于 sp^2 杂化。可以用杂化比例来解释碳氢化合物耦合常数的中间值。三环戊烷（**4.15**）所示的 C—H 键 $J = 144$ Hz，这说明 C—H 键具有 29%的 s 特征（$sp^{2.4}$），立方烷（**4.16**）J 值为 160 Hz，带有 32%的 s 特征（sp^2），四环庚烷（**4.17**）179 Hz 对应 36%的 s 特征（$sp^{1.8}$）。对碳氢化合物来说虽然 J-s 关系很有效，但是它在极性分子方面的应用还有一些问题。除了杂化效应外，有效核电荷的变化也可能改变耦合常数大小。

4.15　　　　　　**4.16**　　　　　　**4.17**

正如原子核的共振频率与它的旋磁比 γ［方程（1.3）］成正比一样，上述两个原子核间的耦合常数大小与两个核的旋磁比乘积成正比，$J（X—Y）\propto \gamma_X\gamma_Y$。旋磁比小的原子核，如 ^{15}N，它的耦合常数往往也小。此外，$\gamma（^{15}N）$ 为负值，而 γ（^{13}C）和 γ（^1H）为正值，因此 ^{15}N 和质子的单键耦合常数为负值。该符号并不是上述费米模型的特殊情况（图 4.5），而是反映了旋磁比符号相反的事实。

人们已经测量过质子和许多其它原子核间的单键耦合常数大小。氮和氢之间耦合常数 ^1J（$^{15}N—^1H$）值的范围从二苯基酮亚胺［$(C_6H_5)_2C=NH$］中的 51 Hz 到质子化乙腈（$CH_3C\equiv NH^+$）中的 130 Hz。在乙酰胺［$CH_3(C=O)NH_2$］或质子化吡啶中，典型 sp^2 氮的 ^1J（$^{15}N—^1H$）值约为 90 Hz，而铵离子中 sp^3 氮的 ^1J（$^{15}N—^1H$）值为 70～75 Hz。利用质子化乙腈、质子化吡啶和铵提供的三个杂化数据，可以建立 ^1J（$^{15}N—^1H$）值大小与杂化的关系：［$\%s(N) = 0.43\ ^1J(^{15}N—^1H)-6$］，从中可以计算出氨中氮的杂化（$^1J = 61$ Hz）为 sp^4（s = 20%）。由于氮-15 的旋磁比为负值，实际上所有这些耦合常数都是负值，在这里我们为了简化忽略了符号的不同。

^{31}P 和 ^1H 之间的一键 ^1J（$^{31}P—^1H$）值范围从 186 Hz（$PH_2—PH_2$）到 707 Hz（H_3PO_3）不等。^{11}B 和 ^1H 之间 ^1J（$^{11}B—^1H$）从 $H_2BHBH_2 \cdot N(CH_3H)$中的桥头氢 29 Hz 到 HBF_2 中的 211 Hz。周期表下方原子核的 ^1J（X—^1H）耦合常数也非常大，例如 SnH_4 中 ^1J（$^{119}Sn—^1H$）= 1931 Hz，$[P(C_2H_5)_3]_2PtHCl$ 中 ^1J（$^{195}Pt—^1H$）= 1307 Hz，以及$(CH_3)_3PbH$ 的 ^1J（$^{207}Pb—^1H$）= 2379 Hz 等。

当两个耦合的原子核都不是质子时，耦合常数的大小取决于两个成键原子核轨道 s 特征的乘积，因此 ^1J（^{13}C—^{13}C）依赖于两个碳的杂化程度。当两个核的杂化未知，并且仅有一个可测量的耦合常数时，只有在两个碳因分子的对称性相同时才能测量出 s 特征。通过对乙烷、乙烯和乙炔等分子的测量，得到 $s^2(C) = 17.4$ ^1J（^{13}C—^{13}C）+ 60 的关系。^{13}C—^{13}C 耦合常数覆盖从 $C_6H_5CH_2CH_3$ 的 34 Hz 到 $C_6H_5C≡CH$ 的 176 Hz 的范围。我们很容易通过 INADEQUATE 技术（5.7 节）测出两个碳原子间的一键耦合常数，这个数据在绘制复杂分子中的碳—碳连接时极其有用。如果两个重原子核带孤对电子，它们之间的耦合如 ^1J（^{31}P—^{31}P）或 ^1J（^{13}C—^{15}N）将更加复杂，除了杂化以外，还要考虑其它因素的影响。同样，当两个核至少有一个在元素周期表底部时，将观察到了异常大的耦合常数。例如，TlF 中 ^1J（^{205}Tl—^{19}F）= 12000 Hz。$\{[(C_2H_5)_2O]_3P\}_2PtCl_2$ 中 ^1J（^{195}Pt—^{31}P）= 700 Hz。本章末的表 4.1 中总结了各种单键耦合的数据。

4.5
^2J 耦合

　　当两个质子（H—C—H）化学不等价时，可以从图谱中直接测出它们之间的同碳耦合常数大小，从而得到如 ABX、AMX 或 ABX_3 自旋体系图谱中的 AB 或 AM 部分。如果是一级谱（AM），则从图谱就能直接计算出耦合常数，但在二级（AB）情况下，除非是孤立的两个自旋，否则必须通过计算模拟图谱（双自旋系统，4.7 节）才能得到耦合常数。当两个核化学等价但磁不等价时，就像 AA′XX′ 谱的 AA′部分，通常只有利用计算模拟才能获得耦合常数。

　　磁等价的耦合核间不会出现裂分，但可以通过氘代法测量出耦合常数。例如二氯甲烷（$CHDCl_2$）中，H—C—D 的耦合大小被视为 1∶1∶1 三重峰（氘的自旋量子数为 1）相邻峰的间距。由于耦合常数大小与耦合核的旋磁比乘积成正比，那么根据方程（4.2），利用 J（HCD）可计算出 J（HCH）。

$$J(HH) = \frac{\gamma_H}{\gamma_D} J(HD) = 6.51 J(HD) \tag{4.2}$$

　　同碳耦合常数的大小强烈依赖于 H—C—H 三个原子之间的角度，就像饱和的系列环烷烃［环己烷（−12.6 Hz）、环戊烯（−10.5 Hz）、环丁烷（−9 Hz）和环丙烷（−4.3 Hz）］，或比较非环烷烃（甲烷，−12.4 Hz）和非环烯烃（乙烯，+2.3 Hz）也可以看出来。注意耦合常数的符号很重要。虽然大多数的同碳耦合常数是负值，但许多 sp^2 碳上的 ^2J 耦合是正值。

烷烃中同碳耦合常数的范围一般为-5~-20 Hz，烯烃的从+3~-3 Hz（如果忽略符号，为0~3 Hz）。这些范围间有约15 Hz的差异，这是源自结构和杂化的显著变化所致。Pople和Bothner-By没有尝试解释这些差异，而是以乙烷和乙烯的数值作为标准，把偏差归为两类效应：极性或诱导（σ效应）和超共轭（π效应）效应。他们发现，与CH_2基团相连的吸电子取代基通过诱导作用（σ吸电子效应）使 ^2J 更正，给电子σ取代基使 ^2J 更小（或者更负）。相反，通过超共轭的吸电子（π吸电子效应）基团让 ^2J 正得更小，但是π给电子基团使其更正。

烷烃中 ^2J 值从甲烷的-12.4 Hz增加到 CH_3OH 的-10.8 Hz、CH_3I 的-9.2 Hz、CH_2Br_2 的-5.5 Hz。给电子取代使 ^2J 耦合常数更负（绝对值更大），如TMS为-14.4 Hz。对 sp^2 碳原子进行类似的取代显著改变耦合常数大小，就如 $H_2C{=}X$ 结构中的吸电子效应，当X是CH_2时（乙烯）为+2.3 Hz，是 N-叔丁基（亚胺）时为+17 Hz，O（甲醛）为+40 Hz。这些正耦合变得更正，与负耦合负值变小的趋势相同。

超共轭π效应可以增强或减弱σ（诱导）效应。孤对电子提供电子并使 J 值变得更正，而双键或三键π轨道吸电子，让 J 值变小（或者更负）。与乙烯相比，上述亚胺或甲醛同碳耦合的大幅度增加来自σ吸电子和π给电子的能力增强，如结构 **4.18** 所示。

4.18

羰基、氰基和芳香基也会出现π吸电子效应，如丙酮（-14.9 Hz）、乙腈（-16.9 Hz）和双氰甲烷（-20.4 Hz）。开链体系中官能团的自由旋转有时会降低π效应，但当环受到约束时会产生特别显著的影响，如 **4.19** 和 **4.20**，以及环戊酮和环己酮的α位质子。结构 **4.21** 就是孤对电子通过π给电子效应让 J 更正的例子。这个效应也解释了三元环同碳耦合常数不尽相同的原因：环丙烷（-4.3 Hz）和环氧乙烷 $[(CH_2)_2O$，+5.5 Hz]。尽管二者耦合常数的绝对值差只有1.2 Hz，如果考虑符号的不同，则差异接近于9 Hz。

4.19　　　　　**4.20**　　　　　**4.21**

科学家们还研究了质子与其它原子核的 ^2J 耦合。H—C—^{13}C耦合对取代基的响应与H—C—H耦合基本相同。因为 ^{13}C 的旋磁比小，所以H—C—C的耦合常数更小。在 **H**—CH_2—CH_3 中烷基的典型值为-4.8 Hz，**H**—CCl_2—CHCl_2 为+1.2 Hz。从氢到 sp^2 碳（**H**—CH_2—C≡）典型的 ^2J 耦合常数值为-4 Hz到-7 Hz，例如丙酮

[–5.8 Hz，H—CH_2—$C(\!=\!O)CH_3$]。当中间的碳是 sp^2 杂化 [H—$C(\!=\!X)$—C] 时，^2J 耦合值变得更大、更正，如醛类化合物 [乙醛为 26.7 Hz，H—$C(\!=\!O)$—CH_3]，但是烯烃 [H—$C(\!=\!CR_2)$—C] 中典型 ^2J 值为 5～10 Hz。

与质子-质子耦合的情况不同，氢-碳的 ^2J 耦合通路可以包含一个双键（H—$C\!=\!C$），Pople 和 Bothner-By 没有考虑到这种情况，但这些因素也很重要。对于 sp^2 碳来说，这些 ^2J 耦合常数通常很小（乙烯 H—$CH\!=\!CH_2$ 为–2.4 Hz）。然而，在适当取代情况下，可以观察到它们立体化学的差异，如顺式二氯乙烯（**4.22**，16.0 Hz）和反式二氯乙烯（**4.23**，0.8 Hz）。烯烃立体异构体间的这种差异很常见，可以用于证明立体化学。芳烃（H—$C\!=\!C$）中 ^2J 耦合常数间的差异是 4～8 Hz。对于 sp 碳，^2J 耦合常数变得很大：H—$C\!\equiv\!CH$ 是 49.3 Hz，H—$C\!\equiv\!C$—O—Ph 是 61.0 Hz。

质子与 ^{15}N 间的 ^2J 耦合常数大小与氮上孤对电子及其取向密切相关。亚胺中，当质子与孤对电子为顺式时，H—C—^{15}N 的 ^2J 耦合常数很大且为负值；当质子与孤对电子呈反式时，^2J 耦合常数很小且为正值，如结构 **4.24**。因此对亚胺、肟和相关化合物中的顺反异构化来说 ^2J（HCN）值是一个有用的结构指认数据。然而，饱和胺中化学键快速旋转，^2J 值通常较小且为负（甲胺为–1.0 Hz，CH_3NH_2）。氮的孤对电子与氢的顺式关系也在杂环中出现，如吡啶（**4.25**），其 ^2J 耦合常数为–10.8 Hz。

^{15}N 和 ^{13}C 的 ^2J 耦合也遵循类似的规律，它也能用于结构和立体化学的指认。碳与亚胺中的孤对电子同侧时负耦合大（**4.26** 为 –11.6 Hz）。当 **4.26** 中甲基与羟基为顺式时（甲基与孤对电子呈反式），^2J（CCN）仅为 1.0 Hz。喹啉（**4.27**）所示的两个碳原子与氮的耦合常数值分别为–9.3 Hz 和+2.7 Hz，其中一个与氮的孤对电子呈顺式，另一个呈反式。

^{31}P 和氢的 ^2J 耦合关系受立体化学的影响也有不少研究。当 H—C 键与磷上的孤对电子呈顺式时，观测到的 ^2J（HCP）为最大正值，当它们正交或反式时，为最大负值。这种状态与氢和 ^{15}N 间的耦合类似，但是由于 ^{15}N 和 ^{31}P 旋磁比的符

核磁共振波谱学：
原理、应用和实验方法导论

号相反，所以耦合常数符号相反。杂环 **4.28** 中 ^{31}P 和 H_a（顺式）、H_b（反式）间的耦合常数值分别为+25 Hz 和−6 Hz。耦合常数的大小也与化学结构有关，如 P(Ⅲ) 的耦合比 P(Ⅴ)大：$(CH_3)_3P$ 为 27 Hz，$(CH_3)_3P$═O 为 13.4 Hz。

H—C—F 的 ^2J 耦合对于 sp^3 碳接近于+50 Hz（CH_3CH_2F 为 47.5 Hz），对于 sp^2 碳接近于 80 Hz（CH_2═**CHF** 为 84.7 Hz）。对于饱和碳，F—C—F 的 ^2J 耦合常数特别大（+150~250 Hz）（1,1-二氟环己烷为 240 Hz），但是在非饱和碳中小于 100 Hz（CH_2═CF_2 为 35.6 Hz）。

4.6

^3J 耦合

NMR 谱早期在立体化学中最重要的应用是利用三键质子的耦合常数大小提供相关的信息。1961 年，Karplus 推导出 ^3J（HCCH）与 H—C—C—H 二面角 ϕ 之间的数学关系式，详见方程（4.3）。

$$^3J = \begin{cases} A\cos^2\phi + C & (\phi = 0°\sim90°) \\ A'\cos^2\phi + C' & (\phi = 90°\sim180°) \end{cases} \tag{4.3}$$

结果如图 4.6 所示，它为化学家提供了一个方便、通用的判断立体化学定性工具。当二者的轨道平行时，余弦平方关系来自强耦合。它们在共平面和反共平面的结构上重叠（$\phi = 0°\sim30°$ 和 $150°\sim180°$，角度 ϕ 的定义如图 4.6 所示）。当轨道交错或正交时（$\phi = 60°\sim120°$）时，耦合较弱。

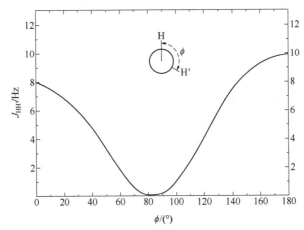

图 4.6　^3J（HCCH）与 H—C—C—H 二面角 ϕ 之间的函数关系图

通常因常数 C 和 C' 小于 0.3 Hz 而被忽略。当估算常数 A 和 A' 时，这个公式可以用于定量分析。A 和 A' ($A < A'$) 不相等意味着图 4.6 中左侧顺式的最大 J 值与右面反式的最大 J 值不同。可惜的是这些常数随体系而变，范围在 8~14 Hz 之间（烯烃的更大），因此不能从一种结构的定量关系轻易应用到另一种结构。

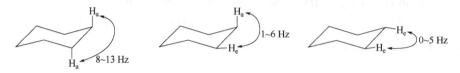

图 4.7 椅式六元环中邻位质子耦合常数的大小
直立键和平伏键质子分别用字母 a 和 e 表示

Karplus 方程在许多基本系统的定性解释中很有用。椅式环己烷（图 4.7）中，由于 ϕ_{aa} 接近 180°，相邻直立键质子间 ^3J 耦合常数（J_{aa}）很大（8~13 Hz）；但是 ϕ_{ee} 和 ϕ_{ea} 接近 60°，两个平伏键质子间（J_{ee} = 0~5 Hz）及直立键和平伏键质子（J_{ae} = 1~6 Hz）间的耦合常数很小。参考 Karplus 图（图 4.6），180° 的数值对应着 ^3J 最大值，60° 接近于最小值。直立键质子与相邻直立键质子间 J_{aa} 较大，因而很容易被识别出来。当环己烷中六元环在两个椅式构象之间翻转时，J_{aa} 与 J_{ee} 平均后得到范围在 4~9 Hz 的 J_{trans} 耦合常数，J_{ae} 和 J_{ea} 平均得到较小的 1~6 Hz 范围的 J_{cis} 耦合常数。尽管由于取代基效应导致耦合常数的范围有些重叠，但平均后 J_{trans} 值总是比平均的 J_{cis} 大。复杂自旋体系中，可以通过直立键质子的共振比平伏键质子的谱峰更宽来进行识别直立键质子，原因是 J_{aa} 增加的峰宽比 J_{ae} 或 J_{ee} 的更大。例如，2-溴代环己酮（4.29）中 2 位质子可以处于直立（4.29a）或平伏（4.29e）位置。（命名 a 和 e 指的是同碳质子与溴的相对位置，而不是到溴的位置）。

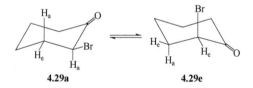

由于这两种构象在室温下相互快速转化，因此 2 位质子与相邻 3 位两个质子间实际耦合为加权平均值，见方程（4.4）。

$$J_{trans} = aJ_{aa} + eJ_{ee} \tag{4.4a}$$

$$J_{cis} = aJ_{ea} + eJ_{ae} \tag{4.4b}$$

式中，a 是 4.29a 的加权系数，e 是 4.29e 的加权系数。类似的办法适用于其它无环的构象。

三元环（4.30）中，J_{cis}（$\phi = 0°$）数值总是大于 J_{trans}（$\phi = 120°$），参考图 4.6

核磁共振波谱学：
原理、应用和实验方法导论

中的 Karplus 曲线。环丙烷母体上 J_{cis} = 8.97 Hz，J_{trans} = 5.58 Hz。四元环中顺式的耦合常数通常比反式的大，但是这两个数值很接近，有时甚至无法区分。五元环中顺式和反式的耦合常数都很大，因为它们的二面角靠近 Karplus 曲线的中央，并且随着这些环中各种复杂构象的混合不同而改变。

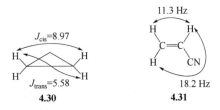

4.30　　　　　　　　　**4.31**

烯烃中 J_{trans}（ϕ = 180°）总是比 J_{cis}（ϕ = 0°）大，例如丙烯腈（**4.31**）中分别为 18.2 Hz 和 11.3 Hz，见图 4.8。乙烯基的共振由三个部分组成，根据场强的不同，这三个部分可表现为 AMX、ABX 或 ABC 的图谱。对于 AMX 体系，已知 $^3J_{trans}$ > $^3J_{cis}$ > $^2J_{gem}$，可以通过看图就能归属三个耦合（J_{AM}、J_{AX} 和 J_{MX}），读者可按照图 4.8 测量 **4.31** 的耦合常数大小。12 个峰分别位于 δ 5.647、5.684、5.708、5.744、6.090、6.093、6.12、6.132、6.211、6.215、6.273 和 6.278。最后，芳香环中邻位质子间的二面角为 0°，因此 $^3J_{ortho}$ 通常较大（6~9 Hz），能够与较小的 J_{meta} 和 J_{para} 区分开。

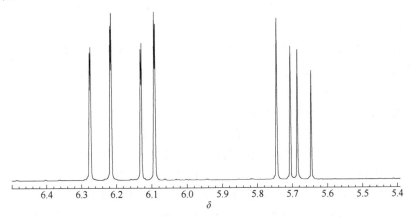

图 4.8　丙烯腈（CH_2＝CHCN）氯仿溶液的 300 MHz 氢谱

尽管 Karplus 方程在二面角上有潜在的广泛应用，但在定量方面仍有局限性。除了 H—C—C—H 的二面角外，H—C—C—H 的耦合常数大小还取决于 C—C 键的键长或键级、H—C—C 的键角、碳原子上取代基的电负性以及这些取代基的立体化学取向等因素。所有这些因素都会影响方程（4.3）中的 A 和 A' 因子。为了让精确度更高，必须对这些因子校准，用于校准的系列分子必须是刚性的（单一构象），并且键长和键角不变。目前人们已经开发出多种方法来考虑剩下的唯一因素：取代基的电负性。一种方法是推导 ^3J 与电负性的数学关系。另一个是把化学位移与电负性的关系转移至 ^3J 的经验计算中。第三种方法是通过使用两个 ^3J 耦合常数的比值（R 值）来消除这个问题，这两个 ^3J 耦合常数对应于相同或相关的二面角，并且对取代基的电负性具有相同的乘法相关性。然后，利用比值 R 区分电负性的影响。这些更复杂的 Karplus 方法已被成功用于获得可靠的定量结果。

由于存在二面角以外的因素，导致在 ϕ 固定，甚至结构类似的体系中邻位耦合常数大小呈现一定的波动范围。饱和链烃邻位（H—C—C—H）耦合常数的范围在 $3\sim9$ Hz，它与取代基的电负性和旋转异构体的混合程度有关（如 $Cl_2CHCHCl_2$ 的 $^3J = 3.06$ Hz，CH_3CH_2Li 的 $^3J = 8.90$ Hz）。电负性强的取代基总是降低邻位的耦合常数大小。在小环化合物中，这种变化几乎完全是来自取代基电负性的结果，环丙烷的顺式结构中 ^3J 为 $7\sim13$ Hz，反式为 $4\sim10$ Hz。由于受到氧原子电负性大的影响，环氧化合物的 ^3J 耦合常数更小。双键（H—C=C—H）上 ^3J 耦合常数强烈依赖于键角以及其它两个取代基的电负性。环烯烃中，环丙烯的 ^3J 值为 1.3 Hz，环己烯为 8.8 Hz，它们的二面角 $\phi = 0°$。非环烯烃中 J_{trans} 的范围为 $10\sim24$ Hz，J_{cis} 为 $2\sim19$ Hz。由于范围相互重叠，只有在两种异构体的 ^3J 耦合常数都被测量的情况下，区分顺反异构体才完全可靠。当化学键处于单键和双键之间时，^3J 大小与总的键序成正比，如萘中尽管 $^3J_{12}$ 和 $^3J_{23}$ 的 $\phi = 0°$，但它们的大小分别为 8.6 Hz 和 6.0 Hz。

苯衍生物中邻位 ^3J 耦合的变化相对较小，为 $6.7\sim8.5$ Hz，这与取代基的共振和诱导效应有关。由于（吡啶）电负性和（呋喃和吡咯）环较小的影响，当环上有杂原子时，^3J 值最低可降至 2 Hz。

当耦合通路中一个碳为 sp^3 杂化，一个为 sp^2 时（**4.32**），自由旋转的非环烃（$X = CR_2$）的 ^3J 范围为 $5\sim8$ Hz，醛（$X = O$）为 $1\sim5$ Hz。根据环的大小不同，碳氢化合物的 ^3J 值从环丁烯的 -0.8 Hz、环己烯 $+3.1$ Hz 增加到环庚烯 $+5.7$ Hz。对于二烯（**4.33**）中的中心键，反式结构（$X, Y = CR_2$）中的 ^3J 范围为 $10\sim12$ Hz。当受到环的限制时，环戊二烯中的顺式 ^3J 耦合值为 1.9 Hz，1,3-环己二烯为 5.1 Hz。在 α,β-不饱和醛（**4.33**，$X = O$，$Y = CR_2$）中，反式 ^3J 耦合值为 8 Hz，顺式为 3 Hz。

H—C—X—H（X=O、N、S、Si 等）、H—C—C—C、H—C—C—F、H—C—N—F、H—C—X—P（X=C、O、S）和 C—C—C—C 的 ^3J 耦合值也遵循类似 Karplus 的关系。^3J（H—C—O—P）耦合常数在确定核苷酸的骨架构象方面很有

核磁共振波谱学：
原理、应用和实验方法导论

用。^3J（C—C—C—C）耦合常数的范围（$3 \sim 15\ Hz$）比同碳耦合的范围更大 [^2J（C—C—C）的范围为 $1 \sim 10\ Hz$]。F—C—C—F 和 H—C—C—P 的 ^3J 耦合常数大小似乎不遵循 Karplus 规则。

4.7
长程耦合

超过三个化学键质子间的耦合被称为长程耦合。有时，超过 ^2J（CCH）或者 ^3J（CCCH）键的碳氢耦合也被叫做长程耦合，但是这种表述不是很合适。正常情况下质子间的长程耦合常数小于 $1\ Hz$，经常因为太小观测不到。然而，在以下至少三种结构中，这种耦合通常很明显。

4.7.1　σ-π 重叠

耦合通路中 C—H（σ）键与双键、三键或芳香环上 π 电子间的相互作用常常会增大耦合常数。其中的一种情况是四个化学键的烯丙基耦合，**HC—C≡CH**，其范围约为 $+1 \sim -3\ Hz$，对于自由旋转的体系，典型的耦合常数值接近 $-1\ Hz$。当饱和 C—H_a 键（**4.34**）与 π 轨道平行时，观察到的数值更大。这种结构中 σ-π 重叠让耦合的传递更加有效。当 C—H_a 键与 π 轨道正交时，没有 σ-π 贡献，耦合常数很小（$<1\ Hz$）。非环体系中，二面角为有利和不利构型的平均值，因此得到平均的 ^4J 值，如 2-甲基丙烯醛（**4.35**，$^4J = |1.45|\ Hz$）。环约束可将化学键固定成更有利的构象，如茚（**4.36**，$^4J = -2.0\ Hz$）。

4.34　　　　**4.35**　　　　**4.36**

HC—C≡C—CH 五键双烯丙基（也称高烯丙基）的耦合常数大小与两个 C—H 键相对于 π 轨道的取向位置有关。对于 2-丁烯等非环体系，^5J 通常为 $2\ Hz$，范围在 $0 \sim 3\ Hz$ 以内。当两个质子排列都有利时，耦合常数可能相当大，如平面 1,4-环己二烯（**4.37**）中，顺式耦合是 $9.63\ Hz$，反式为 $8.04\ Hz$。这些耦合常数的大小是通过适当的氘标记测量的。双烯丙基的长程耦合常数比烯丙基的大并不罕见，如 **4.38** [^4J（CH_3—H_a）$= 1.1\ Hz$，^5J（CH_3—H_b）$= 1.8\ Hz$]。

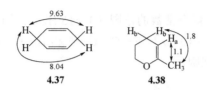

4.37 **4.38**

炔烃和联烯体系中 σ-π 重叠非常有效，它们的长程耦合常数特别大。联烯中（$CH_2=C=CH_2$，**4.39**）^4J 为−7 Hz。1,1-二甲基联烯（**4.40**）中，五键耦合（^5J）值相对较大，为 3 Hz。丙二烯的立体化学被锁定为有利的 σ-π 重叠结构，如 **4.39** 中 CH_2 基团指向所示 π 轨道的双箭头。丙炔（甲基乙炔，$^4J = 2.9$ Hz）和 2-丁炔（二甲基乙炔，$^5J = 2.7$ Hz）中，由于三键对 σ-π 重叠没有立体阻碍作用，长程耦合增强，在聚炔化合物中甚至观察到了多达七个化学键的长程耦合。

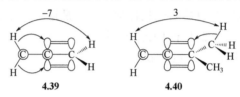

4.39 **4.40**

与芳香环（$CH_3-C_6H_5$）相连的饱和碳原子上质子与芳环上所有的三种质子（邻位、间位和对位）都有耦合。这些苄基耦合依赖于取代基的 C—H σ 键与芳香 π 电子间 σ-π 相互作用，它与烯丙基的耦合非常相似 $^4J_{ortho} = 0.6\sim0.9$ Hz，$^5J_{meta} = 0.3\sim0.4$ Hz，$^6J_{para} = 0.5\sim0.6$ Hz）。双苄基的耦合与高烯丙基的耦合类似，可以发生在不同饱和碳上的质子间，这两种碳与苯环直接相连，如二甲苯（$CH_3-C_6H_4-CH_3$，$^5J_{ortho} = 0.3\sim0.5$ Hz）。

4.7.2 锯齿形途径

第二类主要的长程耦合，存在于平面 W 形或锯齿形通路的质子之间，例如椅式六元环（**4.41**，$^4J = 1.7$ Hz）中质子间的 1,3-双平伏键构型就属于这种结构。降莰烷骨架（**4.42**）包含几个 W 形结构，不仅存在于外侧 2 位和 6 位质子间，还在桥头质子（1 位和 4 位）间以及 3-内侧和 7-反式质子间出现。

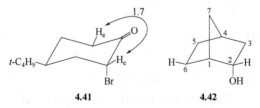

4.41 **4.42**

平面锯齿构型中平行 C—H 键和 C—C 键间的重叠良好，类似于在 $\phi = 180°$ 处的最佳邻位耦合。通过 HC—C—CH 路径中 C—H 轨道后部的相互作用（被称为

核磁共振波谱学：
原理、应用和实验方法导论

尾部作用，拉丁语中称为"通过尾部"）直接传递自旋的信息，这也解释了这个耦合常数大的原因。当受到环约束时，第一个和第三个碳原子特别靠近，或存在多个锯齿形通路时，耦合会相当大，如 **4.43**（$^4J = 7.4\ \text{Hz}$）和 **4.44**（$^4J = 18\ \text{Hz}$）。

4.43　　　　　**4.44**

锯齿形通路完全在 σ 骨架内，但对于许多 π 体系同样重要，包括芳香族的间位耦合（因此苯中 $^4J = 1.37\ \text{Hz}$，**4.45**）。

4.45　　　　　**4.46**

尽管间位的耦合值增强，但是邻位耦合仍然非常大（$\phi = 0°$时 Karplus 值最大），因此苯环中耦合常数的大小顺序仍然是 $^3J_{ortho}$（7.54 Hz）> $^4J_{meta}$（1.37 Hz）> $^5J_{para}$（0.69 Hz）。$^5J_{para}$ 没有增强机制，它既没有锯齿通路也没有 σ-π 重叠机会，所以它的数值很小。1,3-丁二烯中存在两个 4 键（−0.86 Hz 和−0.83 Hz）和三个 5 键（+0.60 Hz、+1.30 Hz 和+0.69 Hz）耦合，其中一个增强的 5 键耦合源于 **4.46** 所示的锯齿通路。喹啉（**4.47**）中也有相同的通道，所标识质子间的耦合为 $^5J = 0.9\ \text{Hz}$。目前已经发现多达 6 个化学键锯齿形通路间存在耦合。丁二烯和苯中这些耦合都不涉及 σ-π 重叠，原因是它们都在一个平面内。

4.47

4.7.3　跨越空间的耦合

尽管耦合一般通过电子介导的途径进行传递信息，但在特殊情况下，它可能跳出通过化学键的传递路径，如具有 σ-π 重叠的烯丙基（**4.34**）和苄基的耦合。不管两个原子核间有多少个化学键，只要空间上它们处于范德华半径内，如果其中至少一个原子核上有孤对电子，那它们就可能交换自旋信息。在 H—F 和 F—F 对中，这些孤对电子介导、跨越空间的耦合最常见，但并不是唯一的。在 **4.48** 中可以忽略 CH_3—F 六个化学键的耦合（H—F 距离为 2.84 Å），但是在 **4.49** 中耦合为 8.3 Hz（1.44 Å）（H 和 F 的范德华半径之和为 2.55 Å）。

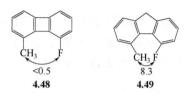

CH₃   F

<0.5

4.48

CH₃ F

8.3

4.49

后面一种情况中，耦合信息可能由质子通过孤对电子传递到氟核。这种机制很可能也在饱和体系的同碳 F—C—F 耦合中起重要作用，造成耦合常数异常大。^2J（FCF）在 sp^3 CF_2（大约 200 Hz 中）比 sp^2 CF_2（大约 50 Hz）更大，原因是四面体的角度更小，氟原子靠近得更紧密。

4.8

谱图分析

到目前为止，我们还没有说过如何从谱图中提取耦合常数。一级谱的测量很简单，化学位移一般处于共振多重峰的中央。对于双重峰，化学位移则位于与另一个自旋耦合双峰间的中间，三重峰一样，位于与另两个自旋耦合的三重峰中心峰位置，依此类推。多重峰共振的耦合常数为相邻两个谱峰的间距。但是这些理想的谱图特征在二级谱中可能失效。除质子外，大多数原子核的化学位移范围很大，天然丰度通常低，没有相互耦合，因此二级谱的分析主要针对氢谱。根据 $\Delta\nu/J$ 标准，500 MHz 以上谱仪测得的谱图一般是一级谱。然而，磁不等价（4.2 节）与磁场强度无关，即使用最高场强的超导磁体，依然还会出现如 AA'XX'的二级谱。

AX 谱包含两个双峰，所有谱峰的强度相等。图 1.18 和图 4.1 底部的图谱非常接近于一级谱。双峰的间距为 J_{AX}，中心分别为 ν_A 和 ν_X。二级双自旋（AB）体系也有四条谱线，但是内侧峰的强度总是比外侧峰的大（图 4.1 和图 4.9）。耦合常数（J_{AB}）值仍然可以直接从双峰的间距准确测出，但对于化学位移而言，没有特定的谱峰或简单的平均值与之对应。自旋 A 的化学位移（ν_A）出现在根据峰高加权的两个 A 峰平均位置处（ν_B 也是如此）。化学位移的差值 $[\Delta\nu_{AB} = (\nu_A - \nu_B)]$ 可以从方程（4.5）得到。

$$\Delta\nu_{AB} = (4C^2 - J^2)^{1/2} \qquad (4.5)$$

其中，$2C$ 为交替峰值的间距（如 13 或 24 两个谱峰的间距）（图 4.9）。然后四重峰的中点加减 $1/2\Delta\nu_{AB}$，很容易就得到 ν_A 和 ν_B 值。较强内侧峰与较弱外侧峰间的强度比可用表达式 $(1+J/2C)/(1-J/2C)$ 求出。所有这些关系的推导都包含在附录 C 中，它提供了双自旋系统的量子力学计算公式。

核磁共振波谱学：
原理、应用和实验方法导论

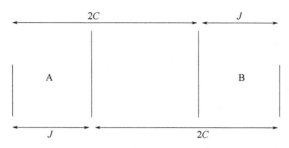

图 4.9　双自旋（AB）体系二级谱共振峰的间距表示法

三自旋体系中只有 AX_2 和 AMX 的一级耦合可以通过看图就能分析出结果。AB_2 的二级谱中包含多达 9 个峰：四个来自 A 质子单独的自旋翻转，四个来自 B 质子单独的自旋翻转，一个来自 A 和 B 两个质子自旋的同时翻转。第九个峰被称为复合峰，通常是禁阻的，强度弱。虽然有时可以通过看图就能分析出这些模式，但是更多时候需要借助于计算机程序模拟。其它二级三自旋体系（ABB′、AXX′、ABX 和 ABC）、几乎所有四自旋（AA′BB、AA′XX、ABXY 等）或更大的二级体系很少通过看图就能分析出结果，因此必须采用计算机分析方法。附录 D 讲述了一些三自旋和四自旋体系所用的二级谱分析方法。

如今，大多数谱仪都提供了多达 7 个自旋谱图的模拟软件。第一步是估算自旋的化学位移和耦合常数，以便计算机模拟得到的谱图与实测的谱图匹配。改变谱峰的化学位移，直到实验和模拟的多重峰峰宽和位置接近一致。然后，系统改变耦合常数或它们的和与差，直到合理匹配。这种方法在三和四自旋体系中比较成功，但是对于更大体系困难很大。

利用计算机迭代程序可以改进上述试错步骤。Castellano 和 Bothner-By 提供的程序（在后面的版本中为 LAOCN-5）可以对谱峰的位置进行迭代，但是它需要指认谱峰。Stephenson 和 Binsch（DAVINS）编写的程序无需指认谱峰，直接运行。

4.9

二级谱

4.9.1　伪一级谱

二级图具有如下特征：谱峰的间距与耦合常数不再对应、多重峰的强度不遵循二项式系数比、化学位移没有位于共振多重峰的中点，以及多重峰不遵循 $n+1$ 规则（图4.1~图4.3）等。即使谱图看起来像一级谱，它有可能不是一级谱。谱峰的偶然重合让表观图谱看起来比实际的图谱更简单（这种情况被称为伪一级谱）。例如，ABX 谱中，X 核与两个紧密耦合的核（A 和 B）耦合（它们的 $\Delta \nu/J <$ 10 左右）。这种情况下，A 和 B 的自旋态完全混合，X 核的谱图表现就像两个原子核 A 和 B 等价一样。在高度耦合的条件下，ABX 谱表现为 A_2X 谱，就像 $J_{AX} = J_{BX}$ 一样。图4.10 结果很好地说明了这个情况。当 $\Delta \nu_{AB} = 3.0$ Hz［图4.10（a）］时，即使 $J_{AX} \neq J_{BX}$，计算出的结果看起来就像一级 A_2X 谱，只有一个耦合常数。当 $\Delta \nu_{AB} = 8.0$ Hz［图4.10（b）］时，观察到一个典型的 ABX 谱。伪一级谱有时（但并不总是）可以利用更高场强的仪器来消除。当谱图表现为伪一级谱时，只可以测出耦合常数的总和或平均值，不可能得到实际的耦合常数。

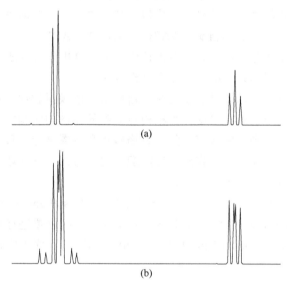

图4.10　（a）伪一级的 ABX 谱（$\nu_A = 0.0$ Hz，$\nu_B = 3.0$ Hz，$\nu_X = 130$ Hz，$J_{AB} = 15.0$ Hz，$J_{AX} = 5.0$ Hz，和 $J_{BX} = 3.0$ Hz）；（b）除了 $\nu_B = 8.0$ Hz，其余参数与（a）相同，$\Delta \nu_{AB}$ 值更大时，消除了伪一级，得到一个典型的 ABX 谱

　　AA′XX′谱通常被看成一对伪简单三重峰对，类似于 A_2X_2。在这种情况下，A 和 A′紧密耦合（$\Delta \nu_{AA'} = 0$ Hz，$J_{AA'}$ 很大）。因为 A 和 A′化学等价，这种伪一级不能通过高场仪器来消除。当分子结构暗示这属于 AA′XX′的自旋体系时，化学家应该小心这对三重峰，它将误导大家认为它来自磁等价（A_2X_2）和耦合 $J_{AX} = J_{AX'}$ 的自旋体系。有时，也可以用低场将 AA′XX′谱转换为 AA′BB′谱来观察 A 和 X 间的耦合，它显示的谱峰数目更多，可以进行完整的分析。

核磁共振波谱学：
原理、应用和实验方法导论

4.9.2　虚拟耦合

当 A 和 B 耦合非常紧密，J_{AX} 很大，J_{BX} 为零时,一个特别微妙的复杂二阶例子发生在 ABX 谱（或更通俗说是 $A_xB_yX_z$ 图谱）中。因为 X 核与 B 核没有耦合，X 核的谱峰应当是一个与 A 核耦合的简单双峰。但是，因为 A 核和 B 核紧密耦合，A 核和 B 核的自旋态混合，所以 X 核的图谱受到 B 核自旋的干扰。这种现象被归为虚拟耦合，这个用词或许有些不恰当，原因是 B 与 X 没有耦合。这可以用一个稍大一点但类似的 β-甲基戊二酸的 CH 和 CH$_2$ 质子（**4.50**）紧密耦合的自旋系统为例来进行说明。

尽管 CH$_3$ 基团只与 CH 质子耦合，它的多重度比简单双重峰的情况（图 4.11）更加复杂。CH 和 CH$_2$ 质子耦合紧密，因此它们的自旋态混合。即使 CH$_3$ 和 CH$_2$

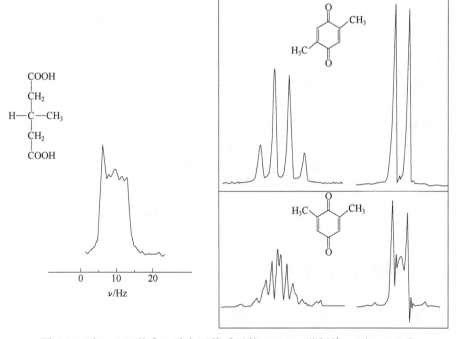

图 4.11（左）β-甲基戊二酸上甲基质子的 60 MHz 共振峰；（右）2,5-和
2,6-二甲基苯醌的 60 MHz 氢谱

来源：（左）引自参考文献[1]，已获 NRC Press 复制许可；（右）引自参考文献[2]，已获 Academic Press 复制许可

间的耦合 $J = 0$，但 CH_3 基团与 CH 和 CH_2 自旋的混合态相互作用，这就造成 CH_3 基团表现出复杂的谱峰。高场下 CH 和 CH_2 共振信号分离良好，可以消除这个问题。甲基没有与 CH_2 的自旋态混合，因此它只与 CH 耦合，很干净。

二甲基苯醌提供了所谓虚拟耦合的另一个实例。2,5-二甲基异构体（**4.51**）的氢谱中含有一个一级的甲基双峰和一个烯烃四重峰。2,6-取代异构体（**4.52**）的谱图非常复杂（图 4.11）。两种分子中烯烃质子等价（AA'）。**4.51** 中它们只与甲基有耦合（$J_{AA'} = 0$ Hz），但是在 **4.52** 中，由于有锯齿通路的存在，它们彼此紧密耦合（$J_{AA'} \neq 0$ Hz）。甲基质子共振的多重度不仅受到相邻烯烃质子的影响，而且还受到环上对位质子的干扰。用 Pople 符号来表示，**4.51** 为 $(AX_3)_2$ 体系，但是 **4.52** 为 $AA'X_3X_3'$ 体系。即使在更高场下这个效应也不改变，原因是 A 和 A' 化学等价。

4.9.3　位移试剂

很多时候即使在 500 MHz 或更高的频率下，氢谱还是二级谱（不管场强如何，AA'体系一直是二级谱）。此外，一些研究单位仍然使用 60 MHz 的永磁谱仪，大多数情况下得到的谱图也是二级谱。可以利用顺磁位移试剂将这些谱峰分开。顺磁位移试剂分子中含有未成对的电子自旋，并与溶解的底物形成 Lewis 酸-碱复合物。未成对自旋对周围的原子核施加强烈的顺磁屏蔽效应（因此，位移到高频或低场）。这种屏蔽效应随距离的增加而迅速减弱，因此底物中越靠近酸-碱结合位点的原子核受到的屏蔽影响越大。结果，底物上的质子向高频的位移各不相同，进而导致谱峰分离更大。常见的两种位移试剂均含镧系元素：三(二异戊氧甲烷)铕（Ⅲ）·2（吡啶）[不含吡啶部分称为 Eu(dpm)₃] 和 1,1,1,2,2,3,3-七氟-7,7-二甲基辛烷二酮尿嘧啶（Ⅲ）[Eu(fod)₃]。位移试剂使用多种稀土以及其它元素。几乎所有 Lewis 碱的有机官能团都对这些试剂有响应。当使用手性位移试剂时，它可以与对映异位体形成复合物，从而实现共振谱峰的分离，由此计算出对映异位体的比率。

4.9.4　同位素卫星峰

有时也可以利用分子的稀有同位素核来帮助谱图分析。本章前面提到的环丙烯（**4.5**）可作为理解 A_2X_2 体系谱图的例子，4.5 节中，双键上质子间的邻位耦合（$^3J_{AA}$）为 1.3 Hz。如何测量两个化学等价质子间的耦合常数呢？它的数值太小，不能使用氘代的方法，对于环丙烯来说预计的 J_{HD} 值只有 0.2 Hz。分子中双键自旋体系 H—^{12}C—^{13}C—H 仅占 1.1%。同样，^{12}C 上质子的共振位置与没有 ^{13}C 的分子也几乎在同一个位置。^{13}C—^{1}H 单键耦合常数大，在中心峰两侧产生多重峰，称为卫星峰，它与中心峰的间距约 1/2 J（CH）。弱同位素效应可以让卫星峰的中心位移。卫星峰与中心峰的间距可作为一个有效的化学位移差，因此卫星峰中存在 H—^{12}C 和 H—^{13}C 化学键之间的 H—H 耦合。图 4.12 为环丙烯上烯烃质子的卫星峰。因为 ^{13}C 上烯烃质子与另一个烯烃质子以及亚甲基上的两个质子都有耦合，所以这个卫星峰是双三重峰。这样就能测量出环丙烯正常等价质子间的 ^{3}J（HC=CH）。氢谱中通常可观察到其它稀有同位素核自旋产生的卫星谱，这些核包括 ^{15}N、^{29}Si、^{77}Se、^{111}Cd、^{113}Cd、^{117}Sn、^{119}Sn、^{125}Te、^{195}Pt 和 ^{199}Hg 等。

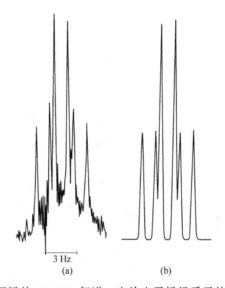

3 Hz

(a)　　　　(b)

图 4.12　环丙烯的 90 MHz 氢谱，它给出了烯烃质子的观测（a）和计算（b）的高频 ^{13}C 卫星峰信号

来源：引自参考文献[3]，已获 American Chemical Society 1970 年版权许可

第 6 章将详细介绍有助于复杂氢谱分析的最常见二维 NMR 方法。不过，对二级谱图来说，这些二维 NMR 技术仍然有局限性。

4.10

耦合常数表

表 4.1 至表 4.5 按结构分类汇总了常见化合物的耦合常数数值，参考文献见本章末相应主题部分。从这些参考文献中可以找到更多的例子。

表 4.1 单键耦合常数

单键	化合物	^1J/Hz
$^{13}C—^1H$	CH_3CH_3	125
	$(CH_3)_4Si$	118
	CH_3Li	98
	$(CH_3)_3N$	132
	CH_3CN	136
	$(CH_3)_2S$	138
	CH_3OH	142
	CH_3F	149
	CH_3Cl	150
	CH_2Cl_2	177
	$CHCl_3$	208
	环己烷	125
	环丁烷	136
	环丙烷	162
	四氢呋喃（α,β）	145,133
	降莰烷（C1）	142
	二环[1.1.1]戊烷（C1）	164
	环己烯（C1）	157
	环丙烯（C1）	226
	苯	159
	1,3-环戊二烯（C2）	170
	CH_2＝CHBr	197
	乙醛（CHO）	172
	吡啶（α, β, γ）	177, 157, 160
	丙二烯	168
	CH_3C≡CH	248
	$(CH_3)_2C^+H$	164
	HC≡N	269
	甲醛	222
	甲酰胺	191
$^{13}C—^{19}F$	CH_2F_2	235
	CF_3I	345
	C_6F_6	362
$^{13}C—^{31}P$	CH_3PH_2	9.3
	$(CH_3)_3P$	−13.6
	$(CH_3)_4P^+I^-$	56
$^{13}C—^{15}N$	CH_3NH_2	−4.5
	$C_6H_5NH_2$	−11.4
	$CH_3(CO)NH_2$	−14.8

核磁共振波谱学：
原理、应用和实验方法导论

单键	化合物	$^1J/Hz$
$^{13}C—^{15}N$	$CH_3C≡N$	−17.5
	吡啶	+0.62
	$CH_3HC=N—OH$（E, Z）	−4.0, −2.3
$^{15}N—^1H$	CH_3NH_2	−64.5
	$CH_3(CO)NH_2$	−89
	吡啶鎓	−90.5
	$HC≡N^+H$	−134
	$(C_6H_5)_2C=NH$	−51.2
$^{15}N—^{15}N$	$C_6H_5N(O)NC_6H_5$	12.5
	$C_6H_5NHNH_2$	6.7
$^{15}N—^{31}P$	$C_6H_5NHP(CH_3)_2$	53.0
	$C_6H_5NHP(=O)(CH_3)_2$	−0.5
	$[(CH_3)_2N]_3P=O$	−26.9
$^{13}C—^{13}C$	CH_3CH_3	35
	$CH_3(CO)CH_3$	40
	CH_3CO_2H	57
	$CH_2=CH_2$	68
	$CH≡CH$	171
$^{31}P—^1H$	$C_6H_5(C_6H_5CH_2)(PO)H$	474
$^{31}P—^{31}P$	$(CH_3)_2P—P(CH_3)_2$	−179.7
	$(CH_3)_2(PS)(PS)(CH_3)_2$	18.7

表 4.2 同碳质子-质子（H—C—H）间的耦合常数（^2J）

化合物	$^2J/Hz$	化合物	$^2J/Hz$
CH_4	−12.4	环氧乙烷	+5.5
$(CH_3)_4Si$	−14.1	$CH_2=CH_2$	+2.3
$C_6H_5CH_3$	−14.4	$CH_2=O$	+40.22
$CH_3(CO)CH_3$	−14.9	$CH_2=NOH$	9.95
CH_3CN	−16.9	$CH_2=CHF$	−3.2
$CH_2(CN)_2$	−20.4	$CH_2=CHNO_2$	−2.0
CH_3OH	−10.8	$CH_2=CHOCH_3$	−2.0
CH_3Cl	−10.8	$CH_2=CHBr$	−1.8
CH_3Br	−10.2	$CH_2=CHCl$	−1.4
CH_3F	−9.6	$CH_2=CHCH_3$	2.08
CH_3I	−9.2	$CH_2=CHCO_2H$	1.7
CH_2Cl_2	−7.5	$CH_2=CHC_6H_5$	1.08
环己烷	−12.6	$CH_2=CHCN$	0.91
环丙烷	−4.3	$CH_2=CHLi$	7.1
氮丙啶	+1.5	$CH_2=C=C(CH_3)_2$	−9.0

表 4.3 邻位质子-质子（H—C—C—H）间的耦合常数

化合物	$^3J/Hz$	化合物	$^3J/Hz$
CH_3CH_3	8.0	CH_2＝CH_2（顺，反）	11.5, 19.0
$CH_3CH_2C_6H_5$	7.62	CH_2＝$CHLi$（顺，反）	19.3, 23.9
CH_3CH_2CN	7.60	CH_2＝$CHCN$（顺，反）	11.75, 17.92
CH_3CH_2Cl	7.23	CH_2＝CHC_6H_5（顺，反）	11.48, 18.59
$(CH_3CH_2)_3N$	7.13	CH_2＝$CHCO_2H$（顺，反）	10.2, 17.2
CH_3CH_2OAc	7.12	CH_2＝$CHCH_3$（顺，反）	10.02, 16.81
$(CH_3CH_2)_2O$	6.97	CH_2＝$CHCl$（顺，反）	7.4, 14.8
CH_3CH_2Li	8.90	CH_2＝$CHOCH_3$（顺，反）	7.0, 14.1
$(CH_3)_2CHCl$	6.4	$ClHC$＝$CHCl$（顺，反）	5.2, 12.2
$ClCH_2CH_2Cl$（纯）	5.9	环丙烯（1-2）	1.3
$Cl_2CHCHCl_2$（纯）	3.06	环丁烯（1-2）	2.85
环丙烷（顺，反）	8.97, 5.58	环戊烯（1-2）	5.3
环氧乙烷（顺，反）	4.45, 3.10	环己烯（1-2）	8.8
氮丙啶（顺，反）	6.0, 3.1	苯	7.54
环丁烷（顺，反）	10.4, 4.9	C_6H_5Li（2-3）	6.73
环戊烷（顺，反）	7.9, 6.3	$C_6H_5CH_3$（2-3）	7.64
四氢呋喃（α-β: 顺，反）	7.94, 6.14	$C_6H_5CO_2CH_3$（2-3）	7.86
环戊烯（3-4: 顺，反）	9.36, 5.72	C_6H_5Cl（2-3）	8.05
环己烷（平均: 顺，反）	3.73, 8.07	$C_6H_5OCH_3$（2-3）	8.30
环己烷（ax-ax）	12.5	$C_6H_5NO_2$（2-3）	8.36
环己烷（eq-eq 和 ax-eq）	3.7	$C_6H_5N(CH_3)_2$（2-3）	8.40
哌啶（平均α-β: 顺，反）	3.77, 7.88	萘（1-2, 2-3）	8.28, 6.85
环氧乙烷（平均α-β: 顺，反）	3.87, 7.41	呋喃（2-3, 3-4）	1.75, 3.3
环己酮（平均α-β: 顺，反）	5.01, 8.61	吡咯（2-3, 3-4）	2.6, 3.4
环己烯（3-4: 顺，反）	2.95, 8.94	吡啶（2-3, 3-4）	4.88, 7.67

表 4.4 ^1J（^{13}C—^1H）之外碳的耦合常数

化合物	J/Hz	化合物	J/Hz
$\mathbf{CH_3CH_3}$	−4.8	$CH_3C≡CH$（CH_3, ≡CH）	−10.6, +50.8
$\mathbf{CH_3CH_2Cl}$	2.6	CF_3CF_3	46.0
$Cl_2CHCHCl_2$	+1.2	$CH_3(CO)F$	59.7
环丙烷（^2J）	−2.6	Cl_2C＝CF_2	44.2
$(CH_3)_2CHCH_2CH(CH_3)_2$	5.0	CH_3CF_3	34.6
$(CH_3)_2\mathbf{C}$＝O	5.9	CH_3CH_2OH	37.7
$\mathbf{CH_3(CO)H}$	26.7	CH_3CHO	39.4
$\mathbf{CH_3CH}$＝$\mathbf{C(CH_3)_2}$	4.8	$CH_3C≡N$	56.5
$\mathbf{CH_2}$＝$\mathbf{CH_2}$	−2.4	$CH_3CO_2C_2H_5$	58.8
$CHCl$＝$CHCl$（顺，反）	16.0, 0.8	CH_2＝CH_2	67.2
CH_2＝$CHBr$（顺，反）	−8.5, +7.5	CH_2＝$CHCN$	74.1
苯 $[^2J(CH), ^3J(CH)]$	+1.0, +7.4	$\mathbf{C_6H_5CN}$（本位）	80.3

核磁共振波谱学：
原理、应用和实验方法导论

化合物	J/Hz	化合物	J/Hz
$C_6H_5NO_2$（1,2）	55.4	$(CH_3O)_3P$	+10.05
$HC{\equiv}CH$	170.6	$(CH_3O)_3P{=}O$	−5.8
$(CH_3CH_2)_3P$	+14.1	$(CH_3)_3P{=}S$	+56.1
$(CH_3CH_2)_4P^+Br^-$	−4.3	$CH_3(CH_3O)_2P{=}O$	+142.2

表 4.5　与 N-15 相关的跨键耦合常数

化合物	J/Hz	化合物	J/Hz
CH_3NH_2	−1.0	$CH_3CH_2CH_2NH_2$	1.2
吡咯（HNCH）	−4.52	CH_3CONH_2	9.5
吡啶（NCH）	−10.76	$CH_3C{\equiv}N$	3.0
吡啶鎓（HNCH）	−3.01	吡啶（NCC）	+2.53
$(CH_3)_2NCHO$（CH_3,CHO）	+1.1, −15.6	吡啶鎓（HNCC）	+2.01
$H{-}C{\equiv}N$	8.7	苯胺（NCC）	−2.68
$H_2N(CO)CH_3$	1.3	吡咯（HNCC）	−3.92
吡咯（HNCCH）	−5.39	$CH_3CH_2CH_2NH_2$	1.4
吡啶（NCCH）	−1.53	吡啶（NCCC）	−3.85
吡啶鎓（HNCCH）	−3.98	吡啶鎓（HNCCC）	−5.30
$CH_3C{\equiv}N$	−1.7	苯胺（NCCC）	−1.29

思考题

4.1　区分下图中的质子是否（1）等位、对映异位或非对映异位，以及判断（2）磁等价或磁不等价。在（h）和（i）中，$Cr(CO)_3$ 配体位于苯环的一侧。

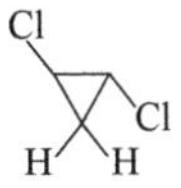

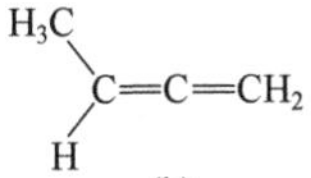

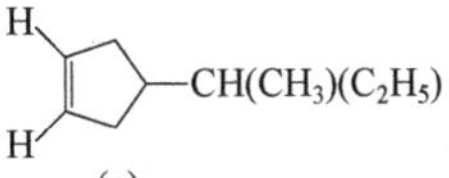

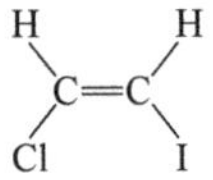

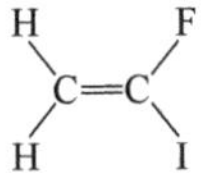

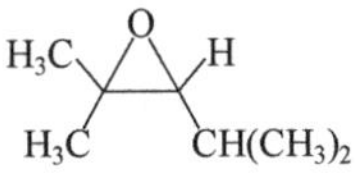

两个答案——对应两对同碳甲基的质子

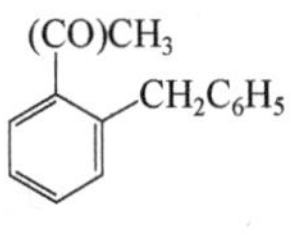

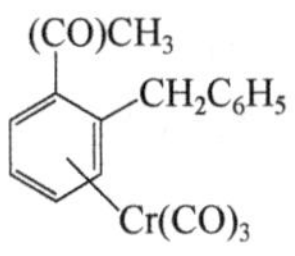

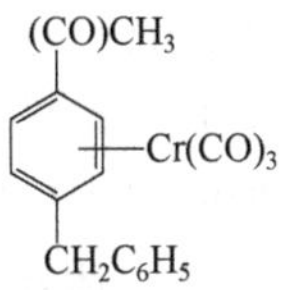

4.2 （a）下面分子中，判断双键上的质子是等位、对映异位或非对映异位？解释原因。

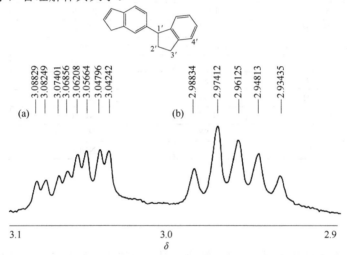

（b）对下面的分子回答与（a）相同的问题。

4.3 下图所示为茚二聚体 3′质子的 600 MHz 氢谱。创建这个质子峰裂分的树状图。测量耦合常数，将其归属到结构中对应质子的耦合，根据分子结构和立体化学，合理解释其大小。

来源：已获参考文献[4]授权

4.4 指认下列分子所属的自旋体系（如 AX、AMX、AA′XX′等），只考虑主要同位素。

Ph(CH₃)P—P(CH₃)Ph
忽略芳香环质子的影响

(a)　　　　　(b)　　　　　(c)

（假设环翻转很慢）

(d)　　　　　(e)

4.5 写出 2-氯乙醇（ClCH₂CH₂OH）的旋转异构体。给出慢转动时每个异构体的自旋体系标识以及快转动时平均的自旋体系标识。

4.6 下图为所示结构铂配合物的对 ^1H 去耦的 ^{31}P 谱（省略阴离子的共振）。解释所有的共振峰并指出所属自旋体系。^{195}Pt 谱应该是什么样？

核磁共振波谱学：
原理、应用和实验方法导论

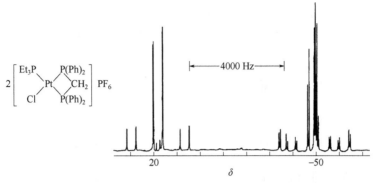

来源：已获参考文献[5]以及 American Chemical Society（美国化学会）1994 年复印许可

4.7 磷和硫之间可能存在几种二元结构，包括下面所示的三种。

（a）这些分子属于什么自旋体系？

（b）下图给出这三个分子的 ^{31}P 谱。指认谱图所对应的结构，并解释所有的裂分。

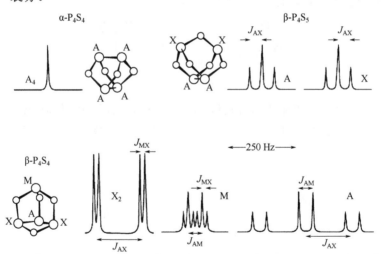

来源：参考文献[6]，已获 Oxford University Press 复印许可

4.8 请画出 $BrCH_2CH(CH_3)CH_2OH$ 分子中次甲基质子（CH）耦合裂分树形图，该次甲基质子与甲基质子的邻位耦合 ^3J（CH—CH$_3$）为 6 Hz，与两个亚甲基的邻位耦合 ^3J（CH—CH$_2$）为 7 Hz。

4.9 下图分别是 1,2-二氯苯的（a）90 MHz 和（b）750 MHz 氢谱。分别检查、确定每个图谱是一级谱还是二级谱，并解释高场对谱图有什么影响？

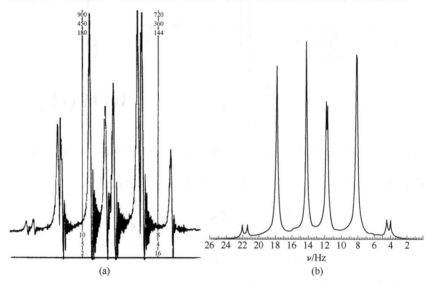

(a)　　　　　　(b)

4.10 如下面的反应方程式所示，1 mol 溴代 9,10-桥亚甲基萘烷失去 4 mol HBr，生成 1 mol 9,10-桥亚甲基萘。产物 9,10-桥亚甲基萘的桥亚甲基碳氢一键耦合常数 $^1J(^{13}C—^1H)$ 为 142 Hz，为什么？

4.11 1-氧化硫杂环己烷有两种异构体（a）和（b），请问：哪种异构体的 α 位同碳质子耦合为-13.7 Hz？哪种异构体的 α 位同碳质子耦合为-11.7 Hz，为什么？

(a)　　　　　　(b)

4.12 1,3-二氧六环（下图）在环翻转缓慢时的 ^{1}H 谱包含三个多重峰，且具有以下同碳耦合常数（^2J）值：-6.1 Hz、-11.2 Hz 和-12.9 Hz。在不参考化学位移数据的情况下，指认共振峰。

4.13 在反式角甲基十氢萘（a）和顺式角甲基十氢萘（b）这两个结构中，哪一个结构的角甲基质子信号线宽更宽，为什么？

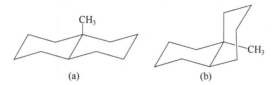

(a)   (b)

4.14 为什么耦合常数 $^3J_{23}$ 在环庚三烯（a）中为 5.3 Hz，而在二(三氟甲基)环庚三烯（b）中却为 6.9 Hz？

(a)   (b)

4.15 根据分子结构和耦合机制解释下面的耦合常数大小。

$^5J = 1.7$ Hz $^5J = 170$ Hz

(a)   (c)

$^5J = 16.5$ Hz $^2J = -22.3$ Hz

(b)   (d)

4.16 下面是二甲基吡啶 4 个异构体的 300 MHz ^{1}H 谱。根据化学位移和耦合模式，推断甲基在每种分子上的位置。假设间距是一级的。

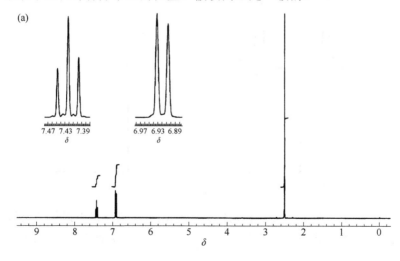

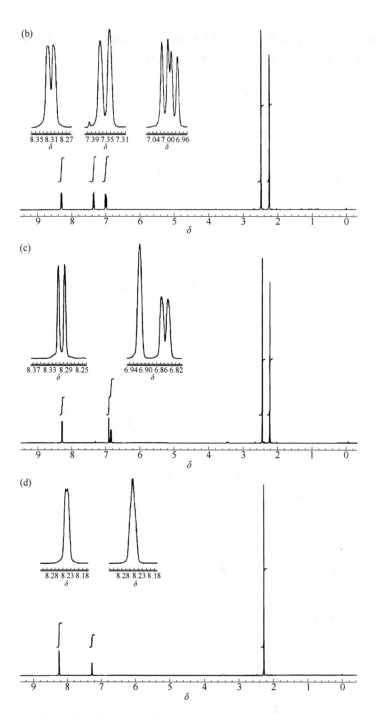

4.17 下面是二氯苯酚 4 个同分异构体的 300 MHz 氢谱。请根据化学位移和耦合
模式，推断与谱图对应的分子结构。假设耦合裂分间距是一级的。

核磁共振波谱学:
原理、应用和实验方法导论

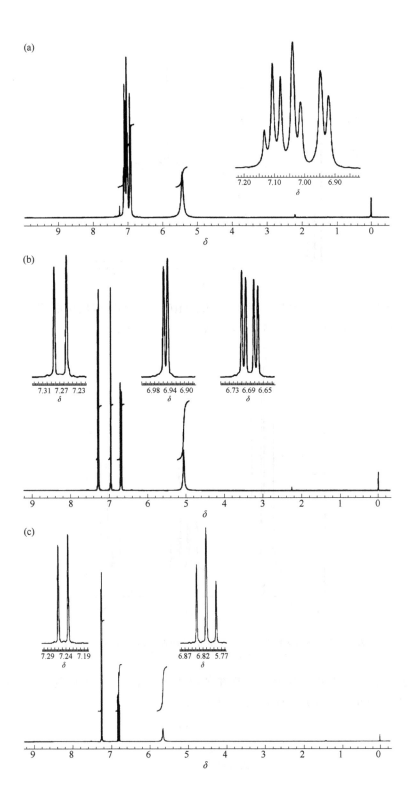

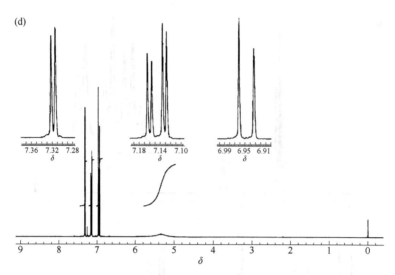

4.18 下图中 1,2-环丙二甲酸二甲酯的 400 MHz ^{1}H NMR 谱属于顺式还是反式异构体（条件：$CDCl_3$，25℃，400 MHz），为什么？

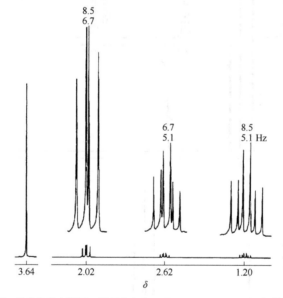

来源：引自参考文献[7]，版权为 John Wiley & Sons, Ltd 1993 年所有，经 John Wiley & Sons, Ltd 许可转载

4.19 2-羟基-5-异丙基-2-甲基环己酮在苯-d_6 中得到的 ^{1}H NMR 谱显示 $^3J_{56}$ = 3 Hz，而在 CD_3OD 中为 11 Hz，为什么？

核磁共振波谱学：
原理、应用和实验方法导论

4.20 分析下图所示的苄酯 ^{1}H NMR 谱，其中未显示 CH$_3$ 的共振峰。归属共振峰，给出近似的耦合常数，并给出解释。

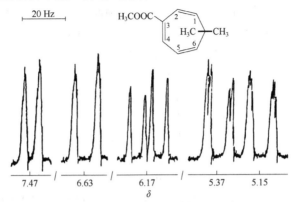

来源：引自参考文献[8]，版权为 John Wiley & Sons, Ltd 1974 年所有，经 John Wiley & Sons, Ltd 许可转载

4.21 根据化合物 C$_6$H$_{12}$O$_6$ 重水中的 300 MHz ^{1}H 谱，推断其（相对立体化学）结构，[δ 2.9 处的峰来自参比物 3-(三甲硅基)丙酸]。其中未显示羟基共振峰。δ 4.04 处三重峰（a）的积分为 1，$J = 2.8$ Hz。δ 3.61 处的二级三重峰（b）积分为 2，$J = 9.6$ Hz。δ 3.52 处二级双二重峰（c）积分为 2、$J = 2.8$ Hz、9.6 Hz。δ 3.26 处的三重峰（d）积分为 1，$J = 9.6$ Hz。^{13}C NMR 谱显示 4 个共振峰，δ 都在 71～75 之间。

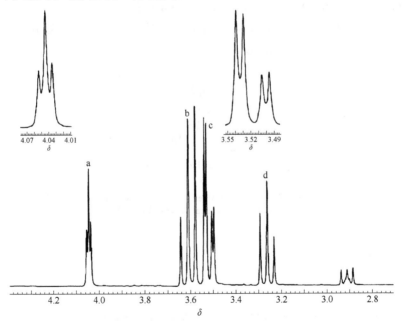

4.22 通过对 ^{13}C 或 ^{6}Li 全标记的化合物谱图分析，证明了有机锂化合物具有共价和低聚的本质。

(a) 下图是 $(^{7}Li^{13}CMe_3)_x$（叔丁基锂低聚物的季碳上做 ^{13}C 标记）的 $^{7}Li\{^{1}H\}$ 谱［符号 {/} 表示括号内原子核频率处进行双重辐照，本例中为 ^{1}H］，它给出一个 $^{1}J(^{7}Li-^{13}C) = 14.3\ Hz$ 的强度比为 $1:3:3:1$ 的四重峰。关于溶液中锂的最邻近叔丁基数目，你能得出什么结论？解释原因。

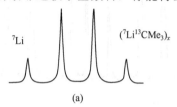

(a)

(b) $(^{6}Li^{13}CMe_3)_x$ 环戊烯溶液在 $-88℃$ 条件下得到的 $^{13}C\{^{1}H\}$ 谱，它是强度比 $1:3:6:7:6:3:1$ 的七重峰（^{6}Li 的自旋量子数是 1），其中 $^{1}J(^{6}Li-^{13}C) = 5.4\ Hz$。请问最邻近的 Li 的个数是多少？解释一下！

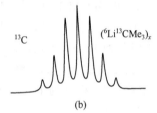

(b)

(c) 根据上述信息推断叔丁基锂的结构并解释原因。

(d) 如下图所示，当实验温度高于 $-5℃$ 时，上述七重峰被九重峰取代，$^{1}J(^{6}Li-^{13}C) = 4.1\ Hz$，请依据物质结构解释具体原因。

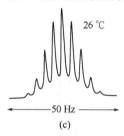

(c)

来源：引自参考文献[9]，版权为 American Chemical Society 1986 年所有，
经 American Chemical Society 许可转载

参考文献

[1] Anet, F.A.L. (1961). *Can. J. Chem.* 39: 2267.

[2] Becker, E.D. (1980). *High Resolution NMR*, 2nd. Orlando, FL: Academic Press.

核磁共振波谱学：
原理、应用和实验方法导论

[3] Lambert, J.B., Jovanovich, A.P., and Oliver, W.L. Jr., (1970). *J. Phys. Chem.* 74:2221.

[4] Spiteller, P., Spiteller, M., and Jovanovich, J. (2002). *Magn. Reson. Chem.* 40:372.

[5] Berry, D.E. (1994). *J. Chem. Educ.* 71: 899-902.

[6] Hore, P.J. (1993). *Nuclear Magnetic Resonance*, 30. Oxford: Oxford University Press.

[7] Breitmaier, E. (1993). *Structure Elucidation by NMR in Organic Chemistry*. Chichester: Wiley.

[8] Günther, H. et al. (1974). *Org. Magn. Reson.* 6: 388.

[9] Thomas, R.D., Clarke, M.T., Jensen, R.M., and Young, T.C. (1986). *Organometallics* 5: 1851.

拓展阅读

耦合（通用）

Ando, I. and Webb, G.A. (1983). *Theory of NMR Parameters*. London: Academic Press.

磁等价

Jennings, W.B. (1975). *Chem. Rev.* 75: 307.

Mislow, K. and Raban, M. (1966). *Top. Stereochem.* 1: 1.

Pirkle, W.H. and Hoover, D.J. (1982). *Top. Stereochem.* 13: 263.

单键耦合

Goldstein, J.H., Watts, V.S., and Rattet, L.S. (1971). *Prog. Nucl. Magn. Reson. Spectrosc.* 8: 103.

Jameson, C.J. and Gutowsky, H.S. (1969). *J. Chem. Phys.* 51: 2790.

McFarlane, W. (1969). *Q. Rev. Chem. Soc.* 23: 187.

^2J、邻位和长程 $^1H—^1H$ 耦合

Barfield, M. and Charkrabarti, B. (1969). *Chem. Rev.* 69: 757.

Barfield, M., Spear, R.J., and Sternhell, S. (1976). *Chem. Rev.* 76: 593.

Bothner-By, A.A. (1965). *Adv. Magn. Reson.* 1: 195.

Bystrov, V.F. (1972). *Russ. Chem. Rev.* 41: 281.

Hilton, J. and Sutcliffe, L.H. (1975). *Prog. Nucl. Magn. Reson. Spectrosc.* 10: 27.

Sternhell, S. (1964). *Rev. Pure Appl. Chem.* 14: 15.

Sternhell, S. (1969). *Q. Rev. Chem. Soc.* 23: 236.

碳-13 耦合

Ewing, D.F. (1975). *Annu. Rep. NMR Spectrosc.* 6A: 389.

Hansen, P.E. (1978). *Org. Magn. Reson.* 11: 215.

Hansen, P.E. (1981). *Annu. Rep. NMR Spectrosc.* 11A: 65.

Hansen, P.E. (1981). *Prog. Nucl. Magn. Reson. Spectrosc.* 14: 175.

Hansen, P.E. (1981). *Org. Magn. Reson.* 15: 102.

Krivdin, L.B. and Della, E.W. (1991). *Prog. Nucl. Magn. Reson. Spectrosc.* 23: 301.

Krivdin, L.B. and Kalabia, G.A. (1989). *Prog. Nucl. Magn. Reson. Spectrosc.* 21: 293.

Levy, G.C., Lichter, R.L., and Nelson, G.L. (1980). *Carbon-13 Nuclear Magnetic Resonance Spectroscopy*, 2nd.

New York: Wiley.

Marshall, J.L. (1983). *Carbon-Carbon and Carbon-Proton NMR Couplings*. Deerfield Beach, FL: Wiley-VCH.

Marshall, J.L., Muller, D.E., Conn, S.A. et al. (1974). *Acc. Chem. Res*. 7: 333.

Parella, T. and Espinosa, F. (2013). *Prog. Nucl. Magn. Reson. Spectrosc*. 73: 17.

Stothers, J.B. (1973). *Carbon-13 NMR Spectroscopy*. New York: Academic Press.

Wasylishen, R. E. (1977). *Annu. Rep. NMR Spectrosc*. 7:118.

Wray, V. (1979). *Prog. Nucl. Magn. Reson. Spectrosc*. 13: 177.

Wray, V. and Hansen, P.E. (1981). *Annu. Rep. NMR Spectrosc*. 11A: 99.

氟-19 耦合

Emsley, J.M., Phillips, L., and Wray, V. (1977). *Prog. Nucl. Magn. Reson. Spectrosc*. 10:82.

磷-31 耦合

Finer, E.G. and Harris, R.K. (1970). *Prog. Nucl. Magn. Reson. Spectrosc*. 6: 61.

位移试剂

Gribnau, M.C.M., KeiJzers, C.P., and De Boer, E. (1985). *Magn. Reson. Rev*. 10: 161.

Hofer, O. (1976). *Top. Stereochem*. 9: 111.

Inagaki, F. and Miyazawa, T. (1981). *Prog. Nucl. Magn. Reson. Spectrosc*. 14: 67.

Mayo, B.C. (1973). *Chem. Soc. Rev*. 2: 49.

Morrill, T.C. (ed.) (1986). *Lanthanide Shift Reagents in Stereochemical Analysis*. Deerfield Beach, FL: Wiley-VCH.

Sullivan, G.R. (1978). *Top. Stereochem*. 10: 287.

Wenzel, T.J. (1987). *NMR Shift Reagents*. Boca Raton, FL: CRC Press.

图谱分析

Abraham, R.J. (1971). *The Analysis of High Resolution NMR Spectra*. Amsterdam: Elsevier Science Inc.

Diehl, P., Kellerhals, H., and Lustig, E. (1972). *NMR Basic Princ. Prog*. 6: 1.

Garbisch, E.W. Jr., (1968). *J. Chem. Educ*. 45: 311, 402: 480.

Günther, H. (1972). *Angew. Chem. Int. Ed. Engl*. 11: 861.

Haigh, C.W. (1971). *Annu. Rep. NMR Spectrosc*. 4: 311.

Hoffman, R.A., Forsén, S., and Gestblom, B. (1971). *NMR Basic Princ. Prog*. 5: 1.

Hoye, T.R., Hanson, P.R., and Vyvyan, J.R. (1994). *J. Org. Chem*. 59: 4096-4103.

Manatt, S.L. (2002). *Magn. Reson. Chem*. 40: 317.

Roberts, J.D. (1961). *An Introduction to the Analysis of Spin-Spin Splitting in High-Resolution Nuclear Magnetic Resonance Spectra*. New York: W. A. BenJamin.

Wiberg, K.B. and Nist, B.J. (1962). *The Interpretation of NMR Spectra*. New York: W. A. BenJamin.

第 5 章

高级一维 NMR 谱

化学位移和耦合常数是 NMR 最基本的两个观测量，但除此之外在 NMR 时间维度内也可以研究其它的几种现象。本章中我们将首先研究自旋-晶格弛豫和自旋-自旋弛豫，即系统向自旋平衡移动的过程（2.3 节和 5.1 节）。弛豫时间或弛豫速率提供了另一个与结构和动态信息两个因素相关的重要观测量。其次，我们将更深入探讨在 NMR 时间尺度上发生的结构变化（2.8 节和 5.2 节）。化学位移和耦合常数与时间的相关性都会影响 NMR 谱峰的线型和信号强度，可以用这些参数来计算反应的速率常数。第三，我们将讲述利用第二个照射频率 B_2 的一系列实验（5.3 节）。双重照射可以简化谱图，扰动信号的强度，提供结构和速率过程的相关信息。最后，我们将深入讨论多脉冲技术的应用范围，多脉冲不是单个 90° 脉冲，而是通常采用不同持续时间的脉冲组合，有时在特定时间的周期内分离，甚至是矩形之外的形状脉冲。多脉冲技术用途广泛，可以用来提高检测灵敏度，简化谱图模式，测量弛豫时间和耦合常数，获取结构信息，提高脉冲时序的准确性等（5.4～5.8 节）。

5.1
自旋-晶格弛豫和自旋-自旋弛豫

如果 B_1 场的频率和原子核的共振频率相同，那么它将促使该原子核吸收能量，由+1/2 自旋态（平衡态）转化为−1/2 自旋态（激发态），沿+z 轴方向的磁化矢量（M_z）减小。自旋-晶格弛豫或纵向弛豫使体系回到平衡态的时间常数是 T_1，速率常数是 R_1（= $1/T_1$）。因为样品中含有在拉莫尔频率附近波动的天然磁场，当天然磁场的频率与原子核的拉莫尔频率匹配时，原子核从激发态（−1/2 自旋态）恢复到平衡态（+1/2 自旋态），该过程中会将能量传递给周围的环境（亦称晶格）。

5.1.1　弛豫起源

样品中天然磁场的主要来源是附近磁性原子核的运动。与导线中电荷运动产生的磁场类似，运动的磁偶极产生磁场。当运动磁偶极的磁矩和运动速率取值合适时，产生的磁场频率与被观测原子核的拉莫尔频率匹配，能量会从激发态的原子核传递给晶格。这种涉及共振原子核磁偶极和运动原子核磁偶极间相互作用的过程也叫偶极-偶极弛豫 [T_1（DD）]。这种磁偶极之间的相互作用将引起晶格中的磁场波动。弛豫时间受到共振原子核和运动原子核的磁特性、核间距以及运动原子核的运动速率等因素影响，具体情况见公式（5.1）。公式（5.1a）是 ^{13}C 被质子弛豫的计算公式：

$$R_1(DD) = \frac{1}{T_1(DD)} = n\gamma_C^2\gamma_H^2\hbar^2 r_{CH}^{-6}\tau_c \tag{5.1a}$$

公式（5.1b）是质子被运动质子弛豫的计算公式：

$$\frac{1}{T_1(DD)} = \frac{3}{2}n\gamma_H^4\hbar^2 r_{HH}^{-6}\tau_c \tag{5.1b}$$

通常，原子核的磁特性取决于旋磁比；n 是与共振原子核距离最近的质子的数目，与共振原子核距离越近的质子越多，弛豫效率越高；弛豫效率随距离最近的原子核 C—H（或 H—H）的核间距 r_{CH}（或 r_{HH}）的增大而急剧减小，故公式里有核间距六次方的倒数项。τ_c 是分子转动 1 rad 所需的时间，溶液中有机分子的 τ_c 通常为纳秒级或皮秒级，质子运动特性取决于有效相关时间 τ_c。

因此，当与碳连接的质子数量更多，C—H 或 H—H 键的核间距更小，溶液中转动速率下降时，碳的弛豫更快（且弛豫时间更短）。季碳因为周围无直接相连质子，r_{CH} 更长，所以它的弛豫时间较长。当其它条件相同时，根据连接质子的数目不同，次甲基、亚甲基与甲基碳的弛豫时间比为 6∶3∶2（相当于 1∶1/2∶1/3）。溶液中分子的翻滚速率随着分子尺寸的增大而变慢，分子越大，弛豫越快。因此，氯化胆甾醇的弛豫比菲快，而菲的弛豫比丙酮快。方程（5.1a）是一个近似完整的方程，它代表了小分子的极窄极限。由于运动核的磁子运动频率必须与被激发核磁子的共振频率匹配，所以无论是快速运动的小分子还是缓慢运动的大分子，偶极弛豫都无效。许多生物化学家感兴趣的分子属于后一类，公式（5.1a）不再适用。小分子中甲基的快速内转动也会有效降低偶极-偶极弛豫。偶极弛豫的最佳相关时间（τ_c）约为 $10^{-7} \sim 10^{-11}$ s（对应于共振频率的倒数）。由于共振频率取决于 B_0 值，故这个范围也取决于 B_0 值大小。

当偶极缓慢弛豫时，其它的弛豫机制就变得很重要。涨落磁场也可以源于：①小分子的快速翻转或分子内快速转动基团的运动（自旋转动弛豫）中断；②高场下具有各向异性化学屏蔽的分子翻转；③通过化学交换或四极相互作用涨落的标量耦合；④顺磁分子（未成对电子具有非常大的磁偶极）的翻转和⑤四极核的翻转。在没有四极核或顺磁性物质的情况下，后两种机制通常不重要。一个例外是甲基（CH_3）和三氟甲基的碳通过自旋转动的弛豫。较高温度下，偶极相互作用的弛豫不再有效，而自旋转动的弛豫更有效，因此可以通过在多个温度下测量 T_1 值来区分这些弛豫机制。

5.1.2　弛豫时间测量

如果想了解脉冲间隔需要等待多长时间（延迟时间）后系统才能恢复到平衡位置的话，那么至少必须近似知道 T_1 的实际值。另外，T_1（DD）还提供了结构（与 r_{CH} 相关）和动态信息（与 τ_c 相关）。为此人们开发出多种快速测量 T_1 的方法，其中最常见的叫做反转恢复法。它的想法是创造一个非平衡的自旋分布，然后按一级速率的过程返回到平衡态。具体来讲，首先施加一个 180°脉冲反转自旋，产生一个与平衡态完全相反的瞬态［图 5.1（b）］。如果此时通过极短的时间 τ［图 5.1（c）］，施加 90°脉冲将自旋移动至 xy 平面进行观察，则原子核的磁偶极将沿 $-y$ 轴排列［图 5.1（d）］，得到一个倒置的谱峰。在 τ 时间内，发生一些 T_1 弛豫［图 5.1（b），（c）］。当 τ 时间结束时 z 磁化强度［图 5.1（c）］比开始时的要小［图 5.1（b）］。结果，90°脉冲后的峰值小于最初 180°和 90°脉冲组合而成的 270°脉冲，即 $\tau = 0$ 时的峰值。反转恢复脉冲序列（180°-τ-90°-Acquire）是多脉冲序列的一个简单例子。在这个简写中，术语"Acquire"指的是记录自由诱导衰减所用的时间（采样时间）。

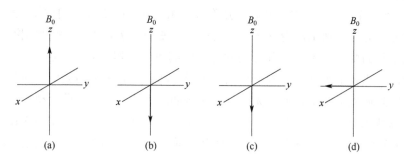

图 5.1　反转恢复实验的磁化强度变化：（a）开始前；（b）施加 180°脉冲后；（c）等待 τ 周期后；（d）最终施加 90°脉冲后

此外，随着 τ 值越来越大，180°和 90°脉冲间的弛豫也越来越多。经过 90°脉冲后［图 5.1（d）］，随着 τ 的增加，谱峰强度从为负到零再转变到为正，很长 τ 值后完全弛豫。图 5.2 为氯苯碳原子一系列反转恢复实验的叠加图。

因为氯与本位碳（C-1）之间没有质子直接相连，所以需要更长的 τ 值才能使其倒峰反转。即使 $\tau = 80\ s$，C-1 的弛豫也不完全。根据一阶动力学方程（5.2），时间 τ 处测量到的信号强度遵循指数衰减规律。

$$I = I_0(1 - 2e^{-\tau/T_1})　　　　　　　　　　(5.2)$$

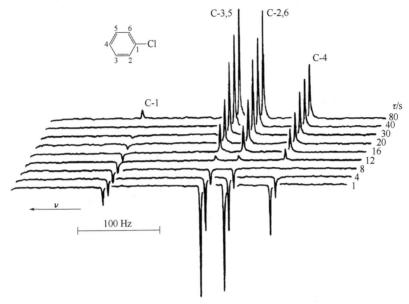

图 5.2　25 MHz 氯苯上 ^{13}C 共振反转恢复实验的叠加图
（图中右侧 τ 为脉冲序列 180°−τ−90°中的时间）

资料来源：引自参考文献[1]，经 Addison Wesley Longman Ltd 许可复制

式中 I_0 为平衡态时（例如，开始或 τ 值非常大时测量得到）的强度，因为磁化恢复从完全反转的条件开始，所以就出现了因子 2。以（I_0−I）的自然对数对 τ 做图，得到斜率为−1/T_1 的一条直线。通过了解强度为零 [图 5.2 中 C-4 的 τ（零强度）= 8 s] 处的时间 τ 后估算自旋-晶格弛豫时间。例如，根据 I = 0 的时间 τ，那么分子的 T_1 值等于 τ（零强度）/ln2，或 1.443τ（零强度）。这种估值方法在测定重复脉冲间的等待时间时很有用，但它绝对不是测量 T_1 的精确办法。

5.1.3　横向弛豫

xy 平面上的弛豫或自旋-自旋（横向）弛豫（T_2）可能被认为与 T_1 相同，这是由于当磁化从 xy 平面返回 z 轴时，z 方向磁化的恢复速率与 xy 平面上磁化的耗散速率相同所致。然而，xy 弛豫的其它机制并不影响 z 方向的磁化强度。在 2.3 节中已经看到，B_0 磁场的不均匀性使得 xy 平面上的相位随机化，加速了 xy 弛豫过程。因此，T_2 预计小于等于 T_1。此外，当两个原子核相互交换自旋，一个从+1/2 到−1/2，另一个从−1/2 到+1/2 时，可以发生 xy（T_2）弛豫。大分子中触发机制最重要，这个过程将导致自旋扩散。当触发沿分子扩散时，激发特定的质子会改变周围质子的磁化强度。解释蛋白质等大分子的谱图时必须考虑到这些过程。

5.1.4　结构差异影响

质子的自旋-晶格弛豫时间取决于共振核与最近质子的间距。相邻越近，弛豫越快，T_1 越短。根据质子的弛豫时间可区别出 **5.1a** 和 **5.1b**（为苯甲酰基）两个同分异构体。**5.1a** 中，H_1 直立，靠近 3 和 5 位的直立键质子，T_1 为 2.0 s。**5.1b** 中，H_1 在平伏位置，与最近质子的距离更远，因此它的 T_1 值为 4.1 s。这样，就可以区分这些异构体。可以用类似的方式解释剩余质子的 T_1 值。例如，异构体 **5.1a** 中 H_2 仅与直立键的质子 H_4 最近，因此其 T_1 值较长，为 3.6 s。**5.1b** 中，H_2 与直立键 H_4 和平伏键 H_1 最近，因此 T_1 值较短，为 2.1 s。

5.1a　　　　　　　　　　**5.1b**

5.1.5　各向异性运动

扣除所成键质子的影响之后，自由旋转刚性分子的所有碳原子弛豫时间都是相似的。不过，在溶液中，非球形分子沿某个方向或沿某些方向的转动总会更多一些——各向异性转动。例如，甲基碳、本位碳、对位碳所在方向为甲苯分子的长轴，甲苯分子倾向于绕长轴转动，原因是这种转动方式做功最少，即转动时分子中发生了位移的原子或基团的总质量最小。在转动过程中，转动轴保持静止，故甲基碳（及其键合质子）、本位碳、对位碳（及其键合质子）比邻位碳、间位碳转动幅度小。根据公式（5.1a）可知，分子转动越快，邻位碳、间位碳的有效相关时间 τ_c 就越短，T_1 值就越大，即 T_1 弛豫越慢。

5.2

根据 5.2 所示的甲苯结构及其 ^{13}C 的实际 T_1 值可知，本位碳的 T_1 值最大，原因是它既不与质子直接键合，与最邻近的质子之间的核间距 r_{CH} 也较大。

核磁共振波谱学：
原理、应用和实验方法导论

5.1.6　局部运动

非刚性分子中，转动越快的基团的 τ_c 值越小故弛豫越慢。如在癸烷（**5.3**）中，甲基碳的弛豫最慢，其次是亚甲基碳，依此类推，直到烷烃链中间的第五个碳。结构 **5.3** 给出了 nT_1 值（n 是连接质子的数目），因此在不考虑取代模式的情况下比较所有碳的数值，就能反映出每个碳的相对运动速率。

$$CH_3CH_2CH_2CH_2CH_2CH_2CH_2CH_2CH_2CH_3$$

nT_1　26.1　13.2　11.4　10.0　8.8

5.3

5.1.7　部分弛豫谱

测量 T_1 的反转恢复实验也可以用来简化谱图。图 5.2 中，$\tau = 40$ s 的谱图中就没有本位碳（C-1）的共振峰。同样，当 τ 在 10 s 左右时，除了 C-1 的负峰外，其它环上所有的碳都为零。这种部分弛豫谱不仅得到部分谱图，还可以消除特定的峰。当使用重水作为溶剂时，如果不想要残留的 HOD 峰，可以利用反转恢复实验获取水峰为零时的 τ 值。剩下的质子在 τ 处的强度或正或负，具体符号取决于它们的弛豫比水的质子快还是慢。这个实验也可通过仅在水的共振位置选择性施加 $180°$ 脉冲来优化。通过选择 τ 来抵消这个峰，就会得到一个没有水峰的谱图，其余的共振峰正常，这就是谱峰压制或溶剂压制的一个实例。

5.1.8　四极弛豫

自旋大于 1/2 原子核的自旋-晶格弛豫模式主要由这些原子核的四极性质决定。这些原子核被认为是椭圆形而不是球形。当 $I = 1$，如 ^{14}N 和 ^2H 时，磁场有三个稳定的取向：平行、正交和反平行，如图 5.3 所示。当分子的非对称电子云内这些椭圆形原子核在溶液中翻滚时，它们产生的涨落电场将会引起弛豫。

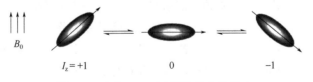

B_0

$I_z = +1$　　　　0　　　　-1

图 5.3　自旋 $I = 1$ 原子核的自旋状态

这种机理与偶极-偶极弛豫机理不同，它表现在两个方面。首先，它不需要第二个运动的原子核；四极核通过非对称电子云的移动产生自己的涨落场。其次，当原子核的四极矩很大时，这个机理非常有效，因此 T_1 可以很短（ms 或更小）。这种情况下应用测不准原理，即 ΔE（自旋态的能量分布，用线宽 Δv 表示）与 Δt（自旋态的寿命，用弛豫时间表示）的乘积必须不变（$\Delta E \Delta t \approx$ 普朗克常数）。因此，当弛豫时间很短时，线宽就会变得很大。四极矩大的核通常表现出非常宽的谱峰，例如，CCl_4 中 ^{35}Cl 共振峰的线宽约 20000 Hz。常见 ^{17}O 和 ^{14}N 核的四极矩较小，共振峰较尖锐，峰宽通常为几十赫兹。氘的四极矩小，峰型非常尖锐，通常为一个或几个赫兹。线宽也取决于分子的对称性，它决定了电子云的不对称度。π 电子的体系更不对称，谱线更宽（如酰胺和吡啶中的 ^{14}N）。由于球体或四面体中电子云对称，这两个体系没有四极弛豫，所以这些体系中的谱线非常尖锐，就像自旋-1/2 的核一样（NH_4^+ 中的 ^{14}N，Li^+ 中的 ^6Li 或 ^7Li，BH_4^- 中的 ^{10}B，Cl^- 或 ClO_4^- 中的 ^{35}Cl，SO_4^{2-} 中的 ^{33}S 等）。

对于有机化学家来说，四极核对附近质子共振的影响非常重要。当四极核的弛豫速度极快时，相邻的原子核只感受到四极核平均的自旋环境，故观测不到自旋耦合。因此，尽管 ^{35}Cl 和 ^{37}Cl 的自旋为 3/2，有四种自旋状态，但氯甲烷的质子仍表现出尖锐的单重峰。化学家们开始考虑卤素（除氟以外），把它们当作非磁性核，尽管它们之所以表现为这样仅仅是因为它们的四极弛豫快速。氘是另一个极端的例子，它的四极矩弱，只有 s 电子，与 ^2H 相邻的质子表现出正常的耦合。因此，含有一个氘（CH_2DNO_2）的硝基甲烷表现出 1:1:1 三重峰，原因是质子受到氘的三个自旋态（+1、0 和-1）的影响（类似于图 5.3）。含两个氘的硝基甲烷（CHD_2NO_2）存在三种自旋态的不同组合（++；+0，0+；+-，00，-+；-0，0-；--），给出 1:2:3:2:1 的五重峰。氘代溶剂如丙酮-d_6，乙腈-d_3，或硝基甲烷-d_3 中经常观察到这种五重峰，这是源自含不完全氘代的 CHD_2 基团杂质所引起。

^{14}N 核处于这两个极端之间。如果高度不对称，如双缩脲 $[NH_2(CO)NH(CO)NH_2]$ 氮原子的四极弛豫速度足够快，连接的质子将产生平均的单重峰。另外，由于没有四极弛豫，铵离子上质子表现出 ^1H 和 ^{14}N 耦合尖锐的 1:1:1 三重峰。当弛豫速度处于中间时，可以观察到三个增宽的谱峰，一个增宽的平均单峰，或者甚至增宽到不可见。在 ^{14}N 频率照射可消除 ^{14}N—^1H 间的耦合作用（5.3 节），因此看起来 ^{14}N 不具有磁性。图 5.4 底部为吡咯的正常图谱，只包含来自 CH 质子的 AA'BB' 耦合体系，由于这条谱线极宽，观察不到 NH 的共振峰。在用 ^{14}N 频率辐照时，对 NH 质子进行 ^{14}N 去耦，得到与四个 CH 质子耦合的五重 NH 共振峰。

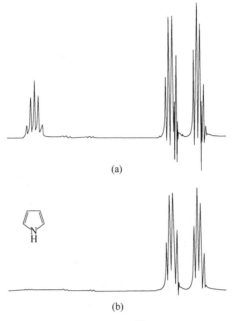

图 5.4　吡咯有（a）和无（b）^{14}N 去耦的 90 MHz 氢谱

5.2
NMR 时间尺度上的反应

　　NMR 是跟踪不可逆反应动力学的优异工具，传统上 NMR 可在几分钟至几小时内物质的消失或出现来追踪谱峰。实验中它以特定的时间间隔重复记录谱图，根据峰值强度的变化计算出速率常数。因此，它是一种在实验时间尺度上进行动力学研究的经典方法。与 NMR 实验的脉冲或采集时间相比，分子发生变化的时间要长得多。此外，更重要的是，NMR 在研究平衡时发生的反应动力学方面具有独到的能力，通常反应活化能的范围在 4.5～25 kcal/mol（1 cal = 4.184 J）（1.8 节）之间，这个范围相当于反应速率在 10^0～10^4 s^{-1} 之间。核磁时间尺度指时间以 s^{-1} 为单位的反应速率与以赫兹为单位交换核间的频率差（Δv）基本相同的时间范围。

　　图 1.31 给出了环己烷-d_{11} 中直立键和平伏键的质子交换速率随温度变化的一系列谱图。当两个化学环境交换的速率远远快于两个位点间的频率差时，将得到一个单峰，它反映了环境的平均值（快交换）。记住，这些交换过程是可逆的，系统保持在平衡状态上。当交换的速率比频率差小时，得到两个不同的谱峰（慢交

换）。当交换的速率与频率差相当时，通常得到较宽的谱峰。这时，该反应就可以说发生在 NMR 时间尺度上。有时通过改变实验的温度可以实现快交换和慢交换的反应。NMR 也可以研究分子间如酸催化质子交换的反应，例如甲醇羟基质子的情况（图 1.30）。以下是分子内反应的实际例子。

5.2.1　受阻转动

正常情况下，单键旋转的能垒低于 5 kcal/mol，其速率比 NMR 的时间尺度更快。另一方面，通常烯烃双键的旋转能垒大于 50 kcal/mol，在 NMR 时间尺度上很慢。然而，有许多中间键级的例子，它们的转动发生在 NMR 时间尺度内。例如酰胺 [N,N-二甲基甲酰胺（**5.4**）] 中 C—N 键的受阻转动就是位置交换的经典例子。室温下两个甲基交换较慢，观测到两个甲基共振峰；而 100 ℃ 以上交换较快，观测到单个共振峰。测出的能垒大约是 22 kcal/mol。

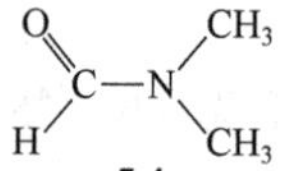

5.4

在 NMR 的时间尺度上，许多具有部分双键的体系都会发生转动受阻的现象，包括氨基甲酸盐、硫代酰胺、烯胺、亚硝胺、烷基亚硝酸盐、重氮酮、氨基硼烷和芳香醛等。当交替的共振结构显示部分单键时，形式上的双键会表现出自由转动特征。例如，杯烯 **5.5** 中心键的旋转能垒只有 20 kcal/mol。

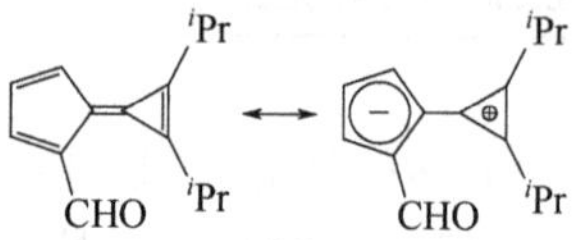

5.5

空间位阻可以增加单键的能垒，使其进入 NMR 时间尺度范围。由于存在邻位取代基，联苯 **5.6** 中单键的转动能垒增加到可测出的 13 kcal/mol，该结构中非对映异位的亚甲基质子可作为动态探针。

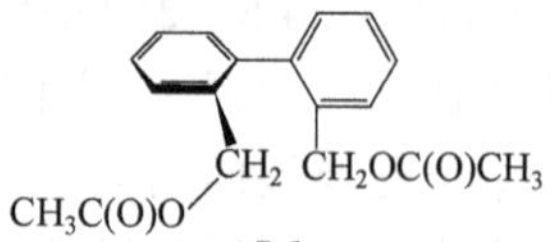

5.6

当结构中至少有一个季碳时，有时可以观察到 sp³—sp³ 键的受阻转动。因此，−150℃时，叔丁基环戊烷（**5.7**）中的叔丁基给出比例为 2:1 的两个共振峰，原因是其中两个甲基与第三个不同（**5.7a**）。

核磁共振波谱学：
原理、应用和实验方法导论

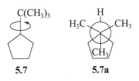

5.7   5.7a

卤代烷烃中也经常观察到受阻转动的现象。能垒增加可能是空间和静电共同作用的结果。如在-40℃以下，2,2,3,3-四氯丁烷（**5.8**）的反式和旁式旋转异构体在 NMR 时间尺度上旋转缓慢，呈现 2：1 的双重峰。

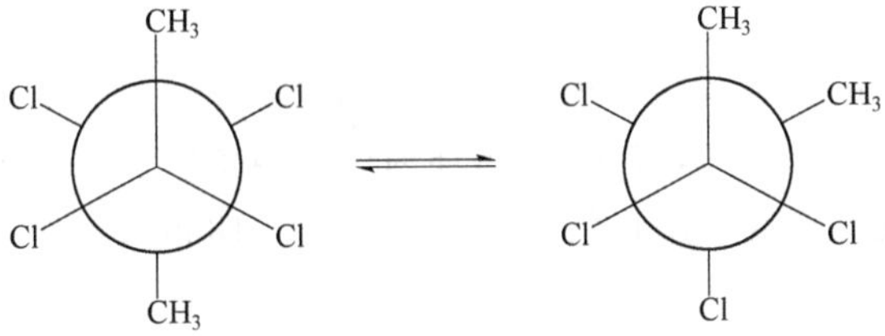

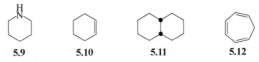

5.8

当单键上两个原子都有非键的电子对时，能垒通常在可观察到的范围内。高能垒可能源自原子上孤对电子间的静电相互作用或排斥力。例如，二硫化二苄（$C_6H_5CH_2S$—$SCH_2C_6H_5$）中 S—S 键转动的能垒为 7 kcal/mol。肼（N—N）、磺酰胺（S—N）和氨基膦（N—P）中也观察到类似的高能垒。

5.2.2   环翻转

除了环己烷外，已经研究了多个体系中进行了通过环翻转来进行的平伏键-直立键间的相互转换，包括杂环化合物如哌啶（**5.9**）、不饱和环如环己烯（**5.10**）稠环如顺式十氢化萘（**5.11**）、其它六元以外的环状化合物如环庚三烯（**5.12**）。

5.9   5.10   5.11   5.12

环辛烷和其它八元环已被广泛研究。在-100℃以下，十五氘代后的环辛烷衍生物表现出动态行为，活化自由能为 7.7 kcal/mol。主要为船式-椅式构象（**5.13**）。

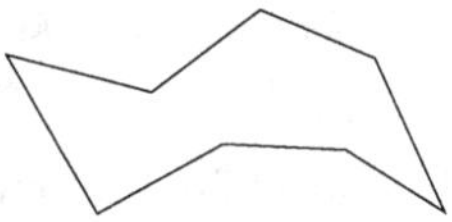

5.13

环辛四烯（**5.14**）经历船式-船式环反翻的过程。侧链上的甲基可作为非对映异位的探针，势垒为 14.7 kcal/mol。单双键交替的平面结构是有利的过渡态。

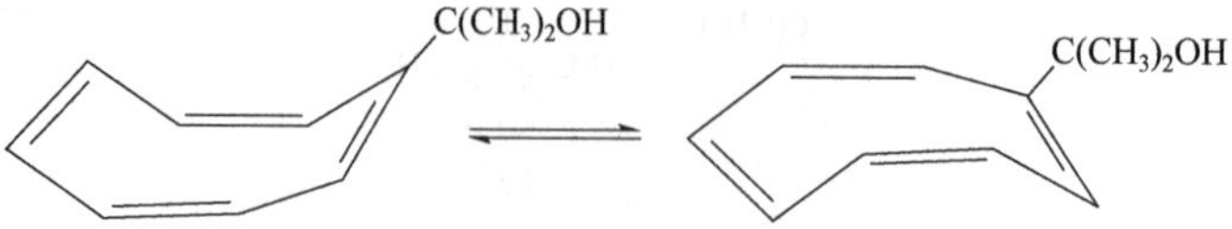

5.14

5.2.3 原子反转

带有孤对电子的三取代原子如胺可以在 NMR 时间尺度上经历锥形原子的反转。升高温度，氮快速反转，**5.15** 氮杂环丙烷中两个甲基共振等价。因为三元环过渡态的角张力比基态高，所以这种势垒特别高（18 kcal/mol）。

5.15

氮杂环丁烷（**5.16**，9 kcal/mol）和受张力的双环系统（如 **5.17**，10 kcal/mol）中，可观察到单原子反转受影响的程度较小。

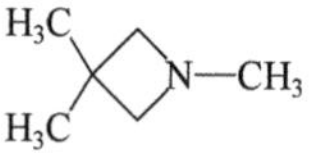

5.16 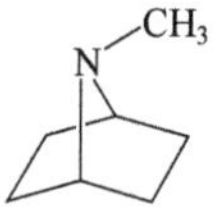   **5.17**

当氮与强电负性的元素相连时，反转的势垒可能会升高。这种取代增加了基态孤对电子的 s 特征。由于过渡态的孤对电子必须保持 p 杂化，所以势垒升高，如 *N*-氯吡咯烷（**5.18**）。

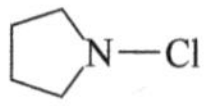

5.18 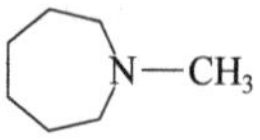   **5.19**

当没有环张力或电负性取代基时，势垒较低，但仍可测量出来，如 *N*-甲基氮杂环庚烷（**5.19**, 7 kcal/mol）和 2-(二乙胺)丙烷（6.4 kcal/mol）。后者的过渡态被认为是氮反转和 C—N 键旋转二者的混合。

元素周期表中下面几行元素的反转势垒通常超出 NMR 的范围，因此，实验上可分离手性膦和亚砜。用带正电元素取代后，势垒必然进入到可观测的 NMR 范围，如二膦 $CH_3(C_6H_5)P$—$P(C_6H_5)CH_3$ 势垒为 26 kcal/mol，而 $CH_3(C_6H_5)(C_6H_5CH_2)P$ 垫垒为 32 kcal/mol，前者在 NMR 范围内，后者不在。由于 **5.20** 磷杂环戊二烯的过渡态是芳香族的，所以其势垒降低为 16 kcal/mol，而饱和类似物 **5.21** 的势垒为 36 kcal/mol。

核磁共振波谱学：
原理、应用和实验方法导论

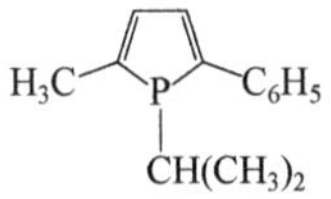

5.20 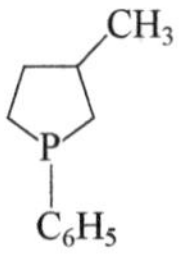   5.21

5.2.4   价键互变异构和键转移

许多价键互变异构的势垒落在 NMR 的范围内。一个典型的例子是 3,4-同托普利定（3,4-homotropilidine）（**5.22**）的 Cope 重排。

5.22

低温下，预期谱图具有五种不同类型质子特征（不考虑非对映异位的差异）。较高温度下，Cope 重排在 NMR 时间尺度上很快，只观察到三种类型的共振（1,3,5,7-四甲基衍生物势垒为 14 kcal/mol）。当环状分子中增加一个桥时，如 barbaralone（**5.23**），改善了重排的空间要求，势垒降低到 9.6 kcal/mol。当三个桥均为乙烯基时，分子为瞬烯（**5.24**）。三个桥环等同，Cope 重排使得所有的质子（或碳）都等价。事实上，在 180℃以上，室温下的复杂图谱变成了单重峰（12.8 kcal/mol）。通常，能够发生快速价键互变异构的分子被称为柔性分子。

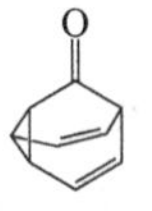

5.23    **5.24**

环辛四烯提供了另一个柔性特征的例子报道。在一个不同于 **5.14** 中所说的船式-船式环反转的操作中，通过反芳香性过渡态 **5.25b** 单双键的位置进行交换。**5.14** 中，环反转的过渡态有交替单双键。取代基附近的质子在 **5.25a** 和 **5.25c** 键转移异构体中不同。键转换的势垒通过质子共振从两个峰转变为一个峰来确定（17.1 kcal/mol）。由于 **5.25b** 的等键长过渡态中存在不稳定反芳香性，所以键转换的势垒高于环反转的势垒。NMR 方法也可用于碳正离子的重排研究。

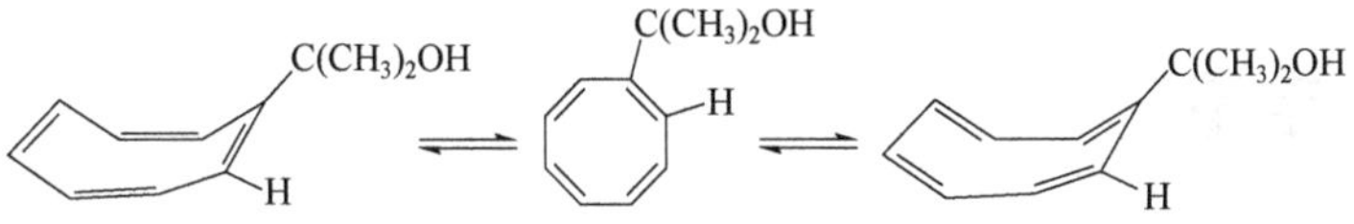

5.25a   **5.25b**   **5.25c**

降冰片基正离子（**5.26**）可能经历 3,2-和 6,2-氢迁移，以及 Wagner-Meerwein（W-M）重排。这些过程造成所有质子都等价，因此-80℃以下的复杂图谱在室温下会变成单重峰。3,2-氢迁移过程似乎缓慢，测得的势垒为 11 kcal/mol。

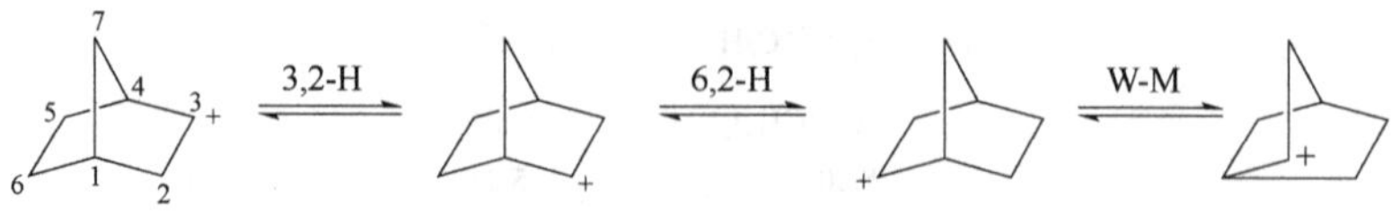

5.26

已经有许多柔性有机金属分子的例子。−60℃下四甲基丙二烯基四羰基铁（**5.27**）的三种不同甲基共振比例为 1∶1∶2，与所描述的结构一致。然而，室温以上 Fe(CO)$_4$ 单元通过从一个烯烃单元垂直移动到另一个单元，围绕丙二烯的π电子结构来回移动，谱图变成了单重峰（9 kcal/mol）。

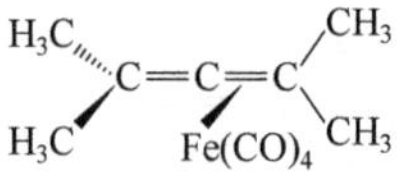

5.27

−150℃以下环辛烯三羰基铁（**5.28**）的谱图表明，碳原子上有 4 个质子与铁结合，4 个不结合，这与所示的 η^4 结构一致。如图所示，−100℃以上，铁原子在环上移动，所有的质子融合成一个单重峰。铁原子每移动 45°就会发生键转移。这样操作 8 次可以使环上的质子或碳原子完全平均化。

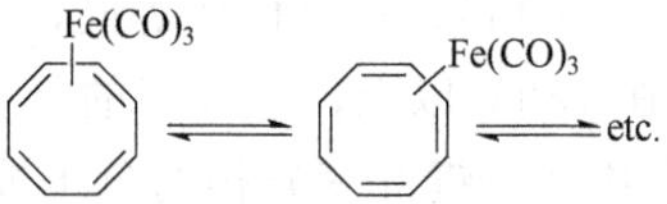

5.28

三苯基-(7-环庚三烯基)锡（**5.29**）发生一系列 1,5-σ 迁移反应。0℃时的谱图表明，单键迁移在 NMR 的时间尺度上很缓慢，但 100℃时所有的环质子等价。通过双照射实验（饱和转移，见下文）证明了从 1,5 位迁移至 3 或 4 位（而不是从 1,2-或 1,3-迁移）。

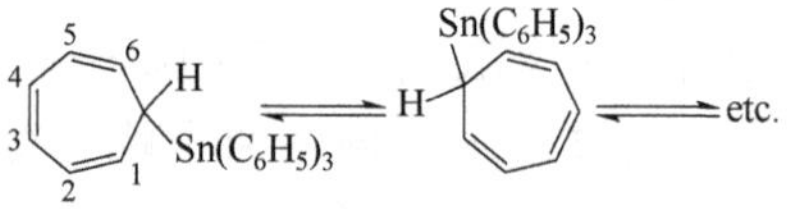

5.29

5.2.5 定量

如果分子中有两个布居数相同但没有耦合的位点（如图 1.31 中的环己烷-d_{11} 或 **5.4** 酰胺），那么最大峰宽处的速率常数（k_c）为 $\pi\Delta\nu/\sqrt{2}$，其中 $\Delta\nu$ 为慢交换时两个谱峰的间距，单位为赫兹（图 1.31 中融合点温度 T_c 约为−60℃）。根据

核磁共振波谱学：
原理、应用和实验方法导论

$G_c^{\ddagger} = 2.3RT_c[10.32+\lg(T_c/k_c)]$ 可以计算活化自由能。这个结果极其准确，当然很容易得到，但方程的应用有限。对于耦合核间的双位点交换，T_c 处的速率常数为 $\pi(\Delta v^2+6J^2)^{1/2}/\sqrt{2}$。

为了包括布居数不同、耦合模式更加复杂以及两个以上的交换位点体系，使用计算机的程序很有必要，如 DNMR3，它可以模拟不同温度下的全部线形。它生成了阿伦尼斯图，从中提取焓和熵的活化参数。与温度融合法相比，这种方法更简洁、更全面，但更容易出现固有线宽和谱峰间距相关的系统误差。因此，可能的情况下最好同时使用线形拟合和融合温度法进行交叉验证。

k_c 与 Δv 的比例关系（$k_c = \pi\Delta v/\sqrt{2}$）表明速率常数依赖于场强（$B_0$）的大小。因此，磁场从 300 MHz 变化到 600 MHz 改变了 T_c 下的速率常数。实际上是 T_c 发生了变化。由于慢交换的谱峰在 600 MHz 时二者间距更远，所以需要的温度比 300 MHz 的更高才能融合。在场强一定的情况下，^{1}H 和 ^{13}C 谱作用类似，但两种核的 Δv 值不同，融合温度也就不同。例如 N,N-二甲酰胺（**5.4**）甲基上的碳和氢，尽管它只涉及一个速率过程，由于 ^{13}C 的 Δv 通常比 ^{1}H 的大，所以 ^{13}C 的融合温度往往比 ^{1}H 的高很多。

5.2.6 磁化转移和自旋锁定

为了扩大 NMR 谱在动力学研究的动态范围，科学家已经开发了不需要谱峰融合的其它方法。许多情况下，绝不可能满足融合和快速交换的条件。在最高的允许温度下（由谱仪的温度范围、溶剂的挥发性或样品的稳定性决定），系统在 NMR 时间尺度上的交换速度可能太慢。科学家开发了另一种称为饱和转移或磁化转移的技术，即在慢交换的限制下，也可以得到没有谱峰融合时的速率常数。在这种方法中，持续、选择性照射一个慢交换的谱峰可能会让其它峰部分饱和，来自第一个位点的部分核通过交换过程转变为第二种类型的核。在它们原来的结构中新转化的原子核已经被饱和，因此第二个峰的强度随之降低。这种谱峰强度的降低与交换的速率常数和弛豫时间有关。它可以在 $10^{-3} \sim 10^1$ s^{-1} 的速率范围内观察到饱和转移，这相当于把基于线形融合的慢交换 NMR 范围（$10^0 \sim 10^4$ s^{-1}）向慢端拓展了大约 3 个数量级。除了扩展了 NMR 动力学的动态范围外，这种方法让交换对象的指认变得更轻松。例如，在 -10℃（低于融合温度）时，饱和环庚三烯基锡（**5.29**）的 7 位质子（与锡偕位）共振，导致 3,4 位质子共振峰的强度降低，它说明发生了 1,5-迁移。1,2-迁移将饱和 1,6 位的共振峰，1,3-迁移则饱和 2,5 位的共振。这个实验的二维版本被称为交换谱（EXSY），将在第 6 章中讨论。

在 NMR 的时间尺度上，速度快的反应（当谱峰在高温下无法融合时）有时可以通过观察不同的共振频率来测量反应速率。正常情况下，核自旋以拉莫尔频率绕 B_0 场进动。在 x 方向施加常规的 90°脉冲让自旋移动至 xy 平面的 y 轴上（图 1.15a）。沿 y 轴连续 B_1 照射（不是脉冲）迫使磁化沿 y 轴进动（称为自旋锁定，如 1.9 节的交叉极化实验中所述），这样自旋被锁定在 y 轴上。由于自旋以较低的频率进动（γB_1，而不是 γB_0），它们对不同的速率过程范围很灵敏，其中一个对应于大约 $10^2 \sim 10^6$ s^{-1}，这样将快交换的 NMR 范围扩展了大约 2 个数量级。通过比较系统自旋锁定时的弛豫时间（$T_{1\rho}$）和常规的自旋-晶格弛豫时间（T_1），并分析它们之间的差异，就可以得到了速率常数。

通过线形、饱和转移和自旋锁定等各种方法，NMR 可测定速率 $10^{-3} \sim 10^6$ s^{-1} 的范围，覆盖 10 个数量级的速率变化。因此，NMR 已经成为广泛动态范围内研究平衡反应动力学的重要方法。

5.3
多重共振技术

除了观测频率（$\nu_1 = \gamma B_1/2\pi$）之外，NMR 还可以使用多个射频来产生精细的特殊效果。这种技术被称为多重照射或多重共振，它需要探头中有第二个发射线圈来提供新的照射频率 $\nu_2 = \gamma B_2 /2\pi$。当施加第二个频率时，现代谱仪上广泛使用的实验称为双共振或双照射。用第三个频率（$\nu_3 = \gamma B_3/2\pi$）来创建三共振实验更少见。我们已经看到几个双照射实验的实例，包括从 ^{13}C 中消除质子的耦合（图 1.25），通过谱峰压制消除溶剂峰（5.11 节），通过 ^{14}N 辐照锐化 NH 的共振峰（图 5.4），以及通过饱和转移研究速率过程（5.2 节）等。

5.3.1　自旋去耦方法

最古老也最常用的双共振实验之一是照射一个质子（H_X）共振峰，观察对另一个与它有 AX 耦合（J_{AX}）的质子（H_A）共振峰的影响。由此简化谱图的方式被称为自旋去耦，传统的解释是通过照射使 X 质子在 +1/2 和 −1/2 自旋态间快速跃迁，以至于不再可区分 A 质子，结果 A 共振变为单重峰。然而，这种解释并不充分，它既不能解释在弱去耦场下（自旋扰动）的结果，甚至也不能解释在强去耦场中的一些现象。

　核磁共振波谱学：
　　　　　原理、应用和实验方法导论

实际上这个实验涉及到让耦合核绕正交轴的进动。两个自旋间耦合作用的大小可用它们磁矩的标量积或点积表示，并且与表达式 $J\mu_1 \cdot \mu_2 = J\mu_1\mu_2\cos\phi$ 成正比，ϕ 是矢量间的夹角（原子核的进动轴）。只要两组原子核都围绕相同的（z）轴进动，角度 ϕ 就为零，$\cos 0° = 1$，这时观测到完整的耦合。这种自旋间的几何关系可以通过将其中的一个自旋置于 B_2 场来改变。想象一下，在观察以 B_1 频率绕 x 轴进动的 ^{13}C 核，当与之连接的质子受到 x 轴的 B_2 场影响时，它们将沿 x 轴进动。此时 ^{13}C 和 ^1H 核矢量间的角度 ϕ 为 90°，原因是它们分别围绕 z 和 x 轴进动。结果，因为二者间的点积为零（$\cos 90° = 0$），所以它们的自旋-自旋相互作用为零。这样，此时原子核称为被自旋去耦。

自旋去耦在指认原子核的耦合对时非常有用。图 5.5 为反式巴豆酸乙酯（亦称反式 2-丁烯酸乙酯）分子的实例。烯烃质子相互裂分，两者都被烯丙基上甲基质子进一步裂分，构成一个 ABX$_3$ 的自旋体系。照射甲基质子的共振峰得到顶部插图中所示烯烃质子的谱图，它变成简单的 AB 四重峰。

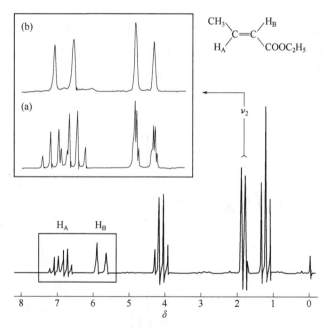

图 5.5　反式巴豆酸乙酯的 ^1H 谱。插图为烯烃部分的放大图（a）
不包含和（b）包含对 $\delta 1.8$ 甲基共振峰去耦

资料来源：引自参考文献[2]，经 John Wiley &Sons 许可复制

图 5.6 的例子更加复杂，甘露糖三乙酸酯的结构如图左侧所示，它的谱图几乎是一级，耦合对象很多。照射 H$_5$（δ 4.62）后，其相邻 H$_4$、H$_{6/1}$ 和 H$_{6/2}$，以及其长程同伴 H$_3$ 质子的共振峰得以简化。

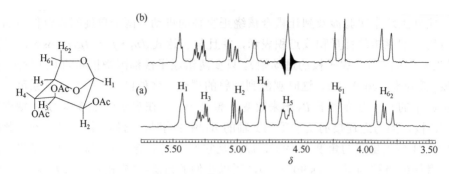

图 5.6 CDCl$_3$ 中甘露糖三醋酸酯对 δ 4.62 共振峰（a）不去耦和
（b）双重照射的 100 MHz ^{1}H 谱

来源：Varian 协会提供

5.3.2 去耦差谱

记录复杂分子耦合谱和去耦谱的差异很有用，这将消除不受去耦影响的谱峰。
图 5.7 为 1-脱氢睾酮的 ^{1}H 谱。在 δ 0.9 和 1.1 间的复杂区域有 4 个质子的共振。比
较耦合谱［插图中的图 5.7（a）］和照射 6α 质子共振的去耦谱［图 5.7（b）］表明，

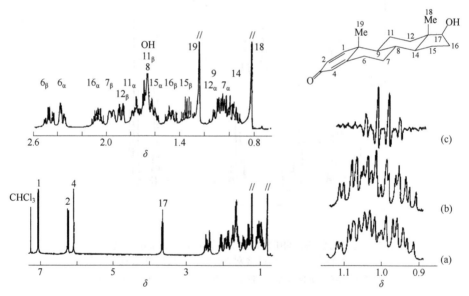

图 5.7 1-脱氢睾酮的 400 MHz ^{1}H 谱。左侧为完整的谱图（下）和低频区域的放大图（上）。
右侧为：（a）δ 0.9～1.1 区域的耦合谱；（b）与（a）同一区域，但对 6α 质子去
耦的图谱；（c）从（a）中减去（b）得到的差谱

来源：引自参考文献[3]，经 1980 年 American Chemical Society 允许复制

核磁共振波谱学：
原理、应用和实验方法导论

双重照射的结果变化非常小。去耦差谱［图 5.7（c）］是（b）图减去（a）图的结果，未受影响的重叠峰消失。受影响质子的原始共振峰为负的耦合峰，同一质子的去耦共振峰为正峰，此共振必定源于 7α 质子。当谱图的重叠很严重时，该方法提供了清楚的耦合关系判断依据。现在这个方法和其它简单的自旋去耦实验已经完全被二维实验所取代（第 6 章）。

5.3.3　多重共振实验分类

照射核和观测核都是质子的实验被称为同核双共振实验，用符号 $^1H\{^1H\}$ 表示。照射核用括号表示。当观测核与照射核不一样时，如质子去耦的 ^{13}C 谱，这种实验被称为异核双共振实验，如 $^{13}C\{^1H\}$ 或 $^{13}C\{^1H\}\{^{31}P\}$ 三共振实验。

也可以根据照射频率的强度或带宽来对双共振实验进行分类。如果只打算照射所覆盖部分的共振频率，这种技术被称为选择性照射或选择性去耦。图 5.5 和图 5.6 所示的去耦谱、5.1 节中的谱峰压制以及 5.2 节的磁化转移就是选择性双照射的三个实例。在两种去耦实验中，只消除了与选择性照射质子的耦合。非照射的共振会表现出一个小的频率移动，称为 Bloch-Siegert 位移，它与 B_2 场的强度以及观测频率与被照射频率的差异有关。检查图 5.6，比较上下谱图中共振的相对位置就会发现有几个此类的位移。当一个特定核的所有频率都被照射时，这个实验被称为非选择性辐照或宽带去耦。图 1.25 显示了有和无宽带质子双重照射时 3-羟基丁酸的 ^{13}C 谱，这项技术为把 ^{13}C 谱发展成为一个常规的结构解析工具起到重要的作用。为了覆盖所有的质子频率，B_2 场采用白噪声调制，因此这种技术常被称为噪声去耦。

5.3.4　偏共振去耦技术

宽带去耦实验消除了特定碳原子谱峰与连接质子数目相关的耦合模式。为了保留这些信息，目前已经发展出偏共振去耦的方法，仍保留了一些去耦实验的优点。如果使用高于或低于 $\Delta\delta$ 10 ^1H 频率范围的照射，留下的残余耦合将由近似公式 $J_{res} = 2\pi J(\Delta\nu)/\gamma B_2$ 给出，其中 J 是正常的耦合常数，γ 是照射核的旋磁比，$\Delta\nu$ 是与特定碳原子耦合的质子共振频率和去耦频率间的差值。由于碳的多重度保持不变，这项技术有助于确定碳原子最终归属为甲基（四重峰）、亚甲基（三重峰）、次甲基（二重峰）还是季碳（单峰）。如果亚甲基质子为非对映异位，亚甲基的碳就会出现双二重峰。偏共振去耦后得到的三重峰和四重峰的外侧峰通常比从二项式系数得到的比例要弱。因此，有时难以区分二重峰和四重峰。图 5.8 为乙酸乙烯酯完全去耦和偏共振去耦碳谱的比较。复杂分子中常常存在四重峰的谱峰重叠和模棱两可的问题，这就让使用这项技术进行指认变得更加困难。因此，它已被5.5 节所描述的编辑实验所取代。

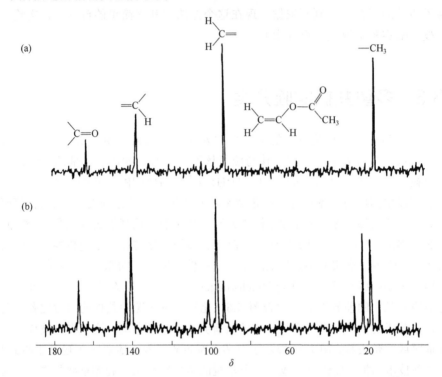

图 5.8　乙酸乙烯酯的（a）质子完全去耦和（b）质子偏共振去耦的 ^{13}C 谱
资料来源：引自参考文献[4]，经 John Wiley & Sons 许可复制

　　在早期的自旋去耦实验中，当实验员观测共振核时，要求照射频率连续。这种方法有两个明显的问题。首先，在去耦频率处施加射频能量时将会产生热量。当 B_0 场从 60 MHz 增加到 900 MHz 以上时，所需去耦场的强度更高。对于生物样品和许多精细的有机或无机样品来说，所产生的这些热量不可接受。其次，随着场强的增加，B_2 场要覆盖整个 ^1H 的频率范围越来越难，例如 60 MHz 时需要大约 600 Hz，500 MHz 时变成了 5000 Hz。

　　为了克服这些异核去耦的难题，现代核磁方法采用了一系列消除耦合效应的脉冲代替了连续照射。在 $^{13}C\{^1H\}$ 实验中（图 5.9 双自旋 ^{13}C—^1H 体系），沿 x 方向对观测 ^{13}C 核施加 90° B_1 场脉冲，将与自旋朝上或朝下质子耦合的碳磁化沿 y 轴移动至 xy 平面［图 5.9（a）］ → ［图 5.9（b）］。假设参考频率与 y 轴重合，且位于与自旋向上（β）和向下（α）质子相关碳原子的频率中间。施加 90°脉冲后，两个碳矢量在 xy 平面内分散，一个比载频快，另一个比载频慢［图 5.9（c）］。经

核磁共振波谱学：
原理、应用和实验方法导论

过 τ 时间后，施加一个 180°的质子脉冲（去耦实验的 B_2）改变矢量的位置。落到载频后面、移动速度较慢的矢量现在被移动速度较快的矢量所取代（同时移动速度较快的矢量被移动速度较慢的矢量所取代），因此两个碳矢量都向 y 轴方向开始移动 [图 5.9（d）]。经过相同的第二个 τ 周期后，这两个矢量在 y 轴重合。此时，只出现一个频率或谱峰，与质子的耦合消失 [图 5.9（e）]。在采样过程中，如果用比耦合常数更快的速率（以 Hz 为单位）重复这个过程，就能消除耦合的影响。这样就可以在采集期间用短脉冲而不是用连续的高强度场来实现整个实验期间内去耦。

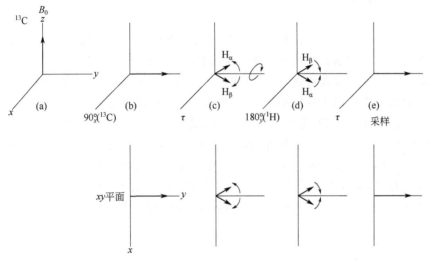

图 5.9 消除异核耦合的脉冲序列作用示意图

实际使用时，所需的 180°脉冲必须非常精确，如果 B_2 场不均匀，那么该方法的应用就受到限制。现在采用多个脉冲（组合脉冲）代替 180°脉冲，通过循环（相位循环）来消除不确定性（5.8 节）来改进本实验。目前成功的方法包括 MLEV-16（命名源于 *Malcolm LEVitt*，方法开发人员之一的名字），它有 16 个相位循环；以及 WALTZ-16，它与原来的连续方法相比，它实现了更大的范围内完全去耦，并且所需的功率很小。WALTZ 名字的来源将在 5.8 节中进行解释。

5.4
核 Overhauser 效应（NOE 效应）

当两个原子核的位置靠近并以适当的相对速率运动时，就会发生偶极-偶极弛豫（5.1 节）现象。用 B_2 场照射其中一个原子核，这将改变另一个原子核的玻尔兹曼布居数分布，从而扰动其共振信号的强度，此类核间不需要有 J 耦合。最初的此类现象由 Overhauser 在原子核和未成对电子间发现而得名。虽然 Anet 和 Bourne 首先观测到两个核自旋间的 Overhauser 效应，但是化学家对此兴趣更大。它在结构解析方面的用途很广，原因是偶极-偶极弛豫机制取决于两个自旋之间的距离 [方程（5.1）]。

5.4.1 起源

核 Overhauser 效应（NOE）的物理基础见图 5.10。左边是没有双重照射情况时两个自旋（A 和 X）的状态。耦合 J 没有影响，因而被忽略。注意该示意图是图 1.4（a）单自旋体系的延伸，其中 β 态代表+1/2 自旋态，α 态代表−1/2。这时一共有四种自旋态：两个自旋都是 β 态、自旋（A）是 β 态和自旋（X）是 α 态、自旋（A）是 α 态和自旋（X）是 β 态、两个都是 α 态。其中有两个 A-类型跃迁（A 自旋从 β 态翻转到 α 态）——例如从 ββ 到 αβ，和两个 X-类型跃迁（X 自旋从 β 态翻转到 α 态）——例如从 αβ 到 αα。当 $J = 0$ 时，两个 A 跃迁重合，两个 X 跃迁也是一样。与拉莫尔频率相比，它们的化学位移差非常小，因此 αβ 和 βα 态几乎简并。但是为了强调化学位移的不同，它们之间的差异被稍微夸大一些。

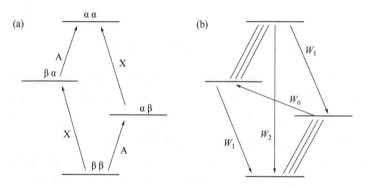

图 5.10 （a）正常双自旋（AX）体系的自旋态和（b）当 A 频率被双重照射时，AX 体系的自旋态变化（箭头表示自旋激发）

A 和 X 共振的正常强度由自旋跃迁中的上下两个自旋态，例如 X 跃迁中 αβ 和 αα 态的布居数差异来决定。NOE 实验中共振（A）频率被两次照射，检测共振（X）频率处的强度扰动。当 A 共振被照射时，见图 5.10 右侧的多条平行线所示，连接 A 跃迁自旋态间的总体差异因部分饱和而减小。与左侧的正常状态相比，αα 和 αβ 态（靠上的自旋态）的布居数有所增加，βα 和 ββ（靠下的自旋态）的布居数有所减少。图中标记为 W_2 是从 αα 到 ββ 的偶极弛豫，有助于系统恢复到平衡态。

核磁共振波谱学：
原理、应用和实验方法导论

因此，照射 A 期间出现的新平衡可以沿βα→αα→ββ→αβ的路径传输，βα态被耗尽，αβ态增加。消耗βα增加了 X 跃迁（ββ→βα）的布居数差异，而αβ增多加强了 X 跃迁（αβ→αα）的布居数差异。这种核自旋态的极化增强意味着当照射 A 时，新平衡中 X 的强度更大。一级近似条件下，αα和ββ态的布居数不变，因为它们的布居数在被一个跃迁增加的同时，被另一个跃迁减少。图中标记为 W_1 为 X 核的正常弛豫，（αα→αβ 或 βα→ββ）跃迁不会改变 X 核的强度。左边的示意图中这些过程没有变化。

从αβ到βα态的弛豫（图 5.10 中被称为 W_0）也可以使被照射的系统恢复到平衡态。然而，这种弛豫机制将导致 X 的强度降低，原因是它消耗ββ态，αα态增加，自旋沿（ββ→αβ→βα→αα）传输，αβ和βα态不变。对于液体和小分子，它们的 $W_0 \ll W_2$，因此预期强度增加。W_2 的频率在 MHz 范围内（用图中ββ与αα态能级间的更远距离表示），而 W_0 的频率要小得多，在 kHz 或 Hz 范围内（αβ和βα态的能级差很小，但也被夸大了）。溶液中翻转的小分子产生的磁场在 MHz 范围内，因此可以提供 W_2 弛豫机制。另外，大分子的翻转速率在 Hz 或 kHz 范围内，主要提供 W_0 弛豫。

5.4.2　观测

如果两个原子核的距离足够近（小于 5 Å），W_2 弛豫占主导地位，即使分子量约 1000 Da[❶]，对 A 双重照射也可增强 X 的强度。这种情况对应着我们前面讲过的极窄限制。对于更大的分子如分子量 3000 Da[❷]以上以 W_0 为主，谱峰的强度降低或出现倒峰。中等大小分子（分子量在 1000～3000 Da 之间）时，两种机制竞争，这种效应被相互抵消。因此，NOE 强度的变化［用希腊字母 η（读为伊塔）表示］取决于 W_2 和 W_0 弛豫速率之差以及与总弛豫速率之比，如方程（5.3）所示。

$$\eta = \frac{\gamma_{irr}}{\gamma_{obs}}\left(\frac{W_2 - W_0}{W_0 + 2W_1 + W_2}\right) \tag{5.3}$$

因为有两个 W_1 弛豫通道，所以 W_1 的系数为 2。通过方程（5.4）比较有双重照射时的强度 I 和没有照射时的强度 I_0，就可以观测到这种效应。

$$\eta = \frac{(I - I_0)}{I_0} \tag{5.4}$$

---

❶ 原著为 3000 Da，疑有误。

❷ 原著为 5000 Da，疑有误。

对于小分子（极窄限制），NOE 强度的最大值 η_{max} 为 $\gamma_{irr}/\gamma_{obs}$ [此因子需要将数值分配给方程（5.3）中的弛豫速率 W]，使得初始的强度从 1（$I_0 = 1.0$）增加到（$1+\eta_{max}$）。在现在的例子中，照射（以"irr"表示）A 核，观测（以"obs"表示）X 核。方程（5.4）重排后，最大的增加强度由方程（5.5）给出。

$$I_{max}\left(NOE\right) = I_0\left(1 + \frac{\gamma_{irr}}{2\gamma_{obs}}\right) \tag{5.5}$$

由于存在非偶极弛豫机制以及观测核还受到除照射核之外其它原子核弛豫的影响，所以观测到的这种增强效果几乎总是比理论最大值小。

只要两个原子核相同，例如两个质子，方程（5.5）中旋磁比就可以抵消，η_{max} 变成 0.5，最大增强的强度（$1+\eta_{max}$）因子为 1.5，或 50%。对于常见的宽带照射 ^{1}H、观测 ^{13}C 的情况[^{13}C{^{1}H}]，η_{max} 为 1.988，因此增强系数达 2.988，或约为 200%。其它最大的 NOE 增强因子（$1+\eta_{max}$）包括 ^{31}P{^{1}H} 为 2.24，^{195}Pt{^{1}H} 为 3.33，^{207}Pb{^{1}H} 为 3.39。

有些核的旋磁比为负值，因此在极窄限制条件下，η_{max} 为负，结果得到一个负的谱峰。照射 ^{1}H 核、观测 ^{15}N 核[^{15}N{^{1}H}]，η_{max} 为 -4.94，因此最大负峰的强度是原始谱峰的 3.94 倍，即增加了 294% [(3.94-1.00)×100%]，但是谱峰方向相反。如果偶极弛豫仅占一部分，那么 ^{15}N{^{1}H} NOE 造成共振峰强度降低、甚至完全没有信号。硅-29 的旋磁比也是负值，所以也有类似的情况。对于 ^{29}Si{^{1}H} 实验，$\eta_{max} = -2.52$，最大的增强因子（$1+\eta_{max}$）为 -1.52，结果是谱峰强度相反；与未照射的情形相比，信号强度增加 52%。对于 ^{119}Sn{^{1}H}（$\eta_{max} = -1.34$），实际上是一个净的强度损失。最大增强系数为 -0.34，它表明负的峰值强度比未照射时的峰值强度损失 66%。NOE 效应与自旋去耦完全不同，它不像自旋多重度去耦那样，谱峰消失，引起谱图变化。NOE 不要求原子核 A 和 X 之间一定有相互耦合，它们只有通过偶极机制才能相互弛豫。

分子量在 3000 Da 以上的大分子如蛋白质或核酸，以 W_0 弛豫为主。由于方程（5.3）中的其它项（W_2 和 W_1）小，如果都是同核质子 η_{max} 值为 -1。这种情况会导致信号损失。因此，大分子常常研究瞬态（而不是稳态）NOE。例如，NOE 信号的积累（或丢失）可以提供质子间距的信息。通过观察许多这样的关系图，可能定量确定生物大分子在液体状态下的结构，它的结果可以与 X 射线晶体学数据相媲美（2002 年诺贝尔奖）。

在极端窄化和大分子极限的交叉区域，W_2 和 W_0 的大小可能相当，根据方程（5.3），此时 NOE 趋于零。核磁专家可以通过更换溶剂或改变样品温度来改变 τ_c，从而在一定程度上改善这种情况。除了分子的大小外，溶剂黏度还可以影响分子的翻转速率，从而影响偶极弛豫的速率。因此，黏性介质可以降低核 Overhauser 增强效应。

核磁共振波谱学：
原理、应用和实验方法导论

传统的 NOE 实验中需要记录两次谱图：一次有 NOE，一次没有。图 5.11 为异核 NOE 实验所用的相对时序图，包括有 ^{13}C 脉冲（B_1）、^{1}H 双照射场（B_2）和 ^{13}C 信号的采集（没有按实际比例）来画图。在原始的连续宽带去耦实验中［图 5.11（a）］，B_2 场被打开后一直维持。为保证去耦，采样过程中它也必须开启。但恢复过程中也要开启，此时有弛豫和 NOE 累积影响。除了采样之外的时间，所需功率可能会更低（门控去耦）。这个实验同时受到去耦和 Overhauser 效应的影响，得到方程（5.4）中 I 值。如［5.11（b）］所示，恢复期间关闭门控去耦，但在信号采集的过程中一直开启，核磁专家得到有去耦但没有 NOE 效应的结果，也就是方程（5.4）中的 I_0 值。如果恢复期间没有照射，没有足够的时间来建立 NOE 累积，也就获得不受扰动的强度。在实际情况中，双共振频率并没有真正关闭，而是移动到了远离共振的位置。比较实验（a）中强度 I 与实验（b）中强度 I_0，借助方程（5.4）得到了 NOE。图 5.11（c）则提供了另一种方法，B_2 场在采集期间关闭，但在恢复期间打开。这样的实验没有去耦，但是有 NOE，因此它有助于测量具有 NOE 增强的 ^{1}H—^{13}C 耦合。

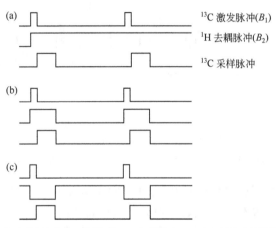

图 5.11 （a）连续双照射 ^{1}H，观察 ^{13}C（去耦和 NOE）；（b）采集期间施加双照射，但在等待期间关闭（去耦，无 NOE）和（c）仅在等待期间进行双照射（NOE，无去耦）的脉冲序列示意图

注：脉宽没有按比例绘制；这个方案使用了两个循环周期

5.4.3 NOE 差谱

如图 5.11 所示同核质子 NOE（^{1}H{^{1}H}）的平行实验（a）和（b）中，传统上认为 NOE（百分比，100η）必须超过约 5% 后才具有实验的意义。然而，NOE 差谱实验能准确测量低于 1% 的增强效果。这个过程中交替记录与图 5.11（a）和

（b）类似方法得到的谱图，相减后未受影响的共振消失，剩下的谱峰就是 NOE。

图 5.12 为黄体酮（**5.30**）氢谱中照射 19 位甲基峰（箭头）的部分 NOE 差谱。底部是未照射的氢谱，差谱在顶部。差谱中观察到 5 个相邻质子的 NOE 增强。

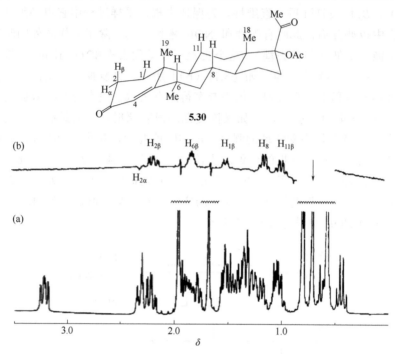

图 5.12　400 MHz 黄体酮（a）未双重照射的和（b）照射 CH_3-19
共振的氢谱（部分），（b）为差谱

资料来源：引自参考文献[5]，获得 Oxford University Press 的许可复制

一般来说，对于处于极窄限制的分子，NOE 差谱优于直接实验。质子 $H_{2\alpha}$（2 位平伏键质子）离 19 位甲基较远，但其共振峰表现出一个小的负 NOE 信号，这源自三自旋效应。（A 被 B 弛豫，B 被 C 弛豫）。照射 A 增加了 B 的玻尔兹曼布居数，从而增强了 B 的强度。通过自旋扩散（5.1 节），B 被增强的强度对 C 有相反的影响，从而降低了它的玻尔兹曼布居数和强度。结果，在 NOE 差谱中 C 表现为负峰。这个例子中，A 是 19 位甲基（Me-19），B 是 $H_{2\beta}$，C 是 $H_{2\alpha}$，这个现象在大分子上比较常见。

5.4.4　应用

NOE 实验有三个典型用途。第一种也是最重要的一种用途是增加低灵敏度原

核磁共振波谱学：
原理、应用和实验方法导论

子核的信号强度。异核 NOE 与能消除耦合裂分的去耦技术联用可得标准的 ^{13}C 谱，每个碳都是单重峰。与质子成键的碳原子弛豫较为彻底，NOE 引起的信号强度增幅接近最大值，约为 200%。季碳与质子相距甚远，没有 NOE，信号强度不变。

第二种用途是确定偶极弛豫在 ^{13}C 自旋-晶格弛豫中所占比例。NOE 源自偶极弛豫，NOE 增强的大小与偶极弛豫在所有弛豫中所占的比例相关。以 $^{13}C\{^1H\}$ 为例，如果信号增幅为最大值 200%，表明 ^{13}C 发生偶极弛豫，即 T_1 等于 T_1（DD）；如果信号强度增幅小于 200%，表明有其他弛豫过程参与。偶极弛豫可用公式 T_1（DD）$= \eta T_1$（obs）$/1.988$ 计算，其中，η 为实际观测到的 NOE，1.988 是理论上最大可观测 NOE。然后再根据公式（5.1），探讨影响 T_1（DD）取值的结构因素。

第三种用途是确定分子的立体化学结构或构象。NOE 与核间距相关，当核间距足够小时才会有 NOE。5.31 所示腺苷衍生物有两种构象，一种是嘌呤环在糖环之上（顺式），另一种是与 8 位碳原子键合的质子 H8 在糖环之上（反式）。激发 H1′时，H8 信号强度增加 23%；激发 H2′时，H8 信号强度增加 5%或更少。因此，H8 和 H1′的核间距必须很小，图中所示顺式构象满足这个要求。这个例子充分说明通过确定质子的相对取向可区分有机分子的结构和立体化学。

5.31

5.32a 和 **5.32b** 是合成青霉素衍生物的两种构象，它们的区别在于螺环硫杂六环上的硫原子和 10 位质子 H10 的位置不同。激发甲基质子时，H10 和 H3 的信号强度都被增强，表明该物质的立体化学结构为 **5.32a** 所示结构。

5.32a　　　　**5.32b**

5.4.5　局限性

尽管 NOE 实验有很多优点，但是必须意识到它也具有局限性。首先，当第三个自旋与被照射的原子核没有靠近时，三自旋效应或自旋扩散可能误导其强度的扰动（如图 5.12 中的 $H_{2\alpha}$）。第二，分子的大小不同能产生正、负或零的 NOE 效应。第三，旋磁比为负的原子核产生信号强度降低的正峰、无峰或强度要么减弱要么增强的负峰。第四，化学交换引起类似于三自旋效应的强度扰动。照射一个原子核能引起另外一个原子核的信号强度变化，它通过动态交换改变其化学特性，如化学键的转动或价键互变异构。假设化学交换速率比 NOE 效应弛豫更快，还能观察到产物核的 NOE。第五，由于有自旋态的混合，所以紧密耦合体系的结果更复杂。第六，偶然存在的顺磁杂质能通过分子间的偶极-偶极弛豫改变 NOE。解释 NOE 实验时必须考虑到所有这些因素。尽管 NOE 有上述的局限性，但它依然是一种增强信号强度和解析结构非常重要的工具。

5.5
谱编辑技术

为了推断有机化合物的结构，常常需要首先确定所有碳原子的取代类型，即明确每一个碳原子是甲基碳、亚甲基碳、次甲基碳还是季碳。图 5.8 所示的偏共振去耦实验可以提供碳原子取代类型的相关信息，只不过实验结果没有编辑谱实验的效果好。原因是编辑谱实验通过调整脉冲和时间参数，选择性地消除谱图上的部分信号或改变原子核的极化，从而达到最佳效果。溶剂压制实验就是一种典型的编辑谱实验。

5.5.1 自旋-回波实验

早在二十世纪五十年代，Hahn、Carr、Purcell、Meiboom 和 Gill 共同发明了用于测量自旋-自旋弛豫时间的自旋回波实验。它是现在绝大多数编辑谱实验的基础。图 5.9 所示的异核去耦脉冲序列就是基于自旋回波序列的编辑谱实验，利用 180° 脉冲将因自旋-自旋相互作用而离散的磁化矢量以回波的形式带回到正 y 轴上。磁场不均匀性引起的散相也可以通过自旋回波实验重聚。图 5.13 就是利用自旋回波技术消除磁场 B_1 不均匀性效应的脉冲序列示意图。不考虑 J 耦合的情况下，不均匀磁场中同一种原子核的共振频率不可能毫无差异，也就是说，在 90° 脉冲结束后，聚集在正 y 轴上的磁化矢量 [图 5.13（b）] 会因磁场不均匀性而呈扇形散开 [图 5.13（c）]。利用 180° 脉冲并经历时间 2τ 后，所有离散的磁化矢量重新汇聚在正 y 轴上 [图

5.13（e）]。也可以通过这种方法消除化学位移差异。每隔 2τ 时间发射一次 180°脉冲，得到一系列强度逐渐减弱的信号，信号强度衰减的时间常数为 T_2。注意：T_2 仅表示自旋-自旋相互作用引起的横向弛豫，不包括磁场不均匀性引起的横向弛豫；T_2^* 表示由自旋-自旋相互作用和磁场不均匀性共同引起的横向弛豫。

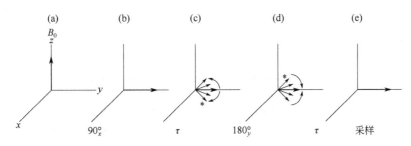

图 5.13　消除 B_1 场非均匀性影响的自旋回波实验

5.5.2　碳连接氢测试法

　　虽然可用自旋回波的脉冲序列来测量 T_2，但在单个周期后它能提高分辨率或消除耦合常数和化学位移变化。此外，改进后的脉冲序列还能具有其它功能。为了获得碳连接质子数目的信息，必须用与图 5.5 不同的方式操纵耦合的信息。这是一个双共振过程，脉冲同时施加到 ^{13}C（B_1）和 ^{1}H（B_2）两个频率上（图 5.14 为次甲基 ^{13}C—^{1}H 耦合的例子，参考频率为 ^{13}C 共振）。质子在经受 180°脉冲（B_2）的同时，对碳原子施加 180°脉冲（B_1），两个脉冲相互抵消，但自旋-自旋耦合的矢量继续发散，按以下的方式进行相互抵消，如图 5.14（d）所示。^{13}C 的自旋被（c）和（d）间的 180° ^{13}C 脉冲旋转，180° ^{1}H 脉冲反转 ^{1}H 自旋的符号。如图 1.10 所示，（c）处自旋+1/2 和−1/2 的质子分别绕+z 和−z 轴进动。180° ^{1}H 脉冲（围绕 x 轴或 y 轴）把这些自旋完全反转。原来绕+z 轴进动的+1/2 原子核变成绕−z 轴（−1/2）进动，反之亦然，从而质子的特征完全改变。例如，考虑移动更快的 ^{13}C 矢量，它可以与+1/2 质子（H_β）有关。被 180° ^{13}C 转动后，在没有 180°的 ^{1}H 脉冲时，矢量将回到 y 轴 [如图 5.9（d）所示]。然而，当 180° ^{1}H 脉冲存在时，这个矢量现在与−1/2 质子（H_α）关联，其频率仍然落后于载频，见图 5.14（d）所示。因此，两个 180°脉冲（^{13}C 和 ^{1}H）对耦合产生的矢量影响可以抵消，但没有抵消不均匀性的影响。最终净的效果是在均匀性方面有所改善，同时操控自旋-自旋裂分产生矢量间的发散角。在第 2 个 τ 周期（总时间 $t = 2\tau$）后，这些矢量进一步发散为任意的角度 ϕ，这个角度取决于它们的频率差（$\Delta\nu = J$）以及初始 90°脉冲以后的总时间，即 $\phi = (\Delta\omega)t = 2\pi(\Delta\nu)t = 2\pi J(2\tau) = 4\pi J\tau$。

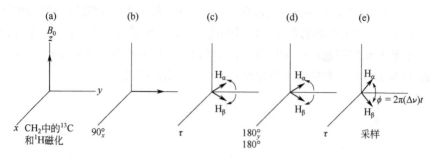

图 5.14　自旋矢量演化为任意 ϕ 频率差的脉冲序列

另外，在 $^1\text{H}\{^1\text{H}\}$ 同核去耦实验中，初始 90°脉冲在等待 τ 时间后的 180°脉冲与图 5.14 中 180°脉冲对的效果相同。同核的脉冲序列（90°–τ–180°–τ–采样）导致场不均匀的重聚，但两个矢量持续发散。180°非选择性脉冲不仅按图 5.14（c）的方式转动观测核的矢量方向，而且还将所有被照射核的自旋从 xy 平面上方旋转至下方，反之亦然，从而完成自旋的反转。例如，沿 y 轴脉冲转动了观察核移动更快的矢量。由于被照射核的自旋转换，它变成更慢的运动矢量，因此继续远离 y 轴。经过 2τ 时间后，矢量之间的角度为 $\phi = 2\pi(\Delta\nu)2\tau$。

回到图 5.14 的谱编辑实验，让我们将时间 τ 值设置为特定的 $[2J(^{13}\text{C}{-}^1\text{H})]^{-1}$ [J 是次甲基碳和氢的耦合常数（图 5.15）]。由于 $\phi = 2\pi J(2J)^{-1} = \pi$，矢量在一个周期 τ 内发散，直到它们的相位差为 180°，如图 5.15（d）所示。全部脉冲序列（$\tau = 2\pi$）完成后，矢量间的夹角变成 $4\pi J(2J)^{-1}$ 或 360°，如图 5.15（e）所示。如果此时对谱图采样，由于自旋都沿负 y 方向排列，故得到强度为负的单重峰。

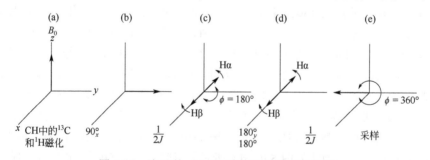

图 5.15　次甲基（CH）碳编辑谱的脉冲序列

如果对连接两个质子的碳（CH_2，图 5.16）进行同样的实验，三重峰中间的谱峰仍然保留在 y 轴上［它与参考频率偶然一致，如图 5.16（c）中的+y 矢量］，现在发散更小的谱峰间距差别为 $\Delta\nu = 2J$（三重峰外侧两个峰的间距）。那么图 5.16（c）和（d）中所示的-y 矢量经过 τ 时间后，$\phi = 2\pi(\Delta\nu)t$ 值为 $2\pi(2J)t$，因此，如果 $\tau = (2J)^{-1}$，那么角度 ϕ 为 $4\pi J(2J)^{-1}$ 或 2π。2τ 后，$\phi = 4\pi$，所以这两个矢量与正 y 轴重合，见图 5.16（e）。结果，我们得到一个正的亚甲基碳和一个负的次甲基碳峰。当然，由于季碳峰没有被质子裂分，总是为正，它们在整个脉冲中始终保持在正 y 轴方向。甲基碳四个峰的 $\Delta\nu$ 值为 J（对应中间的两个谱峰）或 $3J$（对应外侧的两个谱峰）。这些差距导致所有的矢量在 2τ 时间之后重聚到负 y 轴上，得到一个负峰。

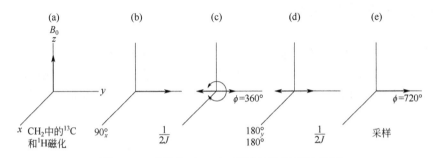

图 5.16　亚甲基（CH_2）碳谱编辑的脉冲序列

　　图 5.17 为胆甾醇乙酸酯完整编碳辑实验的谱图，其中 CH 和 CH_3 的碳共振峰为负峰，C 和 CH_2 的为正峰。采样过程中照射质子实现对质子的去耦。根据这个

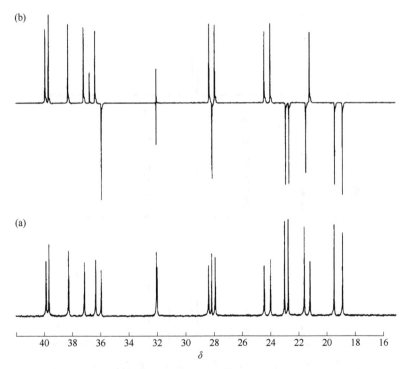

图 5.17　（a）胆甾醇乙酸酯的常规质子去耦 ^{13}C 谱和（b）碳连接氢测试法（APT）比较，在 APT 中谱峰的相位调整为 CH_2 和季碳为正，CH 和 CH_3 为负

实验的结果可以直观指认所有碳的取代模式，它被称为 J 调制或碳连接质子测试法（APT），目前有许多改进版本。

5.5.3 DEPT 序列

图 5.17 所示的方法并不能区分次甲基和甲基上的碳，科学家目前已开发出可区分各种碳取代模式的其它碳编辑序列。图 5.18 给出了三糖庆大霉素（trisaccharide gentamycin）用 DEPT 脉冲序列（下一节有更详细的定义）采集的全套谱图。通

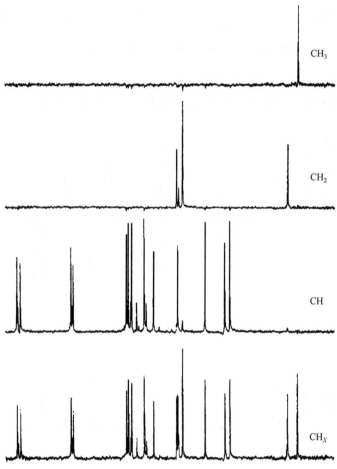

图 5.18　DEPT 序列碳编辑的三糖庆大霉素 75.6 MHz ^{13}C 谱
底部的谱图包含所有与质子成键碳的信号，谱图往上分别是次甲基（CH）、
亚甲基（CH₂）和甲基（CH₃）碳
资料来源：布鲁克仪器公司提供

常 DEPT 实验用三张而不是四张谱图来表示：①对所有碳进行质子去耦的全谱，显示所有碳为单重峰；②仅含有 CH 碳正信号的图谱；③CH_3 和 CH 碳信号为正、CH_2 碳为负的谱图（然后通过与全谱对比来识别季碳）。DEPT 实验是目前确定碳取代模式的最常用方法，原因是：①它们对 J 的精确值依赖性小于上述的 APT 实验；②它有信号增强效果（5.6 节）；③它们容易区分 CH 和 CH_3 基团。DEPT 谱是分析有机化合物分子结构的基本方法之一，对复杂的有机化合物进行结构解析时少不了用 DEPT 谱。

5.6

灵敏度增强技术

一些重要原子核包括 ^{13}C 和 ^{15}N 在内的天然丰度和灵敏度低。当它们与一些高灵敏核（通常是质子）耦合时，现在已经有将高灵敏丰核 S 的极化转移给低灵敏度稀核 I 的专用脉冲序列，从而提高了这些核的检测能力。

5.6.1 INEPT 序列

提高低灵敏度稀核检测灵敏度的常见脉冲序列是 Raymond Freeman 开发的 INEPT（Insensitive Nuclei Enhanced by Polarization Transfer，缩写为 INEPT）序列，具体如下：

^1H（S） $\qquad$ $90_x°–1/4J–180_y°–1/4J–90_y°$

^{13}C（I） $\qquad$ $180°–1/4J–90_x°–$采样

这个脉冲序列与图 5.14 所示的自旋回波实验很相似，将 τ 设置为 $(4J)^{-1}$ 可使 ^1H 和 ^{13}C 磁化矢量相差 $180°$，即 2τ 结束时 ^1H 和 ^{13}C 磁化矢量之间的夹角 ϕ 为 $2\pi \times 2 \times (4J)^{-1} = \pi$。随后的 $90°$ 脉冲可将磁化矢量翻转到特定的轴上。

图 5.19 是以仅有两个原子核的次甲基为例 INEPT 脉冲序列的示意图。第一行脉冲序列用于高灵敏度丰核 ^1H，使之相位反相。第一个 $90°$ 脉冲使质子磁化矢量旋转到 xy 平面 [图 5.19（b）]。和图 5.14 类似，同时发射的两个 $180°$ 脉冲，可以在不影响质子磁化矢量进一步离散的情况下消除磁场不均匀性的效应。τ 结束时，^1H 磁化矢量之间的夹角为 $90°$ [图 5.19（c）]，2τ 结束时，^1H 磁化矢量之间的夹角为 $180°$ [图 5.19（d）]。沿 y 轴的 $90°$ 脉冲驱使 ^1H 磁化矢量翻转到 z 轴 [图 5.19（e）]。第一个 $90°$ 脉冲发射之前 [图 5.19（a）]，与碳原子两种自旋态耦合的

质子，^{1}H—C$_\beta$（自旋+1/2）和 ^{1}H—C$_\alpha$（自旋-1/2）都绕 z 轴正半轴进动；第二个 90°脉冲发射之后［图 5.19（e）］，^{1}H—C$_\beta$（自旋+1/2）和 ^{1}H—C$_\alpha$（自旋-1/2）是反相位状态，即分别绕正和负 z 轴进动，绕正 z 轴进动的是 ^{1}H—C$_\beta$（+1/2）还是 ^{1}H—C$_\alpha$（-1/2）取决于 ${}^1J$（C—H）耦合常数的符号。

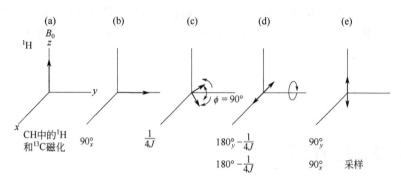

图 5.19 以仅有两个原子核的次甲基为例 INEPT 实验脉冲序列的示意图
（图中仅展示了脉冲序列对 ^{1}H 磁化矢量的作用效果）

如图 5.20 所示，将对质子施加脉冲后的自旋能级图与序列开始时正常的双自旋系统进行比较。左侧正常的示意图表明源自 ^{1}H 共振（βα→αα和ββ→αβ）的玻尔兹曼分布比 ^{13}C 共振（αβ→αα和ββ→βα）的强，正如表示 ^{1}H 垂直跃迁的箭头长度比 ^{13}C 的要长一样。每个箭头表示从低能态到高能态，因此代表吸收（正峰）。

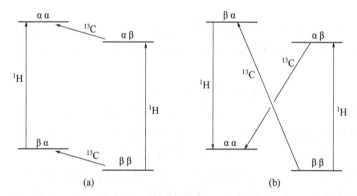

图 5.20 （a）正常和（b）施加 INEPT 脉冲序列后双自旋（^{13}C—^{1}H）体系的自旋状态

图 5.20 右侧的 ^{1}H 自旋矢量在 INEPT 后反相，意味着两个 ^{1}H 的能级（αα和βα）互换，^{1}H 的自旋翻转（βα→αα），出现负峰，而另一个自旋翻转（ββ→αβ）仍然是正峰。因此，分别得到一个正和一个负 ^{1}H 信号（反相关系的结果）。检查 INEPT 图中的碳跃迁表明，它们的玻尔兹曼分布与质子的相同（图中箭头的垂直长度没有按比例）。通过这种方式，质子把极化转移到碳上。根据图右侧的自旋能

级图，碳的矢量也是反相，原因是与+1/2 或β质子自旋相关的碳跃迁为吸收型，必须指向+z 方向，而与−1/2 或α质子自旋相关的碳跃迁是发射的，必须指向−z 方向。碳的情况与图 5.19（e）中质子的情况相同，最后沿 x 轴的 90°碳脉冲将反相矢量移到 y 方向，用于观测。由于反相关系，所以一个碳跃迁（ββ到βα）为正（吸收），另一个（αβ到αα）为负（发射）。

通过这种办法，利用 INEPT 序列增强了不灵敏 I 核的信号，对于 CH 官能团，一半为负峰，一半为正峰，与图 5.21 顶部的吡啶一样。为了比较，还包括了底部的常规谱图和中间未去耦有 NOE 时的门控照射谱。INEPT 谱的灵敏度明显比单独使用 NOE 的提高更明显。INEPT 对强度的最大增量为(1 + |γ_S/γ_I|)（γ_S/γ_I的绝对值）；但对于 NOE，（1+η_{max}）仅为（1+$\gamma_S/2\gamma_I$）[方程（5.5）]，它可以是正值，也可以是负值。INEPT 实验可获得的强度最大增强效果与 NOE 实验方程（5.5）类似，可由方程（5.6）给出。

$$I_{max}(\text{INEPT}) = I_0 \left| \frac{\gamma_{irr}}{\gamma_{obs}} \right| \tag{5.6}$$

对于 $^{13}C\{^1H\}$，INEPT 增加的最大强度（$I/I_0 = 1+\eta_{max}$）是 3.98，NOE 是 2.99。当不灵敏核的旋磁比为负值时，因为 NOE 的增强表达中有负的因子，所以 INEPT 的优势更大。如对于 $^{15}N\{^1H\}$，INEPT 和 NOE 因子分别为 9.87 和−3.94；$^{29}Si\{^1H\}$分别为 5.03 和−1.52；$^{119}Sn\{^1H\}$是 2.68 和−0.34。显然在各种情况下 INEPT 更有效，总是为正值。

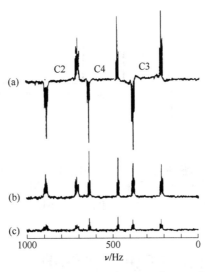

图 5.21 同一标尺下吡啶的（a）INEPT、（b）仅 NOE 和（c）没有增强的质子耦合 ^{13}C 谱
资料来源：引自参考文献[7]，经 American Chemical Society 许可复制

5.6.2 重聚 INEPT

INEPT 实验有一个明显的缺点，即信号有正有负。去耦时，正负信号相互抵消得到强度为零信号。以 $^{13}C\{^1H\}$ 为例，INEPT 谱图中次甲基碳信号是强度比-1∶1 的两组信号、亚甲基碳的是-1∶0∶1 的三组信号、甲基碳的是-1∶-1∶1∶1 的四组信号，去耦时相互抵消变成零。为了解决这个问题，科学家设计了重聚 INEPT 的脉冲序列，通过以下方式重复 INEPT 脉冲进行第二次去耦：

$^1H(S)$　　　　$90_x° - 1/4J - 180_y° - 1/4J - 90_y° - 1/4J - 180° - 1/4J-$去耦

$^{13}C(I)$　　　　　　　　　$180° - 1/4J - 90_x° - 1/4J - 180_y° - 1/4J-$采样

第二次重聚过程依然是一个自旋回波实验，利用两个 180°脉冲使化学位移聚相。以次甲基碳为例，第一次重聚的结果是，与质子两种自旋态耦合的 ^{13}C 的两种磁化矢量相位相反，一种在负 y 轴、另一种在正 y 轴上，谱图中会出现强度比 -1∶1 的两组信号；而第二次重聚后 ^{13}C 的两种磁化矢量相位相同，都在正 y 轴上，谱图中会出现强度比 1∶1 的两组信号；因此，采样期间对质子去耦信号峰不会相互抵消。所得谱图为去耦后的信号增强碳谱，即重聚 INEPT 去耦碳谱。图 5.22 为不同技术所得氯仿的碳谱。

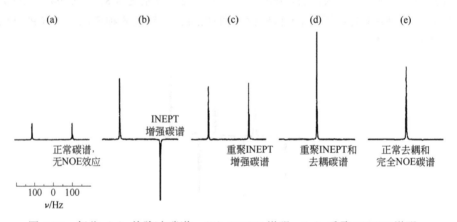

图 5.22　氯仿（a）单脉冲碳谱、（b）INEPT 增强、（c）重聚 INEPT 增强、（d）对 ^1H 去耦重聚 INEPT 增强和（e）对 ^1H 去耦仅有 NOE 增强的 ^{13}C 谱
资料来源：引自参考文献[8]，经 Elsevier 许可复制

5.6.3 用重聚 INEPT 进行谱编辑

最后一个 90°脉冲和采样之间的总周期$(2J)^{-1}$值（有时称为 Δ_2 以区别于第一个

核磁共振波谱学：
原理、应用和实验方法导论

和最后一个 90°脉冲间的周期Δ_1 或 2τ）仅适用于次甲基（CH）片段。对于亚甲基（CH_2）和甲基（CH_3）官能团，这些矢量并没有重聚，因此去耦仍然会导致信号抵消。然而采用可变Δ_2能改进重聚的效果，方程（5.7）给出了任意 CH_n 片段的Δ_2值。

$$\Delta_2 = \left(1/\pi J\right)\sin^{-1}\left(\frac{1}{\sqrt{n}}\right) \tag{5.7}$$

CH、CH_2 和 CH_3 的最佳Δ_2值分别为$(2J)^{-1}$、$(4J)^{-1}$ 以及约$(5J)^{-1}$。因此，$(3.3J)^{-1}$ 为一个折中值。在去耦条件下，该值对所有的碳取代模式都有增强效果，但不是最佳条件。在没有去耦的情况下，CH、CH_2 和 CH_3 共振信号会因相位差而导致谱峰扭曲。

当选择$\Delta_2 = (2J)^{-1}$进行去耦时，重聚 INEPT 实验得到完全重聚的二重峰，但对于反相的三重峰和四重峰，这个特殊的去耦实验只得到一个次甲基共振的子谱。当然也可以选择Δ_2值来优化亚甲基和甲基共振峰的强度。这个概念可以通过定义一个虚拟角度$\theta = \pi J \Delta_2$来形象描述，然后发现 CH 信号强度与 $\sin\theta$、CH_2 与 $\sin 2\theta$（或 $2\sin\theta\cos\theta$）、和 CH_3 与 $3\sin\theta\cos^2\theta$成正比。因此，当$\theta = \pi/2$ ［即$\Delta_2 = (2J)^{-1}$]时，CH 的信号最佳，其它信号为零。对于其它θ值，谱图包含不同比例的所有取代模式。图 5.23 展示了分别对应于$\Delta_2 = 3(4J)^{-1}$、$(2J)^{-1}$ 以及 $(4J)^{-1}$三个θ值（$\pi/4$、$\pi/2$ 和 $3\pi/4$）时的实验。对这些谱图进行线性组合，就可以得到只包含亚甲基或甲基共振的编辑谱。图 5.24 为三种碳的信号强度与角度$\theta = \pi/\Delta_2$的函数关系图。上面所示的谱图分别在$\theta = 135°$、$90°$和$45°$时采集得到。

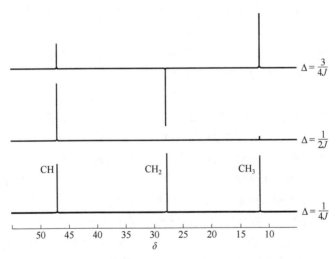

图 5.23 重聚 INEPT 实验中，假想分子含有一个 CH、一个 CH_2 和一个 CH_3 基团，其碳峰的共振强度随Δ_2值的变化图

资料来源：引自参考文献[9]，经 Elsevier 许可转载

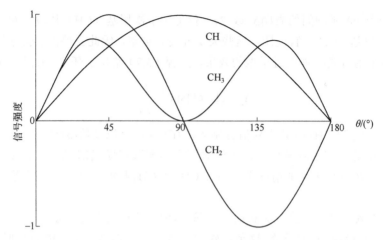

图 5.24　重聚 INEPT 实验中 CH、CH_2 和 CH_3 信号强度随 $\theta = \pi J\Delta_2$ 值的函数变化图
资料来源：引自参考文献[10]，经 Elsevier 许可转载

5.6.4　INEPT 和 DEPT 技术的比较

尽管前面的三种 INEPT 谱中碳峰的信号强度没有达到最佳值，但是可以确定所有质子成键碳的多重度。5.5 节所讲的 APT 并不能区分 CH 和 CH_3。DEPT 序列提供了一种新的碳编辑思路，该技术既没有上述方法的缺陷，又对实验的缺陷如 J 的准确值不那么敏感。作为碳谱编辑方法的一个选择，DEPT 与重聚 INEPT 相似。在质子通道中它有一对 τ 周期 [$= (2J)^{-1}$]，后面跟着单个可变角度的脉冲 θ，这个角度与前面的定义相关（$\pi J\Delta_2$，其中 Δ_2 对应两个 τ 周期）：

S　　　　$90_x° - 1/2J - 180_y° - 1/2J - \quad \theta_y \quad - 1/2J -$ 去耦
I　　　　　　　　　　$90_x° - 1/2J - 180_x° - 1/2J -$ 采样

DEPT 和重聚 INEPT 序列的开始方式类似，90° ^1H 脉冲产生质子的磁化，在碳耦合的影响下演化。重聚 INEPT 第一次和第二次质子脉冲间的时间 τ 为 $(4J)^{-1}$，而在 DEPT 中为 $(2J)^{-1}$，和 APT 的相同。第二个（180°）^1H 脉冲重聚质子的化学位移。同时初始的 90° ^{13}C 脉冲产生碳磁化强度，这是教科书中所用的矢量模型不能实现的情况。质子和碳的磁化被 C—H 键耦合相连，一起演化，这种现象被称为多量子相干（MQC），或具体来说，异核多量子相干（HMQC）。本质上讲，质子和碳的磁化已经融合。第二个 $(2J)^{-1}$ 期间，MQC 继续演化。最终的质子 θ 脉冲将 MQC 转换为单量子的碳相干。因为 MQC 在检测线圈中不诱导信号，观测不到 MQC，所以它必须被转换回到单量子相干。最后 $(2J)^{-1}$ 周期允许碳的磁化演化，它与连接的质子数目（CH、CH_2、或 CH_3）有关，具体由 θ 值决定。

核磁共振波谱学：
原理、应用和实验方法导论

DEPT 与重聚 INEPT 一样，使用脉冲长度调制 θ，得到一系列图 5.18 所示的碳编辑谱。最常见实验使用的一组角度是 45°、90°和 135°。与图 5.24 的谱图类似，DEPT-45 谱包含除季碳外所有类型的碳共振峰，DEPT-90 只包含 CH，而 DEPT-135 包含 CH/CH$_3$ 正峰和 CH$_2$ 负峰，因此很容易归属各种碳的取代类型。为了获得图 5.18 所示的完全编辑谱图，需要在丢失一些信号的情况下进行谱图扣减。之所以使用"无畸变"一词，是因为没有去耦，初始系列脉冲（直到 2τ 前）的结果不是正峰和负峰的组合，而是正的 1∶1 双峰、1∶2∶1 三重峰和 1∶3∶3∶1 四重峰。

INEPT 和 DEPT 序列都假设 I 和 S 核的耦合占主导地位，因此其它耦合必须很小，可以忽略。对于单键的 ^{13}C—^{1}H 耦合，^{1}H—^{1}H 耦合更小，这个假设成立。如果极化转移是从二到三键 ^{13}C—^{1}H 的耦合开始，那么相比之下同核耦合就不是很小。在质子极化转移到硅、氮或磷的过程中这种情况很可能发生。由于（与 C—H 相比）Si—H、N—H 和 P—H 键相对少见，必须使用长程的耦合常数，这给 DEPT 的实际使用带来了一些困难。

5.7

碳连接技术

单键 ^{13}C—^{13}C 耦合包含丰富的潜在结构信息，它可确定碳-碳的连接关系。不幸的是，两个 ^{13}C 原子在 ^{13}C 谱中表现出 ^{13}C—^{13}C 耦合的概率大约为万分之一。这些共振峰出现在中心峰两侧强度低的卫星峰里，而中心峰来自分子中孤立的 ^{13}C 原子。对于成键的 ^{13}C 原子对，^1J 约为 30～50 Hz，而卫星峰与中心峰的间距为 ^1J 值的一半。两个或三个键的耦合（^2J, ^3J）数值在 0～15 Hz 范围内。这些卫星峰不仅强度低，可能被中心峰掩盖，旋转边带、杂质和其它共振峰还可能对它们有影响。

Freeman 开发的 INADEQUATE（难以置信的天然丰度双量子转移实验）脉冲序列抑制了常见的（单量子）共振峰，只显示卫星峰（双量子）的共振。具体的脉冲序列为 90_x-τ-180_y-τ-90_x-Δ-90_ϕ。同核 180°脉冲重聚场的不均匀性，但允许来自不同 ^{13}C—^{13}C 耦合的矢量继续发散（5.5 节）。如果载频与碳共振的中心峰偶然重合，则在第一个 90°脉冲后，中心峰对应的自旋仍保留在 y 轴上。此时设置延迟时间为 $(4J)^{-1}$，$2\tau\ [=2\pi(\Delta\nu)t=2\pi J(2/4J)=\pi]$ 后，源自 ^{13}C—^{13}C 耦合体系的两个卫星峰矢量相位相差 180°，分别位于在 +x 和 -x 轴。第二个 90_x 脉冲把中心峰的自旋转动到 -z 轴，但让卫星峰自旋沿 x 轴平行。因此，xy 平面上无法探测到中心谱峰的信号，但可以观测到卫星峰。

这个脉冲序列是另一个 MQC 的例子。第二个 90°脉冲后，^{13}C 核的耦合对一起演化。注意，由于 ^{13}C 的天然丰度低，每个 ^{13}C 对是一个孤立的 AX 体系。在 Δ 期间，同核的双量子相干演化为两个耦合自旋的拉莫尔频率之和。在二维版的实验（第 6 章）中，恒定的周期 Δ 可变。最终 90°脉冲将多量子的相干重新转换为单量子的相干进行观测，它（90_ϕ）的相位循环遵循一系列 ϕ（$+x$、$+y$、$-x$、$-y$）方向。本书中所用的矢量图只说明了单个原子核的自旋相干。当 xy 平面内自旋的相位有序时，我们就说这些自旋相位相干，它们都绕同一个轴进动，并且可用沿那个方向的矢量来表示。xy 平面内相位随机的自旋转动被称为非相干。INADEQUATE 实验产生的两个自旋同时相干，不能用矢量图描述清楚，因而最终 ^{13}C 的 90°脉冲影响也不能很好表示。

图 5.25 包含了哌啶的 INADEQUATE 谱。双量子（卫星）峰反相，因此每个 ^{13}C—^{13}C 的耦合常数都由一对谱峰表示——一个朝上，一个朝下（+1：−1）。因此，哌啶 C4 的谱图包含着两个这样的双峰：一个大的为 $^{1}J_{34}$，一个小的为 $^{2}J_{24}$。C3 有两个较大的双峰，原因是 $^{1}J_{23}$ 和 $^{1}J_{34}$ 与相邻碳的单键连接略有不同。C2 和不相邻的 C3 间也有一个小的 $^{3}J_{23'}$。C2 的谱图显示 $^{1}J_{23}$、$^{2}J_{24}$ 和 $^{3}J_{23'}$。

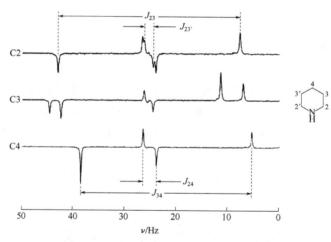

图 5.25　哌啶碳的一维 INADEQUATE 谱

资料来源：引自参考文献[11]，经 American Chemical Society 许可复制

虽然 INADEQUATE 实验可以观察到更远的耦合，但最重要的是单键耦合，每个碳-碳键的耦合常数略有不同。因此，任何两个碳间出现一对 ^{1}J（^{13}C—^{13}C）强烈证明它们相互键连。甚至复杂分子中也有足够的不同耦合，只要碳的骨架不被杂原子破坏，那么可以用 INADEQUATE 来映射碳骨架的完整连接。但 INADEQUATE 实验的主要缺点是灵敏度极低，它只利用了分子中 0.01%的碳，它的二维版本见 6.4 节。

5.8
相位循环、组合脉冲和形状脉冲

5.8.1 相位循环

　　根据之前的内容可知，各种实验中使用 90°和 180°脉冲。这些实验能得到理想结果的前提是：与脉冲时间对应的磁化矢量翻转角度必须绝对精确。脉冲翻转角度不准确会产生许多伪信号。图 5.26 给出了开始时反转脉冲不完全是 180°对测量 T_1 的反转恢复实验（$180x°-\tau-90_x°$，图 5.1）结果的影响。施加脉冲后磁化稍微偏离 z 轴 [图 5.26（b）]，因此 τ 周期开始时有少量的横向（xy）磁化残留。图 5.26（b）只显示了 y 分量。经过 τ 周期后，z 磁化通过 T_1 弛豫而下降，xy 平面内因脉冲缺陷而引起的磁化分量一直保留 [图 5.26（c）]。最后 90°脉冲后，z 磁化移动至 xy 平面被检测 [图 5.26（d）]。图中脉冲的缺陷造成信号强度降低，谱图的相位也会因此改变。几乎可以肯定的是，90°脉冲同样也会有误差，不过这里不作讨论。

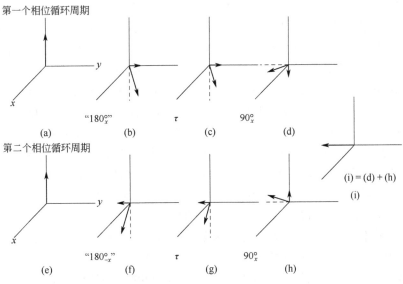

图 5.26　反转恢复实验中的相位循环示意图

很大程度上可以通过交替改变 180°脉冲的相对相位来消除这种误差。图 5.26（f）显示了反转的结果，180°转动是沿 x 轴（−x 或−180°）逆时针进行，而不是在顺时针方向。不想要的横向磁化现在出现在−y 轴。经过时间 τ[图 5.26（g）]和最后 90°脉冲[图 5.26（h）]后，仍然存在缺陷，但现在对 z 磁化的影响与图 5.26（d）相反。如图 5.26（i）所示，当这两个结果相加时，缺陷的影响相互抵消，因此通常在 x 和−x 间采用脉冲交替办法。这种过程被称为相位循环，它是一种渗透到现代 NMR 波谱底层的技术。

相位循环改善了宽带异核去耦的过程。如 5.3 节所述，现代方法使用 180°脉冲重复而不是连续照射来进行实验。如果 180°脉冲的缺陷累加将会使该方法不起作用。因此，已经开发出相位循环的程序来抵消这种缺陷。迄今为止最成功的是 Freeman 发明的 WALTZ 法，它使用 90_x°, 180_{-x}°, 270_x° 代替 180°脉冲（90−180+270 = 180），从而消除了缺陷。扩展后的 WALTZ-16 序列通过不同阶次的简单脉冲循环，也得到了非常有效的去耦结果。序列 90°、−180°、270°被简写为（$1\bar{2}3$）（1 表示 90°，$\bar{2}$ 表示−180°，其中−表示负方向，3 表示 270°）。序列的隐含节奏隐含了它的名字。

相位循环的第三个例子是把参考频率放在谱图的中间，而不是两侧。如前所述，NMR 实验只对信号和参考频率之间的频率差Δω敏感。如果参考频率在谱图的中间，就会出现有比参考频率高的信号，也会有比参考频率低的信号。当信号频率与参考频率差异（+Δω 和−Δω）的绝对值相等时，很难判断谁是高频信号、谁是低频信号。但是，如果将参考频率设置在谱图的一侧（即比最低频信号的频率低或比最高频信号的频率高，也就是说，参考频率的两边分别是有信号区、无信号区），这样，信号频率要么都高于参考频率、要么都低于参考频率，这就没有混淆的可能。然而，这种边带检测的方法总是带有来自参考频率无信号侧的噪声。将参考信号放置在谱图的中间可以避免这种不必要的噪声，但是需要一种方法来区分+Δω 和−Δω信号。正交检测将信号分成两个部分，使用频率相同但有 90°相位差的参考信号进行两次检测。可在实验中区分绝对值Δω相同、符号相反的信号（即已知 sinθ和 cosθ相位差 90°，就可得到θ）。然而，如果两个参考频率不是准确相差 90°，就会产生系统误差。由此产生的信号伪峰称为正交伪像，表现为低强度峰。循环有序相位选择（CYCLically Ordered Phase Selection，CYCLOPS）序列包括四个步骤，从+x 到+y 将 90°脉冲和检测轴移动至−x 到−y，它改变两个接收通道的加和方式，从而抵消相位差中固有的缺陷。

相位循环不仅能消除脉冲或相位缺陷中的伪峰，还能辅助相干路径选择。用稍微不同的描述来说明反转恢复实验这一过程。当自旋完全沿 z 轴时，相干序数为零（xy 平面周围的相位是随机的）。一个精确的 90°脉冲使自旋沿 y 方向以产生最大的单量子相干。反转恢复实验中的相位循环（图 5.26）消除不需要的单量子相干（横向磁化或 xy 磁化），将零阶相干保留到 τ 周期结束，这里由最后的 90°脉冲产生单量子的相干。利用这种办法，相位循环就选择了所需的相干度。双量子相干涉及两个自旋间的关系，不能用矢量图来说明。INADEQUATE 实验涉及在单量子相干中双量子相干的选择（消除中心峰，保留卫星峰），某种程度上是通过最后 90°脉冲的相位循环来实现，脉冲中的下标 ϕ 指不同相位的系列脉冲。

5.8.2 组合脉冲

使用组合脉冲代替单个脉冲可以消除单个脉冲不完美的情况。测量 T_1 时或其它实验中需要用 180°脉冲将纵向磁化矢量完全反转到 $-z$ 轴上。利用 90°_x，180°_y，90°_x 组合就能得到与 180°脉冲的效果，这个组合脉冲代替 180°脉冲能消除 1%到 20%的误差。如图 5.27 所示，180°脉冲补偿了任何 90°脉冲存在的缺陷。通常，180°脉冲是精确两倍的 90°脉冲时间，因此如果 90°脉冲不准确，180°肯定也不准确，反之亦然。WALTZ-16 方法中的基本单元——（90°_x，180°_{-x}，270°_x）组合脉冲也相当于一个 180°_x 脉冲。

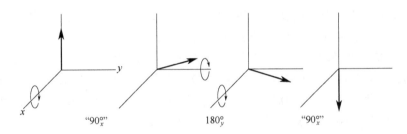

图 5.27 与单个 180°脉冲等价的组合脉冲

5.8.3 形状脉冲

大多数情况下，脉冲是在整个频率范围内通过均匀施加射频能量而产生，它的持续时间很短至微秒级。这种激发有时被称为硬脉冲，它区别于在限定频率的范围内激发的选择性脉冲。前面已经有多次提到选择性激发，例如饱和转移实验（5.2 节）和抑制特定不想要的峰（5.1 节）都用到选择性激发脉冲，它们很有用。二维谱使用频率选择办法（第 6 章）可减少实验的维度，因此可以详细检查单个不同频率的影响。二维谱的一维版本具有缩短实验时间和减少存储需求的双重优势。

产生选择性脉冲的办法是降低射频的功率（B_1），从而缩小有效的频率范围。

为了抵消功率的降低，维持所需的翻转角，这就要求增加脉冲的时间，一般在毫秒范围内。最简单的此类软脉冲被称为矩形脉冲，它从零强度瞬间升到最大，持续几毫秒，然后降低到零强度，类似于矢量图中的硬脉冲。遗憾的是，矩形脉冲产生的信号根部有波浪形起伏［图5.28（a）］。通过变迹法（意思是"无足部化"），即在信号峰边缘平滑处理可消除信号根部的抖动［图5.28（b）］。

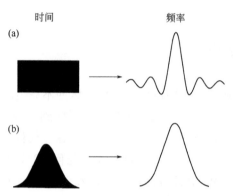

图5.28　（a）低功率方波和（b）高斯形状脉冲的傅里叶变换结果
资料来源：引自参考文献[12]，经 Elsevier 许可转载

这种激发被称为形状脉冲，科学家费尽心力优化它的形状。与矩形脉冲相比，高斯形状脉冲简单，但不能完全有效实现最佳的峰形。使用复杂的数学函数可改善信号的形状，不过有信号强度损失。BURP［波段选择性（Band selective）、均匀响应（Uniform Response）、纯相位（Pure phase）］系列利用强度呈指数变化的系列高斯脉冲产生强度变化的轨迹近似于正弦曲线的形状脉冲（如替代90°的 EBURP 脉冲、如替代180°的 REBURP 脉冲），它们已成功应用于多个实验。

延迟与章动交替的定制激发（Delays Alternating with Nutation for Tailored Excitation，DANTE）是早期开发的软脉冲实验替代品，它能实现选择性激发的功能。该实验使用了沿着 x 轴方向的一个远远小于 90°的短硬脉冲，随后是一个固定的延迟 τ 来实现选择性激发，因此脉冲序列为$(\alpha_x-\tau)_n$。处于共振状态的原子核最终被移动到 y 轴，而那些远离共振频率范围的信号不受影响。这些硬脉冲序列的结果也类似于软脉冲，甚至能通过调节脉冲时间来改变形状，但是 DANTE 脉冲存在非软脉冲具有的谱图伪峰，例如不想要的边带峰，因此用途受限。

思考题

5.1　标记下列取代乙烷的自旋体系（如 AB、ABX 等），首先为慢的 C—C 旋转，

核磁共振波谱学：
原理、应用和实验方法导论

接着快速旋转。画出所有的稳定构象，然后想象 C—C 键的自由旋转。某些质子的特征可能是快速旋转所致的平均值。

（a）CH_3CCl_3

（b）CH_3CHCl_2

（c）CH_3CH_2Cl

（d）$CHCl_2CH_2Cl$

5.2　−20℃下，7-甲氧基-7,12-二氢七曜烯（结构见下图）中的环反转可以被冻结。观测到两种构象共振的比例为 2∶1。当少量异构体中 12 位 CH_2 AB 四重峰的高频（低场）部分受到双重照射时，7 位 CH 质子的强度增强 27%。对主要异构体中的同一质子进行双重照射时，谱图没有变化。这两种构象的异构体是什么，哪一种构象的占比更多？

5.3　5 甲基二茂钛与过量的氮在−10℃以下反应形成 1∶1 复合物：

$$[C_5(CH_3)_5]_2Ti + N_2 \rightleftharpoons [C_5(CH_3)_5]_2TiN_2$$

复合物的甲基共振在−50℃以上是一个尖锐的单峰。−72℃以下共振可逆，裂分为两个强度不完全相同的谱峰。如果氮分子被 ^{15}N 同位素标记，则 ^1H 去耦后的 ^{15}N 谱包含一个单峰和一个在低温下总强度不完全相同的 AX 四重峰 $[J(^{15}N\!\!=\!\!^{15}N) = 7\ Hz]$。从结构的角度来解释这些观察的实验结果。

5.4　（a）在 $CDCl_3$ 中 $C_6H_5CH_2SCHClC_6H_5$ 亚甲基 CH_2 质子室温下的共振为 AB 四重峰。为什么？

　　　（b）高温下 AB 谱图融合成 A_2 单峰，$\Delta G^{\ddagger}$ 为 15.5 kcal/mol。在 0.0190～0.267mol/L 浓度范围内，速率与浓度无关。解释其机理。

5.5　室温时分子的氢谱中包含两个异构体的共振。

　　　（a）异构体 A 在 $\delta 6.42$ 处有 H2′的共振，同分异构体 B 中相同的共振位于 $\delta 7$～8 处，A 和 B 的构象如何？

　　　（b）样品仅以异构体 A 的形式结晶。然而，当这些晶体溶解时，同时产生了异构体 A 和 B 的谱图。关于平衡 A $\rightleftharpoons$ B 的势垒，怎么解释？当双键上的 CH_3 被 CMe_2OH 取代时，结晶仍然只产生 A，而再溶解晶体时，也只生成 A 而没有 B。如何解释此化合物中的 A ⇌ B 的势垒？

5.6 乙腈（$CH_3—C≡N$）中，未观测到 CH_3 和 ^{14}N 之间耦合，但在相应的异腈（$CH_3—N≡C$）中出现耦合。解释原因。这不是与距离有关的效应，腈类和异腈类中普遍存在这一现象。

5.7 评价以下化合物的 ^{14}N 线宽（单位：Hz）。

$^+NMe_4$	<0.5	$MeNO_2$	14
Me_3N	77	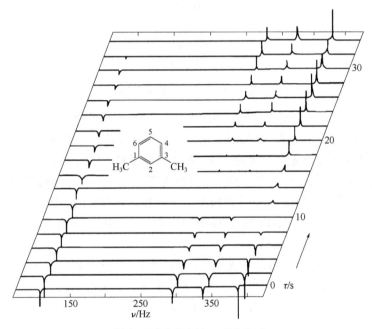	172
苯胺（$C_6H_5NH_2$）	1300		

5.8 间二甲苯芳香碳的（180°–τ–90°）反转-恢复实验的叠加谱如下图所示：归属共振峰并解释 T_1 的大小顺序（查看信号为空处的 τ 值）。

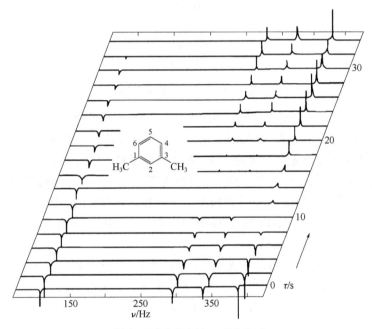

来源：已获参考文献[13]复印许可

5.9 正癸醇上碳的 T_1 值如下，解释原因。

$CH_3—CH_2—CH_2—CH_2—(CH_2)_5—CH_2—OH$
3.1   2.2   1.6   1.1   0.8～0.83 0.65

5.10 核糖-C-核苷中，碱基通过碳与 C1′ 相连。α和β型（C1′差向异构体）可通过 T_1 值大小加以区分。

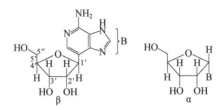

（a）考虑以下质子 T_1（单位：s）数据。

	H1′	H3′	H5′	H5″
异构体 1	1.60	1.31	0.45	0.45
异构体 2	3.33	1.37	0.40	0.40

哪个异构体（1 或 2）是 α，哪个是 β？为什么异构体 1 和 2 的 H1′ 的 T_1 值不同，但 H3′、H5′ 和 H5″ 的 T_1 值大致相同？为什么 H5′ 和 H5″ 的 T_1 值比其它的小？请使用偶极弛豫方程［方程（5.1）］进行推理。

（b）请推荐另外一种（非 T_1）NMR 方法来区分这些 α 和 β 构型。

5.11 （a）考虑以下分子 **A**，其绕所有 C—C 键的转动很快。

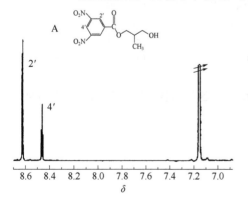

当 R = R′ 时，它属于什么自旋体系？一个亚甲基内的质子是同位、对映异位、非对映异位、还是磁不等价？可以应用多个类别。

（b）当 R ≠ R′ 时，回答同样的问题。

（c）R 和 R′ 基团被选择为供体（D，9-蒽基）或受体（A，3,5-二硝基苯基）。其中 R 和 R′ 都是 D（D—D）、R 和 R′ 都是 A（A—A）、R = D 和 R′ = A（D—A）时，可以有三种分子结构。这三种分子的 ^{1}H 谱，以及只含有单一 A 或 D 的模型化合物谱图，含有等量 D—D 和 A—A 的溶液谱图如下所示。解释右上谱图 A—A 分子和在 A—A 正下方谱图 D—D 分子的裂分模式。

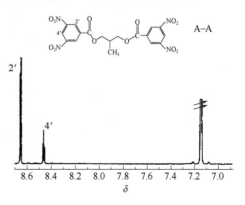

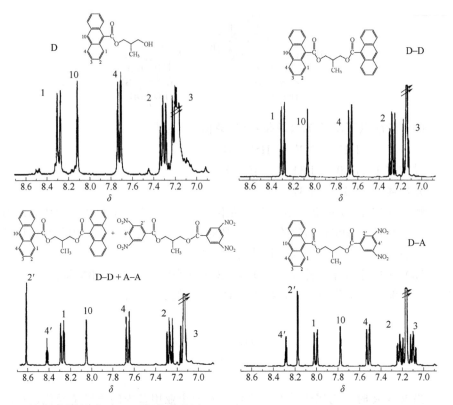

所有谱图均在 C_6D_6 溶液中测定。

(d) 解释 A—A 与 A 的芳香共振峰（左上）、D—D 与 D 的芳香共振峰（A 的正下方）为何没有差异。

(e) 解释为何 D—A（左下）的图谱与 A—A、D—D、A 和 D 的图谱差别很大。从这些观测结果可以排除 D 和 A 间的哪些相互作用机制？

(f) C—C 键的周围有一个反式（**B**）和两个旁氏（**C，D**）构象。

对于两个 C—C 键，可以有反式-反式、各种旁氏-反式和旁氏-旁氏构象。例如，类似于 **E** 的反式构象。

核磁共振波谱学：
原理、应用和实验方法导论

下表中标记 1 和 2 的键与 D—A 中的不同，但与 A—A 或 D—D 的相同。

	$J(AX)$/Hz	$J(BX)$/Hz
A—A	6.52	5.62
D—D	6.46	5.55
(A—D)-1	3.60	8.21
(A—D)-2	4.09	8.23

在 NMR 的时间尺度上 C—C 转动很快。298 K 时测定了 C_6D_6 中 CHMe（H_X）和 CH_2（H_A 和 H_B）之间的耦合常数。从这些数字可以了解这是什么构象？请解释。

（g）在 D—A 上进行 NOE 实验。照射 H10（见上述的 D—A 谱图）增强了 H4、H2′和 H4′共振峰的强度。照射 H4′增强了 H1、H4 和 H10 共振峰的强度。请解释。

资料来源：引自参考文献[14]，获 American Chemical Society 授权复制。

5.12 （a）N-(三异丙基硅基)吲哚的三甲基硅烷化反应得到单一产物，其 ^1H 谱中包含四个双峰（d）和一个双二重峰（dd）（忽略长程耦合）。哪些结构与这些观测结果一致或不一致，请解释。

（b）三甲基硅基 ^1H 共振峰的双重照射增加了两个双重峰的信号强度。照射异丙基的七重峰增加了另外两个二重峰的信号强度。产物的结构是什么，请解释。

5.13 毒品 N-丙基-3,4-甲撑二氧苯丙胺盐酸盐的 75 MHz ^{13}C 谱如下图所示：

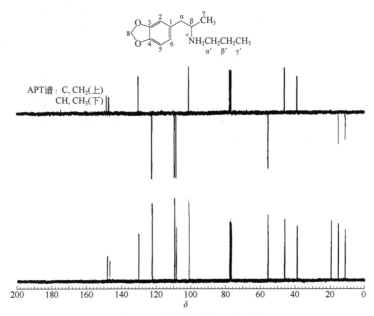

资料来源：已获参考文献[15]复印许可

WALTZ-16 去耦（下）和 APT（上）。利用编辑谱和自己对 α、β 和 γ 取代基效应知识的了解，归属谱图中的碳原子信号。

5.14 桃金娘烯醇（**A**）加氢甲酰化本应得到 **B** 醛，结果是产物 **C**，其分子的双环部分完全缠绕在一起。

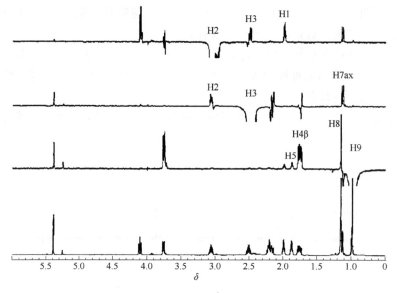

下面提供了 400 MHz ^{1}H 谱和各种 NOE 差谱，其中的共振峰来自于双环的质子（δ 2.2 处的多重峰来自 H7$_{eq}$ 和 H4α）。^{13}C 谱中 δ 20～45 区域加上 δ 70.06 和 105.31，共有 9 个峰。编号系统见结构 **C**。每个谱中 NOE 照射的目标峰都用一个负信号表示。照射 δ5.4 峰时，质子 4β 也表现出较强的 NOE 增强。利用所有信息证明产物包括立体化学在内的结构。

5.15 以下是紫杉烷结构（**A**）的 500 MHz ^{1}H 谱，如下图所示。

核磁共振波谱学：
原理、应用和实验方法导论

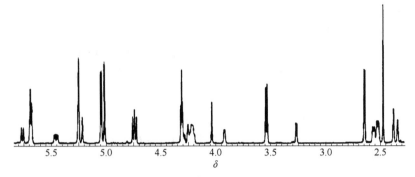

请注意以下重要的谱图特征：

（1）甲基的共振和 H1 和 H6 已位移至低频；

（2）中间环有 8 个碳原子，别期待它有与环己烷类似的耦合；

（3）在 NMR 的时间尺度上，$\delta 2.47$ 和 2.65 的 OH 质子交换缓慢，因此可能会看到相邻的耦合；

（4）H1 的共振在 $\delta 1.89$，通过自旋去耦后，它与 $\delta 5.68$ 处的质子有自旋耦合；

（5）$\delta 2.36$ 和 $\delta 2.55$ 的质子相互耦合（$J = 19Hz$）；

（6）位置 5 的 OH 质子是双重峰，位移到了低频。

归属 H2、H3、H5、H7、H9、H10、H14（两个质子）、H20（两个质子）、10 位置的 OH 和 11 位置的 OH 基。

资料来源：已获参考文献[17]复制许可。

5.16 以下是脱水甘油的 300 MHz ^1H 谱。

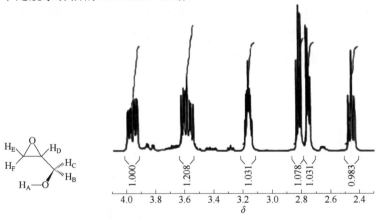

^1H 共振位置如下：$\delta 2.53$、2.76、2.82、3.16、3.60、3.95。^{13}C 谱包含 $\delta 44.9$、52.8 和 62.8 处的三个峰。本实验在极度干燥的 $CDCl_3$ 中完成，谱图中出现羟基质子 H_A 的耦合（没有快速交换或增宽）。根据以下观察，归属所有的 ^1H 和 ^{13}C 峰。

（a）加入 D_2O 振荡，$\delta 2.53$ 处的峰消失，$\delta 3.60$ 和 3.95 处的峰增宽。

（b）DEPT 实验表明 $\delta 52.8$ 为次甲基碳。

（c）异核 $^1H\{^{13}C\}$［实际上是二维异核化学位移相关（HETCOR），第 6 章］双重照射 $\delta 52.8$ 处的 ^{13}C，发现对 $\delta 3.16$ 处质子有耦合。

（d）同核 $^1H\{^1H\}$［实际上是 2D 相关谱（COSY），第 6 章］$\delta 2.53$ 处 ^1H 共振与 $\delta 3.60$ 和 $\delta 3.95$ 处峰有耦合。

（e）异核 $^1H\{^{13}C\}$（实际上是 2D HETCOR，第 6 章）双重照射 $\delta 62.5$ 处 ^{13}C，发现与 $\delta 3.60$ 和 3.85 处质子有耦合。

（f）$\delta 2.82$ 处的共振为三重峰，$J = 5.0\ Hz$。

（g）$\delta 2.76$ 处的共振为双二重峰，$J = 2.7\ Hz$ 和 $5.0\ Hz$。

（h）$\delta 3.60$ 和 3.95 处的共振耦合常数相同，都为 $12.7\ Hz$。

（i）理论计算所得到的最佳构象如上图所示。

（j）从以 $\delta 3.60$ 和 3.95 为中心的 ddd 峰间距测量，$\delta 3.60$ 处的共振与 $\delta 2.53$ 处的共振的耦合常数略大于与 $\delta 3.95$ 处的共振耦合（看不清 $\delta 2.53$ 处的增宽峰）。

解释 5.0 和 $12.7\ Hz$ 的耦合。如果有质子有对映异位或非对映异位，确认它们的结构并解释原因。

资料来源：已获参考文献[18]复制许可。

5.17　下面给出的是两种 γ-丁内酯 **A** 和 **B** 的 500 MHz ^1H 谱和选择性 NOE 谱，约 10% 的天然产物中都含有 γ-丁内酯。内酯环可以以顺式或反式与连接的环融合。这些结构没有立体化学。谱图中希腊字母 α 表示质子朝下，而 β 表示朝上。每一组谱图包含一个完全指认的谱图，然后是一系列的一维 NOE 差谱。归属每个分子的立体化学。

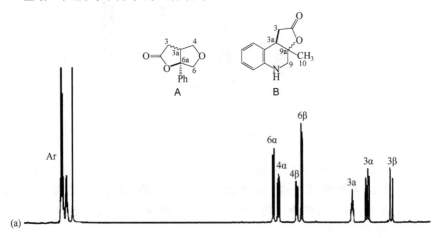

核磁共振波谱学：
原理、应用和实验方法导论

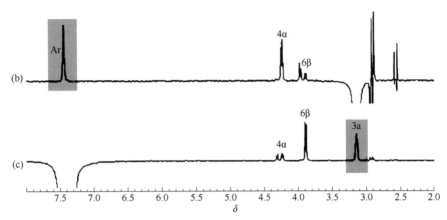

A 的选择性 NOE 差谱：（a）常规 ^{1}H 谱；（b）照射 H3a；（c）照射芳环的质子

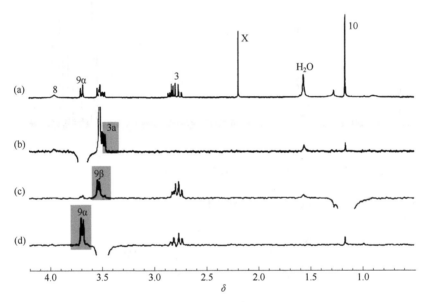

B 的选择性 NOE 差谱：（a）常规 ^{1}H 谱；（b）照射 H9α；
（c）照射 H10；（d）照射 H3a

资料来源：已获参考文献[19]复印许可

5.18　大麻素受体赋予大麻精神药理学特性，也是大麻素分子（源自梵文"*bliss*"）的受体，据称巧克力中含有少量大麻素。通过下面提供的 ^{13}C 谱，尽可能多归属谱峰。δ 40 最大的峰来自 DMSO-d_6 溶剂，δ 25 处的峰是重叠的四个峰。测定了饱和碳（δ 25 叠加峰除外）的弛豫时间（T_1，单位 s）为：δ 60.8（0.74）、42.3（0.65）、35.7（0.58）、31.8（1.8）、29.6（1.5）、27.5（1.5）、27.1（0.68）、22.9（2.6）、14.8（3.5）。这些值将有助于区分 C16～C20。

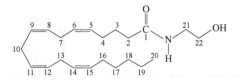

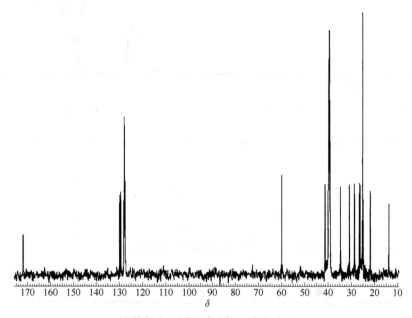

资料来源：已获参考文献[20]复印许可

5.19 以下为合成过程中制备的两种异构体。

如下图所示，给出了都带有（a）标签的两个异构体 （仅限芳香族区）的 300 MHz 氢谱。R 基团代表脂肪族，不按比例排列，和 NH 共振一样。标记为（b）的谱图是两种异构体的 NOE 差谱。归属同分异构体。解释化学位移和耦合常数以及 NOE。在此过程中，在三取代环上归属 H2、H3、H5 和 H6 共振，在单取代苯基上归属邻位、间位和对位共振。

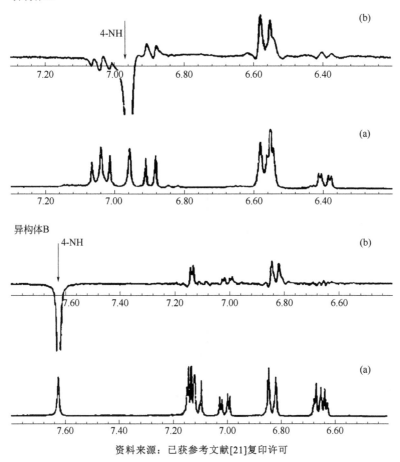

异构体 A

4-NH

(b)

(a)

异构体B

4-NH

(b)

(a)

资料来源：已获参考文献[21]复印许可

5.20　旋转坐标系中，按以下脉冲序列绘制每一步的自旋矢量：

$$90°_x-(1/4J)-180°_x-(1/4J)-\text{Acquire}（采样）$$

（所有脉冲都施加在观测核上）。假设你观察到的原子核是一个与两个质子相连的 ^{13}C 原子，参考频率固定在碳原子的拉莫尔频率上。脉冲序列结束后，对于观测峰的特征，你能得出什么结论？

平衡态

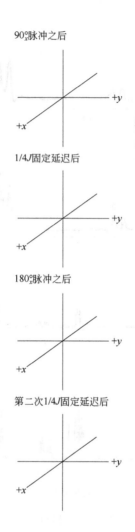

90°$_x$脉冲之后

1/4J固定延迟后

180°$_x$脉冲之后

第二次1/4J固定延迟后

参考文献

[1] Harris, R.K. (1983). *Nuclear Magnetic Resonance Spectroscopy*, 82. London: Pitman Publishing, Ltd.

[2] Günther, H. (1992). *NMR Spectroscopy*, 2nd, 46. Chichester: Wiley.

[3] Hall, L.D. and Sanders, J.K.M. (1980). *J. Am. Chem. Soc.* 102: 5703.

[4] Günther, H. (1992). *NMR Spectroscopy*, 2nd, 270. Chichester: Wiley.

[5] Sanders, J.K.M. and Hunter, B.K. (1993). *Modern NMR Spectroscopy*, 2nd, 191. Oxford: Oxford University Press.

[6] Derome, A.E. (1987). *Modern NMR Techniques for Chemical Research*, 261. Oxford: Pergamon Press.

[7] Morris, G.A. and Freeman, R. (1979). *J. Am. Chem. Soc.* 101: 760.

[8] Derome, A.E. (1987). *Modern NMR Techniques for Chemistry Research*, 137. Oxford: Pergamon Press.

[9] Derome, A.E. (1987). *Modern NMR Techniques for Chemical Research*, 143. Oxford: Pergamon Press.

[10] Claridge, T.D.W (1999). *High-Resolution NMR Techniques in Organic Chemistry*, 138. Amsterdam: Pergamon Press.

[11] Bax, A., Freeman, R., and Kempsell, S.P. (1980). *J. Am. Chem. Soc.* 102: 4849.

[12] Claridge, T.D.W. (1999). *High-Resolution NMR Techniques in Organic Chemistry*, 349. Amsterdam: Pergamon Press.

[13] Bremser, W., Hill, H.D.W., and Freeman, R. (1971). *Messtechnik* 79: 14.

[14] Heaton, N.J., Bello, P., Herradón, B. et al. (1998). *J. Am. Chem. Soc.* 120: 9636.

[15] Dal Cason, T.A., Meyers, J.A., and Lankin, D.C. (1997). *Forensic Sci. Int.* 86: 19.

[16] Shi, Q.W., Sauriol, F., Park, Y. et al. (1999). *Magn. Reson. Chem.* 37: 127.

[17] Sirol, S., Gorricon, J.-P., Kalck, P. et al. (2005). *Magn. Reson. Chem.* 43: 799.

[18] Helms, E., Arpaia, N., and Widener, M. (2007). *J. Chem. Educ.* 84: 1329.

[19] Xie, X., Tschan, S., and Glorius, F. (2007). *Magn. Reson. Chem.* 45: 384-385.

[20] Bonechi, G., Brizzi, A., Brizzi, V. et al. (2001). *Magn. Reson. Chem.* 39: 432-437.

[21] Katritzky, A.R., Akhmedov, N.G., Wang, M. et al. (2004). *Magn. Reson. Chem.* 42: 652.

拓展阅读

弛豫现象

概论

Bakhmutov, V. (2004). *Practical NMR Relaxation for Chemists.* New York: Wiley.

Murali, N. and Krishnan, V.V. (2003). A primer for nuclear magnetic relaxation in liquids. *Concepts Magn. Reson. Part A* 17: 86.

Weiss, G.H. and Ferretti, J.A. (1988). *Prog. Nucl. Magn. Reson. Spectrosc.* 20: 317.

Wink, D.J. (1989). *J. Chem. Edu.* 66:810.

Wright, D.A., Axelson, D.E., and Levy, G.C. (1979). *Magn. Reson. Rev.* 3:103.

碳-13 弛豫

Craik, D.J. and Levy, G.C. (1983). *Top. Carbon-13 Spectrosc.* 4: 241.

Lyerla, J.R. Jr., and Levy, G.C. (1974). *Top. Carbon-13 Spectrosc.* 1: 79.

Wehrli, F.W. (1976). Top. Carbon-13 Spectrosc. 2: 343.

核 Overhauser 效应

Bell, R.A. and Saunders, J.K. (1973). *Top. Stereochem.* 7: 1.

Küvér, K.E. and Batta, G. (1987). *Prog. Nucl. Magn. Reson. Spectrosc.* 19: 223.

Neuhaus, D. and Williamson, M.P. (2000). *The Nuclear Overhauser Effect in Structural and Conformational Analysis*, 2nd. New York: Wiley-VCH.

Noggle, J.H. and Schirmer, R.E. (1971). *The Nuclear Overhauser Effect.* New York: Academic Press.

Saunders, J.K. and Easton, J.W. (1976). *Determ. Org. Struct. Phys. Meth.* 6: 271.

Vögeli, B. (2014). The nuclear overhauser effect from a quantitative perspective. *Prog. Nucl. Magn. Reson. Spectrosc.* 78:1.

NMR 时间尺度的反应

概论

Bain, A.D. (2008). *Annu. Rep. NMR Spectrosc.* 63: 23.

Binsch, G. (1968). *Top. Stereochem.* 3: 97.

Binsch, G. and Kessler, H. (1980). *Angew. Chem. Int. Ed. Engl.* 19: 411.

Casarini, D., Lunazzi, L., and Mazzanti, A. (2010). *Eur. J. Org. Chem.* 2035.

Jackman, L.M. and Cotton, F.A. (ed.) (1975). *Dynamic Nuclear Magnetic Resonance Spectroscopy*. New York: Academic Press.

Kaplan, J.I. and Fraenkel, G. (1980). *NMR of Chemically Exchanging Systems*. New York: Academic Press.

Kolehmainen, E. (2003). *Annu. Rep, NMR Spectrosc.* 49: 1.

Mann, B.E. (1977). *Prog. Nucl. Magn. Reson. Spectrosc.* 11: 95.

Ōki, M. (ed.) (1985). *Applications of Dynamic NMR Spectroscopy to Organic Chemistry*. Deerfield Beach, FL: Wiley-VCH.

Sändstrom, J. (1982). *Dynamic NMR Spectroscopy*. London: Academic Press.

Steigel, A. (1978)., *NMR Basic Principles and Progress*, vol. 15: 1.

受阻旋转

Bushweller, C.H., Lambert, J.B., and Takeuchi, Y. (ed.) (1992). A*cyclic Organonitrogen Stereodynamics,* 1-55. New York: Wiley-VCH.

Kessler, H. (1970). *Angew. Chem. Int. Ed. Engl.* 9: 219.

Martin, M.L., Sun, X.Y., and Martin, G.J. (1985). *Annu. Rep. NMR Spectrosc.* 16: 187.

Nelsen, S.F. (1992). *Acyclic Organonitrogen Stereodynamics* (ed. J.B. Lambert and Y. Takeuchi), 89-121. New York: Wiley-VCH.

Ōki, M. (1983). *Top. Stereochem.* 14: 1.

Pinto, B.M. (1992). *Acyclic Organonitrogen Stereodynamics* (ed. J.B. Lambert and Y. Takeuchi), 149-175. New York: Wiley-VCH.

Raban, M. and Kost, D. (1992). *Acyclic Organonitrogen Stereodynamics* (ed. J.B. Lambert and Y. Takeuchi), 57-88. New York: Wiley-VCH.

Stewart, W.E. and Siddall, T.H. (1970). *Chem. Rev.* 70: 517.

环翻转和环状化合物体系

Booth, H. (1969). *Prog. Nucl. Magn. Reson. Spectrosc.* 5: 149.

Eliel, E.L. and Pietrusiewicz, K.M. (1979). *Top. Carbon-13 Spectrosc.* 3: 171.

Günther, H. and Jikeli, G. (1977). *Angew. Chem., Int. Ed. Engl.* 16: 599.

Lambert, J.B. and Featherman, S.I. (1975). *Chem. Rev.* 75: 611.

Marchand, A.P. (1982). *Stereochemical Applications of NMR Studies in Rigid Bicyclic Systems*. Deerfield Beach, FL: Wiley-VCH.

Riddell, F.G. (1980). *The Conformational Analysis of Heterocyclic Compounds*. London: Academic Press.

原子反转

Delpuech, J.J. （1992）. *Cyclic Organonitrogen Stereodynamics* （ed. J.B. Lambert and Y. Takeuchi）, 169-252. New York: Wiley-VCH.

Jennings, W.B. and Boyd, D.R. （1992）. *Cyclic Organonitrogen Stereodynamics* （ed. J.B. Lambert and Y. Takeuchi）, 105-158. New York: Wiley-VCH.

Lambert, J.B. (1971). *Top. Stereochem.* 6: 19.

Rauk, A., Allen, L.C., and Mislow, K. (1970). *Angew. Chem. Int. Ed. Engl.* 9: 400.

金属有机化合物

Mann, B.E. (1982). *Annu. Rep. NMR Spectrosc.* 12: 263.

(a) Orrell, K.G. and Šik, V. (1987). *Annu. Rep. NMR Spectrosc.* 19: 79; (b) Orrell, K.G. and Šik, V. (1993). *Annu. Rep. NMR Spectrosc.* 27:103; (c) Orrell, G. and Šik, V. (1999). *Annu. Rep. NMR Spectrosc.* 37: 1.

Vrieze, K. and Vanleeuwen, P.W.N.M. (1971). *Prog. Inorg. Chem.* 14: 1.

来自弛豫时间的速率

Lambert, J.B., Nienhuis, R.J., and Keepers, J.W. (1981). *Angew, Chem. Int. Ed. Engl.* 20: 487.

多重照射技术

概论

Castanar, L. and Parella, T. (2015). *Magn Reson. Chem.* 53: 399.

Dalton, L.R. (1972). *Magn. Reson. Rev.* 1: 301.

Hoffman, R.A. and Forsén, S. (1966). *Prog. Nucl. Magn. Reson. Spectrosc.* 1: 15.

Kowalewski, V.J. (1969). *Prog. Nucl Magn. Reson. Spectrosc.* 5: 1.

McFarlane, W. (1971). *Determ. Org. Struct. Phys. Meth.* 4: 150.

McFarlane, W. and Rycroft, D.S. (1985). *Annu. Rep. NMR Spectrosc.* 16: 293.

Micher, R.L. (1972). *Magn. Reson. Rev.* 1: 225.

von Philipsborn, W. (1971). *Angew. Chem. Int. Ed. Engl.* 10: 472.

差谱

Sanders, J.K.M. and Merck, J.D. (1982). *Prog. Nucl. Magn. Reson. Spectrosc.* 15: 353.

选择性激发技术

Freeman, R. (1991). *Chem. Rev.* 91: 1397.

宽带去耦技术

Levitt, M.H., Freeman, R., and Frenkiel T. (1983). *Adv. Magn. Reson.* 11: 47.

Shaka, A.J. and Keeler, J. (1987). *Prog. Nucl. Magn. Reson. Spectrosc.* 19: 47.

一维多脉冲方法

概论

Benn, R. and Günther, H. (1983). *Angew. Chem. Int. Ed. Engl.* 22: 350.

Ernst, R.R. and Bodenhausen, G. (1990). *Principles of Nuclear Magnetic Resonance in One and Two Dimensions.* Oxford: Oxford University Press.

Morris, G.A. (1986). *Magn. Reson. Chem.* 24: 371.

Nakanishi, K. (1990). *One-Dimensional and Two-Dimensional NMR Spectra by Modern Pulse Techniques.* Mill Valley, CA: University Science Books.

Turner, C.J. (1984). *Prog. Nucl. Magn. Reson. Spectrosc.* 16: 311.

Turner, D.L. (1989). *Annu. Rep. NMR Spectrosc.* 21: 161.

组合脉冲

Levitt, M.H. (1986). *Prog. Nucl. Magn. Reson. Spectrosc.* 18: 61.

多量子方法

Bodenhausen, G. (1986). *Prog. Nucl. Magn. Reson. Spectrosc.* 14: 137.

Norwood, T.J. (1992). *Prog. Nucl. Magn. Reson. Spectrosc.* 24: 295.

第 **6** 章
二维 NMR 谱

长期以来 NMR 谱就有多个维度，标准的一维（1D）谱中就包含了频率坐标和信号强度两个维度。除此之外，反应速率和弛豫时间还提供了更多的维度，它们通常以叠加图形式来呈现（图 1.31 和图 5.2）。然而，现代 NMR 谱中第二个维度专指其它独立的频率坐标。1971 年 Jean Jeener 在一次讲座中最先提出了二维谱这个概念，20 世纪 80 年代随着 NMR 仪器的快速发展，二维谱这个概念紧跟理论的脚步得到广泛的应用。NMR 谱中第一个频率维包含有传统原子核的化学位移和耦合常数信息，引入第二个频率维后，我们可以从结构连接、空间关系或动力学交换等方面来研究原子核间的磁相互作用，从而得到更加丰富的内容。

6.1
通过 *J* 耦合的质子−质子相关谱

单脉冲实验就是在一个 90°脉冲之后随即采集自由诱导衰减（FID）信号［图 6.1（a）］的过程，它是最简单的 NMR 实验。采集完数据后，将与时间相关的磁信息进行傅里叶变换后得到频率维，这就是大家熟悉的以 δ 值为横坐标的谱图，此后称之为 1D 谱。

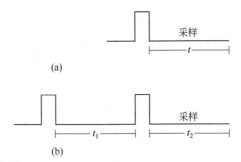

图 6.1　（a）一维 NMR 谱和（b）二维 NMR 相关谱（COSY）的脉冲序列（图中用 90°脉冲；一维实验数据的采集时间为 t，二维实验数据的采集时间为 t_2）

如果 90°采集脉冲之前还有另外一个 90°脉冲［图 6.1（b）］，那么自旋之间的关系还能进行有效演化。这个双脉冲实验被称为相关谱（COSY）。图 6.2 用磁化矢量说明其中发生的情况。我们这里考虑只含有一类原子核的样品，它没有任何耦合对象，如氯仿或四甲基硅烷的 ^{1}H 谱。开始时虽然这个特殊实验的结果可能看起来微不足道，甚至毫无意义，但当我们引入与其它原子核的关系时，它将具有丰富的含义。图 6.2 中孤立的原子核从沿 z 轴的净磁化 *M* 开始［图 6.2（a）］。施加 90°脉冲后，磁化转移到 y 轴［图 6.2（b）］。如果按参考频率旋转坐标系，原子核在较高的频率共振，则自旋的矢量开始演化。经过一段时间后，矢量 M 移动到 xy 平面新的位置上，如图 6.2（c）所示。为了简化绘图，我们忽略了纵向弛豫（T_1）的效应。演化的磁化在数学上可分解为 y 分量（$M_y = M\cos\omega t_1$）和 x 分量（$M_x = M\sin\omega t_1$），其中 ω 为参考频率和共振核频率之差，t_1 为自两个 90°脉冲间的时间间隔。

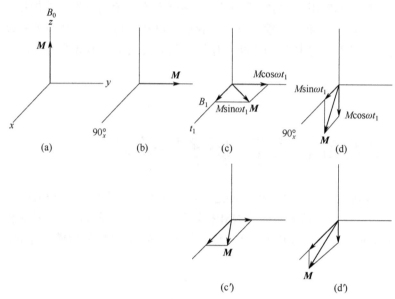

图 6.2　COSY 实验所用的脉冲序列图：（a）开始时；（b）施加第一个 $90°_x$ 脉冲；（c）两个 $90°_x$ 脉冲间的磁化 M 演化的时间；（c′）演化的时间比（c）长一些；（d）和（d′）分别为（c）和（c′）施加最后 $90°_x$ 脉冲之后的情况

　　如果此时沿 x 轴再次施加图 6.1（b）所示的第二个 90°脉冲，它对两个磁化分量的影响不同 [图 6.2（d）]。x 分量不受影响，但 y 分量被转移到 $-z$ 轴上。此时如果在 xy 平面上检测磁化强度，则只剩下 M_x。这就是第二次脉冲后 t_2 时间内得到的 FID。此时 FID 是 t_2 的函数，傅里叶变换后得到共振频率（ν_A）的信号。该信号的强度由时间周期 t_1（$M\sin\omega t_1$）的大小决定。这里用下标来区分演化周期 t_1 和采集周期 t_2 [图 6.1（b）]。如果 t_1 相对较短，M_x（$=M\sin\omega t_1$）很小，只有少量的 x 磁化演化 [图 6.2（d）]，由此产生的信号强度也很小。t_1 值稍长时产生较大的 x 分量 [图 6.2（c′）和（d′）]，$M\sin\omega t_1$ 成分增加。注意图 6.2（d），（d′）中自旋布居数（z，或纵向磁化）被反转。

　　图 6.3 给出了一系列此类实验的结果。随着 t_1 的增加，M_x（$=M\sin\omega t_1$）逐渐增加。当自旋矢量 M 与 x 轴平行时，M_x 达到最大值；当矢量移动到 x 轴的左侧时，峰值随之降低；与 $-y$ 轴平行时，峰值为零；当它经过 y 轴后，强度变为负值；

核磁共振波谱学：
原理、应用和实验方法导论

矢量与$-x$轴平行时，达到最大负值。由于受到 T_2 弛豫的影响，这个最大负值将比开始的最大正值略小一些。从图 6.3 可以清楚看出，当以 M_x 对 t_1 的函数绘图时，这一系列实验将得到一条正弦曲线。图中只显示了一个半周期的情况。频率（对 t_2 傅里叶变换得到 ν_2）沿水平方向（所有的峰值都在 ν_A 处），强度在垂直方向，时间 t_1 或多或少沿对角线的方向（从笛卡尔坐标的角度来说，这些分别是图 6.3 中的 x、z 和 y 坐标）。实际上，通过这种方式收集每步 t_1 生成的数据集构建 FID，它也可以进行傅里叶变换。由于 t_1 中正弦曲线的频率 ω 与 t_2 中初始傅里叶变换的频率相同，因此在绘制两个频率维［图 6.4（a）］时，第二次傅里叶变换的结果是在坐标（ν_A，ν_A）处出现一个单峰，这是先前提到的结果。如果分子包含两个未耦合核，例如乙酸甲酯［$CH_3C(\!=\!O)OCH_3$］，那么沿对角线将出现两个峰，如图 6.4（b）所示，分别位于（ν_A, ν_A）和（ν_X, ν_X），这些谱峰必然出现在 2D 谱的对角线上。

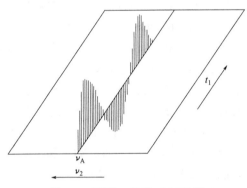

图 6.3   不同 t_1 值的 COSY 图

水平方向以频率 ν_A 向上倾斜的实线为一系列氯仿氢谱的基线。每个峰都来自一个"90°-t_1-90°-采样"循环，接着在 t_2（图 6.1）期间进行傅里叶变换，在 ν_2 轴上得到 ν_A（对应于时域 t_2）。每个循环之后按周期 t_1 递增。t_1 维没有进行傅里叶变换

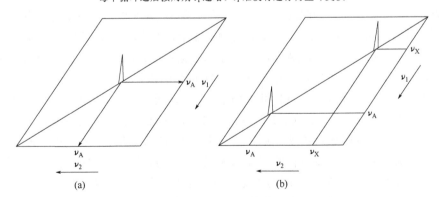

图 6.4   （a）单个孤立核（如图 6.3 所示）进行二次傅里叶变换后得到的 COSY 谱；（b）两个没有耦合原子核的 COSY 谱

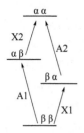

图 6.5 AX 自旋体
系的能级图

当按所示的方式处理两个耦合核的结果时，刚讨论过的实验效果就很明显，耦合核的图谱变得更加复杂。图 6.5 为耦合核 A 和 X 的几种自旋态，如 β-氯丙烯酸 ClCH＝CHCO₂H（忽略羧基质子）中的烯烃质子。由于存在标量（J）耦合，一维 AX 谱共有四个谱峰，对应于图中从最高（A1）到最低（X2）四个不同的频率。传统的一维选择性连续波（CW）去耦实验首先必须考虑扰动自旋的布居数。例如，只照射 A1 的跃迁使 αβ 和 ββ 态的布居数更接近，从而直接影响相连的 X1 和 X2 跃迁强度，间接影响 A2 跃迁强度。A1、X2 被称为渐进跃迁（进入更高自旋态的跃迁），X1 为回归跃迁，A2 为平行跃迁。

脉冲实验中，A1 频率处的能量吸收有类似的作用，它引起磁化或布居数的转移。第一个 90°脉冲用于标记 t_1 周期内 1D 频率的所有磁化：A1、A2、X1 和 X2。图 6.2（d），（d′）为施加图 6.1（b）第二个 90°脉冲的起点。我们把旋转坐标系的参考频率设在 A1 频率。磁化与图 6.2 的类似，在 t_1 期间有 A1 频率。第二个 90°脉冲将所有 z 磁化移动到 xy 平面，在此它可以以任意的频率进动：A1、A2、X1 或 X2。因此，在 t_1 期间 A1 频率的磁化在 t_2 期间被转移到 A2、X1 或 X2，在第二个时间周期内一些磁化仍保留在 A1 频率。两个时间周期内 A1 频率的磁化出现在 2D 谱的对角线上，类似于图 6.4（b）的位置（A1, A1）。然而，转移的磁化表现为对角线外的交叉峰，分别在（A1, A2），（A1, X1）和（A1, X2）位置。图 6.5 的 4 个共振峰每个都有类似的操作，在（A2, A2），（X1, X1）和（X2, X2）处产生三个以上的对角峰，外加九个以上的非对角峰，如（A2, X1）和（X2, A1）。

图 6.6 为 β-氯代丙烯酸（省略羧基的共振）的 COSY 谱，一共有 16 个谱峰（4 个在对角线，12 个在非对角线上）。堆叠图包含着数百个完整的一维实验，每一个实验代表了不同的 t_1 值，肉眼几乎无法区分紧密排列的水平线。从左下角到右上角的对角线（如图 6.4 所示）上是没有磁化转移的 4 个共振峰，也就是说，磁化分量在 t_1 和 t_2 中的频率相同，如（A1, A1）。沿对角线的这四个峰就是常规一维谱的共振峰。

偏对角线的所有谱峰表明存在标量（J）耦合的磁化转移。例如，左下角对角线的上下对称的谱峰对应着 A1 和 A2 间的平行跃迁。一个谱峰代表从 A1 到 A2 的转移，另外一个为从 A2 到 A1 的转移。由于存在这种相互关联的关系，所有非对角峰在对角线两侧成对出现。通常情况下，平行跃迁间的非对角峰与其说是有用，不如说是麻烦，需要用特殊的技术来把它们减弱或删除。对科学家来说最重要的是来自于 A 核和 X 核之间的磁化转移，这些谱峰出现在图 6.6 左上角和右下角的团簇中，代表 A 和 X 跃迁间所有可能的转移：A1 到 X1、X2 到 A1 等—总共 8 个，包括对角线两边的镜像对（A 到 X 和 X 到 A）。

核磁共振波谱学：
原理、应用和实验方法导论

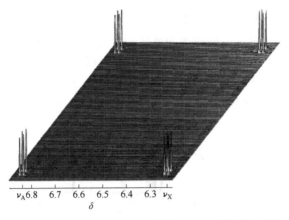

图 6.6 β-氯代丙烯酸双耦合核 COSY 谱的叠加图

资料来源：已获参考文献[6]复印许可

也可以用投影法来展示相同的数据，如图 6.7 所示，该方法没有基线的干扰，仅保留谱峰，就像观众从其正上方看图一样。按照惯例，图谱是正方形，原始的对角线从左下角到右上角。通常用英语的首字母缩写——COSY 来表示 Jeener 实验。由于大多数 2D 实验都涉及到相关，这个名称其实并不太合适，还有很多可供选择的术语，如 90° COSY、COSY90、^{1}H,^{1}H-COSY 或同核 HCOSY 等；但是，大家已经接受了 COSY 这个通用术语，其它术语并没有广泛流行。目前 COSY 实验已经成为复杂氢谱分析的重要组成部分，可用来确定相互耦合的原子核，它是与一维去耦实验类似的二维版本。

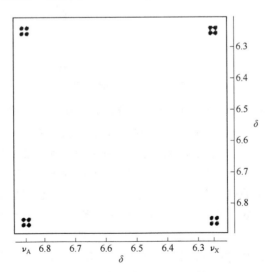

图 6.7 β-氯代丙烯酸双耦合核 COSY 谱的投影图

资料来源：已获参考文献[7]复印许可

图 6.8 为轮烯分子的 COSY 谱。顶部和左侧为 1D 谱，共振峰标记为 α、β 和从 A 到 F。邻位和间位的芳香质子为孤立的自旋体系，它们之间的耦合用标记为 α,β 的交叉峰表示。交叉峰的出现通常表明对角线上两个质子相连的有同碳耦合（^2J）或邻位耦合（^3J），长程耦合通常没有明显的交叉峰。然而，当远程耦合常数大时（4.6 节）也有例外。

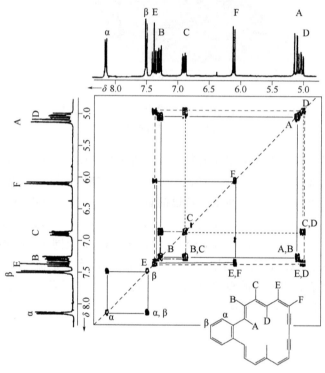

图 6.8　轮烯分子的 COSY 谱
资料来源：已获参考文献[8]复印许可

继续分析图 6.8 中 COSY 谱的剩余部分，归属相关的谱峰，确认分子结构。整个分子中只有质子 A 和 F 与一个质子相邻，裂分得到双重峰。A 与 B 间的反式耦合常数值应该比 E 与 F 间顺式耦合的大，因此 δ6.1 和 5.2 处的双重峰可分别归属为（耦合较小）F 和（耦合较大）A。在 COSY 分析中，基于传统的化学位移和耦合常数进行初步的归属至关重要（第 3 和第 4 章）。COSY 谱分析包括从已知的对角线谱峰到交叉峰，再回到对角线上归属新峰。只有 A 和 F 仅有一个交叉峰（它们只有一个耦合同伴）。大环中其它的共振信号都有两个交叉峰（两个耦合同伴），这个特征为结构的指认提供了归属办法。我们可以从 A 或 F 开始归属。从 A 下降到交叉峰（A，B），水平左移到一个新的对角峰，归属为质子 B。水平经过另一个交叉峰，它必须处于 B 和它的另外一个耦合同伴 C 之间。从（B，C）的交

核磁共振波谱学：
原理、应用和实验方法导论

叉峰向上移动，得到一个新的对角峰，归属为质子 C。水平向右再移动到新的交叉峰（C, D），向上返回到对角线上，归属为质子 D。从 D 下降并通过（C, D），从 D 引出另一个交叉峰，标记为（E, D）。返回到左边的对角线，指认质子 E，从 E 穿过另一个交叉峰，标记为（E, F），从（E, F）返回到对角线完成质子 F 的归属。

IBM 的一个小组用更加复杂的 COSY 谱分析了三肽 Pro-Leu-Gly（**6.1**）的氢谱。

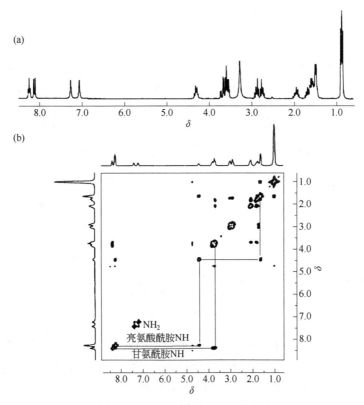

三个羰基破坏了相邻质子的连接，因此该分子由 4 个独立的自旋体系组成：脯氨酸、亮氨酸、甘氨酸和酰胺端基。图 6.9（a）为没有归属的一维氢谱。因为

图 6.9　（a）DMSO 中三肽 Pro-Leu-Gly 的 300 MHz 氢谱和（b）具有 NH 质子连接的 Pro-Leu-Gly COSY 谱

资料来源：IBM 仪器公司提供

没有芳香氢，$\delta 7.0 \sim 8.3$ 处的高频（低场）谱峰应来自氮上的质子，而 $\delta 3.3$ 处的宽峰来自溶剂 HOD。图 6.9（b）为含有酰胺共振峰连接的 COSY 谱。可立即指认 $\delta 7.0$ 和 7.2 处的共振为末端 NH_2 非等价质子，原因是它们与外部的质子不相邻。在 $\delta 8.2$ 处是一个三重峰（紧挨着 CH_2），归属为 Gly-NH 质子，只与 $\delta 3.6$ 处的 CH_2 基团连接（完整的 Gly 部分谱图）。$\delta 8.1$ 处为 Leu 的 NH 共振，是一个双峰（靠近 CH），与 $\delta 4.3$ 处的共振相关，该共振峰还有其它的连接。因为没有观测到第三个 NH 的共振峰，所以 Pro-NH 必定被四极增宽，或者与 HOD 进行氢氘交换。

图 6.10（a）的谱图为 Leu 部分的完整 COSY 分析，可以确认 $\delta 8.1$ 处的 NH 共振属于 Leu 的一部分而不是 Pro 的事实。预期的 Leu 连接如下：NH→CH→CH_2 →CH→$(CH_3)_2$。观察到具有以下连接性的交叉峰（从 NH 开始）：$\delta 8.1$（d）→4.3（q 或 dd）→1.5（m）→0.9（dd）。显然，很可能是来自 CH_2 和异丙基 CH 的共振峰化学位移重叠。正如所料，CH_3 质子的共振频率最低，不可能来自任何 Pro 上的基团。由于丁基与手性中心相连，这两个甲基是非对映异位体，所以谱图表现出更高的多重度 [dd，图 6.9（a）]。

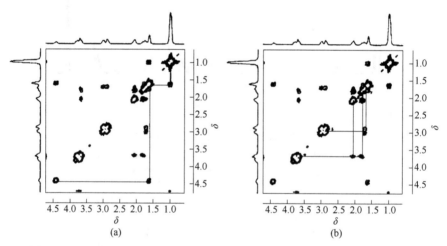

图 6.10 （a）Pro-Leu-Gly 三肽中亮氨酸部分和（b）Pro-Leu-Gly 三肽中脯氨酸部分的连接图
资料来源：IBM 仪器公司提供

图 6.10（b）谱图为 Pro 的连接。最高频率的共振（$\delta 3.7$）应该来自于羰基邻近的（α）CH 基团。$\delta 3.7$ 处的整个共振峰为 Pro-CH（高频部分）与 Gly-CH_2（低频部分）的重叠。Pro-CH 在 $\delta 1.7$ 和 1.9 处有两个非对映异位 β 质子的交叉峰，它们相互耦合，有各自的交叉峰。遗憾的是，γ 质子在附近（$\delta 1.6$），但是它们与在 $\delta 2.8$ 处的 δ 质子有相关峰，这就可以完整归属谱图。图 6.11 给出归属的结构及其对应的 1D 谱峰位置。

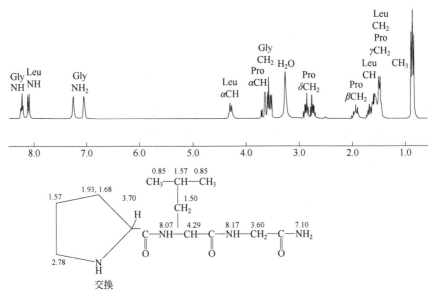

图 6.11　Pro-Leu-Gly 氢谱的归属

资料来源：IBM 仪器公司提供

　　COSY 实验中，对角线的周围可能出现没有对称性的伪峰，这有多种原因。第一，t_1 和 t_2 两个周期中存在数字分辨率的差异，可能妨碍完美的对称性。第二，脉冲的长度不准确。第三，延迟时间内的横向弛豫不完全产生伪交叉峰。第四，可能存在纵向弛豫的影响。如果在 t_1 期间 z 方向上的任何磁化不进动，将会被第二个 90° 脉冲转动至被认为是 $\nu_1 = 0$ 的位置（参考频率的位置）。因此，信号在 $\nu_1 = 0$ 处和与共振相关的任意 ν_2 值处出现，从而在 2D 图中形成一条噪声带，称为轴上谱峰或 t_1 噪声。第五，也是最后一点，在两个维度上可能有信号折叠现象，产生偏离的对角峰，甚至交叉峰。通过优化脉冲的长度、保持充分的横向弛豫时间、利用相位循环或对称化将使这些伪峰最小化。通过对第二个脉冲交替 +90° 和 −90° 可以抵消 z 磁化，很大程度上抑制轴向的谱峰。或使用更复杂的 CYCLOPS 程序抑制轴向谱峰，消除其它的伪峰，如正交虚像（5.8 节）。对称化是对角线两侧施加对称的过程，它可以方便消除大多数伪峰，但不是全部。例如，如果两个共振有 t_1 噪声带，其中一条带上的点可能出现在另一条带上镜像的精确位置（相对于对角线）。尽管这些条带大部分被消除，但对称位置上的两个峰得以保留，作为清晰的交叉峰出现，我们要尽量消除它们。COSY 实验的优化步骤将在第 7 章讨论。

　　标准的 COSY 实验有许多的版本，它们要么改进了基本目的，要么提供新的信息。我们将考虑其中的几个因素，不关注具体脉冲序列的细节。

6.1.1 COSY45 谱

　　对角峰的信号强有时会妨碍我们对重要相邻交叉峰的理解，这个问题对于平行跃迁产生的交叉峰更严重（图 6.5）。COSY45 实验降低了对角峰和平行跃迁交叉峰的强度。图 6.12 比较了 2,3-二溴丙酸（$CH_2BrCHBrCO_2H$）COSY90 和 COSY45 谱的实验结果。COSY45 实验消除了对角线附近的杂乱区域，并提供了与耦合常数符号有关的信息。COSY45 实验的名称源自第二个脉冲长度的变化：$90°-t_1-$

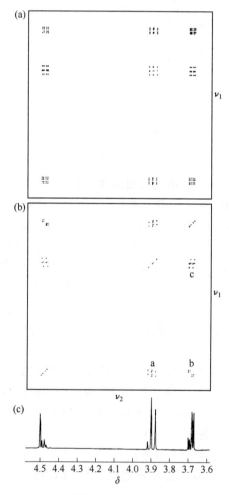

图 6.12　2,3-二溴丙酸的（a）COSY90，（b）COSY45 谱和
（c）COSY45 图谱交叉区的一维谱
资料来源：已获参考文献[9]复印许可

核磁共振波谱学：
原理、应用和实验方法导论

45°−t_2（采样）。使用小翻转角限制了原子核间的磁化转移，但对于直接相连平行跃迁的影响大于相距更远的渐进和递减跃迁。通过抑制渐进交叉峰，对角峰侧的信号得以净化，但不可避免造成信号的丢失。解决这个问题的折中办法是使用翻转角 60°（COSY60），但是任何灵敏度的提高都是以牺牲对角线的分辨率为代价。

检查图 6.12 中 COSY45 谱的交叉峰，发现它的总体外观与常规 COSY 谱有所不同：它不像常见的正方形或长方形，许多交叉峰具有明确的倾斜方向，且倾斜的方向与耦合常数的相对符号有关。如 AMX 体系中，A,M 的非对角峰由 J_{AM} 的磁化转移造成，被称为主动耦合。然而，它的倾斜方向取决于 A 和 M 与第三个核 X 的耦合符号是否相同或相反。例如，如果两个被动耦合 J_{AX} 和 J_{MX} 符号相同，斜率为正（与对角线平行）；如果它们的符号相反，则斜率为负（与对角线正交）。

COSY 谱上的交叉峰主要由同碳 ^2J（HCH）或邻位 ^3J（HCCH）耦合引起。因为大部分氢氢相连的推断基于邻位耦合，所以能够区分这两类耦合很有用。第 4 章讲过，一般情况下邻位耦合为正，同碳耦合（至少在饱和碳上）为负，因此原则上这两类耦合可以通过 COSY45 谱中的斜率方向来区分，如图 6.12 所示。从谱图来看，这个谱更接近 ABX 而不是 AMX 自旋体系，但仍然显示了预期的非对角 COSY 峰。非对映异位 CH₂ 质子的共振频率为 δ 3.67 和 3.89，而次甲基质子的为 δ 4.49，原因是它的碳原子与两个吸电子的取代基（Br 和 CO₂H）相连，位移到更高频率（更低场）。被标记为 a 和 b 的非对角峰来自亚甲基质子和次甲基质子的主动耦合：一个正的邻位耦合。这些交叉峰的被动耦合属于与非对映异位对的同碳耦合以及与其它亚甲基质子的邻位耦合。由于这些耦合的符号相反，斜率为负。标记为 c 的非对角峰来自对映异位亚甲基质子间的主动耦合。这个交叉峰的被动耦合属于非对映异位质子与其相邻质子间的两个相邻耦合。因为两个被动耦合都是正值，所以斜率为正。这样，c 被视为同碳质子间的交叉峰。

6.1.2　长程 COSY 谱（LRCOSY 或延迟 COSY）

COSY 实验中，一般假设磁化转移产生的交叉峰主要来自二键或三键（同碳或邻位）质子的耦合。然而，长程耦合的信息也可能在结构分析中有用。在演化和检测期［90°−t_1−Δ−90°−Δ−t_2（采样）］中引入固定延迟Δ，牺牲强耦合、增强弱耦合，这样磁化转移后就可得到长程 COSY 谱。图 6.13 为多环芳香化合物的 COSY 和 LRCOSY 谱的实验结果比较。COSY 谱中只有邻位质子（1,2 和 3,4）间的交叉峰，而在 LRCOSY 谱中，除了上述交叉峰外，周围质子（5,6 和 4,6）间还有其它的交叉峰。因此，LRCOSY 提供稠芳香环间连接信息就有用了。

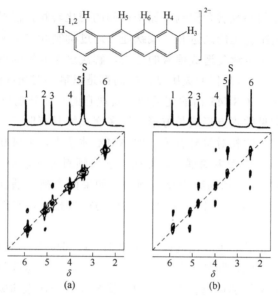

图 6.13　萘并联苯烯（naphthobiphenylene）二价阴离子的 400 MHz（a）COSY 和（b）LRCOSY 谱（信号 S 来自溶剂）

资料来源：已获参考文献[10]复印许可

6.1.3　相敏 COSY 谱（φ-COSY）

　　傅里叶变换涉及从正弦和余弦曲线之和建立起一个信号。谱图上的每个点都有正弦和余弦的贡献，它们之间的相位差为 90°。这些贡献有时分别被称为虚部和实部，数学上表示为色散模式和吸收模式。大家熟悉的正峰形式的谱图就是同相或吸收的信号。色散信号常见于电子自旋共振谱，表现为横向的 S 形，一部分信号低于基线，一部分高于基线（图 2.11）。这种信号在峰的位置处出现负和正的最大值，当符号改变时，共振频率处的信号强度为零。NMR 实验通常通过相位校正过程转换到吸收模式，但是这两个信号也可以数学组合得到所谓的强度或绝对值谱。

　　到目前为止，我们所研究过的许多 COSY 谱都用强度来表示，原因是各个峰间在纯模式下有相位差。未转移的磁化（出现在对角线上）和转移到平行跃迁的磁化都没有相位变化。然而，其它的交叉峰有相位变化。渐进跃迁（图 6.5 中的 A1 到 X2）间的转换相位移动-90°，而递减跃迁（A1 到 X1）间为+90°。由于吸收和色散模式之间相位差 90°，所以对角峰校正为吸收型时，交叉峰为色散型，反之亦然。渐进和递减跃迁的交叉峰总是相位差 180°。如果一个交叉峰表示正吸收，那么另一个为负吸收；或如果一个交叉峰开始时为负的色散信号，另一个则

核磁共振波谱学：
原理、应用和实验方法导论

为正信号。强度或绝对值模式用于消除所有的相位差并得到吸收型谱峰,由此所得的谱峰往往很宽,经常被扭曲。在谱峰重叠很小的小分子中使用强度谱可能没有问题,但是对于大分子如蛋白质、多糖或多核苷酸可能会出现谱峰重叠难以接受的现象。相敏 COSY 实验可以将交叉峰调整为纯吸收(实部)模式。该方法不仅提高了分辨率,而且更容易从数据高度数字化的交叉峰读出耦合常数。

由于二维方法涉及两个时域,所以 t_1 和 t_2 中的变换都会产生实部和虚部分量,结果二维的相敏信号有四种而不是两种表现模式。这些相位模式对应着以下四种情况:①两个频率信号都是实数;②两个信号都是虚数,或(③和④)一个是实数,另一个是虚数。图 6.14 给出了这四种模式的谱图。实-实(RR)模式得到我们熟悉的谱峰,它的底部有一个四点星形的轮廓。图 6.15(见下页)展示了当对角和平行分量校正为色散型(都是虚部)时,以及当渐进和递减交叉峰校正为吸收型(都是 RR,但相位差 180°)时双自旋 COSY 谱的表现。这种常见的相敏表示法可以用来直接识别耦合的交叉峰,确定 J 值的大小。

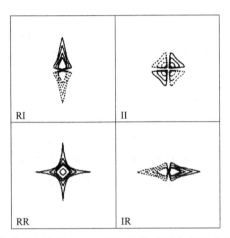

图 6.14　与频率模式对应的四种 2D 相位象限［图中象限分别为实-实(RR)、
虚-实(IR)、实-虚(RI)和虚-虚(II)］
资料来源:已获参考文献[11]复印许可

6.1.4　多量子过滤 COSY 谱

为了测量来自卫星峰的 $^{13}C—^{13}C$ 耦合,使用一维 INADEQUATE 脉冲序列时需要抑制中心的单重峰信号(5.7 节),这个过程涉及创建双量子相干(5.8 节)。2D 氢谱中也可以使用类似的方法来抑制单量子相干的单重峰。这些单重峰可能来自于溶剂,也可以来自没有耦合的甲基,两者都妨碍了对复杂谱中高度裂分共振峰的定位。双量子过滤 COSY(DQF-COSY)实验中,第二次 COSY90 脉冲后施

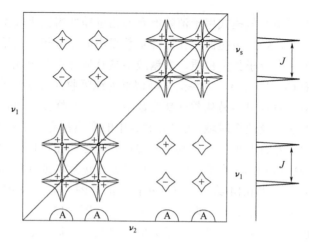

图 6.15 双自旋相敏 COSY 示意图（对角峰为色散模式，交叉峰为
反相吸收的模式。一维谱在右侧）

资料来源：已获参考文献[12]复印许可

加另一个 90°脉冲，借助相位循环将多量子相干转化为可观测的磁化，所得二维谱的对角线上就消除了所有的单重峰。例如，图 6.16（a）中赖氨酸$^+NH_3CH$ $(CH_2CH_2CH_2CH_2NH_2)CO_2^-$的 DQF-COSY 谱就没有溶剂（HOD）峰，它被当作单量子相干被抑制。相敏 DQF-COSY 实验的一个重要特点是使用双量子过滤，对角峰和交叉峰可同时校正为纯吸收型。这个特征降低了所有对角线信号的强度，从而允许观察到靠近对角线的交叉峰。DQF-COSY 谱的唯一缺点是灵敏度降低了 2倍。三量子过滤 COSY（TQF-COSY）实验同时消除单重峰以及 AB 或 AX 四重峰，进一步简化谱图，但带来灵敏度损失增加，因此用途不大。

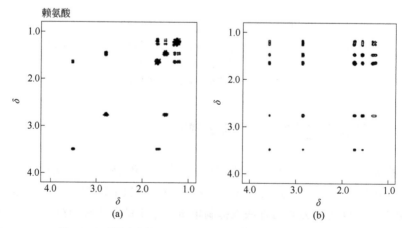

图 6.16　赖氨酸的（a）DQF-COSY 和（b）TOCSY 谱

资料来源：已获参考文献[13]复印许可

核磁共振波谱学：
原理、应用和实验方法导论

6.1.5 全相关谱（TOCSY）

标准 COSY 实验中，整个自旋体系比如丁基（$CH_3CH_2CH_2CH_2$—）内的连接必须通过一系列的交叉峰从一个质子映射到另一个质子上。如果在第二个 COSY 的脉冲期间自旋锁定质子，那么所有质子的化学位移可以基本上变为等价，这与固体 NMR 中通过交叉极化使质子和碳的共振频率等价而实现 Hartmann-Hahn 条件（1.9 节）类似。这个实验的 2D 版本中，初始的 90°脉冲和 t_1 周期依然相同，但是第二个脉冲沿 y 轴锁定磁化，让所有质子都具有自旋锁定的频率。一个自旋体系中所有耦合的自旋彼此紧密耦合，即使没有 J 耦合，磁化也会从一个自旋传递给其它的所有自旋。图 6.16（b）为赖氨酸的全相关谱（TOCSY）实验结果。频率最低的亚甲基（右上角）有四个 TOCSY 交叉峰，一个为与其它三个亚甲基的相关峰，另外一个是与次甲基质子的交叉峰。TOCSY 实验是 Homonuclear Hartmann-Hahn（HOHAHA）实验的改进版，在大分子研究中具有特别的优势，包括增强灵敏度等。如果需要的话，对角峰和交叉峰也可调整为吸收模式，从而提高分辨率。该实验大大简化了氨基酸或核苷酸残基共振峰的指认过程，每一个残基上的质子预期都可能与残基上的其他所有质子出现交叉峰，而与其它残基间的质子没有交叉峰。

6.1.6 接力 COSY 谱

接力相干转移（Relayed Coherence Transfer，RCT）提供了另一种不常用的连接扩展方法。AMX 体系的 COSY 实验中，如果 $J_{AX} = 0$，那么观察到 A 和 M 间以及 M 和 X 间的交叉峰。如果 M 的关键对角峰与另一个自旋体系的共振峰偶然重合，那么它就难以遵循原有的连接通路。（回想图 6.10 中 Pro-Leu-Gly 的 COSY 谱上 Leu 部分）RCT 实验在（A，M）和（M，X）交叉峰之间生成一个交叉峰，这就消除了前面的歧义。对于 M 和 M′共振重叠的 AMX 和 A′M′X′体系，结果如图 6.17 所示（见下页）。COSY 谱包含有预期的四个交叉峰。RCT 实验出现两个新的交叉峰，它们把单个自旋体系的交叉峰连接起来。两个新的交叉峰被标记为（A，M，X）和（A′，M′，X′），它清楚显示了 AMX 和 A′M′X′内的质子连接关系。

6.1.7 J-分辨谱

第 5 章中我们看到了自旋回波实验分离化学位移或耦合常数特征的过程。二

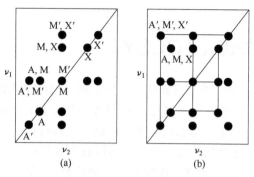

图 6.17 M 和 M′部分重叠的两个三自旋体系（AMX 和 A′M′X′）的
（a）COSY 和（b）接力相干转移（RCT）谱

维谱中自旋回波可以产生两个频率维：一个化学位移维和一个耦合常数维。例如，序列 $90°-1/2t_1-180°-1/2t_1-t_2$ 使用 $180°$ 脉冲重聚 t_1 期间的化学位移，葡萄糖衍生物的结果如图 6.18 所示。^1H 的频率在水平轴（δ 标识的 ν_2 轴），顶部为正常的 1D 谱 [图 6.18（a）]。垂直轴（"f_1" = ν_1）只有质子-质子耦合的多重峰，每个多重峰中心的频率为零，即所有多重峰均在相同的 $\nu_1 = 0$ 化学位移处。因此，从垂直轴来看，最高频率（最低场）的 H-3 进一步裂分为一个四重峰。对水平轴上重叠的单个多重峰每个部分做 $45°$ 投影 [图 6.18（b）] 后，实质上得到每个质子去耦的氢谱，每个共振峰上都没有耦合信息。这是一种检测氢谱的新方法，由于它没有显示出任何质子间的连接，所以还没有得到广泛使用。

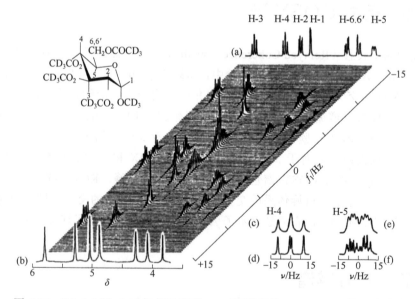

图 6.18 2,3,4,6-四-O-三氘代乙酯基-α-D-葡萄糖苷 270 MHz 二维 J-分辨谱

资料来源：已获参考文献[15]复印许可

这个脉冲序列是自旋回波实验的一种改进版，它重聚了场非均匀性引起的频率展宽，从而提高了分辨率。图 6.18 右下角的插图给出顶部 H-4 和 H-5 正常的一维谱［图 6.18（c）和（e）］和底部未旋转的二维 J-分辨谱投影［图 6.18（d）和（f）］提取自二维显示顶部的谱投影［图 6.18（a）］，显而易见二维谱的分辨率更高。因此这是一种准确测量 J 值的有效方法，特别是当 J 耦合在 1D 谱中分辨率很低时更有用。但对于紧密耦合的原子核（二级或高级谱）则无能为力。

除了能解决 1D 谱中可能缺失的弱耦合外，J-分辨谱还可以区分同核和异核的耦合。图中的垂直轴仅显示受到 180° 脉冲影响自旋间的耦合，因此在该轴上只有 ^{1}H—^{1}H 的耦合，与异核的耦合没有受到相位调制影响，因此表现为水平轴上等间距的多重峰。这样，^{1}H—^{19}F 和 ^{1}H—^{31}P 的耦合就可以与 ^{1}H—^{1}H 的耦合区别开来，J-分辨谱中 ^{1}H—^{1}H 的耦合被去除，结果见底部（b）图所示。

6.1.8 其它核的 COSY 谱

天然丰度为 100% 的任意自旋 1/2 核都可以进行基本的 COSY 实验。除了 ^{1}H—^{1}H COSY 外，该方法还适用于有机氟和有机磷化合物中的 ^{19}F—^{19}F（F,F-COSY）和 ^{31}P—^{31}P（P,P-COSY）。当原子核的天然丰度低于 100% 时，如 Li,Li-COSY，需要把未耦合的中心峰与耦合的卫星峰分离，这时通常采用 2D INADEQUATE 序列（6.4 节）。

6.2
质子-异核相关谱

标准 COSY 实验中交叉峰由质子间标量（J）耦合引起的磁化转移产生。从质子到另一种原子核（如碳-13）的耦合应该能够产生类似的结果。它们的交叉峰可以提供碳原子与质子间成键的有用信息。这样，归属质子共振后将自动完成与之成键的碳共振指认，反之亦然。最近，这个领域有了显著的发展，目前已经有多个脉冲序列用于探索质子和碳或其它杂核间的连接。

6.2.1 HETCOR 谱

将质子磁化转移到碳上最简单的二维序列如图 6.19 所示。这个脉冲序列的形式让人想起一维 INEPT 序列，除了没有 180° 脉冲之外，它对磁化的操纵与图 5.19 几乎相同，初始 90° ^{1}H 脉冲产生 y 磁化。在最简单的 C—H 键（如 CHCl$_3$）情况中，t_1 时间内 ^{1}H 的磁化以质子拉莫尔频率进行演化，由于与 ^{13}C 耦合，所以两个 ^{1}H 的矢量被分散。第二个 90° ^{1}H 脉冲产生非平衡的 z 磁化，它按照图 5.19 INEPT 实验方式转移到 ^{13}C 上。然后，施加的单个 90° ^{13}C 脉冲提供了 t_2 期间采集的 ^{13}C FID，最终的 2D 谱包含一个 ^{1}H 频率（ν_1）轴和一个 ^{13}C 频率（ν_2）轴。

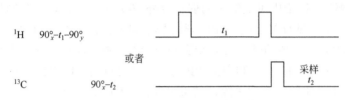

图 6.19　HETCOR 实验的脉冲序列

对于简单的异核 AX 体系，当分别投影到 ^{1}H 或 ^{13}C 轴（分别对应着 AX 谱中的 A 和 X 部分）时，它的 2D 谱包含有类似于 INEPT 实验的两个峰。因此，被检测到的 ^{1}H 共振对应于常规氢谱中 ^{13}C 的卫星峰。

为了实现去耦，在上面的脉冲序列中又增加了一个脉冲和两个固定周期（图 6.20）。第一个（90°$_x$）^{1}H 脉冲允许化学位移和耦合常数在 t_1 期间演化。180° ^{13}C 脉冲重聚 ^{1}H 维的 H—C 耦合常数，从而实现检测 ^{13}C 同时对 ^{1}H 去耦。固定时间 Δ_1 可以让 ^{1}H 的矢量回到图 5.19（d）所示的相反相位（相位差 180°）。第二个（90°$_y$）^{1}H 的脉冲将相反相位的矢量转移到 z 轴，极化按相反相位转移到 ^{13}C 上，90° ^{13}C 脉冲用于观测。第二个固定时间 Δ_2 恢复相位排列，允许在 ^{13}C 采样时对 ^{1}H 去耦。

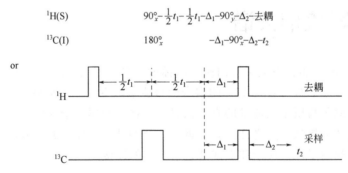

图 6.20　带 ^{1}H 去耦的 HETCOR 实验脉冲序列图

图 6.21 为金刚烷衍生物的 HETCOR 谱。纵轴和横轴分别为 ^{1}H、^{13}C 频率维。对应的 1D 谱分别在谱图的左侧和顶部。二维谱仅由交叉峰组成，每个交叉峰表

核磁共振波谱学：
原理、应用和实验方法导论

示化学键相连的碳与质子。因为频率维代表两种不同的原子核，所以没有对角峰（也没有与对角相关的镜像对称）。在这个实验中季碳不出峰，原因是固定时间Δ_1和Δ_2通常设置为单键耦合常数值。这个实验通常是完成 ^1H 和 ^{13}C 共振峰归属的必要实验。它的名字异核化学位移相关缩写为 HETCOR，但其它缩写如 HSC（用于表示异核位移相关）和 H,C-COSY 也在用。该方法也可应用于其它与质子耦合的原子核，如 ^{15}N、^{29}Si、^{31}P 和 ^{13}C 等。

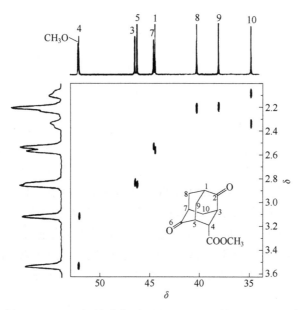

图 6.21　4-(甲氧基碳基)金刚烷-2,6-二酮的 HETCOR 谱

资料来源：已获参考文献[16]复印许可

　　图 6.21 说明了 HETCOR 实验的两个优点：①质子和碳之间的相关意味着归属一种原子核的谱图时自动实现对另一种核的谱图指认。因此，^{13}C 的归属可以协助 ^1H 的指认，反之亦然。②重叠的质子共振峰往往可以在碳维上分开。即使在非常高的磁场中，也会存在质子共振峰重叠现象；以 H-8 和 H-9 为例，图中它们在 $\delta\,2.2$ 处重合。C-8（$\delta\,40$）和 C-9（$\delta\,38$）两个交叉峰的存在揭示了有氢维谱峰的重叠现象。H3 和 H5 的情况也类似。

　　COSY 的交叉峰可以源自同碳（HCH）或邻位连接（HCCH）质子，因此容易造成歧义。非对映异位同碳质子连接到同一个碳原子上，因此有与一个 ^{13}C 频率的 HETCOR 相关峰，而邻位质子连接到不同的碳上，因此对应于两个不同 ^{13}C 频率的 HETCOR 峰。HETCOR 谱中并没有这个优点，但是它可用于区分 COSY 谱中的同碳和邻位质子。

6.2.2 HMQC 谱

HETCOR 实验的一个主要缺点是检测 X 核（通常是 ^{13}C），灵敏度较低。HMQC（通过多量子相干的异核相关）实验使用反向检测，用 ^1H 谱观测 ^{13}C 的响应。图 6.22 为对应的脉冲序列，它属于相干转移，而不是极化转移。

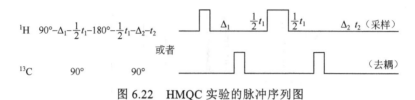

图 6.22　HMQC 实验的脉冲序列图

来自 90°脉冲的初始 ^1H 磁化通过 $^1H—^{13}C$ 的耦合常数在固定周期Δ_1内反相。然后，由第一个 ^{13}C 脉冲产生多量子相干。序列的剩余部分选择双量子或更高的量子相干（来自 ^1H 谱中的 ^{13}C 卫星峰），而不是单量子相干（来自 ^1H 的中心峰），这一过程与 5.7 节中一维 INADEQUATE 实验类似。尽管在 ^1H 的 t_2 采集期间施加 ^{13}C 照射进行去耦，但在图 6.23 的樟脑二维谱中 ^1H 维上仍然还有 ^1J ($^1H—^{13}C$) 的耦合信息。HETCOR 与 HMQC 的主要区别在于周期 t_2 内前者采集 ^{13}C（图 6.20），而后者为 ^1H（图 6.22）。因此，HMQC 实验更加灵敏。与 HETCOR 一样，HMQC 也可以用于检测 ^{13}C 以外的杂核，其中最常见的是与 ^{15}N 相关的实验。

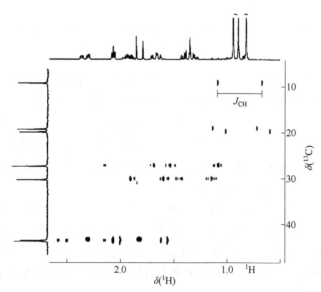

图 6.23　樟脑的 ^1H,^{13}C-HMQC 谱，^1H 维上还留有 $^1H—^{13}C$ 的耦合信息

6.2.3 BIRD–HMQC 谱

HMQC 实验中，最困难的是抑制 ^{12}C（中心峰或单量子相干）上的质子信号，保留 ^{13}C（卫星峰或双量子相干）上的质子信号。在脉冲序列中施加脉冲梯度场（PFG，6.6 节）是最有效的办法，但许多谱仪缺乏所需的硬件。幸运的是，可以用双线性旋转去耦（BIRD）序列来有效抑制中心峰，如图 6.24 中的矢量符号所示。

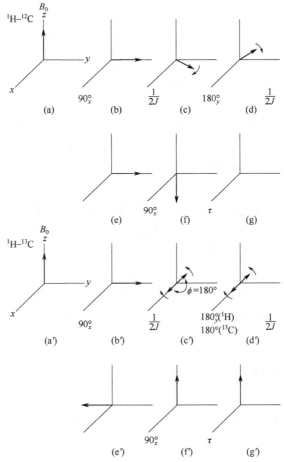

图 6.24　BIRD 序列选择与 ^{13}C 而不是与 ^{12}C 相连的质子过程

这里有两组矢量，一组为连接 ^{12}C 的质子，另一组是连接 ^{13}C 的质子。初始 90°质子脉冲沿 x 方向 [图 6.24（a），(a′)] 将所有的磁化转移到 y 轴上 [图 6.24

(b)、(b')]。（请记住，最后施加的是反向检测的 HMQC 脉冲，在质子通道中进行最终的检测）。^{12}C 上的质子不裂分，因此它们的磁化按矢量图的上半部分演化（这里以一个频率为例）。在延迟周期$(2J)^{-1}$后，这些矢量按各自的拉莫尔频率到达 y 轴的任意角度［图 6.24（c）］，如下面的矢量图所示。相反，^{13}C 上的质子演化成两个矢量［图 6.24（c')］，它们之间的频率差为单键耦合常数（$\Delta\omega = 2\pi\Delta\nu = 2\pi J$）。为了简化起见，示意图的中心保持在 y 轴上，但是矢量的化学位移根据它们的拉莫尔频率演化。经过延迟周期$(2J)^{-1}$后，这些矢量相差 180°［图 6.24（c'），5.5 节，$\phi = 2\pi(\Delta\nu)t = 2\pi J(2J)^{-1} = \pi$］。此时，沿 y 轴对 ^{1}H 通道施加一个 180°脉冲，一个 180°脉冲作用于 ^{13}C 通道。^{1}H 脉冲使 ^{12}C 上质子矢量绕 y 轴旋转［图 6.24（d）］，因此在另一个周期$(2J)^{-1}$后，该矢量汇聚到 y 轴，产生自旋回波［图 6.24（e）］。然而，同步的 ^{13}C 脉冲改变 ^{13}C 上质子耦合同伴的自旋特性，让矢量继续发散，如图 5.14 所示。第二周期$(2J)^{-1}$之后，这些矢量汇聚到$-y$轴上［图 6.24（e'），$\phi = 360°$］。沿 x 轴施加第二个 90°脉冲将所有的质子磁化返回到 z 轴。因为与 ^{12}C 相连的质子与图 6.24（e）、（e'）的相位相反，所以它们现在指向$-z$轴［图 6.24（f）］，而与 ^{13}C 相连的质子指向$+z$轴［图 6.24（f'）］。接着，实验提供进行弛豫的延迟时间τ。现在 ^{13}C 上的质子本质上已经处于平衡态，不受影响［图 6.24（g'）］，但 ^{12}C 上的质子相反，开始弛豫回到平衡态。经过一段时间τ后，施加 HMQC 脉冲，把 ^{12}C 上的质子磁化正好变为零［图 6.24（g）］。这样，BIRD 选择了多量子相干［^{13}C—^{1}H，图 6.24（g'）］，抑制了单量子相干［^{12}C—^{1}H，图 6.24（g）］。

整个实验因此变成 BIRD—τ—HMQC—DT，其中选择合适的 τ 值可让单个量子相干为零，DT 是重复脉冲间的正常延迟时间。DT 包括采集信号所需的时间以及信号通过弛豫恢复的循环时间。具体实验要求对弛豫时间 T_1 有一定的了解，选择合适的时间间隔τ和 DT。优化后可以有效抑制不需要的小分子信号。然而，分子较大时有来自反转信号的负 NOE 效应（6.3 节），从而灵敏度降低。

6.2.4　HSQC 谱

异核单量子相关（HSQC）实验是与 HMQC 结果相似的另外一种方法。该实验通过一个 INEPT 序列产生单量子 ^{13}C（或 ^{15}N）相干，该相干不断演化，通过第二个 INEPT 序列将其返回质子频率，这个 INEPT 的过程刚好与第一次的相反。它与 HMQC 结果的主要区别在于，HSQC 谱中 ^{13}C（ν_1）维不包含 ^{1}H—^{1}H 的耦合信息。因此与类似的 HMQC 交叉峰相比，HSQC 交叉峰的分辨率往往更高。当氢谱中谱峰重叠现象严重时，HSQC 是首选方法。

6.2.5 COLOC 谱

为了关注远程的 H—C 耦合，可以相应延长 HETCOR 的固定时间Δ_1和Δ_2。但由此发生横向弛豫，造成磁化的损失，从而大大降低灵敏度。通过长程耦合的相关谱（correlation spectroscopy via long-range coupling，缩写为 COLOC）脉冲序列通过在Δ_1延迟期内加入 ^{1}H 演化周期 t_1 可以避免这个问题。图 6.25 为香兰素的 COLOC 谱。圈起来的交叉峰来自残留的单键耦合。甲氧基唯一的远程耦合是与 C3 的耦合，这表明它与甲氧基质子长程相连。不过，也看到其它的长程耦合，如 C1 和 H5、C3 和 H5、C2 和 H7。

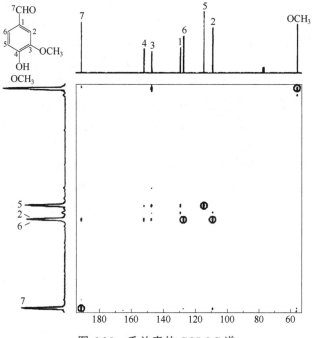

图 6.25　香兰素的 COLOC 谱
资料来源：已获参考文献[18]复印许可

COLOC 序列的主要缺点是它的演化周期固定。当分子片段中的双键和三键的 ^{1}H—^{13}C 耦合大小与 ^{1}H—^{1}H 耦合接近时，这个脉冲序列的 C—H 相关信号减弱甚至消失。这种情况很常见（第 4 章）。FLOCK 序列（这样命名是因为它包含了三个 BIRD 序列，图 6.24；参见 7.3.3.2 节）包含一个演化时间变量，在 t_1 时间内，演化时间逐渐变大，避免了潜在的 C—H 相关损失。这个方法可以检测碳，在 ^{1}H 谱信号重叠时很有用。

6.2.6 HMBC 谱

长程 H—C 耦合相关至少有两个潜在的优势：①HETCOR/HMQC/HSQC 系列实验中观察不到季碳，因此它们不能用于研究羰基碳和季碳。然而，这些碳原子很可能与两个或两个化学键以上的质子耦合。②单个碳原子可能与几个相邻的质子相关。因此，杂原子或羰基上的连接信息能帮助定义更大的结构片段，从而完善 COSY 的信息。然而，COLOC 和 FLOCK 序列与 HETCOR 的缺点相同：直接观测低旋磁比的原子核（^{13}C、^{15}N 等），检测灵敏度较低。

质子检测的异核多键相关（HMBC）旨在提供质子与碳或氮等异核之间的长程相关，它的脉冲序列与 HMQC 所用的类似（图 6.26）。因为不打算消除 H—C 的耦合，所以不需要第二个延迟时间（Δ_2）。它与 HMQC 的主要区别是延长初始延迟时间Δ，以便选择两个或多键的弱耦合。这些耦合通常在 0~15 Hz 范围内[4.4节 ^2J（HCC）和 4.5 节 ^3J（HCCC）]。典型$(2J)^{-1}$的延迟Δ对应于 60~200 ms（$J=2.5~8.3$ Hz），而 HMQC 为 24 ms。延迟时间较短有助于提高灵敏度（通过弛豫丢失的信号较少），但是较长的延迟时间对于弛豫时间长的小分子来说完全可以接受。延迟时间较长偶尔允许观测到长达四键耦合的连接，例如 ^4J（HCCCC），甚至也可以观测到五键的耦合（4.6 节）。解释二键到五键间的 H—C 耦合需要与H—H 耦合一样解释所有的细节，包括考虑诱导效应、锯齿途径、π键、Karplus立体化学等（4.5 节和 4.6 节）。因为甲基具有同时检测三个质子的乘法效应，以及它可以自由旋转，几乎没有受到任何立体化学的限制来减小耦合，所以甲基的HMBC 相关信号往往最强。

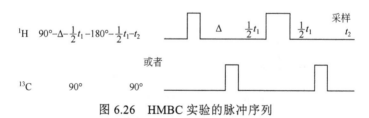

图 6.26　HMBC 实验的脉冲序列

图 6.27 给出了图中杂环分子的 HMBC 谱。与 HETCOR 谱一样，谱图只包含交叉峰。显然，表面看羰基碳 C8 与 H2、H5、H6、H6′、H7 和 H7′都有耦合，原因是它与所有这些质子都有交叉峰，代表所有可能的二键和三键耦合。还有三点值得注意：首先，C4、C6 和 C7 上的两个质子非对映异位，每个连接都观察到独立的谱峰，如 C8-H7 和 C8-H7′间的连接。其次，由于相位偶然重叠，一些单键耦合突破了选择过程。这种耦合表现为双重峰（因为 HMBC 在 t_2 期间没有对碳照射，

核磁共振波谱学：
原理、应用和实验方法导论

单键 H—C 的耦合得以保留），谱图中用双箭头表示。因为 ^1J（^{13}C—^1H）很大，而且碰巧出现在 CH 片段的 C 和 H 化学位移上，所以有很明显的交叉峰，如 C2/H2，这些信号可以用更复杂的脉冲序列过滤掉。最后，本实验的主要任务是抑制单量子相干（^1H—^{12}C）信号，实验时使用 PFG 能显著增强这一过滤效果（6.6 节）。

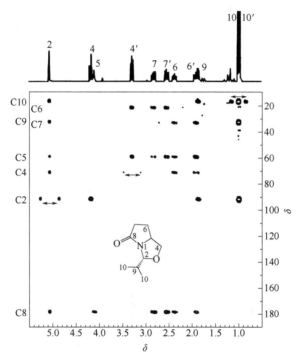

图 6.27　所示杂环分子的 HMBC 谱。顶部是一维 ^1H 谱。垂直轴对应于 ^{13}C 维，水平轴为 ^1H 维。单键相关用双箭头连接的峰表示

资料来源：已获参考文献[19]复印许可

6.2.7　异核接力相干转移谱

接力 COSY 实验（RCT）可以适用于本文中的 HETCOR。图 6.28 为丙烯醛的二乙缩醛（acetal of acrolein）分子结构和常规的 HETCOR 谱（图中为"HSC"）。HETCOR 的交叉峰如下：H_C/C_2 在左下方，H_B/C_1 和 H_A/C_1 中间，H_D/C_3 右上方。实验结果表明，C_3 与 H_D、C_2 与 H_C 以及 C_1 与 H_A 和 H_B 成键。右上角为 H—H—C 接力相干转移实验。H_X—C_X—C_Y—H_Y 片段中分别出现 H_X/C_X 和 H_Y/C_Y 的 HETCOR 峰，从而确定 H_X—C_X 和 H_Y—C_Y 片段。RCT 实验中 H_X/C_Y 和 H_Y/C_X 表现为非对角峰，从而确定了更大的 H_X—C_X—C_Y—H_Y 片段。正常的 HETCOR 交叉峰标记为

N（H_C/C_2 消失）。指定 CH 片段间的接力连接产生的新交叉峰标记为 R。因此，左上角的接力（R）峰表明 H_D/C_3 和 H_C/C_2 对相连（H_D—C_3—C_2—H_C）。中间偏左的接力峰表明 $H_{A/B}/C_1$ 和 H_C/C_2 对相连（$H_{A/B}$—C_1—C_2—H_C）。另外两个标记为 R 的峰（底部中间和右侧）为先前对角线上接力峰的镜像，原因是接力对称发生（H_D/C_3→H_C/C_2 和 H_C/C_2→H_D/C_3 是一样的）。这个特殊的实验被称为 H-H-C RCT，脉冲依次涉及两次 ¹H 信号和一次 ¹³C 信号。其它的异核接力实验可能涉及不同顺序（H—C—H）或不同核（H—H—N）。

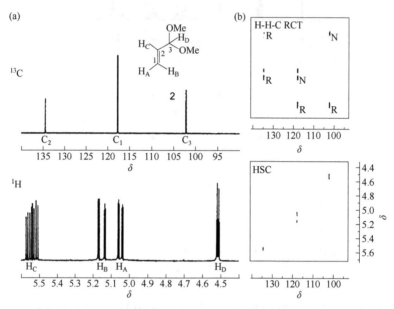

图 6.28　（a）丙烯醛的二甲缩醛的 ¹³C 和 ¹H 谱；（b）同一分子的正常 HETCOR 谱（标记为 HSC，底部）和 H—H—C 接力相干转移谱（顶部）

资料来源：已获参考文献[20]复印许可

6.3
通过空间或化学交换的质子–质子相关谱

图 6.2 在对二维实验的原始描述时，谈及 t_1 期间的磁化矢量分解为正弦和余弦分量。接着，正弦分量通过第二个 90°脉冲进入 t_2 域，创建了 COSY 序列，这里我们忽略了余弦分量，它在第二次 90°脉冲后沿$-z$ 轴方向，因此不可观测。除了标量耦合外，还有其它机制可以传递磁化，它们可以改变 z 磁化，从而改变余

核磁共振波谱学：
原理、应用和实验方法导论

弦分量。当质子受到共振频率的照射时，它的磁化能通过偶极作用转移到附近的质子（这就是所谓的 NOE）。该技术对 z 磁化的显著影响反映在一维谱中对共振强度的扰动上（5.4 节）。化学交换能改变原子核的化学特性，同样影响 z 磁化，在某个频率上共振的原子核变成在不同频率上共振的原子核（5.2 节）。因此，第一个频率处的布居数（z 磁化）降低，而在第二个频率处增加。

在图 6.2（d）的第二次 90°脉冲后，NOE 和化学交换机制都能沿 z 轴调制磁化的余弦分量。无论是偶极弛豫还是化学交换，调制的频率都是磁化转移对象的共振频率。经过一段适当的固定时间（τ_m，混合期），优化调制，余弦分量被第三个 90°脉冲移动到 xy 平面，在 t_2 采集期间内沿 y 轴被检测到。因此，完整的实验为 90°-t_1-90°-τ_m-90°-t_2（采样）。由于 t_1 期间一些原子核的磁化频率在 τ_m 期间移动到另一个值，t_2 期间内以新的频率上被观测到，因此在该实验的二维谱中呈现交叉峰。当交叉峰来自偶极弛豫的磁化传递时，这个二维实验被称为 NOE 谱（NOESY）；当它们来自化学交换时，被称为交换谱（EXSY）。

固定时间 τ_m 的长短取决于弛豫时间 T_1、化学交换速率和 NOE 累积速率三个因素，NOESY 实验可以得到分子内不同质子间距的重要信息。图 6.29 为杂环分子的 NOESY 谱。和 COSY 谱一样，NOESY 谱中的一维谱也沿对角线排列，两个质子相互靠近时出现交叉峰。因此，甲基 1 与邻近烯烃质子 a（左上角）显示了预期的交叉峰。甲基 1 上新的交叉峰表明它与次甲基质子 f 以及缩醛甲基 n 邻近，酯甲基 e 与另一个缩醛甲基 m 靠近，就这样 NOESY 谱提供了分子的结构和构象信息。实际上，当质子-质子的间距超过约 5 Å 时，将观测不到交叉峰。

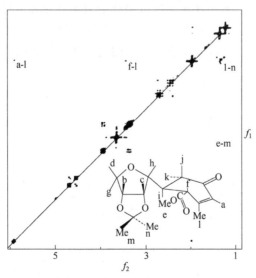

图 6.29　所示化合物的 ^1H, ^1H NOESY 谱

资料来源：布鲁克仪器公司提供

NOESY 谱分析中至少有三个因素使其复杂化。第一，可能存在来自标量耦合的 COSY 信号，它可能对完全基于质子间距的解释有干扰。例如，在反平面或反式结构中耦合核相距最远，邻近耦合最大的情况。我们可能通过相位循环或统计上改变 τ_m 减少约 20%的 COSY 信号。（NOESY 信号一直增加，但 COSY 的信号强度按正弦曲线变化能相互抵消）相敏 NOESY 实验中，正 NOE 交叉峰与 COSY 交叉峰相位相反，因此可以被识别。然而，当 COSY 交叉峰的强度碰巧与 NOE 的接近时，NOE 交叉峰强度可能被消弱，结果无法区分 COSY 与负的 NOE 信号。

第二，小分子中 NOE 的强度增加缓慢，前面的 1D 实验中已经提到理论上它的最大值为 50%（5.4 节）。但是一个质子可能会被周围几个相邻的质子弛豫，故实际的最大值通常远远小于 50%（当然，一维 NOE 实验也存在同样的问题）。此外，随着分子的增大，偏离极窄区域，最大 NOE 将减小至零，甚至变为负值。因此，特别是对于中等大小的分子，NOESY 实验可能会无法提供可靠结果。对于大分子，它的弛豫主要由 W_0 项主导，不仅 NOE 强度的最大值是-100%而不是+50%，而且 NOE 强度的累积还更快。因此，NOESY 实验在分析蛋白质和多核苷酸等大分子的结构和构象方面特别有用。

第三，磁化除了从一个质子直接转移到相邻的质子外，还可以通过自旋扩散进行转移。该机制早已在 5.4 节 1D 实验讲过：磁化从一个自旋通过 NOE 转移到附近的第二个自旋，然后从第二个转移到其相邻的第三个自旋（不一定是第一个）。这些多步的转移可以发生在相距不近的质子间，产生 NOE 交叉峰。自旋扩散甚至可以通过两个或多个中间的自旋进行，但效率越来越低。如图 6.30 所示，有时可以通过检查 NOE 的累积速率来区分磁化的直接转移和通过自旋扩散的转移。在这个假设中，D—A—B—C 体系的 NOE 强度是混合时间 τ_m 的函数，AA 是对角峰的强度变化，其它曲线表示交叉峰的强度。两个相邻的质子（模型中 A 和 B

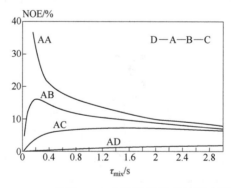

图 6.30 四原子核 D—A—B—C 体系 NOE 实验谱峰的理论强度图，其中 D 和 A 间距 4 Å，B 和 A（或 C）间距 2 Å。标记为 AA 的曲线为对角峰，其余的为交叉峰

资料来源：已获参考文献[21]复印许可

核磁共振波谱学：
原理、应用和实验方法导论

间距 2 Å）间的 NOE 上升最快。质子 A 和 D 距离 4 Å，NOE 很小。质子 A 和 C 间距也有 4 Å（A 和 B 间为 2 Å，B 和 C 间 2 Å），但以 B 为中介的自旋扩散使 AC 交叉峰的强度稳步上升。该模型表明，自旋扩散对间距 4 Å 的 AC 交叉峰有较大的贡献，但积累速度慢于产生 AB 交叉峰的直接转移。

旋转坐标系 NOESY 实验（ROESY）为研究中小分子以及大分子提供了一个新的办法。ROESY（以前称为 CAMELSPIN）的脉冲序列与 TOCSY 或 HOHAHA 类似，ROESY 选择的自旋锁定周期是为了优化通过 NOE（偶极相互作用）而不是标量耦合进行的磁化转移。当分子旋转的平均相关时间 τ_c 增大（大分子运动较慢）时，NOE 减小为零，甚至变为负值，而在转动坐标系中，NOE 的最大值始终为正值，甚至从 50% 增加到 67.5%（图 6.31）。除了信号增强外，ROESY 实验还降低了自旋扩散的影响，为研究大分子提供了有利条件。正如 NOESY 谱中可能出现 COSY 的伪峰一样，ROESY 谱中也可能存在 TOCSY 的干扰，必须采取相应的步骤消除，就像 T-ROESY 的改进版本那样。使用弱的静态自旋锁定脉冲可以降低 TOCSY 峰的强度。在相敏 ROESY 实验中，很容易区分正 ROESY 交叉峰与负的 TOCSY 交叉峰。与 COSY/NOESY 一样，如果 TOCSY 伪峰的强度与期望的 ROESY 交叉峰相近，这个信号就有可能被抵消而难以被观测到。

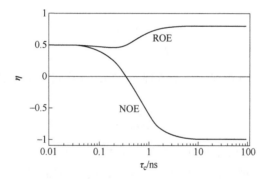

图 6.31　正常 NOE 和 ROE 实验的增强因子 η 与有效相关时间 τ_c 的函数关系图（计算曲线假设质子间距离为 2.0 Å，谱仪频率为 500 MHz）

资料来源：已获参考文献[22]复印许可

EXSY 实验中，当通过化学交换进行转移磁化时，可能需要运行几个初步实验来优化 τ_m 值，τ_m 值应该接近 $1/k$。图 6.32 展示了 Ernst 早期采集到的 EXSY 实验图谱，与现在不同的是，对角线峰从左上到右下。快交换时，甲基绕环运动时，七甲基苯正离子的一维 ^1H 谱只有一个甲基的共振。慢交换时，图中左边标记的四种甲基呈现不同的共振。EXSY 实验显示了发生交换的甲基。我们可以想象 1,2-、1,3-或 1,4-迁移，但 EXSY 实验仅与 1,2-迁移机理一致。每个非对角峰表示两个对角峰间的磁化转移。因此，甲基 1 只与甲基 2 有交叉峰（因此只与甲基 2 交换），甲基 2 与甲基 1 和 3 交换，甲基 3 与甲基 2 和 4 交换，4 甲基只与 3 甲基交换。
这与预期的 1,2-迁移模式吻合。

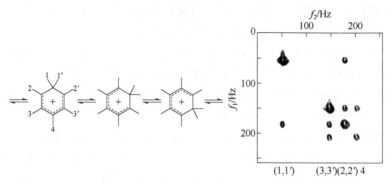

图 6.32　七甲基苯正离子的 ^{1}H EXSY 谱

资料来源：引自参考文献[23]，已获 American Chemical Society 复印许可

　　EXSY 谱中交叉峰的强度取决于交换速率常数的大小。对于没有自旋-自旋耦
合的、布居数相同位点间的交换，例如 N,N-二甲基甲酰胺 $[H(CO)N(CH_3)_2]$ 中的
两个甲基，根据方程（6.1）可知速率常数 k 与混合时间 τ_m、交叉峰强度 I_c、对角
峰强度 I_d 有关。

$$\frac{I_d}{I_c} \approx \frac{(1-k\tau_m)}{k\tau_m} \tag{6.1}$$

　　该表达式进行重新排列，得到方程（6.2），从中可计算出速率常数 k。

$$k \approx \frac{1}{[\tau_m(I_d/I_c+1)]} \tag{6.2}$$

　　由于 EXSY 和 NOESY 所用的脉冲序列相同，因此 NOESY（或 ROESY）实
验中的交叉峰可能会被误认为 EXSY 交叉峰，反之亦然。但是，由于 EXSY 交叉
峰和 NOESY/ROESY 峰的相位相反，故在相敏实验中可以区分二者。

6.4
碳-碳相关谱

　　一维 INADEQUATE 实验可以测量 ^{13}C—^{13}C 耦合常数的大小，通过确定两个
碳原子共有的耦合大小来确定碳-碳连接（5.7 节）关系。当实际用于解决碳-碳连
接的问题时，该方法不仅受到两个稀释核（检测核）本身灵敏度低的限制，还受

核磁共振波谱学：
原理、应用和实验方法导论

到 ^{13}C—^{13}C 耦合常数非常相似的制约。Duddeck 和 Dietrich 指出，环辛醇中除了 C_1—C_2 的耦合常数为 37.5 Hz 外，其它所有的碳-碳单键耦合常数都在 34.2 到 34.5 Hz 的狭窄区间。如果将实验转换成两个维度就大大缓解第二个难题。最初的 INADEQUATE 实验（5.7 节）通过在 t_1 域中增加固定时间Δ直接变成两个维度：$90°_x-1/4J_{CC}-180°_y-1/4J_{CC}-90°_x-t_1-90°_\phi-t_2$（采样），$t_1$ 周期用于双量子频域的编码。所得的二维谱中包含有一个水平轴 ν_2（正常 ^{13}C 频率）和一个纵轴，它代表双量子域，用耦合 ^{13}C 原子核的频率之和（$\nu_1 = \nu_A + \nu_X$）表示。后者为发射器零频率的参考。

图 6.33 所示为薄荷醇（**6.2**）的二维 INADEQUATE 谱。该实验也被称为 ^{13}C, ^{13}C-COSY，交叉峰代表两个碳原子相连。由于该实验中消除了单量子的信号，

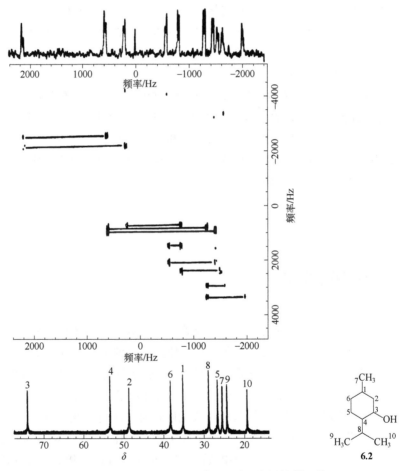

图 6.33　薄荷醇的二维 INADEQUATE 谱和对 ^1H 去耦的 ^{13}C 谱

资料来源：已获参考文献[24]复印许可

所以没有对角峰（这种峰出现在与 ^{12}C 相邻的 ^{13}C 原子核上）。对角线通常出现在图中，如图中所示，它可以与图中的一样，也可从左下角到右上角。底部为常规质子去耦的 ^{13}C 谱。顶部为利用 2D 谱中 ν_2 维投影得到的与碳耦合的 ^{13}C 谱。

为了从二维 INADEQUATE 谱中获得结构相连的信息，需要对图谱进行了一次简单的归属。与 COSY 谱一样，二维 INADEQUATE 谱需要映射结构的所有部分，只有当存在杂原子结构 C—X—C 造成隔断时才能阻止整个骨架的连接。对于薄荷醇来讲，氧取代的 C-3 为最高频率（最左侧）的共振，以此作为起始点。二维谱中对耦合的碳原子之间绘制水平线，对角线穿过它们的中点。C-3 频率处有两个交叉峰，分别对应于与 C-2 和 C-4 的连接，其中，二级 C-2 的频率应较低（较高的场）。可以这样绘制连接：C-2→C-1→C-6（从 C-1 到甲基 C-7）→C-5→C-4→C-8（从 C-4 回到原来的 C-3）→C-9 和 C-10。二维 INADEQUATE 实验也适用于测量其它相互耦合的稀核间如有机硅、有机硼和有机锂体系中的 $^{29}Si/^{29}Si$、$^{11}B/^{11}B$ 和 $^{6}Li/^{6}Li$ 的连接。

这个实验的主要缺点是灵敏度极低。其中一个改进版本为 INEPT-INADEQUATE（有时称为 ADEQUATE），它使用质子观测，PFG 来选择相干路径，如 H—C—C，所得到的谱与二维 INADEQUATE 谱相似，但只能在至少一个碳上有质子的成对碳中出现交叉峰。尽管这些技术改善了灵敏度问题，但这类实验还是受到很大制约而没有得到广泛应用。

6.5
多维核磁谱

由于蛋白质、多核苷酸和多糖等生物大分子的谱图极其复杂，这给发展三维和四维等多维实验带来了机会。两个独立递增的演化周期（t_1 和 t_2），结合三个独立的傅里叶变换外加一个采集周期 t_3，造就了具有三个频率坐标的三维图谱。

图 6.34 来自 van de Ven 的研究，它展示了与 DNA 结合蛋白的二维 NOESY 谱，该蛋白来自由 78 种氨基酸组成的噬菌体 Pf3。在 $\delta 9.35$ 处的垂直线强调了 NH 区域单共振峰位置的问题。在一个确定的—CHR′—CO—NH—CHR—CO 多肽单元中，NH 质子与自身的 CHR 质子有一个交叉峰，与相邻的 CHR′蛋白有一个交叉峰，但在 NOESY 谱中，$\delta 9.35$ 频率处有超过十几个交叉峰。因此，这个频率上一定有不止一个 NH 产生交叉峰。

核磁共振波谱学：
原理、应用和实验方法导论

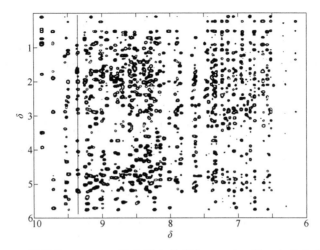

图 6.34　噬菌体 Pf3 DNA 结合蛋白的部分 NOESY 谱，它包含着 NH
和脂肪族质子间的交叉峰

资料来源：已获参考文献[25]复印许可

氢氮的 HMQC 实验提供了关于氮及质子连接的信息。蛋白质 HMQC 的样品通常需要 ^{15}N 同位素富集，这可以通过在含有单一氮-15 源（如 ^{15}NH$_4$Cl）的培养基中培养生物体获得（同样，^{13}C 的富集可以从富含 ^{13}C 标记葡萄糖的培养基中获得）。图 6.35 为相同蛋白的常规二维 HMQC 谱（^{15}N 与 ^{1}H），δ 9.35 的 ^{1}H 频率（垂直线）可看到两种连接，因此 δ 9.35 处应有两种 NH 共振（或如果有巧合，会有更多相关峰）。

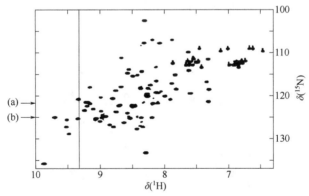

图 6.35　^{15}N-标记 Pf3 的 ^{1}H,^{15}N HMQC 谱

箭头所指的解释见图 6.38

来源：已获参考文献[26]复印许可

3D 实验在图 6.34 和图 6.35 中的 2D 实验基础上增加了一个新的维度。如图 6.36 所示，3D 序列通过 HMQC 方法用 ^{15}N 的频率标记了 NOESY 的每个峰，从

而将 NOESY 和 HMQC 数据结合起来。通过第三个 90°的 ^{1}H 脉冲，加上里面的时间延迟和脉冲构成了标准的 ^{1}H NOESY 序列。之后的脉冲和延迟结合其它部分构成了标准的 HMQC 序列，该序列在 t_3 期间 ^{1}H 的频率处以反向检测 ^{15}N 结束。总体来讲这个实验的数据需要用一个三维空间来表示，见图 6.37，其中平面维为 ^{1}H 频率的 NOESY 数据，垂直面为 HMQC 的 ^{15}N 频率。实际应用时，选取水平面（单个 ^{15}N 频率）进行分析，如图 6.38 所示为 δ120.7 和 124.9 [图 6.35 中标记为（a）和（b）的箭头]。δ9.35 处每条垂线都显示出有 NH 与残基间和残基内 CHR 的两个主要 NOE 交叉峰。注意，CHR 频率为 δ5.2 时，两个 ^{15}N 频率都表现出与 δ9.35 有交叉峰，因此图 6.35 中的重叠问题得以解决了。

^{1}H   90°–t_1–90°–τ_m–90°–180°–t_3(采样)

^{15}N   180°–Δ–90°–t_2–90°–Δ–去耦

图 6.36   3D NOESY/HMQC 实验的脉冲序列图

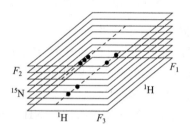

图 6.37   三个频率维 F_1、F_2 和 F_3（ν_1、ν_2 和 ν_3）中 Pf3 的三维 NOESY-(^{1}H/^{15}N) HMQC 谱

资料来源：已获参考文献[27]复印许可

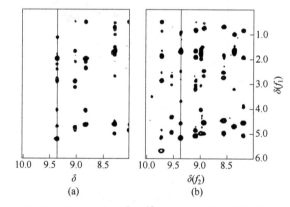

图 6.38   从 Pf3 的三维 NOESY-(^{1}H, ^{15}N)HMQC 谱中提取的 ν_1-ν_3（F_1-F_3）两个平面，对应于图 6.35 中箭头指示的频率

资料来源：已获参考文献[28]复印许可

核磁共振波谱学：
原理、应用和实验方法导论

这类异核三维实验被称为 NOESY-HMQC（图 6.37，两个 ^{1}H 维和一个 ^{15}N 维）谱。大多数三维实验使用高灵敏的检测方法，这对大分子特别有效。因此，通常不使用 COSY，但是 TOCSY-HMQC 是一种在 ^{13}C 或 ^{15}N 维上分离 ^{1}H—^{1}H 耦合连接的有效方法。三个维度均为 ^{1}H 的同核三维实验，NOESY-TOCSY 可通过脉冲序列 $90°-t_1-90°-t_m-t_2-$（自旋锁定）$-t_3$（采样）将空间连接从耦合连接中分离出来。三个维度中每个维度可以表示不同的核，如 ^{1}H/^{13}C/^{15}N，这就提供 HETCOR 实验的三维改进版本，通常所选的原子核用来探索生物分子中的特定连接。H—N—CO 实验着眼于—NH—CHR—CO—肽单元中 ^{1}H—^{15}N—(C)—^{13}C=O 连接，它需要把蛋白质分子进行 ^{15}N 和 ^{13}C 双标记以获得足够的灵敏度。三维的交叉峰连接了第一维度的 HN 质子、第二维度的 HN 氮原子和第三维度的残基内部羰基碳。核苷酸分析的类似实验是 H—C—P 实验，其中第三维是 ^{31}P，这些三共振实验已有许多改进版本。在特别复杂的情况下，还可以引入第四个时域来构建 4D 实验。

当把键连接的实验结果与 NOESY 交叉峰累积速率的空间信息相结合时，通过与已知的键长相比较，就可以得到质子-质子的间距，从而得到一个完整的三维（3D）大分子结构。这种溶液相的结构很好地弥补了从 X 射线晶体学得到的固相结构信息。因此，NMR 谱已成为获取溶液中复杂分子详细结构的强力工具。

6.6
脉冲场梯度

前面提到的场不均匀性被认为是横向（xy）弛豫（T_2）的主要来源（1.3 节和 5.1 节）。当单个磁矢量的相位相干（图 1.11）不再随机（图 1.10）时，就会产生横向磁化。一个完全均匀的磁场中，这种相干只会通过自旋-自旋相互作用进行弛豫。然而，在非均匀场中，拉莫尔频率稍微不同使得矢量的运动速度比平均速度或快或慢，让它们的相位随机化，从而破坏了横向磁化，如 1.3 节所述。

在不需要横向磁化的情况时，可以通过施加 PFG（也称为梯度脉冲）来消除横向磁化。PFG 的应用例子见图 6.39，梯度沿着 B_0 场（z）方向。当施加 PFG 时，样品中不同位置（不同 z 坐标）上原子核的共振频率不同，这种对频率信息的空间编码是磁共振成像（MRI）的基础。目前的情况下，PFG 可以被看作是一种通过自旋的快速相移来急速诱导横向弛豫的方法。典型的二维脉冲序列中，重复脉冲序列之间需要一个延迟时间以方便弛豫。如果重复脉冲序列发生在横向磁化弛豫恢复到零之前，灵敏度就会降低，二维谱中可能出现伪峰。因此，在序列开始时施加 PFG 可以减少或避免这些问题。

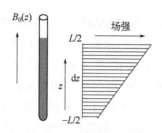

图 6.39 　沿 B_0 场（z）方向施加梯度的示意图
资料来源：已获参考文献[29]复印许可

对于 NOESY 实验，可以采用以下的脉冲序列：G_1–90°–t_1–90°–τ_m，G_2–90°–t_2（采样）。第一个 PFG（G_1）通过对磁化矢量移相，消除先前脉冲留下的横向磁化。第二个 PFG（G_2）施加于 τ_m 混合期间。在这段时间内，只有对纵向（z）强度的影响才有意义。第二个 PFG 有助于消除因前面残余的横向磁化产生的伪交叉峰。

也可以用 PFG 来消除不需要的共振峰。最成功的溶剂压制方法之一是脉冲序列 G–S–G–t（采样）利用 PFG 破坏溶剂峰的磁化，保留其它的所有共振峰，这令人想起通过部分弛豫压制溶剂的例子（5.1 节）。在这个序列中（称为 WATERGATE，WATER suppression by GrAdient-Tailored Excitation），选择 S（选择性）脉冲来反转除溶剂峰外的所有共振峰，溶剂峰处在零磁化强度的状态，如部分弛豫谱那样（5.1 节）。这两个相同梯度模拟了自旋回波过程，其中第一个 PFG 的相移被第二个 PFG 的复相抵消。这就是正常的梯度回波结果。除了溶剂峰之外，所有共振峰都产生这样的回波。由于中间脉冲消除了溶剂峰的磁化，最终的 PFG 不能引起溶剂的共振峰复相，但是所有的其它共振峰都被第二次梯度脉冲复相。

除了消除横向磁化外，PFG 还用于相干序的选择。使用相位循环来选择相干序不可避免需要进行多次扫描，其中脉冲序列将进行 4 次、16 次或 64 次转换，例如 x，$-x$，y 和 $-y$，因此充分利用相位循环非常耗时。零、单、双量子相干的演化取决于各种复相过程的速率。适当使用 PFG 无需多次相位循环就可选择一个相干序。例如，反向检测 HMQC 实验中，当选择与 ^{13}C（或 ^{15}N）相连质子的多量子相干信号时，必须抑制与 ^{12}C（或 ^{14}N）相连质子的单量子相干信号。这种选择通过相位循环需要借助测量两个强信号间的差异来实现；但 PFG 方法只需单次扫描就可以直接选择和测量微小的信号差异。

PFG 程序已经用于实现第 5 和第 6 章中讲述的大多数 1D 和 2D 谱实验。特别是，这些程序可能用于 INADEQUATE、所有常见 2D 实验和编辑谱中。PFG 结合 DEPT 和 HMQC 可以根据碳取代模式编辑氢谱。利用 PFG 多量子滤波引起了双、三或四量子相干的演化，分别提供了只包含 CH、CH$_2$、CH$_3$ 共振的氢谱，宽带去耦消除了与 ^{13}C 的耦合，保留质子-质子的耦合信息。图 6.40 展示了马钱子碱（**6.3**）分子的结果。

核磁共振波谱学：
原理、应用和实验方法导论

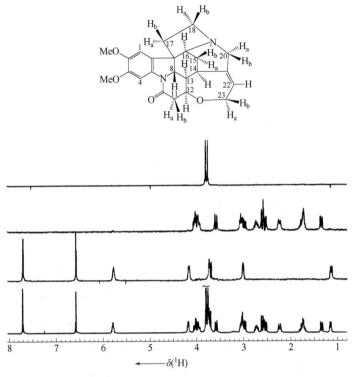

图 6.40　马钱子碱（**6.3**）的编辑氢谱：CH₃、CH₂ 和 CH 的子谱（从上到下），底部为完整的氢谱

资料来源：已获参考文献[30]复印许可

PFG 也可以用于优化 NOE 实验。虽然在分析蛋白质等大分子的空间关系时二维 NOESY 用处很大，但小分子的增强效果较弱，因此一维 NOE 实验可能更适用于小分子。5.4 节讲过的差谱有助于将 ¹H 的 NOE 强度检测限从 5%显著降低到 1%左右。然而，这个实验存在对照射谱和未照射谱扣减不彻底的难题。这种扣减伪峰办法限制了 NOE 差谱的使用。使用 PFG 可以在不使用差谱的情况下获得 Overhauser 增强效果。这个过程被称为激发刻蚀，它涉及常见的 G₁-S-G₁-G₂-S-G₂ 脉冲序列，其中 S 表示一个（产生如 NOE 的）选择性反转脉冲或脉冲序列。对于选定的自旋，两个相同 G₁ 脉冲的作用相反，因此重聚磁化后产生梯度回波。超出所选频率范围的自旋吸收了 G₁+G₁ 的累积效应，完全移相，这让人想起 WATERGATE 序列。在单个梯度回波之后，除 S 脉冲所选定范围内的共振峰之外，其它的共振峰都被消除。由于 S 脉冲的相位特性可能不理想，选择以不同大小的梯度重复第二次（G₂/G₂）梯度回波以避免意外重聚不想要的移相磁化，这就是大家熟悉的双 PFG 自旋回波（DPFGSE）实验。实际上，该序列前面是一个非选择性的 90°脉冲，所有的原子核都进入到 *xy* 平面，然后除 S 脉冲所选择共振以外的

所有共振峰都被梯度脉冲移相。

当双 PFG 后的混合时间允许 S 脉冲的照射而产生 NOE 时，此时采集到的共振峰唯一来源是 NOE 效应，其它的信号都被移相。这个序列后接着用另一个 PFG 来消除横向磁化，最后用 90°脉冲进行信号采集。因此，完整的脉冲序列为 90°-G$_1$-S-G$_1$-G$_2$-S-G$_2$-90°-τ_m-G$_3$-90°-t（采样），所有 90°脉冲沿 x 轴，S 是目标（照射）核的选择性脉冲，改变 τ_m 值优化 NOE 效应，G$_3$ 消除横向磁化。图 6.41 显示了 11-β-对羟基黄体酮的实验结果（与图 5.12 相比）。底部（a）为未照射的氢谱，上面的谱图为选择性照射一系列目标原子核的 DPFGSE NOE 结果。这些谱图没有使用差谱，直接采集得到，图中仅观察到 Overhauser 增强的共振信号。该技术可以很容易地将 ^{1}H NOE 的测量限显著降低到 0.1%，并已用于观察低至 0.02% 的增强。

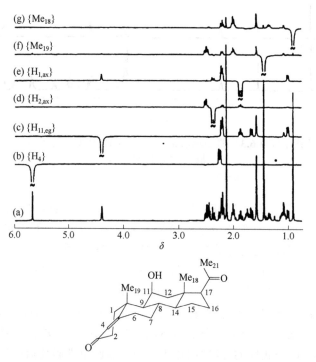

图 6.41　11-β-对羟基黄体酮的双脉冲场梯度自旋回波（DPFGSE）NOE 的实验结果：（a）未照射的谱图和（b）～（g）在选定频率照射下的谱图

资料来源：已获参考文献[31]复印许可

WATERGATE 序列的 DPFGSE 版本 [G$_1$-S-G$_1$-G$_2$-S-G$_2$-t（采样）] 中，也可以用激发刻蚀来压制溶剂峰，其中 S 期间的溶剂峰被选择性移相，其它共振峰被重聚。图 6.42 为 2 mmol/L 蔗糖的 9∶1 H$_2$O/D$_2$O 溶液中消除了溶剂峰的谱图。

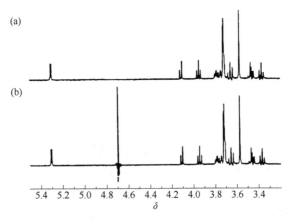

图 6.42　2 mol/L 蔗糖的 9∶1 H$_2$O/D$_2$O 溶液通过激发刻蚀压制水峰的氢谱（b）
和进一步处理消除了残留溶剂峰的氢谱（a）

资料来源：已获参考文献[32]复印许可

6.7

扩散序谱

　　本节描述的是一种与前面方法完全不同的，基于分子扩散原理的系列实验。分子的磁性质与其运动有着根本的联系。例如，大多数的弛豫机制源自产生涨落磁场的转动（5.1 节）。在由梯度提供的非均匀场中（图 6.39），平动可能改变分子的磁场值，因此分子间的扩散性质差异在一定程度上决定了分子对磁场梯度的响应。分子的扩散取决于许多环境因素，如温度和黏度等，溶液中这些性质通常不变。因此分子间扩散性质的差异主要表现为分子大小与形状的函数关系。溶液中多组分的扩散速率不同，对梯度的响应方式也不同。根据它们的扩散性质，可使用 NMR 来分离其中的组分，科学家已经开发出利用这些差异的核磁方法，此类实验被称为扩散序谱或 DOSY。

　　扩散序谱中混合物中组分 A 的信号强度 I_A 可表示为

$$I_A = I_A(0)\exp(-D_A Z) \tag{6.3}$$

　　式中，$I_A(0)$ 为零梯度时的信号强度（常规一维信号），I_A 是在 Z 梯度时的信号强度，D_A 是组分 A 的扩散系数。当所有组分经历相同的 Z 梯度时，混合物中各个组分的强度仅随其扩散系数 D_i 的不同而变化。目前已有许多版本的 DOSY 实验，它们的本质在于函数 Z 不同。改变梯度强度记录一系列实验的结果，就会发现：梯度越强，信号越弱。FID 经过傅里叶变换后，生成一系列与梯度 Z 呈函数关系的谱峰强度。这里得到的二维谱与图 6.3 相似，但有两个重要的差异。首先，虽然它的水平维依然是正常的 1D 谱，但垂直维是梯度的大小。第二，信号强度不是沿着 y 轴按正弦曲线变化，而是呈指数衰减。这个未记录的中间阶段类似于图 6.3，有一系列强度的峰，每个组分在 x 轴为一个系列，其强度从下（零梯度）往上（大梯度）衰减到极小值。

在 DOSY 谱中由于这些信号按简单的指数衰减，不是呈正弦变化，所以最后一步数据处理无需进行第二次傅里叶变换，而是采用一种称作 DOSY 的变换，在这个过程中，数据被转换成扩散维而不是频率维。DOSY 变换有许多种数学方法，包括指数拟合、最大熵和多变量分析等。它的结果与传统的二维相似，其中横轴为常规的 ^{1}H 频率，纵轴为扩散常数。

图 6.43 展示了含有四氢呋喃（THF）、邻苯二甲酸二辛酯（DOP）和聚氯乙烯（PVC）三组分体系的 DOSY 结果，顶部为常规的一维谱。二维谱包含沿水平频率维和沿垂直扩散维的交叉峰。每个组分的扩散速率不同，因此在扩散维上呈现一系列扩散程度不同的交叉峰。图中较低的位置为扩散速度较快的组分。从垂直轴的位置可以看出 THF 的扩散速度最快，PVC 的最慢，这与它们的分子大小一致。通过芳香族共振峰位置可以识别中间的交叉峰来自 DOP。每个水平切面都

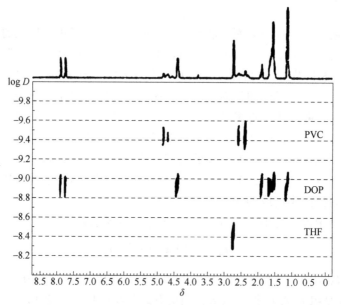

图 6.43 聚氯乙烯（PVC）、邻苯二甲酸二辛酯（DOP）和四氢呋喃（THF）的 DOSY 谱
资料来源：已获参考文献[33]复印许可

可以投影到垂直轴上，得到一个与色谱等效的分离图，其中根据其扩散系数大小在梯度轴上每个组分用一个单峰表示，其强度与混合物中所占的摩尔数相对应。理想情况下混合物的每个不同组分在垂直轴上会产生一个单独的谱图。从本质上讲，DOSY是一种类似于色谱的分离方法，两者的重要差异在于，除了常规的 NMR 样品制备方法外，DOSY 没有对组分进行物理分离，也无需进行样品制备。这种根据分子大小分离组分的能力给 NMR 带来了许多新的应用机会。

6.8
2D 谱方法总结

如今可供选用的 NMR 二维方法种类太多，令人眼花缭乱。本章介绍了一些最常用的二维方法。当涉及结构解析时，对一维氢谱、碳谱信号指认的依据自来第 3 章化学位移和第 4 章耦合常数的相关知识。通常，当根据化学位移、耦合常数信息不能完成一维氢谱、碳谱信号的全部指认时，可以考虑使用二维 NMR 方法。某些编辑谱如 DPET 有助于判断碳原子键合质子数目，进而完成碳谱信号的全归属（详见 5.5 节）。HETCOR 和 HSQC 谱可以提供 ^{13}C 谱与 ^{1}H 谱之间的相关性，基于 PFG 的多量子滤过技术（图 6.40）有助于 ^{1}H 信号的全归属。

如果根据信号指认还不能推断出所测样品的预期结构时，可以用其它的二维技术。COSY 谱体现基于 J 耦合的 ^{1}H—^{1}H 之间的连接性。对小分子来说，可能没有足够的邻位或同碳 J 耦合，有些方法无效。对中等复杂程度的分子来说，利用 COSY 谱提供的信息，根据邻位和同碳 J 耦合就足以确定整个分子的 ^{1}H—^{1}H 连接性。对确定分子片段连接性时，基于长程耦合的 LRCOSY 可以提供有价值的信息，尤其是缺乏邻位耦合的情况，比如分别在两个环上的质子，或环上质子与环上取代基质子，或跨越杂原子或羰基的质子之间。

对较大的分子来说，可能还需要其它的二维谱。当交叉信号峰靠近对角线时，可以用 COSY45 或 DQF-COSY 实验来简化谱图来展示那些紧邻对角线的交叉信号。对更复杂的分子，可能需要 TOCSY 或接力 COSY 谱。二键或三键以上的碳氢相关可以通过 HMBC 实验确认，它有利于指认季碳附近的局部分子结构。如果需要测量质子-质子耦合常数，可以选用 J-分辨谱或 DQF-COSY 谱。

对有明显立体化学结构差异的分子，可以通过 NOESY 谱确定质子间的空间远近。对于较大的分子，ROESY 谱可能更有效，是 ROESY 谱受自旋扩散影响相对较小。当研究化学交换时，EXSY 谱可以作为一维实验的补充实验。

虽然二维 INADQUATE 或 INEPT-INADEQUATE 谱能提供独特的碳碳一键耦合信息，例如，几个季碳相连无法用 COSY 谱完成分析时，就需要采集二维 INADQUATE 或 INEPT-INADEQUATE 谱，但是它们需要的采样时间太长，一般情况下都是最后的手段。

Kupĉe 和 Freeman 开发了 PANACEA（是 parallel acquisition nuclear magnetic resonance all-in-one combination of experimental application 的缩写）方法，用一个超级脉冲可以完成系列实验，产生一维碳谱、二维 INADEQUATE 谱、HSQC 谱和 HMBC 谱。对于分子量为几百道尔顿的分子来说，10 mg 样品的实验时间约需 9 个小时。PANACEA 改进版，fast-PANACEA 实验时间更短一些。

思考题

对于相对简单二维谱的选择，请参见思考题 6.1。尽管没有一个结构复杂到需要三维方法的分子，但剩下的问题涉及到复杂程度中等到高等的分子。

6.1　本题采用 NMR 解析未知化合物的常规套路。对于未知化合物，通常需要采集氢谱、$^{13}C\{^1H\}$ 谱、COSY 谱、HETCOR 谱和 DEPT 谱。本题中所提供氢谱的 ^1H 共振频率为 300 MHz、$^{13}C\{^1H\}$ 谱的 ^{13}C 共振频率为 75 MHz。在 DEPT 谱和碳谱对比图中，最上面的 DEPT 谱次甲基碳、甲基碳为正信号，亚甲基碳为负信号；中间的 DEPT 谱中只有次甲基碳信号；最下面的 $^{13}C\{^1H\}$ 谱中，所有碳原子都有信号。

（a）$C_{11}H_{16}$

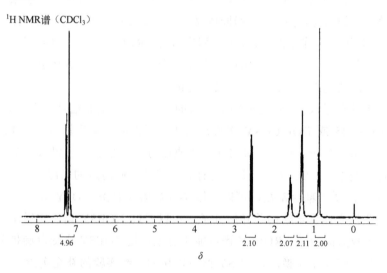

^1H NMR谱（CDCl₃）

核磁共振波谱学：
原理、应用和实验方法导论

DEPT谱

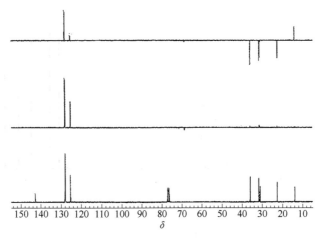

COSY 谱   HETCOR 谱

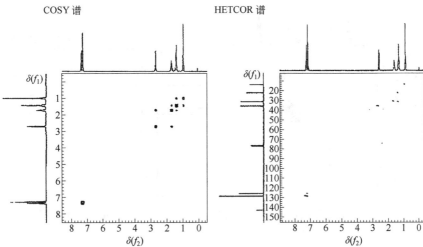

（b）C_8H_{14}

^1H NMR谱（$CDCl_3$）

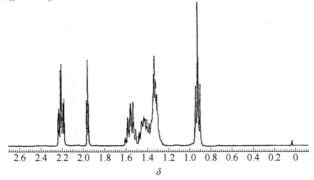

^{13}C NMR谱

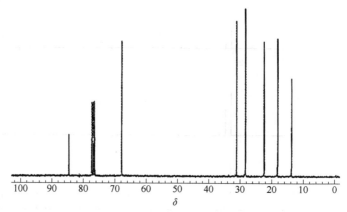

COSY谱   HETCOR谱

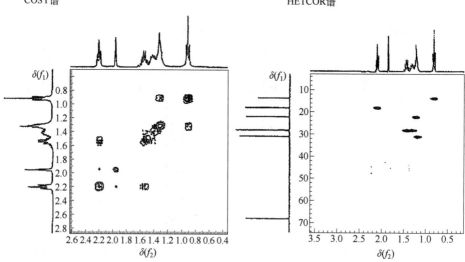

（c）C$_5$H$_9$Cl

^{1}H NMR谱（CDCl$_3$）

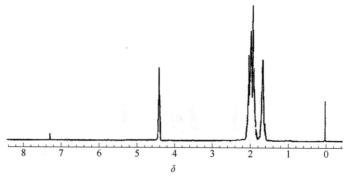

¹³C NMR谱

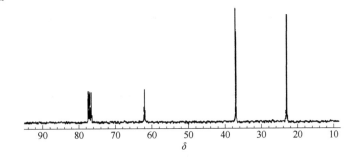

COSY谱   HETCOR谱

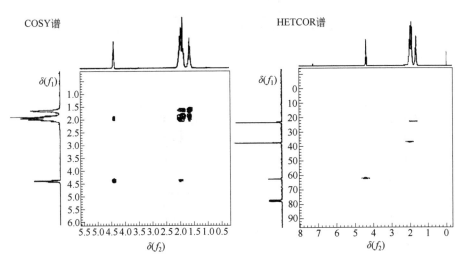

（d）$C_7H_8O_2$
¹H NMR谱（CDCl$_3$）

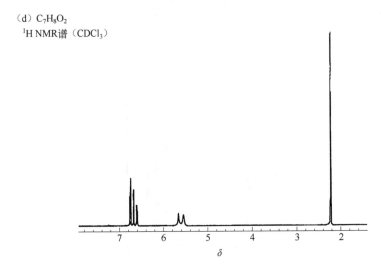

DEPT谱

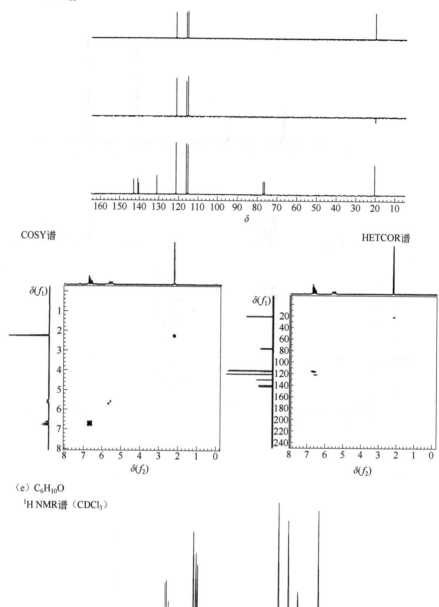

COSY谱

HETCOR谱

(e) $C_6H_{10}O$

^1H NMR谱（CDCl$_3$）

核磁共振波谱学：
原理、应用和实验方法导论

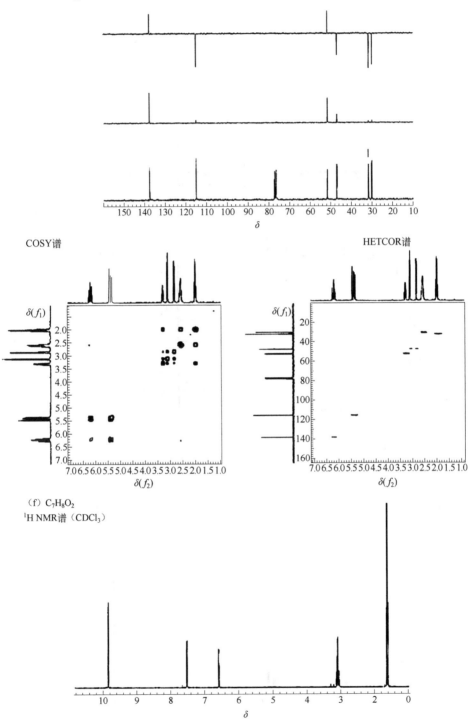

DEPT谱

COSY谱

HETCOR谱

（f）C$_7$H$_8$O$_2$
^{1}H NMR谱（CDCl$_3$）

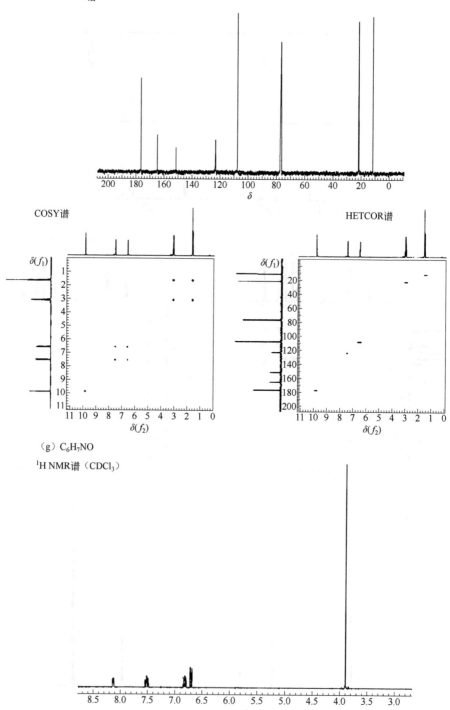

¹³C NMR谱

COSY谱

HETCOR谱

（g） C₆H₇NO

¹H NMR谱（CDCl₃）

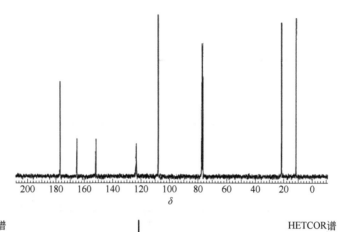

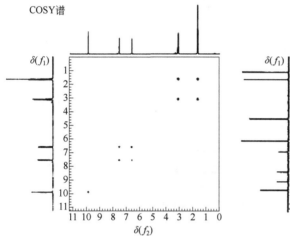

COSY谱

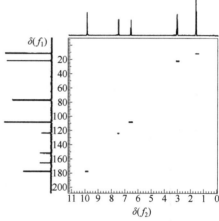

HETCOR谱

（h）C₁₀H₁₆O

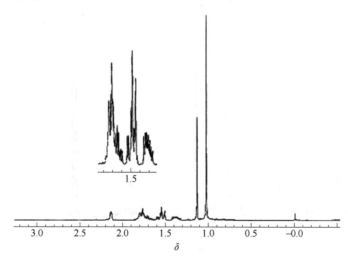

DEPT谱

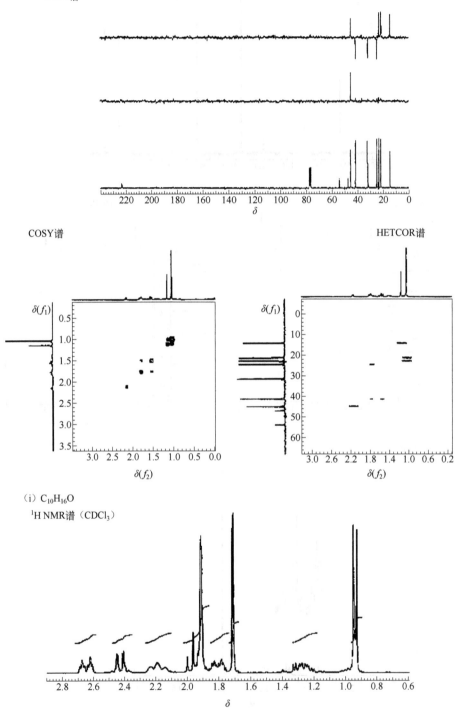

COSY谱

HETCOR谱

（i）C$_{10}$H$_{16}$O

^{1}H NMR谱（CDCl$_3$）

DEPT谱

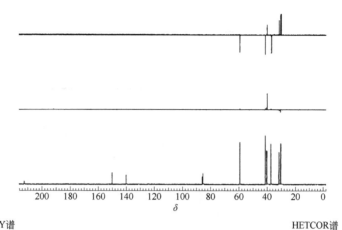

COSY谱

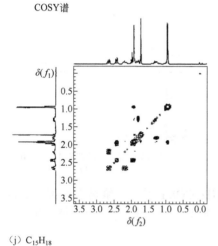

HETCOR谱

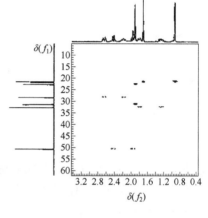

（j）$C_{15}H_{18}$

^1H NMR谱（$CDCl_3$）

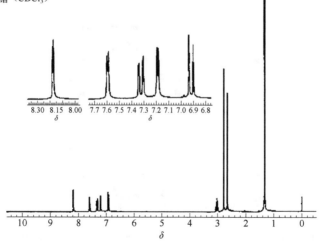

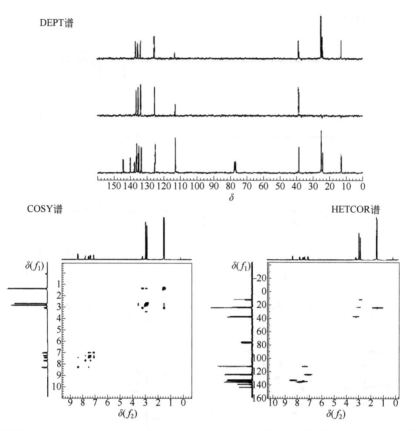

DEPT谱

COSY谱

HETCOR谱

6.2 以下是分子式为 $C_{14}H_{20}O_2$ 的 300 MHz COSY 谱。一维谱在底部和右侧。除了图中的共振峰外，^1H 谱还包含一个宽的单重峰，在 δ 7.3 处，积分为 5。这个分子结构是什么，请解释？

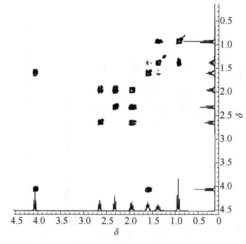

资料来源：引自参考文献[1]，已获 American Chemical Society 复印许可

核磁共振波谱学：
原理、应用和实验方法导论

6.3 下面是喹啉的一维 ^{1}H 谱和二维 COSY 谱，其结构如下。

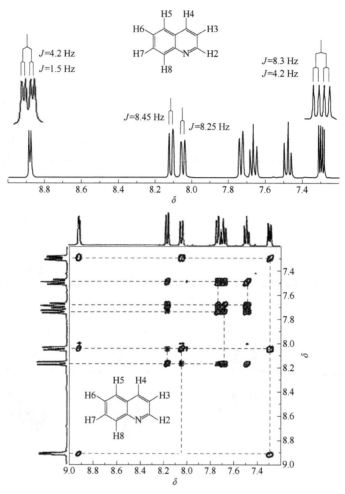

（a）归属 1D 谱中能归属的共振峰，用化学位移和耦合常数解释每个归属。

（b）利用 COSY 谱归属剩余的所有质子，并解释这些质子的 1D 裂分模式。

资料来源：已获参考文献[2]复印许可。

6.4 5-吲哚甲酸三聚体有以下两种异构体之一：

下图是 DMSO-d_6 中产物的 360.1 MHz 氢谱和 COSY 谱（δ 7.8～8.2 区域放大图）。星号标记的信号是杂质。质子信号被标记为 A～N。加入 D_2O 后，信号 A～D 被去除。信号 A 是 B 底部的一个宽峰。1D NOE 实验中，照射 B 影响 F/G 和 N，照射 C 和 D 分别影响 M 和 L，照射 F/G 影响 B。

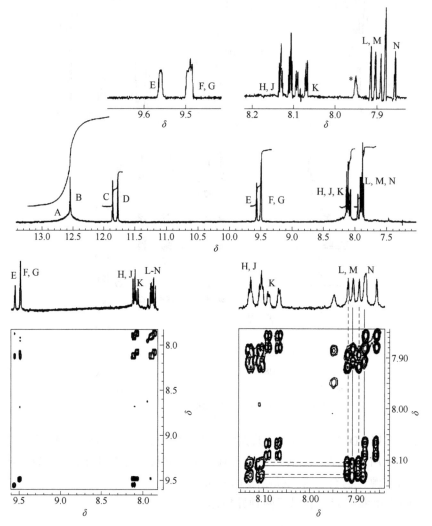

（a）从谱图的整体外观来看，三聚体是 I 型还是 II 型，解释一下？

（b）利用谱峰的多重度、NOE 和 COSY 谱结果归属所有的共振。循序渐进讨论你的推理。你的归属顺序应该是：通过 N 到特定质子，最后以归属 A 的峰结束。

资料来源：引自参考文献[3]，已获 John Wiley & Sons 复印许可。

6.5 以下是糖衍生物（从一颗豆子中提取）的 500 MHz 氢谱，省略羟基的共振。

核磁共振波谱学：
原理、应用和实验方法导论

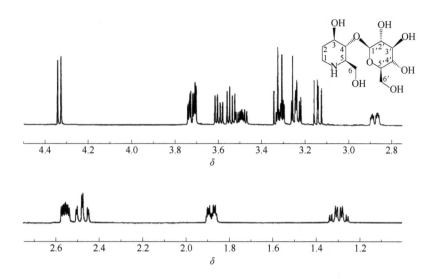

（a）以下是完整 COSY 谱、包一个归属的共振峰。请完成糖环质子的归属。

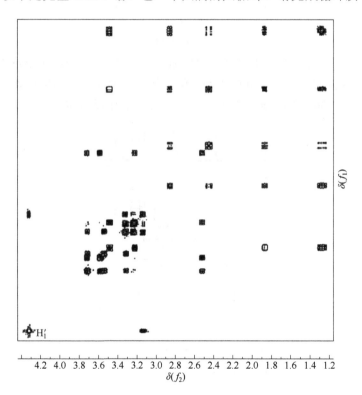

（b）以下是 COSY 谱低频部分放大图，同样指认了一个共振峰。完成哌啶环质子的归属。建议首先最好画出椅式的构象。

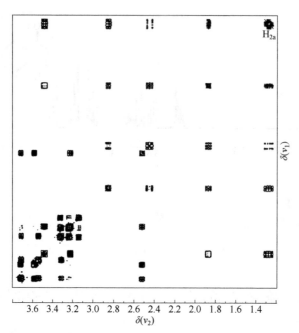

来源：已获参考文献[4]复印许可

6.6 仅借助以下二维 INADEQUATE 谱，推导异山菊里定（isomontanolide）的骨架。$\delta 78$ 处有两个共振峰的重叠，所以你必须解决该化学位移处的歧义。另外，$\delta 60 \sim 80$ 之间的碳上也有取代基，在实验中没有定义这些碳。

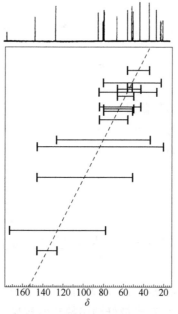

资料来源：获得参考文献[5]复印许可

核磁共振波谱学：
原理、应用和实验方法导论

6.7　结构 A 的分子（溶剂 DMSO-d_6）的 DQF-COSY（仅糖部分）谱如下。

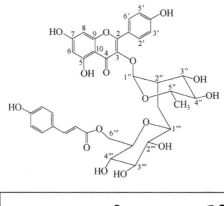

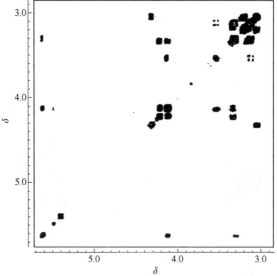

（a）尽可能归属糖上的质子峰，并解释它们的位置。

（b）归属 δ 12.56 位置的 ^{1}H 共振，并解释其高频位置。

（c）^{1}H 谱显示，H—O—C(3″)—H 和 H—O—C(2‴)—H 相邻耦合分别为 ^3J = 9.4 Hz 和 ^3J = 3.1 Hz。用介质效应和构象来解释。

6.8　异构体 4,5-环丙烷并胆甾烷-3-醇 A 和 B 有望成为胆固醇氧化酶的抑制剂。（朝上质子记作β，朝下质子记作α。）结构中未描述的其余部分是胆甾烷骨架，与这个问题无关。下面给出了两种异构体的 DQF-COSY 谱和 NOESY 谱。

（a）从一个异构体 DQF-COSY 谱中的 H（3α）开始，归属环丙烷质子（H4，H28，H29）。[这种方法只适用于一种异构体；请参阅（b）部分]。注意到 DQF-COSY 轴在 δ 2 和 4 之间不连续。归属 H4/H28 和 H4/H29 以及 H28/H29 交叉峰。

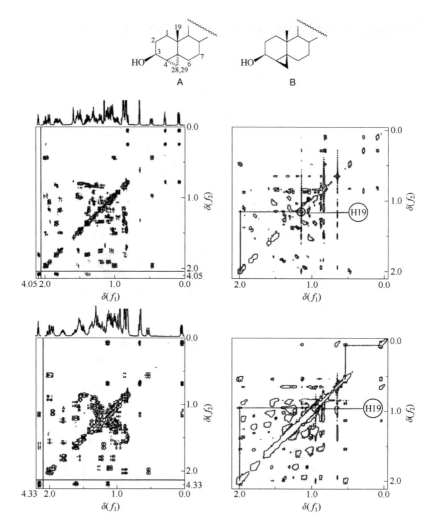

(b) 另一种异构体的这种方法归属失败，为什么？与（a）中的归属类似，归属环丙烷共振和交叉峰。

(c) 两种异构体中，除了环丙烷共振（δ 0.5），还有第三个低频峰。它有一个大的耦合 $J = 13.5$ Hz，在两个异构体中大约都在 $\delta 2$ 处。识别两个异构体中 $J = 13.5$ Hz 部分之间的 DQF-COSY 交叉峰。归属这些共振并解释低频位置部分。

(d) 这两种异构体 NOESY 谱表明，H19（甲基）从（c）靠近 $\delta 2$ 质子，与 δ 2 质子耦合的质子（$J = 13.5$ Hz）只与一个异构体中的另一个低频环丙烷质子显示 NOESY 交叉峰。这些交叉峰已在谱图上标示。根据谱峰的归属和这些 NOESY 数据，在谱图中归属同分异构体。预期构象如下，请标示 NOESY 关系。

核磁共振波谱学：
原理、应用和实验方法导论

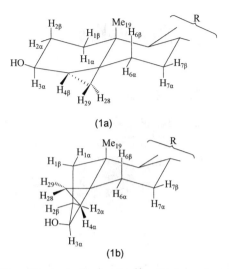

(1a)

(1b)

6.9　（a）反式-10-氯癸-2-酮（**A**）的 ^{1}H 和 ^{13}C 谱在 HETCOR 谱图中给出。这种构象刚性，因此每一对同碳质子都表现的平伏键和直立键共振峰位置不同。将 C6、C7 和 C8 共振作为一个整体而不是个体识别，并加以解释。

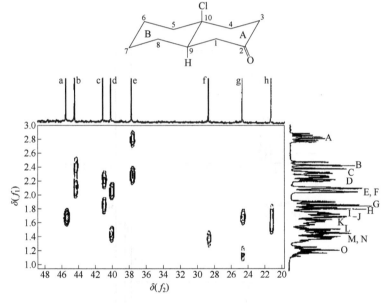

（b）现在归属 H9 和 C9，请解释理由。

（c）预期最高频率（最低频率）处的 ^{1}H 信号是什么，请解释。

（d）根据下列 COSY 谱和先前的 HETCOR 谱，归属 A 环中所有的质子和碳。

　　注意：在此谱图中，与正常的垂直-平伏关系相反，分别为 H1a 和 H3a，其频率高于 H1e 和 H3e。

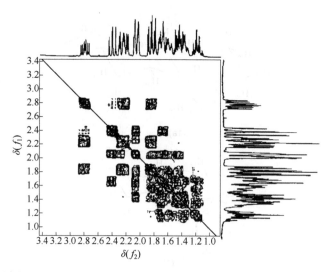

6.10 （a）管制物品甲喹酮的分子式为 $C_{16}H_{14}N_2O$ （M 250）。作为替代品，一种 M 264 密切相关的类似物开始出现在非法药物市场。从它们的红外光谱来看，

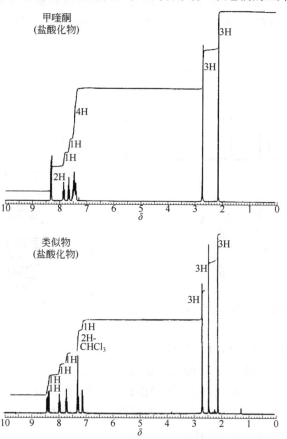

核磁共振波谱学：
原理、应用和实验方法导论

两个分子都含有一个羰基（C＝O，在 1705 cm^{-1} 处）。你能从下面给出的甲基喹啉酮及其类似物的 300 MHz ^{1}H 谱推断出它有什么结构片段吗？

（b）下面是类似物谱图的高频部分放大图，推导出产生这些共振的子结构。

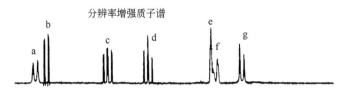

分辨率增强质子谱

（c）母体化合物和类似物均含有一个嘧啶环（**A**），该嘧啶环不饱和，并且所有位置被取代。现在组装整个类似物分子。

A

（d）归属下图 COSY 谱中类似物分子的所有交叉峰。

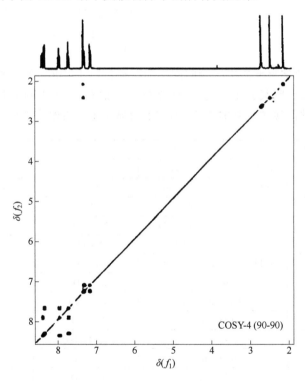

COSY-4 (90-90)

（e）借助以下 NOESY 谱，完成类似物分子结构中任何尚未解决的方面。

（f）根据类似物分子的结构和早期谱图数据，推导甲喹酮的结构。

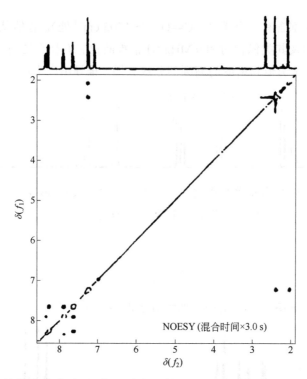

NOESY (混合时间×3.0 s)

6.11 UpJohn 科学家分离出一种胆固醇酯转移蛋白 U-106305 的有效抑制剂。高分辨质谱表明其分子式为 $C_{28}H_{41}NO$，^{13}C 谱有 27 个不同的共振峰（其中一对等价碳出现在 $\delta\,20.02$ 处）。DEPT 谱显示了下表给出的多重度。

$\delta\,(^{13}C)$ 和多重度	$\delta\,(^1H)$ 和耦合常数	$\delta\,(^{13}C)$ 和多重度	$\delta\,(^1H)$ 和耦合常数
7.6（T）	0.07, 0.09（dt: 8.43, 4.85）	20.0（D）	1.00（m）
7.6（T）	0.12, 0.16（dt: 8.39, 4.90）	20.02（Q）	0.90（d: 6.8）
8.0（T）	0.08（非一级耦合）	20.7（D）	1.29（m）
11.4（T）	0.32, 0.34（dt: 8.20, 4.77）	21.8（D）	0.68（m）
13.4（T）	0.65（dt: 8.59, 4.87）	22.4（D）	0.94（m）
14.8（T）	0.34, 0.43（dt: 8.33, 4.60）	24.0（D）	1.01（m）
14.8（D）	0.63（m）	28.5（D）	1.77（h: 6.8）
17.9（D）	0.57（dq: 13.27, 4.93）	46.7（T）	3.20（d: 6.8）
18.0（D）	0.58（m）	120.0（D）	5.91（d: 15.2）
18.2（D）	0.49（m）	130.4（D）	4.98（dd: 15.5, 7.2）
18.2（D）	0.51（m）	131.0（D）	4.98（dd: 15.5, 7.7）
18.4（D）	0.53（m）	148.8（D）	6.24（dd: 15.2, 9.8）
18.41（Q）	1.02（d: 6.0）	166.0（S）	
18.8（D）	0.60（m）		

（a）红外光谱在 1630 和 1558 cm⁻¹ 处显示出强烈的吸收，它是什么官能团，什么 NMR 峰能证实了这种归属？

（b）δ 120～150 处 ¹³C 的峰表明它是什么子结构？

（c）HETCOR 谱给出了完整的 ¹H 指认（上表）。通过与 δ 120～150 的 ¹³C 峰相关的 ¹H 共振，你还能从（b）中了解到什么？使用 J 的大小（括号中的数值），4 个 ¹H 和 ¹³C 的化学位移值，以及质子多重度。特别要注意的是，δ 120 是 d 峰而不是 dd 峰。

（d）紫外-可见光谱在 215 nm 处表现出较强的吸收。根据你已经推导出的官能团，它属于什么生色团？

（e）检查六个低频 ¹³C 三重峰。每一个都与一个特别低频（高场）的质子对相关（δ < 0.7）。这里建议哪一组出现六次？

（f）现在计算你的不饱和度。你应该把它们都解释清楚。逐一列举。

（g）作者给出了一个子结构的 DQF-COSY 谱如下：δ 0.90（d: 6.8 Hz，积分值为 6）处的 ¹H 共振与 δ 1.77（七重峰：6.8 Hz，积分值为 1）处的共振相连接，其中 δ 1.77 与 δ 3.20（d: 6.8 Hz，积分值为 2）处共振相连接。这个 2D 证据提示了什么子结构？

（h）看看化学位移，这个子结构如何与之前确定的功能相联系？

（i）现在你几乎有了所有结构。剩余未归属的 ¹³C 共振是 12 个双峰和 1 个四重峰。将这些碳（没有特定的归属）定位在你之前的子结构上，并对相连质子的化学位移进行讨论。

（j）DQF-COSY 谱中发现的这些质子，其中不包含 δ 1.29 共振。即使在 600 MHz，也有严重的重叠，以下是这个实验得出的连接性。写出整个结构，不用标示立体化学结构。

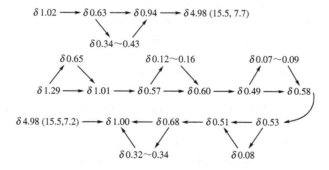

（k）看看与六个低频三重峰有关质子可用的多重性和 J 值。均为 dt，J 值为约 8.4 Hz 或约 4.8 Hz。给出所有立体化学的完整结构。

参考文献

[1] Branz, S.E., Miele, R.G., Okuda, R.K., and Straus, D.A. (1995). *J. Chem. Educ.* 72: 659-661.

[2] Seaton, P.J., Williamson, R.T., Mitra, A., and Assarpour, A. (2002). *J. Chem. Educ.* 79: 107.

[3] Mackintosh, J.G., Mount, A.R., and Reed, D. (1994). *Magn. Reson. Chem.* 32: 559-560.

[4] Derome, A.E. (1987). *Modern NMR Techniques for Chemistry Research*, 257. Oxford, UK: Pergamon Press.

[5] Budesinsky, M. and Saman, D. (1995). *Ann. Rev. NMR Spectrosc.* 30: 231-475.

[6] Derome, A.E. (1987). *Modern NMR Techniques for Chemistry Research*, 189. Oxford, UK: Pergamon Press.

[7] Derome, A.E. (1987). *Modern NMR Techniques for Chemistry Research*, 191. Oxford, UK: Pergamon Press.

[8] Benn, R. and Günther, H. (1983). *Angew. Chem. Int. Ed. Engl.* 22: 350.

[9] Derome, A.E. (1987). *Modern NMR Techniques for Chemistry Research*, 228. Oxford, UK: Pergamon Press.

[10] Günther, H. (1995). *NMR Spectroscopy*, 2nd, 300. Chichester, UK: Wiley.

[11] Derome, A.E. (1987). *Modern NMR Techniques for Chemistry Research*, 207. Oxford, UK: Pergamon Press.

[12] van de Ven, F.J.M. (1995). *Multidimensional NMR in Liquids*, 171. New York: Wiley-VCH.

[13] Evans, J.N.S. (1995). *Biomolecular NMR Spectroscopy*, 428. Oxford, UK: Oxford University Press.

[14] van de Ven, F.J.M, (1995). *Multidimensional NMR in Liquids*, 233. Mew York: Wiley-VCH.

[15] Hall, L.D., Sukumar, S., and Sullivan, G.R. (1979). *J. Chem. Soc. Chem. Commun.* 292.

[16] Duddeck, H. and Dietrich, W. (1989). *Structure Elucidation by Modern NMR*, 22. Darmstadt, Germany: Steinkopff Verlag.

[17] Sanders, J.K.M. and Hünter, B.K. (1993). *Modern NMR Spectroscopy*, 2nd, 111. Oxford, UK: Oxford University Press.

[18] Duddeck, H. and Dietrich, W. (1989). *Structure Elucidation by Modern NMR*, 24. Darmstadt, Germany: Steinkopff Verlag.

[19] Claridge, T.D.W. (1999). *High-Resolution NMR Techniques in Organic Chemistry*, 245. Oxford, UK: Pergamon Press.

[20] Derome, A.E. (1987). *Modern NMR Techniques for Chemistry Research*, 257. Oxford, UK: Pergamon Press.

[21] van de Ven, F.J.M. (1995). *Multidimensional NMR in Liquids*, 188. New York: Wiley-VCH.

[22] van de Ven, F.J.M. (1995). *Multidimensional NMR in Liquids*, 251. New York: WiJey-VCH.

[23] Meier, R.H. and Ernst, R.R. (1979). *J. Am. Chem. Soc.* 101: 6441.

[24] Martin, G.E. and Zehtzer, A.S. (1988). *Two-Dimensional NMR Methods for Establishing Molecular Connectivities*, 362. New York: Wiley-VCH.

[25] van de Ven, F.J.M. (1995). *Multidimensional NMR in Liquids*, 296. New York: Wiley-VCH.

[26] van de Ven, F.J.M. (1995). *Multidimensional NMR in Liquids*, 297. New York: Wiley-VCH.

[27] van de Ven, F.J.M. (1995). *Multidimensional NMR in Liquids*, 299. New York: Wiley-VCH.

[28] van de Ven, F.J.M. (1995). *Multidimensional NMR in Liquids*, 300. New York: Wiley-VCH.

[29] van de Ven, F.J.M. (1995). *Multidimensional NMR in Liquids*, 212. New York: Wiley-VCH.

[30] Parella, T., Sánchez-Ferrando, F., and Virgili, A. (1995). *J. Magn. Reson. A* 117: 78-83.

[31] Stott, K., Keeler, J., Van, Q.N., and Shaka, A.J. (1997). *J. Magn. Reson. A* 125: 302-324.

[32] Claridge, T.D.W. (1999). *High-Resolution NMR Techniques in Organic Chemistry*, 365. Amsterdam: Pergamon Press.

[33] Ahn, S., Kim, E.-H., and Lee, C. (2005). *Bull Korean Chem. Soc.* 26: 332.

拓展阅读

另见前几章中引用的文献

概论

Atta-ur-Rahman, Choudhary, M.I., and Atia-tul-Wahab (1996). *Solving Problems with NMR Spectroscopy*. San Diego: Academic Press.

Bax, A. (1982). *Two-Dimensional Nuclear Magnetic Resonance in Liquids*. Boston: D. Reidel Publishing.

Croasmun, R.R. and Carlson, R.M.K. (ed.) (1994). *Two-Dimensional NMR Spectroscopy*, 2nd. New York: Wlley-VCH.

Ernst, R.R., Bodenhausen, G., and Wokaun, A. (1987). *Principles of Nuclear Magnetic Resonance in One and Two Dimensions*. Oxford, UK: Oxford University Press.

Evans, J.N.S. (1995). *Biomolecular NMR Spectroscopy*. Oxford, UK: Oxford University Press.

Friebolin, H. *Basic One- and Two-Dimensional NMR Spectroscopy*, 4th ed. Weinheim, Germany: Wiley-VCH, 2005.

Morris, G.A. and Emsley, J.W. (ed.) (2010). *Multidimensional NMR Methods for the Solution State*. New York: Wiley.

Nakanishi, K. (1990). *One-Dimensional and Two-Dimensional NMR Spectra by Modern Pulse Techniques*. Mill Valley, CA: University Science Books.

Schraml, J. and Bellama, J.M. (1988). *Two-Dimensional NMR Spectroscopy*. New York: Wiley-Interscience.

Simpson, J.H. (2008). *Organic Structure Determination Using 2-D NMR Spectroscopy*. San Diego, CA: Academic Press.

van de Ven, F.J.M. (1995). *Multidimensional NMR in Liquids*. New York: Wiley-VCH.

COSY

Kumar, A. (1988), *Bull. Magn. Reson.* 10: 96-118.

Noda, I. (2006). *J. Mol. Struct.* 799: 2.

长程 HETCOR

Martin, G.E. and Zektzer, A.S. (1990). *Magn. Reson. Chem.* 26: 631-652.

HMBC

Furrer, J. (2011). *Annu. Rep. NMR Spectrosc.* 74: 293.

Martin, G.E. (2002). *Annu. Rep. NMR Spectrosc.* 46: 36-100.

Schoefberger, W.，Schlagnitweit, J., and Muller, N. (2011). *Annu. Rep. NMR Spectrosc.* 72: 1.

HOESY

Yemloul, M., Bouguet-Bonnet, S., Aï cha Ba, L. et al. (2008). *Magn. Reson. Chem.* 46: 939-942.

EXSY

OrrelL K.G., Šik, V., and Stephenson, D. (1990). *Prog. Nucl. Magn. Reson. Spectrosc.* 22: 141.

Perrin, C.L. and Dwyer, T.J. (1990). *Chem. Rev.* 90: 935-967.

Willem, R. (1987). *Prog. Nucl. Magn. Reson. Spectrosc.* 20: 1.

2D INADEQUATE

Buddrus, J. and Lambert, J. (2002). *Magn. Reson. Chem.* 40: 3-23.

Uhrin, D. and Rep, A. (2010). *NMR Spectrosc.* 70: 1.

溶剂峰抑制

McKay, R.T. (2009). *Annu. Rep. NMR Spectrosc.* 66: 33.

Zheng, G. and Price, W.S. (2010). *Prog. Nucl. Magn. Reson. Spectrosc.* 56: 267.

多量子方法

Norwood, T.J. (1992). *Prog. NMR Spectrosc.* 24: 295-375.

脉冲场梯度

Parella, T. (1996). *Magn. Reson. Chem.* 34: 329-347; (1998). 36: 467.

Price, W.S. (1996). *Ann. Rev. NMR Spectrosc.* 32: 51-142.

DOSY

Cohen, Y., Avram, L., and Frish, L. (ed.) (2005). *Angew. Chem. Int. Ed.* 44: 520-554.

Johnson, C.S. (1999). *Prog. Nucl. Magn. Reson. Spectrosc.* 34: 203-256.

Nilsson, M. ed. (2017). *Magn. Reson. Chem.* 55 (5; Special Issue)

PANACEA

Rupĉe, E. and Freeman, R. (2008). *J. Am. Chem. Soc.* 130: 10788-10792.

Rupĉe, E. and Freeman, R. (2010). *J. Mol. Reson.* 206: 147-153.

核磁共振波谱学：
原理、应用和实验方法导论

第 7 章

高级 NMR 实验方法

7.1

一维技术

第 2 章介绍了基本的采集 ^1H 和 ^{13}C NMR 谱实验方法。这些实验结果提供了质子数目（2.6.3 节）以及一般氢和碳官能团（第 3 章）有关的信息。此外，分析 $^1H—^1H$ 的耦合常数揭示了许多关于特定质子周围同伴的信息（第 4 章）。这些信息连同质谱和红外光谱数据一起，可以充分阐明相对简单的有机分子结构。然而，大多数情况下还需要更多的信息来帮助解析结构。本章将帮助大家了解其它一维实验，从中确定①每种碳的类型例如甲基、亚甲基等的数目，以及②通过核 Overhauser 效应（NOE）获取质子间的空间关系（5.4 节）。我们还将给大家提供测量质子有效 T_1 的办法。

7.1.1　T_1 测量

几乎每次 NMR 实验实际测试时所选择的原子核都会被多次激发。这类多次累加或多脉冲实验要求大家对所研究核的自旋-晶格弛豫时间（T_1）有所了解（2.4.6 节）。注意，为了节省空间，当提到有效 T_1 时，正文中我们使用术语 T_1，原因是我们并没有对实验样品脱气，严格排除顺磁物质如分子氧等带来的弛豫影响。

此外，如果要对特殊化合物进行多种非常规测试，那么花时间测量它的 ^1H T_1 就很有必要。了解 ^{13}C 的 T_1 也可以，但是相对于我们想要获得的信息来说，确定这些值所需的时间通常太长，现在更是如此，原因是最重要（2D）NMR 实验的弛豫延迟依赖于 ^1H 的 T_1，而不是 ^{13}C 的。

最常用的测量 T_1 实验是反转-恢复傅里叶变换（IR-FT）法（5.1 节）：（DT–180°–τ–90°–t_a）$_n$，其中 t_a + DT > 5T_1。它与 90° t_p 的测定方法类似，重要的是两次脉冲间 z 磁化要完全恢复到平衡态。这个条件实际上意味着 t_a+DT 必须大于 5T_1。我们可以用方程（5.2）来确定不同 T_1 倍数的 z 磁化恢复（I_t/I_0），具体数值见表 7.1。

表 7.1　不同 T_1 值对应的磁化恢复情况

nT_1	I_t/I_0	nT_1	I_t/I_0
1	0.264	4	0.963
2	0.729	5	0.987
3	0.900	6	0.995

核磁共振波谱学：
原理、应用和实验方法导论

由于大多数 ^1H 的 T_1 值不确定，所以第一次执行 IR-FT 实验仅仅得到一个近似值（就像首次 90° t_p 校正尝试）。我们可以在 0.1～10 s 范围内一个很小的 τ 值（如 0.004 s，0.02 s，0.1 s，0.5 s，2.5 s 和 10 s），设置 DT 到 5 s（对于 $T_1 \approx 1$ s 的情况）。所得的二维堆积图看起来与图 5.2 类似，T_1 相对较短的信号迅速变正，然后在更长 τ 值时达到一个稳定值，而其它 T_1 相对较长的信号即使在最大 τ 值时也达不到最大强度。大多数现代谱仪都有根据数据自动计算出 T_1 的程序（注意，如果数据偏离最佳值，那么这些 T_1 值的误差很大）。这个初步实验很快告诉我们所选化合物的 τ 值和 DT 设置对于所研究化合物的 T_1 值是否太小（正信号相对较少，极少或没有达到最大强度）或太大（大部分信号接近或达到最大强度）。

为了合理、精确测定 T_1，每个基团应获得与图 7.1 类似的结果。然而，由于大多数化合物质子的 T_1 值有一个分布范围，所以必须延长 IR-FT 实验以适应 T_1 最长的原子核。如果要对最大 T_1 值有更好的认识，那么用适当的 τ 值和 DT 值重新进行 IR-FT 实验。同样，现代谱仪有测量 T_1 程序，输入一个估计的 T_1 值及 DT = $5T_1$ 后自动选择一系列 τ 值。图 7.1 所示的例子中，$T_1 = 1$ s，然后 DT = 5 s，τ 值范围为 0.05 s、0.55 s、1.05 s、1.55 s、2.05 s、2.55 s、3.05 s、3.55 s、4.05 s 和 4.55 s。

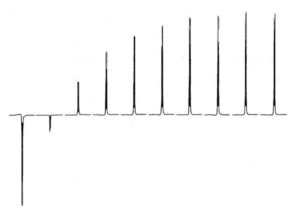

图 7.1　反转恢复实验测量 T_1 值的结果图（信号强度为 τ 值的函数）

7.1.2　^{13}C 谱编辑实验

初步的 ^1H 和 ^{13}C NMR 实验完成并分析结果后，需要根据含氢的数目对碳进行分类，即伯碳、仲碳、叔碳和季碳。借助一维和二维实验也能获得这些信息，然而，实际中主要是从一维碳连接质子测试法（APT）和无畸变极化转移增强（DEPT）实验（5.5 节）中获得。

7.1.2.1　APT 实验

APT 实验[1]中四种 CH_n 单元的谱图特征见图 5.15 中 $n = 1$、3 和图 5.16 中 $n = 0$、2 的例子。所用的 APT 脉冲序列如图 7.2 所示，它与标准的 ^{13}C NMR 实验类

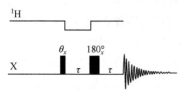

图 7.2　APT 脉冲序列图

似，可以用下面两种方式的任意一种来进行。初始脉冲（θ）可设置为 90°，弛豫延迟约 1 s（2.4.6节）。这种情况下，延迟时间（DT）设置为零，取消第二个 180°脉冲。然而，2.4.6 节中说过，收集 NMR 数据最有效的方法是使用连续脉冲，无需 DT，且 α 小于 90°。

如果我们采用后一种方法，就有一个小问题。在使用 $\alpha < 90°$脉冲后，部分磁化仍然保留在 z 方向，将被第一个 180°脉冲激发到$-z$ 方向。为了在无需 DT 的情况下快速发射脉冲，$+z$ 轴上最好没有磁化残留。这种情况可以通过施加第二个 180°脉冲来实现，但是需要一个对称放置的短延迟时间（约 1 ms）来重聚第二个 180°脉冲期间偏离$+y$ 和$-y$ 轴的磁化。

最后要选择的参数是延迟时间 τ，它控制碳矢量的重聚。这里有两个稍微复杂的因素需要考虑：①单键 C—H 的耦合常数值不固定和②C—H 片段的行为受到碳原子杂化的影响。为了补偿前者，τ 被设置为接近于预期单键 C—H 耦合常数范围的中间值。后一种情况的出现是因为 sp^2 杂化碳矢量的移相和重聚速率比 sp^3 碳的更快。对于都是 sp^3 碳杂化的化合物，则 $^1J_{CH}$ 为约 125 Hz（表 4.1），τ 设为 $1/J = 8$ ms。同样，如果都是 sp^2 杂化的碳，$^1J_{CH}$ 约 160 Hz，τ 为 6 ms。如果两种碳都有，那么使用 7 ms 的中间值，相当于 $^1J_{CH} = 140$ Hz。

图 5.17 所示的碳全编辑 APT 谱（$\tau = 1/J$）很容易区分与奇数质子（CH 和 CH_3）连接的碳与带有偶数质子的碳（CH_2 和季碳，零被认为是偶数）。如果需要深入区分任何一组碳，可以用不同的 τ 值重新进行 APT 实验。如果 $\tau = (2J)^{-1}$，因为前者不出峰，而后者信号强度最大，从而区分亚甲基碳和季碳。区分甲基和次甲基碳的方法不是特别直接。当 $\tau = 2/3J$ 时，甲基碳的信号大约为次甲基碳强度的 1/3。

APT 的缺点是它依赖于单键 C—H 耦合常数的大小以及不能明确区分 CH 和 CH_3碳。然而，碳完全编辑实验（$\tau = 1/J$）的运行速度相对快速（通常是 ^{13}C NMR 实验扫描次数的一半），可用于已知结构的化合物表征。DEPT 实验克服了上述两个缺点，将在 7.1.2.2 节讲述。

7.1.2.2　DEPT 实验

如今，DEPT 实验[2]已成为碳编辑谱的首选，它的脉冲序列如 5.5 节所示。它可以给出仅包含 CH、CH_2 和 CH_3 的单独子谱（图 5.18）。实验中延迟时间 $\tau = (2J)^{-1}$ 的设置与 APT 实验的类似，即 sp^3 杂化碳的延迟时间为 4 ms，sp^2 碳为 3 ms，两

者都有时，延迟时间为 3.6 ms。DEPT 实验的主要特点是 θ 脉冲可变，其结果有点像 APT 实验中改变延迟时间 τ 所得的图谱。然而，DEPT 实验与脉冲角度而不是与延迟时间有关，这使 DEPT 对 $^1J_{CH}$ 的变化不太敏感，因此它比 APT 更占优势。用不同的 θ 值观察到的碳谱结果如下：

① $\theta = 45°$，观察到所有带质子的碳。

② $\theta = 90°$，得到的主要是 CH 碳，可能有其它碳的弱信号。

③ $\theta = 135°$，得到全编辑碳谱（包含 CH、CH_2 和 CH_3 信号，CH 和 CH_3 为正，CH_2 为负）。

其它建议的谱图参数如下：

① DT = 0.5～1.5 s，为 1～3 倍的 ^{13}C T_1（max），但是这个 ^{13}C T_1（max）只针对带质子的碳（可能是 CH），原因是 DEPT 谱中观测不到季碳。

② 稳态（空扫）脉冲的次数最少为 4 次（让体系达到平衡态）。

③ 采样次数是 4 的倍数（满足相位循环要求）。

此外，建议采用 32 次交错扫描收集数据。交错采样常见于长时间的实验中，目的是保证采样的稳定性，其操作方式如下。例如一个完整的谱编辑实验不是依次获取不同角度 θ 的每个谱，而是在 $\theta = 45°$ 扫描 32 次，然后在 $\theta = 90°$ 扫描 32 次（此部分做两批），最后在 $\theta = 135°$ 扫描 32 次。重复这四步循环，直到累积足够的扫描次数获得信噪比可接受的四个子谱为止。

DEPT 的缺点是它是一个差谱实验，比典型的一维技术相比，它对某些因素更敏感，如稳定性的问题，补救方法之一是使用稳态或虚拟脉冲。这项技术就像常规实验一样需要进行多次扫描，但在正常的采样时间内不采集数据。采取这个步骤后样品在数据采集前将达到平衡状态。相减结果不好的原因通常是由下列一个或多个方面的问题所致：

① 锁场的稳定性　保持锁定功率略低于饱和功率，锁场的增益在 30% 范围内。

② 样品温度的变动　实验过程中维持恒温。

③ 脉冲的准确性　实验前校准 ^{13}C 的 90° 和 180° 脉冲至关重要。

④ 图谱相减抵消不完全　稳态脉冲或空扫描至关重要。

7.1.3　NOE 实验

NOE 提供了关于原子核间的空间信息（5.4 节）。通常 NOE 的测定可以在同核间的，如质子 NOE；也可以在异核间的，如辐照质子的信号，观察异核的信号变化。在结构指认的过程中 NOE 实验处于中间或最终的步骤。大多数情况下，在确定分子的二维结构后，NOE 再提供结构的三维信息。当然，NOE 也可以用于早期的结构指认，如为双键系统的顺/反或环取代模式等问题提供实验证据。

经典的稳态 NOE 测试涉及照射特定（目标）的信号，测量被认为其它在空间上靠近照射核的信号强度（实验的共振部分），然后将照射频率设置在图谱的空白区域进行辐照（偏共振部分），再对两部分图谱进行扣减。现在有些 NOE 实验仍然采用传统的共振和偏共振方式来进行，其它则采用选择性的办法，不需要相减。

由于 NOE 增强与弛豫过程相互竞争，它高度依赖于所讨论的弛豫核与未辐照相邻核的间距。相邻核也参与整个弛豫过程的竞争，因此这两个增强（A{B}和 B{A}）很少相同，甚至可能完全不同。对 CH_3—H 的体系来说，这种说法特别正确，根据 NOE 实验方式的不同，它可以表现显著不同的结果。通常对甲基附近的任何质子，甲基都是高效的弛豫试剂，但甲基质子本身几乎不受相邻质子弛豫的影响。因此，当照射甲基质子时，可以观察到相邻的质子相对较大的增强，但是相反，实验观测到的增强非常小甚至没有。

7.1.3.1 NOE 差谱实验

几乎所有的现代 NOE 实验都是在差谱模式下进行[3]。与以前一样，共振和偏共振实验的方式几乎完全相同，具体见图 7.3 所示的脉冲序列。共振谱和偏共振谱的自由诱导衰减（FID）单独存储在计算机内存中，相减后得到差谱。理论上，只有在空间上与目标质子相邻的原子核（< 5 Å）才有信号。典型的小分子（$M <$ 1000）采样参数如下：$\alpha = 90°$ 和 $\tau = 5T_1$（通常为 3～5 s）。充分的预饱和时间很重要，这样弱 NOE 信号就有足够的时间演化到可观察的程度。此外，虽然理想情况下是完全饱和目标的信号（随后从图谱中消失），但在图谱重叠时很难实现。目标信号的强度降低 50%～75% 表示饱和功率水平足够了。

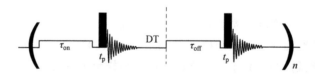

图 7.3　NOE 差谱脉冲序列示意图

NOE 差谱实验对仪器的稳定性极为敏感，存在扣减不充分的问题。按照以下实验条件可以把差谱的问题最小化：

① 稳态脉冲次数 = 4 次。

② 实验期间样品不旋转。

③ 实验过程中维持恒温。

　核磁共振波谱学：
原理、应用和实验方法导论

④ 保持锁场的功率略低于饱和功率，维持锁场增益在 20%的范围内以获得最佳的锁场稳定性。

⑤ 采样次数 = 256～1024 次（取中间值 512）以获得较好的信噪比。

⑥ 采用适度的谱宽函数（< 2 Hz 但不造成信号重叠）降低图谱的噪声。

⑦ 对共振和偏共振谱图的 FID 使用相同的相位进行处理。

当目标信号是多重峰时，现代谱仪允许激发多重峰的每一条谱线。为了保险起见，在转移到脉冲序列的偏共振部分之前，可以在每个周期每个共振线扫描 4 次。倍半萜 T-2 毒素（**7.1**）的 NOE 差谱如图 7.4（a）所示。照射位于中心位置 δ 0.81 处的 14 位甲基，它表现为一个大负信号。此时①H-7B（δ 1.91）和 H-13B（δ 2.80）出现相对较大的 NOE；②H-15B（δ 4.06）和 H-8（δ 5.28）有中等大小的 NOE；③H-15A 为较小的 NOE（δ 4.28），H-3 出现极小的 NOE（δ 4.16）。此外，观察到 δ 2.03 和 2.16 处酰甲基的中等大小信号。这些共振峰表现出适度的增强，但必须记住，正常氢谱中它们的信号最强，但 NOE 信号非常弱。上面讨论的差谱难点可以通过使用最新的 NOE 脉冲序列而得以避免，它已经在 7.1.3.2 节中提到过。

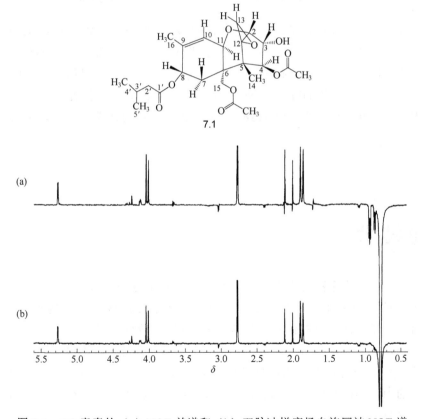

图 7.4　T-2 毒素的（a）NOE 差谱和（b）双脉冲梯度场自旋回波 NOE 谱

7.1.3.2　双脉冲梯度场自旋-回波 NOE 实验

Shaka 等人提出双脉冲梯度场自旋回波 NOE（DPFGSE-NOE）序列，如图 7.5（参考文献[4]和 6.6 节）所示。这个实验得到的结果与差谱实验看起来一样，但是它并不涉及谱图和 FID 的相减问题。DPFGSE-NOE 脉冲序列的关键是一对形状脉冲和脉冲场梯度。现代的研究级 NMR 谱仪能生成精准的脉冲来激发谱图中高度选择性的区域。

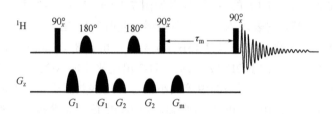

图 7.5　双脉冲梯度场自旋回波 NOE 脉冲序列图。梯度 G_1、G_2 和 G_m 相对大小为 16 G/cm、7 G/cm 和 15 G/cm，混合时间为 650 ms

该脉冲序列具体过程是，用非选择性的 90°脉冲将所有质子自旋的磁化转移到 xy 平面，再用一对选择性的 180°脉冲重聚 xy 平面上目标自旋的磁化。然后第二个非选择性 90°脉冲将目标磁化转移到$-z$ 轴，NOE 从这个 z 磁化上产生。图 7.4（b）给出了 T-2 毒素的 DPFGSE-NOE 谱。同样激发 14 位甲基质子，它表现为一个巨大的负信号。很明显，DPFGSE- NOE 谱图的质量明显优于图 7.4（a）的 NOE差谱。

7.2
二维技术

7.1 节提供了几种实验方法，让我们能够确定分子中各类碳原子的数量以及质子间的空间关系，这些信息对于阐明分子的二维或三维结构来说至关重要。如上所述，这些新的信息与化学位移、耦合常数和其它谱学方法得到的数据相结合，就可能确定分子结构。然而，大多数情况下仍然需要更多的谱图数据支持。本部分内容中，我们将了解二维（2D）NMR 实验的性能，它们提供了直接的 ^1H—^1H 和 ^1H—^{13}C 连接的信息，以及长程的 ^1H—^{13}C 连接和 ^1H—^1H的空间关系。

核磁共振波谱学：
原理、应用和实验方法导论

7.2.1 二维 NMR 数据–采集参数

与一维 NMR 实验相比，多维核磁实验的数据采集方法明显不同，原因是我们现在至少要处理一维数据矩阵（对于 2D NMR），对于复杂的生物分子，甚至还要处理二维或三维数据矩阵（分别用于 3D 和 4D NMR）。

7.2.1.1 数据点数目

为了保证合理的实验时间以及满足数据存储要求，多维实验中每个维度上使用的数据点都比典型的 1D 实验少很多。质子同核相关谱（如 COSY 谱）和质子检测异核相关谱（如异核单量子相关 HSQC）等实验，质子检测维（f_2）设置 1024 或 2048 个数据点比较合理。然而，由于异核检测相关谱的谱宽更大，例如异核化学位移相关 HETCOR 谱，所以它在 f_2 维需要 2048，甚至 4096 个数据点。考虑到计算机的硬件限制和谱图分辨率的要求，通常二维实验中每个维度设置 2048 个数据点。

7.2.1.2 时间增量数目

用于创建非检测第二维度（间接维 f_1，6.1 节）的时间增量数只是 f_1 维数据点数的影响因素之一，256 个增量值是平衡了时间和分辨率要求的中间值。还应记住，绝对值模式谱图中该数值通常得加倍（至 512）。

f_1 维的数字分辨率（DR_1）与 f_2 维类似，它是增量数（ni）和谱宽（sw_1）的函数。它的计算不是很直接，将在 7.2.2.3 节中讨论。然而，与 DR_2 不同，DR_1 有点令人头疼，原因是尽管 sw_1 可以像 sw_2 一样减少（同核相关实验中两者一样），但增加 ni 时 2D 实验时间的增长程度远远大于增加 np_2 的相应情况（增加 np_2 对实验时间基本上没有影响）。例如，ni 增加 2 倍，则实验时间加倍。更糟糕的是，使用 2048 个增量不一定会让 f_1 维的分辨率变得更好。除非样品浓度很大，否则这样大的 ni 值可能只是多完成几个层次的有效零填充（其中 n-1 对改善 DR_1 没有任何作用，2.5.2 节）。其原因是随着时间增量（t_1）的增加，矢量相位相干性（以及 xy 磁化）因磁场均匀性效应和 T_2 弛豫（T_2^*）的影响而丧失。耦合核间可能只剩下很少用于转移的 xy 磁化，接收器检测到的剩余磁化也很小。因此，最后大约一千个增量的强度可能基本上为零。解决这一难题的方法是使用向前线性预测（LP）技术，这将在 7.2.2.4 节中进行讨论。此外，根据 ^1H 或 ^{13}C 谱的谱宽尽可能减小 sw_1 以获得最佳的分辨率。

7.2.1.3 谱宽

同核相关实验中 sw_1 设置与 sw_2 几乎一致。此外，尽量减小两个维度的谱宽以增加数字分辨率，它一般为最高和最低频率信号间之外加 20% 的距离（即图谱每一端增加 10%）。

7.2.1.4 采样时间

由于二维实验中 np_2 远小于普通 1D 谱中的数据点数，且 sw_2 也不小于普通 1D 谱宽太多，因此在检测 ^1H 时，采样时间通常在 $100\sim300$ ms 范围内，异核检测实验则小于 100 ms。记住，和 1D 实验一样，sw_2 值（以 Hz 为单位）取决于磁场强度，因此它对 t_a 值有影响。同样，t_a 通常在选择 np_2 和 sw_2 后由谱仪自动设置。

7.2.1.5 发射器偏移

当减小 sw 时，现代谱仪软件通常会自动改变发射器的偏移，使其处于减小 sw_2 后谱图的中央。操作者可以通过比较原始的和 sw 减小后的两种情况下发射器的偏移值来验证发射器是否移动。

7.2.1.6 翻转角度

翻转角度由所进行的二维实验决定，无需考虑 Ernst 角度。COSY 谱系列实验最终的脉冲角度确实有不同（6.1 节），它们在 7.3.1.1 节进行讨论。此外，在 t_a 前传递到被检测核的最终脉冲被称为读取脉冲。

7.2.1.7 弛豫延迟

本章中所讲的几乎所有实验在各个扫描之间都需要弛豫 DT。非常遗憾的是，许多操作者使用的 DT 对于他们执行的实验来说太长。教科书和谱仪手册中推荐的 DT 值为 $1\sim3T_1$，最佳灵敏度（使用 $90°$ 脉冲）时重复时间（$DT+t_a$）约为 $1.3T_1$。当然，典型分子中也会有一系列的 T_1 值，这些数值与场强有关（5.1 节）。因此，7.1.1 节建议测量特殊样品中 ^1H 的 T_1。幸运的是，即使不测量，我们也可以估计合理的 T_1 值。

非常小的分子（$M < 400$）^1H 的 T_1 通常在 $1\sim3$ s 范围内，DT 为 $1\sim4$ s，重复时间为 $1.3\sim4$ s。然而，这种大小的分子通常只在教科书中出现。对于小分子（M 约为 $500\sim1000$），^1H 的 T_1 通常在 $0.5\sim2$ s 范围内，DT 为 $0.4\sim2.5$ s，重复时间为 $0.7\sim2.6$ s，由 t_a 决定。反过来，采样时间与 sw 呈函数关系，它与场强有关。如果没有 T_1 数据就决定 DT 似乎是个令人头疼的问题。然而，经验表明，对于 $M < 1000$ 分子的 ^1H 检测实验，DT 在 $0.5\sim1$ s 通常就足够，$M < 400$ 的小分子 DT 用 1 s 比较合理。

相对于 0.5~1 s 的 ^{1}H T_1，DT 的范围可能太小。然而，从 T_1 值的整个范围考虑来确定 ^{1}H 检测实验的 DT 适得其反。必须记住，CH_3 质子的 T_1 值比 CH_2 和 CH 的更大，在讨论 DT 时通常应该不考虑在内。它们的信号通常会比 CH_2 和 CH 的强很多，因此它们可以接受不完全弛豫所导致的信号强度损失。t_a 通常很小，但如果由于 sw 减小而让 t_a 超过 400 ms，则要相应减小 DT 值。

对于 DEPT 谱、HETCOR 谱等异核检测的实验，特别是 FLOCK 谱，当需要采集非质子化核的信号时，采用较长的 DT 更为合适。

7.2.1.8　接收器增益

2D 实验接收器的增益不能按照 2.4.7 节中 1D 实验的方式进行设置，相反它从自身的氢谱或异核实验的增益值中获得。有些谱仪可以从一维实验中自动检索后设置这个数值，而其它谱仪必须手动输入。

7.2.1.9　单位时间增量上的扫描次数

为了让 2D 实验所需的总时间最短，我们希望将每次增量的扫描次数（ns/i）设置为足以观察到有效图谱的数值。在异核检测实验中这个数值通常很大，但在质子检测实验中扫描 1~4 次通常就足够了。但是，ns/i 的最小值由所用脉冲序列的相位循环周期（5.8 节）决定，它可以是 4~64 次范围内的任意值。一般来说，^{1}H 检测实验 ns/i 值为 8 比较合理，稀溶液（^{1}H 检测）或异核检测实验通常需要的 ns/i 值大，这里我们可以充分利用适当大小的交错采集办法（如 7.1.2.2 节的 DEPT 实验）来实现。

近年来，许多基本二维 NMR 实验的梯度版本非常流行，其中一个主要原因是使用梯度消除了相干路径选择所需的相位循环，极大节约了实验时间。因此，涉及 ^{1}H 检测的实验通常可以在每次增量采集一到两个瞬态的情况下进行。

7.2.1.10　稳态扫描次数

所有二维实验开始前都要使用稳态扫描（简称 ss，2.4.9 节），它们在许多脉冲序列如自旋锁定补偿（7.3.1.2 节和 7.3.4.2 节）和消除去耦（7.3.2 节）的加热效应等都特别重要。自旋锁定时间特别长或 sw 特别宽 X 核去耦的实验中大多使用了大量的稳态扫描。

7.2.2　二维 NMR 数据-处理参数

就像采样一样，2D 的数据处理与 1D 的完全不同，主要原因是 2D 实验中信号截尾的难题比 1D 实验要严重得多，零填充和线性预测（LP）方法也都适用于二维 NMR 实验。

7.2.2.1　加权函数

如果考虑到二维实验中检测维的 t_a 较短（< 300 ms），那么 f_2 维的信号（FID）出现截尾问题并不奇怪。非检测（t_1）维中，我们处理的是干涉图，（来自特定化学位移下每个谱中的单个信号）并不是真正的 FID，但它们在截尾方面的表现很相似。由于弛豫效应的影响，所以干涉图尾部的信号要比开始时的小，但是，除非 ni 很大，单个干涉图将不会在最后一个增量处衰减到零。图 7.6 中给出了各种已开发使用的加权函数，它们可以在 t_1 和 t_2 维中执行变迹，从而使信号最终衰减到零。

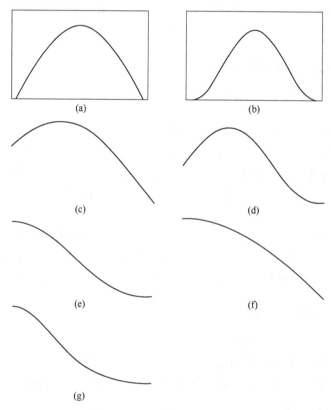

图 7.6　不同加权函数效果图

（a）正弦贝尔；（b）平方正弦贝尔；（c）移相正弦贝尔；（d）移相平方正弦贝尔；（e）高斯；（f）余弦（90°移相正弦贝尔）；（g）平方余弦（90°移相平方正弦贝尔）函数

加权函数的选择很大程度上取决于二维数据到底是以绝对值（幅度）还是相敏模式呈现（6.1 节）。绝对值数据对 FID 的开始和结束都有严格的要求，因此，

核磁共振波谱学：
原理、应用和实验方法导论

通常用贝尔正弦函数进行处理以消除相位扭曲的色散拖尾。其它可选的两种加权函数分别是伪回波和平方正弦贝尔函数，它们几乎完全相同，得到的结果与正弦贝尔加权函数处理的相近。与正弦贝尔函数相比，它们稍微强调 FID 的中间部分，它们的主要区别在于 FID 的头部和结尾。如果主要考虑灵敏度，可以按下面的方式使用移相正弦贝尔函数。

大部分的现代谱仪通常有交互程序，允许在操作者改变加权参数的同时在最终图谱中显示改变加权函数后的效果。作为例子通常选择第一个增量来检查加权参数对 t_2 数据的影响。通过对第一个 FID 的数据处理，操作者能位移正弦贝尔函数的中点到 FID 的 S/N 部分（左侧），直到谱图在灵敏度和分辨率之间达到最佳平衡。谱仪操作者必须牢记，在 FID 的右末端加权函数必须有一个 0 的数值，以便在①t_2 中 t_a 和②t_1 中有效 t_a（ni/sw$_1$）的末端将 FID 衰减到零。

t_1 维中的数据（干涉图）处理方式与 t_2 维的几乎相同。对 t_2 维数据适当加权，进行傅里叶变换得到（f_2, t_1）的数据矩阵，它由垂直（f_2）维上化学位移处的水平干涉图组成。选择信噪比好的一排数据，按照前面所讲的 t_2 中第一个增量的处理过程进行交互加权，直到数据达到最佳效果即可。

相敏数据不存在尾部色散的问题，故只需要抑制 FID 的末端，它们可以用更加温和的变迹函数（如高斯函数）进行处理，但也可以使用 90°移相的正弦贝尔（余弦）函数和 90°移相的平方正弦波形（余弦）函数（图 7.6）。如果需要研究一系列的化合物，那么需要对所有三个函数进行交互加权以确定最终使用哪一个函数。

根据采样参数，利用谱仪软件设置好正弦贝尔和高斯加权函数，交互输入各种移相函数的移位值，然后重新调整该函数，直到 FID 在 t_2 和 t_1 结束时归零。

7.2.2.2 零填充

在 t_2 和 t_1 域中进行适当的加权后，两个数据集都应进行至少 2 倍因子（一级）的零填充。

7.2.2.3 数字分辨率

我们在 2.5.4 节中看到，如果要求一维谱的分辨率<1 Hz，那么需要($\Delta \nu$)/2 或 J/2 的 DR 值约为 0.5 Hz/pt。二维 NMR 中，数字分辨率同样也是一个重要的概念，例如，如果要观察到 1 Hz 耦合的相关，那么需要 DR = 1~2 Hz/pt。

f_2 维中的数字分辨率是数据点数目（np$_2$）和谱宽（sw$_2$）的函数，其计算方法与一维实验相同（2.5.4 节）。如果 sw$_2$ = 2100 Hz，np$_2$ = 1024，则傅里叶变换后，一半为实数，另一半为虚数（2.5.1 节），DR$_2$ = sw$_2$/(np$_2$/2) = 2100 Hz/(1024/2) = 4.1 Hz/pt。与一维实验类似，为了获得最佳 DR，应该先执行一级零填充，这样 np$_2$ =

2048。使用 FT 操作后实数点的一半，$DR_2 = 2100\ Hz/(2048/2) = 2.1\ Hz/pt$。

正如 7.2.1.2 节所述，f_1 维的数字分辨率是 ni 和 sw_1 的函数。当 sw_1 采用的方式处理与 sw_2 相同时，ni 值取决于实验数据是以绝对值还是以相敏模式呈现。相敏数据中 ni 的情况与 f_2 域中 np_2 的情况相同，即经过 FT 处理后，只有一半的点被用来表示谱图。如果 $sw_1 = 2100\ Hz$，ni = 512，$DR_1 = sw_1/(ni/2) = 2100Hz\ /(512/2) = 8.2\ Hz/pt$。如果使用一级零填充，则 ni = 1024，$DR_2 = 2100\ Hz/(1024/2) = 4.1\ Hz/pt$。

而对绝对值 f_1 数据集的处理方式不同，原因是 f_1 维的吸收（实）分量和色散（虚）分量都用于表示谱图。如果 ni = 512，FT 后有 256 个实部点和 256 个虚部点，组合后共有 512 个点。同样，如果 $sw_1 = 2100\ Hz$，从分母中去掉因子 2，$DR_1 = sw_1/ni = 2100\ Hz/512 = 4.1\ Hz$。

因此，通过根据 ^{1}H 和 ^{13}C 谱的数据尽可能地减少二维谱中的 sw_2 和 sw_1 值，并使用一级零填充 ni（对于相敏数据集）和 np_2，使它们增加 2 倍来实现最佳的分辨率。

7.2.2.4 线性预测

7.2.1.2 节和正文中好几个地方都提到，NMR 谱专家一直挣扎于无休止的灵敏度和分辨率以及二者与实验时间。在 FT-NMR 出现之前，灵敏度和时间竞争的问题早就存在，2D 实验的 t_1 维度情况很好说明这一点。另外，观测图谱不仅需要每个时间增量有足够多的扫描次数，还必须有充分的增量来分辨相邻的信号。这两项要求都需要占用宝贵的谱仪时间，核磁专家被迫在许多二维实验的灵敏度和分辨率之间做出取舍。

向前线性预测（LP，linear prediction）[5]为解决灵敏度-分辨率-时间之争提供了一个巧妙的解决方案。它背后的想法是把采样过程当作一场理想的匀速行驶汽车比赛。如果记录下它们在 256 圈处的相对位置，那么就可以预测出它们在 1024 圈处的位置。在 NMR 数据的 LP 中，可利用先前数据点的信息扩展到有限的 FID 上。在数据点的时间序列中，特定数据点 d_m 值可以根据对前面数据点[6]的线性组合（因此称为"线性预测"）来预测：

$$d_m = d_{m-1}a_1 + d_{m-2}a_2 + d_{m-3}a_3 + \cdots \tag{7.1}$$

式中，a_1，a_2，a_3，$\cdots$为 LP 系数（也称为 LP 预测过滤器）。在 LP 过程中使用系数的数量称为 LP 的序，它对应着用于预测数据列中下一个数据点的所使用数据点数目。

使用线性预测的关键要求是，FID 的 S/N 必须足够大，以便准确估计 LP 系数的大小。对于异核探测的二维实验和极稀溶液的 ^{1}H 探测实验来说，这个条件很是问题。然而，对于前者，LP 没有那么重要，原因是前者 f_1 维质子的化学位移范围更小，数据点本身的分辨率更好。使用线性预测的另一个条件是，LP 过程中使用系数的数量应该大于组成每个被扩展 FID 的信号数量，系数的数量应该比有贡献信号的数量大多少，这取决于谱仪制造商。

有的仪器进行线性预测时通常需要 8 个系数，而其他仪器使用 16 到 32 个系数。使用正确的系数非常重要，数据太少无法做出准确的预测。线性预测所得到的最佳谱图应当是看起来好像没有进行过 LP 处理一样，最糟糕的情况莫过于分辨率更差。系数使用太多会导致沿 f_1 维产生类似 t_1 噪声的伪峰。此外，即使 LP 数量过多也不会造成系统关闭，但顶多计算时会花费大量时间。

LP 不被滥用同样重要。必须有足够数量的实验数据点，才能有扩展 FID 的信心。第二个大问题是，LP 不能扩展太大，例如 32 点预测为 1024 点。Reynolds[5] 发现，LP 的一般规则是相敏模式下的数据可以进行 4 倍 LP 预测，例如 256 个数据点可以预测到 1024 个，而绝对值数据可以扩展 2 倍，256 个点可以扩展到 512 个。然而，对于只有一个信号的某些干涉图实验，通常执行 16 倍 LP。

由于 LP 要求系数的数目大于或远远大于构成 FID 信号的数量，所以它通常不适用于最终 f_2 维的 1D 数据或 FID 增量。然而，由于多种原因，它非常适合在 t_1 域的干涉图数据上进行操作。大多数情况下最终时间增量的谱图信号强度并不是为零，如果不使用明显的加权函数将干涉图减小到零强度，则傅里叶变换后会产生截尾效应（2.5.3 节）。然而，这种变迹方法将会导致谱线展宽，因而它不是一个理想的解决方案。LP 允许使用更柔和的变迹函数，从而提高图谱的分辨率并大大减少截尾的误差。此外，通常情况下由于 t_1 干涉图的信号比典型 t_2 维 FID 要少得多，因此并没有违反上述 LP 信号的数目要小于系数数量的要求。

重要的是必须认识到零填充是 LP 的有效补充，而不是相互替代。这两种技术有效增加 t_a，从而提高数字分辨率（2.4 节）。然而，LP 增强效果更明显，原因是它扩展了 FID，避免了被截尾的命运，而零填充只是将零添加到变迹后的 FID 中。这种不同可以通过计算有无 LP 时相敏数据的 DR 来证明。如果 sw_1 = 2100 Hz，ni = 256，一级零填充（256 点）后共有 512 点，则此时 DR_1 = 2100 Hz/(512/2) = 8.2 Hz/pt。现在，如果这些相同的 256 个时间增量用 4 倍 LP（768 点）增加到 1024 个点，然后一级零填充到 2048 个点，DR_1 = 2100 Hz/(2048/2) = 2.1 Hz/pt（提高 4 倍）。

LP 可以作为类似于零填充的一种事后数据处理方法。然而，如果操作员在设置实验采样参数时就计划使用 LP，则可以实现 LP 效果最大化。正如上面例子中，这种方法实际只采用 1/4 到 1/2 的时间增量就可以满足分辨率的要求。然后，将干涉图使用一级零填充，采用 2 倍或 4 倍 LP，再对数据用正常的方式进行处理，所得二维谱在 f_1 维的数字分辨率与使用 2～4 倍 ni 处理的相同，并且只用 1/4 到 1/2 的时间。如果在给定的机时内同时考虑灵敏度和分辨率，可以适当减少 ni，然后增加 LP 以得到更高的分辨率，而增加 ns/i 可以获得更高的灵敏度。LP 是核磁专家最重要的节约二维实验时间技术之一。如果不用它来处理二维数据，就会浪费大量宝贵的谱仪时间。图 7.7 为天然产物 T-2 毒素有和无 LP 处理的二维谱，充分展示了 LP 增强分辨率的能力。

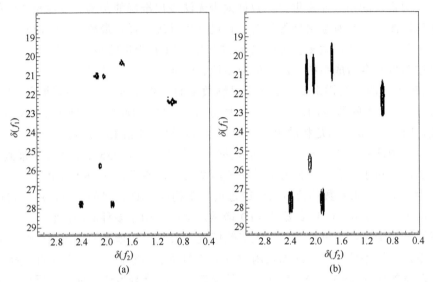

图 7.7　有（a）和无（b）16 倍线性预测的 HSQC 放大图谱比较

此外，反向 LP 可用于完全不同的目的。如果采集信号时，脉冲还没有衰减下来，开始的前几个 FID 数据点偶尔会由于振铃效应而被损坏，这种情况下谱图中将出现一个较大的基线震荡而使这些数据基本上没用。当它出现在累加了一个周末的 ^{13}C 谱时，结果更令人沮丧。此时，如果将前 5～10 个数据点替换为预测点就可以很容易解决此问题。然后对原始的 FID 重新加权，进行第二次 FT 就得到一个正常的谱图。

7.2.3　二维 NMR 数据展示

7.2.3.1　相位校正和零参考

在 6.1 节中我们看到 2D 实验几乎总是以投影图而不是堆叠图的形式呈现。如果从（同核和异核的实验）2D 谱中导出 f_2 维的 1D 谱相位正确，零参考合适的话，那么沿 f_2 和 f_1 维的对角和交叉峰的相位和零参考都应该非常接近于正确值。如果不是，可以通过投影图右上角信号的水平横截面或轨迹进行相位校正，同时检查参考零点是否正确。然后对左下角的信号的水平截面进行相位校正。通常一个这样的周期足以对这些 f_2 维的信号完成相位调整。但是，如果还有需要主相位调整，则可能需要第二次校正。

为了校正沿 f_1 轴的对角线和交叉峰信号的相位和零参考，可 90°旋转投影图。然后选择水平 f_1 轴上每一端的信号，校正相位，并在 f_2 维中检查信号的零参考是否正确。

最后，按照惯例，最终的投影图中检测（f_2）维沿水平轴，间接（f_1）维沿垂直轴排列。

7.2.3.2 对称化

显示绝对值的同核 2D NMR 数据时通常可以进行对称化以方便保留真实的交叉峰并丢弃不对称的伪峰（6.1 节）。t_1 噪声是一种特别麻烦的伪峰，表现为信号噪声带。它们的脊线与投影图中的强信号相关联，与 f_1 轴平行，位于强信号的化学位移处，它们将严重干扰有关信号的真实交叉峰观测。使用对称化操作的关键要求是 f_1 和 f_2 维的数字分辨率都相等。另外，相敏数据并不适合对称化，因为该过程可能会在交叉峰中引入失真。进行对称化时必须小心谨慎，最好与非对称化的数据同时展示。

7.2.3.3 使用交叉区域分析

投影图中建立原子连接的过程相对简单。不过，应该记住，这些图可能是假象。设置合理的阈值对于减弱投影图中的基线噪声非常重要，但也可能会屏蔽较弱的交叉峰。因此，强烈建议在显示器上检查特定共振频率的交叉区，将其制成表格或直接绘图。这一办法尤其适用于长程、质子异核、化学位移相关的实验，如异核多键相关谱（HMBC）和 FLOCK 实验。这两个实验需要仔细分析质子和 X 核频率处的交叉区。对于未知化合物，当二面角接近 90°时通常会有一些非常弱的交叉峰，因此检查同核和异核实验的交叉区是关键。

7.3
二维技术实验方法介绍

二维 NMR 实验的数据采集、处理、显示甚至解释都有很多方法。以下内容将介绍迄今为止多次讨论过的二维实验，并对其性能提供参考。为了获得最佳结果，应在恒温（理想情况下略高于室温以减少溶剂挥发和样品降解）和非旋转样品的条件下进行二维实验。

如果计算机速度和内存条件允许，那么每个二维核磁共振实验上的每个维度上通常计划执行 2 K（2048 点）或 4 K（4096 点）的 FT 处理。此时 np2 应该是 1024～2048，FT2 前一级零填充到 2048～4096 个数据点。此外，FT1 前，ni 进行为 2～4 倍线性预测至 1024，一级零填充到 2048 个数据点。采样中 0.5～1 s 的 DT 通常足够了。许多实验要求在开始①整个实验或②每次时间增量累积前使用稳态的扫描脉冲。

7.3 节中收集了倍半萜天然产物 T-2 毒素（**7.1**）的多个二维 NMR 谱，用来说明各种 2D 实验以及它们之间的关键不同。

7.3.1　通过标量耦合的同核化学位移相关技术

在所有的 2D 实验中，基于标量（或自旋-自旋）耦合的同核（同核相关）化学位移相关实验最为常见。这些实验大多是基本 COSY 谱序列的改进版。全相关谱（TOCSY）是另一种 COSY 谱类型的实验，它用于观察单个质子与大部分或整个自旋体系中其它质子的相关性。

同核投影图的谱宽对称，数据分辨率几乎完全相同。在适当范围内保持合理的数据累积时间，利用 LP 可以使 DR_1 等于 DR_2。

7.3.1.1　COSY 谱家族：COSY90、COSY45、长程 COSY 和 DQF-COSY
7.3.1.1.1　基本 COSY 实验

COSY90 实验中即使 90°脉冲没有校准，（通常称作 COSY 谱，见 6.1 节，图 6.1 和参考文献[7]）它也可以获得相当不错的结果，可以说是几乎万无一失的实验。它是极少数在绝对值模式下表现得比相敏模式更好的二维实验之一，原因是源自相敏投影图中的混合相位。如果这些图中的交叉峰相位校正为吸收信号，则对角峰将为色散形式。对角线强信号的色散尾部长（7.2.2.1 节），这很容易妨碍观测对角线附近的交叉峰。与其它的 COSY 实验相比，相敏 COSY 实验的缺点太多，不应广泛使用。

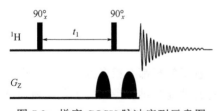

图 7.8　梯度 COSY 脉冲序列示意图

COSY 实验很大程度上也受益于梯度的使用，梯度 COSY（gCOSY）脉冲序列如图 7.8 所示。使用梯度的重要性如下：在非梯度的检测 ^1H 实验中，为了满足相位循环（4～16 步，5.8 节）要求，通常需要扫描更多的次数，但 gCOSY 谱每个增量通常只需扫描一到两次。gCOSY 实验的另一个优点是所需的弛豫延迟时间更短。因此，当 gCOSY 实验与 LP 方法相结合时，它可以在几分钟内完成数据采集工作。gCOSY 脉冲序列类似于 COSY 序列，在第二个 90°（读出）脉冲两侧有一对 z 方向梯度。这里没有比较 T-2 毒素有和无梯度的 COSY 谱，原因是这两个实验间真正的唯一差异是得到等效 S/N 谱所需的采集时间不同。两个实验差异大约是 10 倍：8 min 的 gCOSY 实验与 77 min 的 COSY 实验效果相当。

以下参数适用于（绝对值模式）COSY 实验：

① $\Delta\delta(f_1) = \Delta\delta(f_2) = -0.5 \sim 9.5$；

② SS = 16；

③ ns/i = 1～4（有梯度的情况），没有梯度时，为了满足相位循环，为 4 的倍数；

④ DT = 0.5～1 s；

⑤ f_2 维变迹：平方正弦贝尔函数；

⑥ f_1 维变迹：平方正弦贝尔函数；

⑦ np = 2048，ZF（f_2）= 2048，ni = 512，LP = 1024，ZF（f_1）= 2048。

7.3.1.1.2　COSY45

COSY45 实验（6.1 节和图 6.12）与基本的 COSY 实验基本相同，只是最终的读出脉冲是 45°，而不是 90°。与原始的 COSY 实验相比来说，虽然它确实带来轻微的灵敏度损失，但是 COSY45 实验抑制对角线信号和非常接近于对角线以及平行跃迁产生的交叉峰，所获好处更多。当渐进和回归跃迁恰好位于靠近对角线的位置时，COSY45 实验降低了对角线信号强度，允许观察到更多有价值的交叉峰。与图 7.9 中的标准 COSY 谱相比，COSY45 谱简化后的 T-2 毒素对角线信号和倾斜的交叉峰更加清晰。

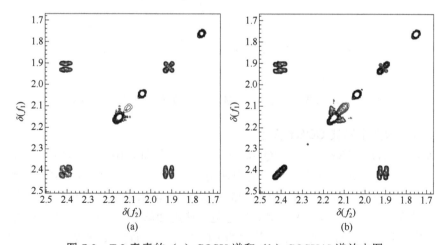

图 7.9　T-2 毒素的（a）COSY 谱和（b）COSY45 谱放大图

7.3.1.1.3 长程 COSY 实验

长程 COSY（LR-COSY，6.1 节和图 6.12）实验与 COSY 谱几乎相同，它相当于在 COSY 序列的 t_1 后插入两个恒定的 200 ms 时间延迟 τ，这就构成了脉冲序列 $90°-t_1-\tau-90°-\tau-t_1-t_2$（采样），这些延迟时间增强了来自弱耦合的相关信号。通过增加计算机内存（t_1 和 t_2 有更大的数据集）可让现在的 COSY 系列实验获得更高的数字分辨率，由此增强 DR，从而观察到弱耦合的 $^1H—^1H$ 相关峰。事实上，除了观测到邻位和同碳质子的较强相关峰外，常规的 COSY 实验还出现许多长程相关峰，因此，LR-COSY 用途不像以前那么广泛。有趣的是，为了消除较长距离耦合的相关，有时以低分辨率的方式采集第二个 COSY 实验。图 7.10 中比较了 T-2 毒素高分辨率和低分辨率的 COSY 谱，高分辨率 COSY 实验使用 512 个时间增量，线性预测到 1024，低分辨率 COSY 仅使用 128 个增量，线性预测到 256。除了图 7.10（b）中分辨率明显较差之外，由于①H-11 和 H-7B（δ 4.34 和 δ 1.91）、H-8 和 Me-16（δ 5.28 和 δ 1.75）之间的四键 W 耦合和②H-11 和 Me-16 间的高烯丙基耦合（δ 4.34，1.75）等长程交叉峰在图 7.10（a）中清晰可见，但在图 7.10（b）中明显不清楚。

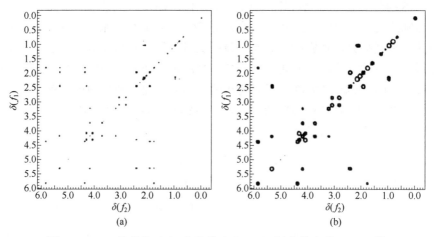

图 7.10 T-2 毒素的（a）高分辨率和（b）低分辨率的 COSY 谱

7.3.1.1.4 双量子滤波 COSY 实验

双量子滤波 COSY 实验（DQF-COSY，6.1 节和图 6.16）与 COSY 谱相似，但 $90°-t_1-90°-\tau-90°-t_2$（采样）序列中使用三个 $90°$ 脉冲。DQF-COSY 实验可观察到接近对角线的交叉峰（如 COSY45 实验），并消除来自甲基和溶剂的单重峰信号。然而，由于 DQF-COSY 谱必须避免快速施加脉冲（gCOSY 实验的主要优点），所以使用梯度的重要性不如其它的 COSY 实验。DQF-COSY 实验可在相敏模式下进行，但与其它相敏 COSY 实验不同，其对角峰和交叉峰都可以相位调整为吸收模式。此外，对交叉峰的分析可以确定组成多重峰自旋的耦合常数。从图 7.11 中 T-2 毒素的结果可以看出 DQF-COSY 谱相敏交叉峰总体灵敏度低。

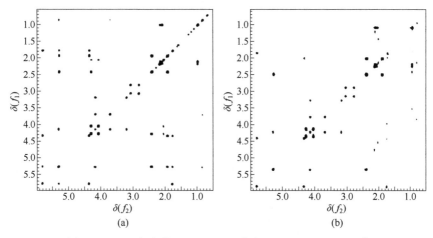

图 7.11 T-2 毒素的（a）COSY 谱和（b）DQF-COSY 谱

与 COSY 谱相比，DQF-COSY 实验除了灵敏度降低 50%外，它对伪峰更加敏感。由于 DQF-COSY 数据以相敏模式呈现，所以不能通过对称化消除伪峰。原则上强信号（单峰除外）产生的 t_1 噪声可能是一个问题。通过仔细校准 90°脉冲可以将其最小化。施加过快脉冲也会产生伪峰，因此当 T_{1max} 未知时，实验用的 DT 应该设置得更保守，为 $3T_1$。因此，DQF-COSY 谱的使用并不像 COSY 谱那样频繁，只是在必须确定某些耦合常数的情况下才使用。

以下参数适用于 DQF-COSY（相敏）实验：
① $\tau = 4 \ \mu s$；
② $\Delta\delta(f_1) = \Delta\delta(f_2) = -0.5\sim9.5$；
③ SS = 16；
④ ns/i = 1～8（带梯度）或者非梯度时为 4 的倍数；
⑤ DT = 0.5～1 s；
⑥ f_2 维变迹：位移 90°的正弦贝尔函数（余弦）；
⑦ f_1 维变迹：位移 90°的正弦贝尔函数（余弦）；
⑧ np = 4096，ZF(f_2) = 8192，ni = 256，LP = 1024，ZF(f_1) = 2048。
注：为了辅助测定耦合常数值，强烈推荐沿 f_2 维采集高分辨率的谱图。

7.3.1.2 TOCSY 谱实验

TOCSY 实验（6.1 节，图 6.16 和参考文献[8]）提供了类似于接力 COSY 谱的信息，非常适合大分子。它在相敏模式下进行，并且像 DQF-COSY 谱一样，它的对角峰和交叉峰都可以调整为吸收信号。图 7.12 给出了 TOCSY 谱脉冲序列示意图，图 7.13 为 T-2 毒素的 TOCSY 和 COSY 谱。TOCSY 谱中的交叉峰数目越多，说明耦合信息传递得越远。例如，H-2（δ 3.70）在 COSY 和 TOCSY 谱中都表现与 H-3（δ 4.16）的耦合，但 TOCSY 谱中还显示与 OH-3（δ 3.19）和 H-4（δ 5.31）的长程耦合。

图 7.12　TOCSY 谱脉冲序列示意图

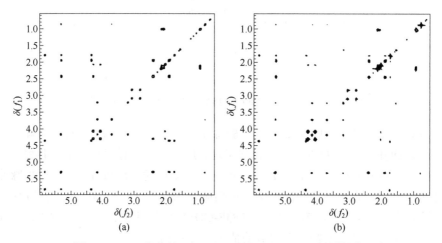

图 7.13　T-2 毒素的（a）COSY 和（b）TOCSY 谱比较

TOCSY 谱的混合时间为 80 ms

　　自旋系统中特定质子与其较远邻居的耦合程度随自旋锁定混合时间的延长而增加。例如，20 ms 的混合时间得到接力很少的 COSY 谱，而混合时间 100 ms 则把磁化转移到整个自旋系统中。这个实验的一维版本特别有用，将在 7.3.5 节中讨论。

　　下面的参数适用于 TOCSY 和 Z-TOCSY（相敏）：

① $\Delta\delta(f_1) = \Delta\delta(f_2) = -0.5 \sim 9.5$；

② SS = 16；

③ ns/i = 2～16（带梯度）或者无梯度时，为 4 的倍数；

④ DT = 0.5～1 s；

⑤ 混合时间：80 ms；

⑥ f_2 维变迹：高斯函数；

⑦ f_1 维变迹：高斯函数；

核磁共振波谱学：
原理、应用和实验方法导论

⑧ np = 2048，ZF(f_2) = 4096，ni = 256，LP = 1024，ZF(f_1) = 2048；

⑨ 自旋锁定混合时间 = 20～100 ms。

注 1：Z-TOCSY 更具优势，原因是零量子过滤后交叉峰不失真。

注 2：混合时间较短（25～30 ms）时得到的 TCOSY 谱比绝对值 COSY 谱的分辨率更好。

7.3.2　通过标量耦合的直接异核化学位移相关技术

HETCOR 实验可以通过检测质子或 X 核来进行（最常见的是 ^{13}C，6.2 节）。检测 ^{1}H 的主要优势在于灵敏度是旋磁比的函数：$(\gamma_H/\gamma_X)^{3/2}$，由于 ^{1}H 的灵敏度高，所以检测 ^{1}H 更加灵敏。如果我们考虑 400 MHz 时 ^{1}H 和 ^{13}C 的拉莫尔频率（而不是 γ_s）之比，则检测 ^{1}H 而不是 ^{13}C 带来的好处为：$(400/100)^{3/2} = 8$。

但是检测 X 核的 HETCOR 实验可能有一个重要的优点，原因是它们的间接检测核是 ^{1}H。原则上讲，检测谱图密集的原子核会更好一些，而氢谱通常就是这样。然而，对于特定的化合物，如脂肪酸，氢谱往往过于拥挤而无法区分单个共振峰。（如果灵敏度允许）这种情况下最好进行检测 X 核的 HETCOR 实验。

异核多量子相干谱 HMQC 和 HSQC 是两个主要的直接检测 ^{1}H（单键）HETCOR 实验，直接检测 X 核的实验对应为 HETCOR 谱。这些实验中 ^{1}H 和 X 核的谱宽都会被相应缩小，要记住，后者的谱宽应缩小到只包含质子化 X 核的信号。例如，季碳不涉及这些实验，因此它们的信号不应包含在范围窄化后的谱图中。

由于这些实验中 X 核主要是碳，下面的讨论中"X"将专指 ^{13}C。

7.3.2.1　HMQC 谱实验

现在 HMQC 谱（6.2 节，图 6.22，参考文献[9]）已成为一个不常用的 ^{1}H—X 相关实验，具体原因将在 7.3.2.2 节中讨论。它相对直接，在相敏模式下运行。延迟时间 δ 控制了与 ^{13}C 成键 ^{1}H 磁化的初始散焦和最终的重聚。它的选择办法与 APT 实验中 τ 的取值方式类似（7.1.2.1 节），在采集 ^{1}H 信号期间也能通过 GARP 或 WURST 序列对碳去耦，它们与 WALTZ 的去耦方式类似，但优于 WALTZ 去耦（5.8 节）。

HMQC 谱的一个主要问题是通常在含有大量与 ^{12}C 结合的质子（99%）条件下检测直接与 ^{13}C 成键的质子。解决这种 ^{1}H—^{12}C 磁化干扰问题的办法有两种。如 6.2 节所述，HMQC 谱序列可以从针对直接结合到 ^{12}C 的质子的一个双线性旋转去耦（BIRD）脉冲开始，延迟 τ 选择设置为零。或者使用梯度选择性重

聚 ^1H—^{13}C 磁化，让 ^1H—^{12}C 磁化散焦而不被检测出来。

由于任何特定质子的信号只能被与其直接成键的碳来调制，故 HMQC 实验是采用 LP 和非均匀采样（NUS）方法的理想选择。我们在 7.2.2.4 节中看到，影响 LP 的因素之一是构成干涉图信号的数量，LP 过程中使用的系数数目必须大于构成每个被扩展 FID 的共振峰数目。由于对每个 ^1H 干涉图有贡献的 ^{13}C 信号数目等于 1，所以 LP 必须使用较少的系数。HMQC 实验中 LP 经常超出正常 4 倍的限制。此外，NUS 技术在直接异核化学位移相关实验中的应用越来越广泛。

下列参数适用于 HMQC（绝对值）梯度选择实验：

① $\Delta\delta(f_2)$ = −0.5～9.5；
② $\Delta\delta(f_1)$ = −5～165；
③ SS = 16；
④ ns/i = 4～32；
⑤ DT = 0.5～1.0 s；
⑥ $^1J_{CH}$ = 145 Hz；
⑦ f_2 维变迹：正弦贝尔函数；
⑧ f_1 维变迹：正弦贝尔函数；
⑨ np = 2048，ZF(f_2) = 4096，ni = 512，LP = 1024，ZF(f_1) = 2048；
⑩ 如果使用 BIRD 脉冲，τ = 0.3～0.6 s；
⑪ $\Delta = (2^1J_{CH})^{-1} \approx 1/(2\times145\ Hz)$ = 3.5 ms。

7.3.2.2　HSQC 谱实验

与 HMQC 实验相比，HSQC 实验（6.2 节，参考文献[10]）有几个方面的优点，首先它几乎只属于化学位移的单键相关。对于 HSQC 实验来说，探头调谐和 ^{13}C 180°脉冲校准（使用两次）非常重要。相对于 HMQC 谱，HSQC 谱的主要优点是 f_1 维上 ^{13}C 的分辨率更好，主要原因是 HMQC 谱的交叉峰在 f_1（^{13}C）维和 f_2（^1H）维上都含有 ^1H—^1H 耦合，呈现出 ^1H 的多重峰特征，而 HSQC 谱的本身交叉峰在 f_1 维上为单峰。这种差异在图 7.14（a）的 HMQC 和 HSQC 的全谱中可能不明显，但在图 7.14（b）局部放大谱的垂直维很清楚。

就像 COSY 谱和 HMQC 实验一样，HSQC 谱也受益于梯度的使用。梯度版的 HSQC 谱每次时间增量所需的扫描次数更少，避免了相位循环周期长的问题。特别明显的是，图 7.15 中 T-2 毒素的梯度 HSQC 谱中，没有观察到无梯度 HSQC 谱中的强甲基信号在化学位移（δ 0.81 和 δ 约 2）处的 T_1 噪声伪峰。HSQC 谱在相敏模式下进行，如果不使用梯度版本，那么可以引入 BIRD 脉冲抑制 ^1H—^{12}C 磁化。其双 INEPT 脉冲序列（5.6.1 节）如图 7.16 所示。

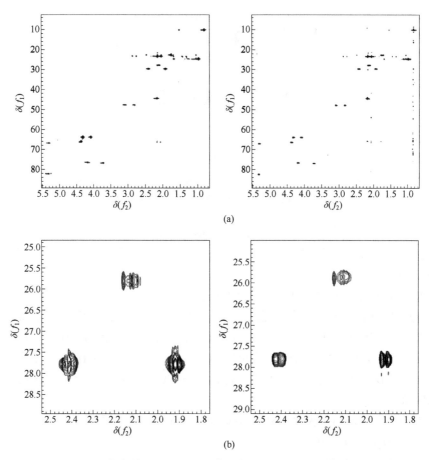

图 7.14　T-2 毒素的（a）HMQC 谱（左侧）和 HSQC 谱（右侧）；
（b）HMQC 谱（左侧）和 HSQC 谱（右侧）的局部放大图

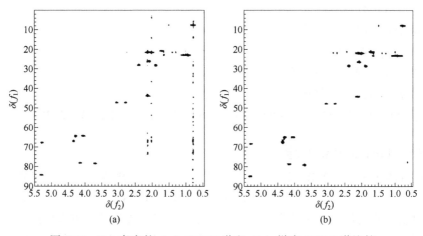

图 7.15　T-2 毒素的（a）HSQC 谱和（b）梯度 HSQC 谱比较

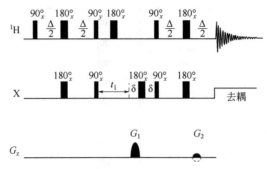

图 7.16 梯度 HSQC 脉冲序列示意图。当 X 核为 ^{13}C 时,
梯度 G_1 和 G_2 的相对强度为 4 G/cm 和 1 G/cm

与 HMQC 谱一样,延迟时间 Δ 控制 HSQC 实验中与 ^{13}C 成键 ^{1}H 磁化的初始散焦和最终重聚,同样选择中间值来平衡实验要求。当采集 ^{1}H 信号时可用 GARP 或 WURST 序列对碳去耦。

7.3.2.1 节讨论过的 HMQC 实验中同时考虑了 LP 和 NUS 数据处理方法,由于 HSQC 实验中 f_1 维的分辨率更高,所以 LP 和 NUS 处理更为适用。值得注意的是,HSQC 实验中对 ^{1}H 干涉图进行高达 16 倍 LP 很常见。此外,HSQC 实验也可以进行谱编辑,CH 和 CH$_3$ 信号的相位相同,通常为正,但 CH$_2$ 相位相反,强度为负。除非仪器不稳定或另有要求,建议 ^{1}H—^{13}C 直接相关实验使用 HSQC 而不是 HMQC。

下面的参数适用于梯度 HSQC 实验(有或无 ^{13}C 谱编辑):

① $\Delta\delta(f_2) = -0.5 \sim 9.5$;

② $\Delta\delta(f_1) = -5 \sim 165$;

③ SS = 16;

④ ns/i = 4~32;

⑤ DT = 0.5~1.0 s;

⑥ $^1J_{CH} = 145$ Hz;

⑦ f_2 维变迹:高斯函数;

⑧ f_1 维变迹:高斯函数;

⑨ np = 2048,ZF(f_2) = 4096,ni = 256,LP = 1024,ZF(f_1) = 2048。

7.3.2.3 HETCOR 谱实验

HETCOR 谱(6.2 节,图 6.20 和参考文献[11])是检测 X 核的二维实验,类似于 COSY 谱,它是一个相对稳定的脉冲序列。与 COSY 谱不同的是,它既可以在绝对值模式也可以在相敏模式下运行,尽管前者能提供的分辨率更好。相对来说它受伪峰的影响很小(如果脉冲不太快),很大程度上没有必要使用梯度版本。

核磁共振波谱学:
原理、应用和实验方法导论

因为 HETCOR 是一个极化转移实验，所以弛豫延迟时间是 ^{1}H 而不是 X 核 T_1 的函数。

HETCOR 实验中有两个重要的延迟时间（Δ_1 和 Δ_2）。Δ_1 控制与 ^{13}C 成键 ^{1}H 磁化的散焦，它的设置与 APT 谱、DEPT 谱和 HMQC 实验中采用的中间值方式相同。Δ_2 控制与 ^{1}H 成键 ^{13}C 磁化的最终重聚，但是，它的选择并不简单。它的问题是 CH 和 CH$_3$ 碳磁化在 $(2\,^1J_{CH})^{-1}$ 时间处重聚，而 CH$_2$ 碳磁化在 $(4\,^1J_{CH})^{-1}$ 时间处重聚，二者不同。后一个值通常设置为 Δ_2，事实上它是一个很好的折中值，原因是 CH 和 CH$_3$ 碳只有一个质子交叉峰，而 CH$_2$ 碳与非对映异位的质子相连时有两个质子交叉峰。因此，许多 CH$_2$ 碳交叉峰强度减半，只能通过优化 CH$_2$ 碳矢量的重聚时间来部分补偿这种损失。此外，HETCOR 实验中常见与同碳上非对映异位质子相关峰中间出现小的信号伪峰问题。

采集 ^{13}C 信号过程中通常采用 WALTZ 方式对氢去耦（5.8 节）。下面是适用于 HETCOR 实验的参数：

① $\Delta\delta(f_2) = -5\sim165$；

② $\Delta\delta(f_1) = -0.5\sim9.5$；

③ SS = 16；

④ ns/i = 4 的倍数；

⑤ DT = 1～2 s（最佳脉冲速率下为 1.3 倍 ^{1}H 的 T_1）；

⑥ $^1J_{CH}$ = 145 Hz；

⑦ 伪回波、正弦贝尔函数或平方正弦贝尔函数加权（均向左位移以提高灵敏度）；

⑧ np = 2048，ZF(f_2) = 4096，ni = 512，LP = 1024，ZF(f_1) = 2048；

⑨ $\Delta_1 = (2\,^1J_{CH})^{-1} \approx 1/(2\times145\ \text{Hz}) = 3.5$ ms；

⑩ $\Delta_2 = (4\,^1J_{CH})^{-1} \approx 1/(4\times145\ \text{Hz}) = 1.7$ ms。

7.3.3　通过标量耦合的间接异核化学位移相关技术

正如在 7.3.2 节中所看到的，异核化学位移相关实验可以通过检测质子或 X 核来进行。这里所有针对直接 HETCOR 实验的说法同样适用于对应的间接相关（或长程，如 2 和 3 键的相关）实验。

两个最佳的长程 HETOCR 实验是 HMBC 谱和 FLOCK 谱。不出大家的意料，由于灵敏度更高，所以检测 ^{1}H 的 HMBC 谱比检测 X 核的 FLOCK 用途更加普遍。如上所述，在 ^{1}H 谱重叠严重的情况下，可以选择采集 FLOCK 谱。因此，7.3.3.1 节中"X"核指的是 ^{1}H，7.3.3.2 节中为 ^{13}C。

7.3.3.1 HMBC 谱实验

HMBC 谱（6.2 节，图 6.26 和参考文献[12]）与 HMQC 实验非常相似，它是从 HMQC 实验推导出来。延迟时间 Δ 控制长程（通常为 2～3 键）^{13}C 键合 ^1H 矢量的散焦，它比 HMQC 谱中对应的延迟时间长约 20 倍。它也是按折中的方式选择，通常设置为约 60 ms，相当于 $^n J_{\text{CH}}$ 约为 8 Hz。

HMBC 谱的一个难点是需要抑制那些直接与 ^{13}C 结合质子的信号。这种 ^1H—^{13}C 磁化的干扰可以用下面的方法处理。初始 ^1H 的 90° 脉冲后，在长程延迟时间 Δ 期间的时间点 $(2^1 J_{\text{CH}})^{-1}$ 时插入一个 ^{13}C 的 90° 脉冲（称为 J-过滤器，因为它能消除单键 C—H 耦合）。在 $(^1 J_{\text{CH}})^{-1}$ 延迟时间内，直接与 ^{13}C 键合 ^1H 矢量向相反相位方向移动，然后施加 90° ^{13}C 的脉冲产生 $^1 J_{\text{CH}}$ 多量子相干。这种相干不能被观察，逐渐演化消失。

HMBC 谱的最大问题是与 ^{12}C 成键质子的信号非常强。当不能完全抵消产生的 ^1H—^{12}C 磁化时会产生 t_1 噪声，这将干扰 HMBC 谱的分析。在这里不能像 HMQC 实验那样使用 BIRD 脉冲，原因是它也会抑制我们希望观察到的长程与 ^{13}C 键合 ^1H 矢量。直到近期一直用相位循环方法来处理这种复杂的 ^1H—^{12}C 磁化。目前更好的解决方案是加入梯度，选择性重聚长程 ^1H—^{13}C 磁化，同时对直接的 ^1H—^{13}C 和 ^1H—^{12}C 磁化散焦而不检测。梯度 HMBC（gHMBC）脉冲序列如图 7.17 所示。

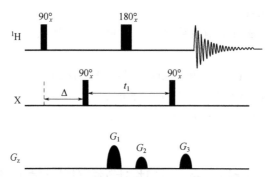

图 7.17　梯度 HMBC 脉冲序列图。当 X 为 ^{13}C 时，G_1、G_2 和 G_3 梯度的相对大小为 5 G/cm、3 G/cm 和 4 G/cm

HMBC 谱在 2D 实验中也是非常独特的，原因是其发明者 Ad Bax[12] 建议以混合模式处理数据，即 t_2 维的数据按绝对值模式和 t_1 维按相敏模式处理。与两个维都以绝对值模式处理的数据相比，这种方法提高 $2^{1/2}$ 倍灵敏度。这种方法与 HMBC 实验的另一个有趣特性有关。尽管在二维实验中梯度的应用非常显著，但它们并不总是首选的方法。例如，gHMBC 谱的数据在两个维度中都是按绝对值模式处理。相对于混合模式，这个过程导致灵敏度损失 $2^{1/2}$。另外，我们看到绝对值的

t_1 数据只能进行 2 倍线性预测，而相敏数据可以使用 4 倍。使用相同的机时，当进行 4 倍 LP 时，所需时间增量是 2 倍 LP 的一半（每次增量扫描的次数是两倍），还有额外的灵敏度损失为 $2^{1/2}$，因此总灵敏度的损失为 2 倍。

到底如何选择 HMBC 与 gHMBC 谱？我们可以这样考虑。如果样品浓度大，氢谱的信号强，那么由此产生的 t_1 噪声带可能是主要问题。如果这样，选择 gHMBC 方法更合适。然而，如果情况正好相反，主要问题是灵敏度而不是 t_1 噪声，那么这种情况下，首选应该是更灵敏的非梯度 HMBC 实验方法。图 7.18 比较了第一种情况下这两个序列采集的图谱，$\delta 1$ 和 $\delta 2$ 区域中强甲基信号产生的 t_1 噪声问题很明显。

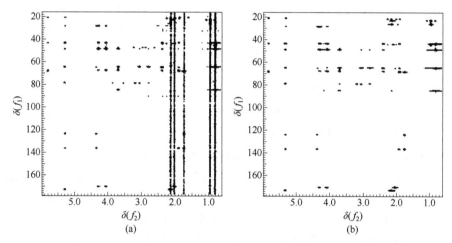

图 7.18　T-2 毒素的（a）HMBC 谱和（b）梯度 HMBC 谱

由于 HMBC 谱投影图中相关峰位置和强度不确定，交叉峰的位置可通过 ^{1}H 和 ^{13}C 谱上的化学位移来确定。

下面的参数适用于（绝对值模式）梯度 HMBC 实验。

① $\Delta\delta(f_2) = -0.5 \sim 9.5$；

② $\Delta\delta(f_1) = -5 \sim 220$（如果确定样品不含羰基，高频侧可到 200）；

③ SS = 16；

④ ns/i = 16～64；

⑤ DT = 0.5～1.0 s；

⑥ $^1J_{CH} = 145$ Hz（如果使用两级 J-过滤器，则为 130 Hz 和 165 Hz）；

⑦ f_2 维变迹：正弦贝尔函数；

⑧ f_1 维变迹：正弦贝尔函数；

⑨ np = 4096，$ZF(f_2) = 8192$，ni = 512，LP = 1024，$ZF(f_1) = 2048$。

下面参数适用于（混合模式处理）梯度 HMBC 实验：

① $\Delta\delta(f_2) = -0.5 \sim 9.5$；

② $\Delta\delta(f_1) = (-5 \sim 220)$（如果确定受检化合物不含羰基，高频可使用 200）；

③ SS = 16；

④ ns/i = 16～64；

⑤ DT = 0.5～1.0 s；

⑥ $^1J_{CH}$ = 145 Hz（如果使用两级 J-过滤器，则为 130 Hz 和 165 Hz）；

⑦ $^nJ_{CH}$ = 8 Hz；

⑧ f_2 维变迹：正弦贝尔函数；

⑨ f_1 维变迹：高斯函数；

⑩ np = 4096，$ZF(f_2)$ = 8192，ni = 512，LP = 1024，$ZF(f_1)$ = 2048。

注意：这个脉冲序列比绝对值序列 f_1 维的分辨率和灵敏度更好。谱图以绝对值模式显示，但是 f_1 维用相敏模式处理。

7.3.3.2　FLOCK 谱实验

FLOCK 谱（6.2 节，参考文献[13]）是检测 X 核的实验，尽管它相对于 HMBC 谱来说灵敏度低一些，但是在某些特定情况下仍然很有用。另一个长程 ^{1}H—X 化学位移相关实验是长程耦合相关谱（COLOC 谱），这两个实验的 X 核均为 ^{13}C。

COLOC 序列的主要缺点是它是固定演化时间的实验，也就是延迟时间 Δ_1 中加入了 t_1。固定 t_1 脉冲序列的主要局限性在于，当一个 C—H 片段的两键和三键 ^{1}H—^{13}C 耦合常数的大小与同一片段的 ^{1}H—^{1}H 耦合相似时，C—H 相关峰的强度显著降低或完全消失。从第 4 章收集的耦合常数可以看出，这是普遍情况。为了让 $^nJ_{CH}$ 与 $^nJ_{HH}$ 相近时 C—H 相关性损失最小，通常进行两次 COLOC 实验：一次是 $^nJ_{CH}$ 优化为 5 Hz，另一次是 $^nJ_{CH}$ 优化为 10 Hz。

Reynolds 等人使用的 FLOCK 序列（因包含三个 BIRD 脉冲而得名）与讨论过的其它可变演化时间（t_1 逐渐变大）脉冲序列类似。因此，FLOCK 谱避免了 COLOC 实验中 C—H 相关峰潜在缺失的问题，其脉冲序列如图 7.19 所示。

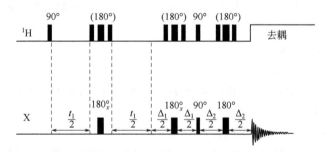

图 7.19　FLOCK 脉冲序列示意图。括号里的 180° ^{1}H 脉冲为 BIRD 脉冲（90°-τ-180°-τ-90°），其中 $\tau = (2J_{CH})^{-1}$，第一个 BIRD 脉冲的相对相位是 x、y 和$-x$，后两个是 x、x 和$-x$

这个脉冲序列使人想起 HETCOR 序列，它在 t_1 期间重聚所需的矢量，在 Δ_1 期间移相，Δ_1 结束时极化转移，Δ_2 期间重聚。FLOCK 实验中三个 BIRD 脉冲作用方式如下。第一个是在 t_1 期间选择 $^1J_{CH}$ 矢量，并允许通过适当的相位循环将它们的影响与 $^nJ_{CH}$ 矢量分离。直接与 ^{13}C 键合质子的化学位移以恒定的角度旋转，因此不受调制影响。同样，$^1J_{CH}$ 矢量通过抑制单键极化转移的可变角移相。相反，与 ^{13}C 间接结合质子的化学位移通过一个可变角度旋转，因此被调制。同理，$^nJ_{CH}$ 矢量被重聚，参与长程的极化转移。

第二个 BIRD 脉冲在 Δ_1 期间对 $^nJ_{CH}$ 矢量具有选择性，其作用像一个简单 $^1J_{CH}$ 矢量的 ^{13}C 180°脉冲，它倾向于重聚。尽管如此，还是会有一些单键的极化转移。然而，$^nJ_{CH}$ 矢量移动到反相以实现最大的极化转移。此外，在极化转移之前，BIRD 脉冲重聚了间接与 ^{13}C 结合质子的磁场不均匀性以及单个 $^nJ_{CH}$ 矢量分量（它们本身是散焦的）。

Δ_2 期间，第三个 BIRD 脉冲对 $^nJ_{CH}$ 矢量也是有选择性，$^nJ_{CH}$ 矢量从反相方向聚焦。直接与质子结合的 ^{13}C 核有两种行为。大多数 ^{13}C 核的 $^1J_{CH}$ 矢量没有经历极化转移，它们保持聚焦状态，但通过相位循环消减。另外，少数 ^{13}C 核经过一定的极化转移，仍处于反相状态，未被观测到。

除了 t_1 可变外，FLOCK 谱有 4 个恒定的延迟时间。首先，DT 是 ^{1}H 而不是 X 核 T_1 的函数，原因是 FLOCK 谱与 HETCOR 谱类似，是一个极化转移实验。其次 BIRD 脉冲里的延迟 τ 是单键 C—H 耦合常数的函数，通常取 140 Hz 的最佳值。第三和第四个，Δ_1 和 Δ_2 是 $^nJ_{CH}$ 的函数。它们与 HMBC 谱一样，取 $^nJ_{CH}$ 约为 8 Hz 的中间值。另外，它们的功能类似于 HETOR 谱中的延迟时间，Δ_1 用于优化质子 $^nJ_{CH}$ 散焦，Δ_2 用于优化 ^{13}C $^nJ_{CH}$ 聚焦。

通常在采集 ^{13}C 信号期间进行质子去耦,采用 WALTZ 去耦方式完成(5.8 节)。FLOCK 谱的数据将以相敏或绝对值模式呈现。由于 FLOCK 谱投影图中相关峰的位置和强度不确定，它与 HMBC 谱类似，故应通过 ^{1}H 和 ^{13}C 轴上的化学位移来获取交叉区的准确位置。

如 7.3.2 节所述，当①^{1}H 谱比 ^{13}C 重叠更严重和②可以溶解足够的样品（如分子量约为 500 的样品，溶解约 20 mg）可以在合理时间内获得碳谱时，FLOCK 谱在阐明分子结构和指认化学位移方面非常有用。如在脂肪酸中，图 7.20 给出了油酸的 HMBC 和 FLOCK 谱的比较。HMBC 谱（黑色）中，除了 δ 5.3 的烯烃质子和 δ 29.5～29.8 的亚甲基碳之间有明显的长程相关外，基本上不可能指认其它任何一个峰。相反，FLOCK 谱（灰色）中，可以观察到许多 CH$_2$ 碳（δ 29.0～29.8）和各种质子信号（δ 1.3～2.3）之间的长程相关峰。

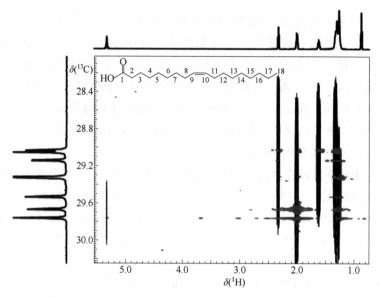

图 7.20　油酸碳谱重叠的区域中 FLOCK（灰色）相对于 HMBC 实验（黑色）增强氢的分辨率，代价是损失灵敏度。HMBC 的灵敏度比 FLOCK 高达一个数量级

下面的参数适用于 FLOCK 实验。

① $\Delta\delta(f_2) = -5\sim220$（如果确定样品不含羰基，高频端可到 200）；

② $\Delta\delta(f_1) = -0.5\sim9.5$；

③ SS = 16；

④ ns/i = 32 的倍数；

⑤ DT = 1～2 倍 ^{1}H 的 T_1 值（$M < 400$ 时为 0.8 s，M 约为 400～1000 时为 0.5 s）；

⑥ $\Delta_1 = (2^nJ_{CH})^{-1} \approx 1/(2\times8\ \mathrm{Hz}) = 60$ ms；

⑦ $\Delta_2 = (4^nJ_{CH})^{-1} \approx 1/(4\times8\ \mathrm{Hz}) = 30$ ms；

⑧ $\tau = (2^1J_{CH})^{-1} \approx 1/(2\times145\ \mathrm{Hz}) = 3.5$ ms；

⑨ 高斯，余弦或者平方余弦窗函数（相敏数据），或者伪回波、正弦贝尔或平方正弦贝尔加权函数（绝对值数据），所有数据左移以增强灵敏度；

⑩ np = 4096，ZF(f_2) = 8192，ni = 512，LP = 1024，ZF(f_1) = 2048。

7.3.3.3　HSQC-TOCSY 谱实验

HSQC-TOCSY 实验提供的信息与 TOCSY 谱基本相同，但是具有一个重要的优点：图谱分散好。当氢谱重叠严重时，基于质子自旋体系建立的 TOCSY 谱用途受限。但是 X 核的化学位移范围更广，其图谱的分散性更好。增加化学位移的范围对使用 HSQC-TOCSY 实验至关重要。此时氢谱的信号不再与其它可能重叠的质子化学位移相关，而是与直接结合 X 核的化学位移相关。例如，质子和碳的

HSQC-TOCSY 实验中，磁化从质子转移到与其直接结合的碳原子上，然后再返回到质子上，就像常规的 HSQC 实验一样。TOCSY 的自旋锁定混合被放置在采样通常开始的位置。HSQC-TOCSY 脉冲序列如图 7.21 所示。

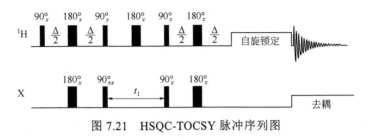

图 7.21　HSQC-TOCSY 脉冲序列图

在实验的 HSQC 部分后，质子的磁化转移到自旋系统中的其它质子中，被在不同混合时间中的 TOCSY 检测出来。这一过程也说明了 HSQC-TOCSY 谱相比于 HMBC 实验的局限性——它只观察到质子化 X 核的相关。例如，季碳在 HSQC-TOCSY 谱中不出峰。比较 HSQC 和 HSQC-TOCSY 谱图（图 7.22），它也给出了与图 7.13 中 COSY 和 TOCSY 谱相同的长程耦合。例如，HSQC 和 HSQC-TOCSY 谱中 C-4（δ 84.5）与 H-4（δ 5.31）有耦合，但在 HSQC-TOCSY 谱中也显示与 H-3（δ 4.16）、H-2（δ 3.70）和 OH-3（δ 3.19）的接力耦合。

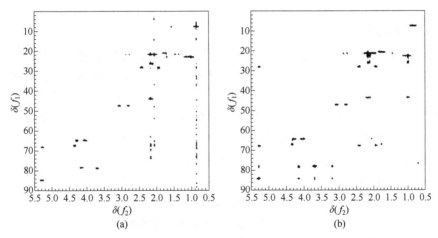

图 7.22　T-2 毒素的（a）HSQC 谱和（b）HSQC-TOCSY 谱

用于 HSQC-TOCSY 实验的参数与 HSQC 和 TOCSY 实验相同。

7.3.4　偶极耦合的同核化学位移相关技术

原子核通过偶极耦合进行弛豫被称为偶极耦合，它产生 NOE 信号。所涉及的原子核也可能有标量（或自旋-自旋）耦合，但这个问题与此处讨论无关（5.4 节）。本质上讲，NOE 既可以发生在同核之间，也可以在异核之间，尽管前者涉及质子的情况要普遍得多。7.1.3 节介绍了一维同核 Overhauser 实验；本节讨论了它们的二维版本：NOE 谱（NOESY）和旋转坐标的 NOE 谱（ROESY）。

与 COSY 实验类似，同核化学位移相关实验的投影图也是对称的，谱宽和数据点的分辨率几乎相同。同样，通过设置数据累积时间保持在可接受的范围内，LP 处理有助于使 DR_1 等于 DR_2。由于 NOE 需要长时间累积，故 NOESY 和 ROESY 实验所需的时间往往比相应的只显示自旋耦合相关 2D 实验要长得多。

还应记住，2D NOE 实验是平均的结果，即 AB 的交叉峰代表辐照 H_A 时 H_B 增强的平均值，反之亦然。由于 NOE 增强是竞争性弛豫的函数，所以它们高度依赖于所讨论的弛豫核和参与整个弛豫过程、但未被辐照相邻竞争核间的间距。因此，这两种增强（A{B} 和 B{A}）很少相同，而且可能完全不同。由此产生的平均交叉峰可能很小，难以被检测到。

综上，解释 NOE 交叉峰的明显缺失时必须非常谨慎。NOE 的存在与否对于立体化学的测定至关重要，例如碳—碳双键上的取代基是顺式的还是反式的，交叉峰存在具有不确定性，因而需要进行选择性 1D NOE 实验来排查。

7.3.4.1　NOESY 谱实验

NOESY 实验（6.3 节，参考文献 [14]）是标准 COSY 实验的一个扩展，其混合时间和第三个 90°读取脉冲在原始双脉冲的序列之后。NOESY 实验应在相敏模式下进行，以区分真实的、正 NOE 交叉峰（正相位）和 COSY 伪峰、交换谱（EXSY）交叉峰，它们同样可能出现在谱图中，但表现为负信号。真实的、负 NOESY 交叉峰和对角信号的相位也是负的。幸运的是，NOESY 谱中 COSY 伪峰并不常见。虽然它们的相位与 NOE 峰相反，很容易与正的 NOE 交叉峰区分开，但它们对 NOESY 实验的真正威胁在于完全或几乎完全抵消正交叉峰。这种情况下无法得到可靠结果，核磁专家应该意识到存在这种可能性。

能否成功观测 NOE 的交叉峰主要取决于两个参数的选择：混合（Δ_m）时间和弛豫延迟（DT）时间，这两个参数取决于分子中质子 T_1 的分布。小分子（分子量约 500～750）的 T_1 平均范围为 0.5～2 s。对于小分子，推荐的 DT 是 1～2 倍 T_1，当 T_1 未知时，DT 应保守一些（2～3 s）。混合时间的选择也非常重要，如果 τ_m 太短，NOE 增强没有发展到可检测的机会，就无法观察到 NOE 的交叉峰。相反，如果 τ_m 太长，NOE 增强会因弛豫效应而消失，还是没有信号。分子量范围对应的混合时间选取可按以下方式设定：分子量约 1000：0.3～0.6 s；分子量约 500：1 s；非常小的分子为 1～2 s。

仔细选择 DT 的另一个原因是 NOESY 谱容易受到过快脉冲产生的伪峰影响。对于中等大小的分子（分子量约 750～2000），即使质子间在空间上接近，交叉区中 NOE 交叉峰的强度也会出现接近于零（6.3 节和图 6.31）的问题。7.3.4.2 节讨论的 ROESY 实验中没有后一种问题。

NOESY 谱中还可以观察到化学和构象交换的效应，如果在相敏模式下进行实验，区分这些效应并不麻烦。如果这些交换过程与这里讨论过的 NOE 在相同的时间尺度上发生，同样的 NOESY 参数也可用于 EXSY 实验（6.3 节）。

下面的参数适用于 NOESY 实验（相敏）：

① $\Delta\delta(f_1) = \Delta\delta(f_2) = -0.5～9.5$；
② SS = 16；
③ ns/i = 4～16；
④ DT = 1.0～1.8 s（非常小的分子为 3 s）；
⑤ 混合时间：300～800 ms（平均尺寸的小分子为 1 s）；
⑥ f_2 维变迹：高斯函数；
⑦ f_1 维变迹：高斯函数；
⑧ np = 2048，$ZF(f_2)$ = 4096，ni = 256，LP = 1024，$ZF(f_1)$ = 2048。

备注：混合时间的选择至关重要，因为小分子需要长的混合时间来建立合理的 NOE 信号。然而，对于分子量大（$M > 750$）的分子，混合时间过长会产生自旋扩散而出现错误的相关峰。

7.3.4.2　ROESY 实验

ROESY 实验（6.3 节，参考文献 [15]）与 TOCSY 完全相同，其自旋锁定的混合时间一般为 100～200 ms，而 TOCSY 为 20～100 ms。由于 ROE 增强因子对分子量约 750～2000 的分子不像 NOE 增强那样出现信号为零的现象，故所有的 ROE 交叉峰符号相同，ROESY 特别适用于中等大小以上分子的测试。相敏模式下 ROESY 实验可以区分真实的 ROE 交叉峰（相位为正）和 TOCSY 伪峰以及 EXSY 交叉峰，它们在图谱中表现为负信号，对角线信号同样为负。

某种程度上 ROESY 谱中预期会出现 TOCSY 的伪峰，特别是当 ROESY 混合时间接近 TOCSY 范围的上限（如 100 ms）时。虽然这两种交叉峰的相位相反，很容易区分，但是 TOCSY 信号对 ROESY 谱的真正威胁是图谱上的交叉峰强度相互抵消（就像 NOESY 谱中的 COSY 信号一样，但是更加重要）。然而，横向 ROESY（或 T-ROESY）实验中，TOCSY 的信号被大大抑制。图 7.23 比较了 T-2 毒素的 NOESY 和 T-ROESY 谱，可以看出对于这种相对小的小分子（$M = 466$），两个实验基本没有区别。

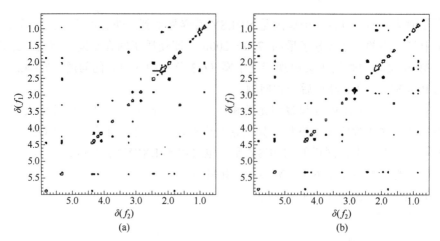

图 7.23 T-2 毒素的（a）NOESY 谱和（b）T-ROESY 谱比较

NOESY 实验混合时间和弛豫延迟时间的选择办法同样适用于 ROESY 实验。对于小分子到中等分子（$M < 1000$）的 ROESY 实验，建议 DT 为 1～3 倍 T_1，一般在 1～2 s 范围内；自旋锁定混合时间在 200～600 ms 范围内，接近大分子为 200 ms，小分子为 600 ms。

与 NOESY 实验一样，ROESY 实验参数可用于 EXSY 实验。下面的参数适用于 ROESY 实验：

① $\Delta\delta(f_1) = \Delta\delta(f_2) = -0.5$～9.5；

② SS = 16；

③ ns/i = 4～16；

④ DT = 1.0～1.8 s（非常小的分子为 3 s）；

⑤ 自旋锁定混合时间：200～600 ms（平均尺寸的小分子为 1 s）；

⑥ f_2 维变迹：高斯函数；

⑦ f_1 维变迹：高斯函数；

⑧ np = 2048，ZF(f_2) = 4096，ni = 256，LP= 1024，ZF(f_1) = 2048。

备注：强烈建议分子量大于 600 Da 的分子使用 ROESY 而不是 NOESY，因为分子量远高于此数值的分子 NOE 交叉峰强度接近零，并且随分子量的增加最终变为负值。

7.3.5 1D 和高级 2D 实验技术

7.3.5.1 1D TOCSY 谱实验

如 7.3.1.2 节所述，对于具有复杂和重叠 ^{1}H 自旋体系的大分子，1D 版本的

TOCSY 实验特别有用。通常很难解析多糖等分子的二维 TOCSY 谱，然而，只要系统中有一个成分的化学位移可分辨时，一维 TOCSY 实验就能够实现对整个自旋体系的映射。一个实例是基于多糖异头质子（H-1）的一维 TOCSY 实验，该质子位于甲醇质子的高频（低场）区。

一维 TOCSY 实验之所以强大，一个最重要的因素是现代形状脉冲的高度选择性（5.8 节）。例如，利用这些脉冲可以选择性照射三个信号中间的谱峰，即使相邻的共振峰位置非常接近，中心峰和两侧信号间有非常小的基线重叠。图 7.24 是一维 TOCSY 谱的实例，它是由 T-2 毒素 H-2（δ 3.70）、H-3（δ 4.16）、OH-3（δ 3.19）和 H-4（δ 5.31）组成的四自旋体系。当选择性地照射 H-2 时，得到以下三个混合时间的一维谱：图 7.24（a）300 ms、图 7.24（b）120 ms 和图 7.24（c）0 ms。混合时间为零时没有磁化转移，与预期相同，（a）中只有 H-2 信号。120 ms 后，磁化转移到相邻的耦合伙伴（H-3）上，它的信号被检测到［见图 7.24（b）］。300 ms 后，磁化从 H-3 进一步转移到 OH-3 和 H-4，即整个自旋系统，观察到所有四个质子的共振峰［见图 7.24（c）］。此外，图 7.25 给出了 T-2 毒素①H-2（δ 3.7）

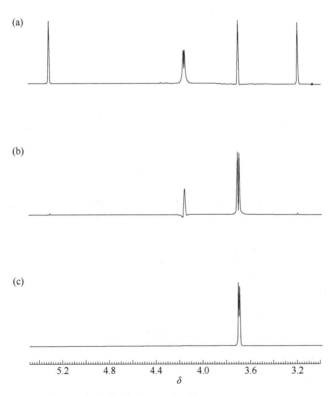

图 7.24　T-2 毒素四自旋体系不同混合时间（a）300 ms、（b）120 ms 和（c）0 ms 的一维 TOCSY 谱

的一维（图 7.24）和二维 TOCSY 谱（图 7.13）和②HSQC-TOCSY 谱（图 7.22）中 C-2（δ 79.2）的水平迹线。显然一维 TOCSY 谱的分辨率最好，但其它两个迹线的分辨率基本相当。

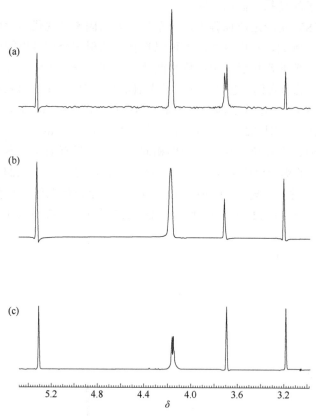

图 7.25　（a）HSQC-TOCSY 迹线、（b）2D TOCSY 迹线和
（c）选择性 1D TOCSY 谱的比较

下面的参数适用于一维 TOCSY 实验：

① $\Delta\delta(f_2) = -0.5 \sim 9.5$；

② SS = 16；

③ ns = 4～64（有梯度）或者是 4 的倍数（无梯度）；

④ 混合时间：0 s 和 80 ms（或者一系列时间）；

⑤ 变迹：0.5 Hz；

⑥ np = 32769；

⑦ Fn = 65536。

备注 1：如果可以，强烈推荐使用 Z-TOCSY 序列。

核磁共振波谱学：
原理、应用和实验方法导论

备注 2：如果使用混合时间相对较长，需要的扫描次数更多，因为初始的磁化将被分散到几个多重峰中。

备注 3：建议开始采集混合时间为 0 的图谱来保证干净激发所需多重峰。安排一系列混合时间如 0.02 s、0.25 s、0.5 s、0.75 s、1.0 s 很有用，原因是耦合质子将被先后指认出来。

7.3.5.2　1D NOESY 谱和 ROESY 谱实验

下面的参数适用于 1D NOESY 和 ROESY 实验：

① $\Delta\delta(f_2) = -0.5 \sim 9.5$；

② SS = 16；

③ ns = 16～256（梯度），见备注 2；

④ 混合时间：0.5 s；

⑤ 变迹：2 Hz；

⑥ np = 32768；

⑦ Fn = 65536。

备注 1：分子 $M <$ 600 Da 时，建议采用 NOESY；$M >$ 600 Da 时建议使用 ROESY。

备注 2：NOESY 和 ROESY 都能测量瞬态 NOE 累积，相对不灵敏，因此需要增加扫描次数。

7.3.5.3　多重度编辑 HSQC 谱实验

当处理任何含碳量相对较多的化合物时，特别是所研究的化合物结构存在一定程度的不确定度时，强烈推荐先采集 ^{13}C NMR 谱，随后收集 DEPT 和 HSQC 谱（特别是对于未知物），以便对结构再次确认，更好揭示谱图异常现象的原因，如信号重叠等。如果样品量非常有限，那么可能无法测定 ^{13}C 谱或 ^{13}C 编辑谱。

利用梯度选择、自旋回波的 HSQC 实验将得到 HSQC 编辑谱，其中 XH 和 XH$_3$ 基团相位相同（通常为正）和 XH$_2$ 基团与之相反（负）。这个实验存在两个缺点：①与相应的 HSQC 序列相比，灵敏度降低了 15%～25%，T_1 较短的大分子降低更多；②紧密相邻的负 CH$_2$ 和正 CH 或 CH$_3$ 信号会相互抵消。但是，这个实验一般不需要 DEPT 实验，除非是样品完全未知。多重度编辑的 HSQC 实验基本上属于 HSQC 脉冲序列，其中在 t_1 周围插入两个附加延迟时间（Δ）和一个 180° X 脉冲，如图 7.26 所示。

图 7.27 比较了 T-2 毒素（**7.1**）HSQC 谱的结果。编辑 HSQC 谱中 CH 和 CH$_3$ 交叉峰为红色，CH$_2$ 为蓝色。三个 CH$_2$ 基团交叉峰的 C/H 位移坐标如下：δ 27.9/δ 2.41 和 1.97（7 位）；δ 43.8/δ 2.17（2'位）；δ 47.4/δ 3.06 和 2.80（13 位）。蓝色的交叉峰清楚区分了 2'位 CH$_2$ 和 7 位 CH$_2$ 的交叉峰，但是 13 位 CH$_2$ 的交叉峰是红

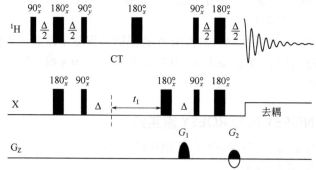

图 7.26 多重度编辑的梯度 HSQC 脉冲序列示意图。当 X = ^{13}C 时，
G_1 和 G_2 梯度的相对大小分别为 4 G/cm 和 1 G/cm

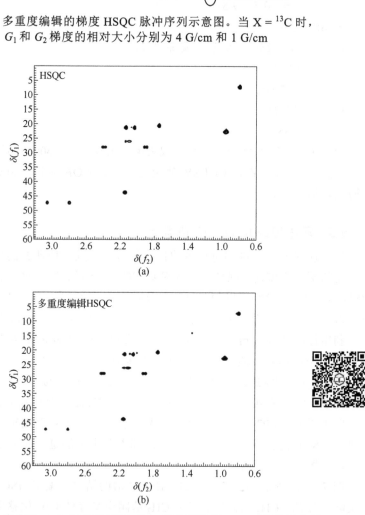

图 7.27 T-2 毒素的（a）HSQC 谱和（b）多重度编辑 HSQC 谱的放大图。
红色和蓝色交叉峰分别对应着正和负信号（扫描二维码看彩图）

核磁共振波谱学：
原理、应用和实验方法导论

色，而不是预期的蓝色，看起来像色散的信号（图 2.11）。意外出现红色峰的原因可能是环氧基团的单键 C—H 耦合常数约为 175 Hz，与 $^1J_{CH}$ 的平均值 140 Hz 相差约 35 Hz，属于差距过大所致。相比之下，sp^3 碳的 $^1J_{CH}$ 值更接近 140 Hz，范围从 125 Hz 到 130 Hz。

下面的参数适用于编辑 HSQC 实验：

① $\Delta\delta(f_2) = -0.5\sim9.5$；

② $\Delta\delta(f_1) = -5\sim165$；

③ SS = 16；

④ ns/i = 4∼32；

⑤ DT = 0.5∼1 s；

⑥ $^1J_{CH} = 145$ Hz；

⑦ f_2 维变迹：高斯函数；

⑧ f_1 维变迹：高斯函数；

⑨ np = 2048，$ZF(f_2) = 4096$，ni = 256，LP = 1024，$ZF(f_1) = 2048$。

7.3.5.4　H2BC 实验

7.3.3.1 节中，HMBC 实验中的关键延迟时间Δ设置为大约 8 Hz，这是$(2^nJ_{CH})^{-1}$的平均值，n 通常等于 2 或 3。这种关系隐含着 HMBC 实验不能区分二键和三键（有时更大）X—H 耦合。在涉及结构解析的特殊问题上，这是一个糟糕的问题（第 8 章）。

然而，Sorensen[16,17]开发了 HMBC 实验的一个改进版本：H2BC，如图 7.28 所示，它可在一定限制情况下区分质子碳或氮的二键和三键（或更大）X—H 耦合。它区分二键和三键的原理在于三键 H—H 耦合调制的二键 X—H 耦合，这里以 T-2 毒素的 C 环（**7.2**）C—H 的耦合为例进行说明。如果同时研究 H-2 和 H-3 之间、H-2 和 H-4 之间的耦合，就会发现 H-2 与 H-3 之间有三键（邻位）耦合，但与 H-4 只有弱四键耦合（$^4J_{HH} \approx 0$）（第 4 章）。如果再考虑 C-2 和 H-3 之间的二键耦合和 C-2 和 H-4 之间的四键耦合，我们认为，H-2 可以调制 C-2 与 H-3 之间的耦合，但不能调节 C-3 与 H-4 之间的耦合。原因是 H-2 与 H-3 之间存在强耦合，而 H-2 与 H-4 之间的耦合非常弱，几乎为零。因此，H2BC 谱中观察到 C-2 和 H-3 之间的相关，但 C-2 和 H-4 之间没有相关。显然，相应的情况适用于 H-4 调制 C-4 到 H-3 的耦合，并且发现在 C-4 和 H-3 之间也存在相关。

7.2

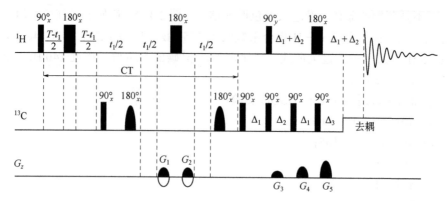

图 7.28 H2BC 脉冲序列图

时间 T 为恒定时间 CT，大约 20 ms。延迟 $\Delta_1 \sim \Delta_3$ 为低通 J 过滤器的一部分，它是 $^1J_{CH}$ 最大和
最小平均值的倒数。梯度 G_1 和 G_2 在 echo/anti-echo 中交换极性，梯度 $G_3 \sim G_5$ 用于相干选择。
$G_1 \sim G_5$ 梯度场强大小分别为 10 G/cm、10 G/cm、1.51 G/cm、3.52 G/cm 和 10.1 G/cm

这种 H—H 调制 C—H 耦合造成的实验结果是保留了 HMBC 谱中双键的相关
峰，而三键相关峰消失。然而，需要注意的是，这种情况下最重要的是观察到确
切的 C_2—C_4 片段。由于①H-3/H-4 二面角接近 90°或②因有电负性大的元素如氧
的存在，C-3 和 C-4 上的 H-3/H-4 耦合常数减小，如果 H-3 和 H-4 之间的耦合很
小，则可能无法区分 H-2 和 H-4 到 C-3 之间的耦合。图 7.29 比较了 T-2 毒素的
H2BC 和 HMBC 谱结果。

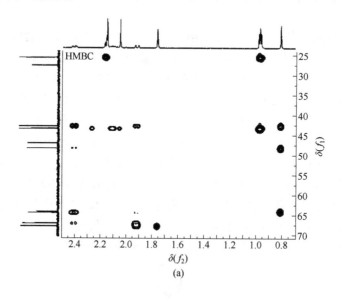

(a)

核磁共振波谱学：
原理、应用和实验方法导论

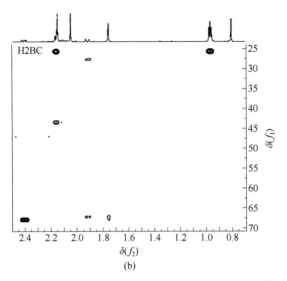

图 7.29　T-2 毒素的（a）HMBC 和（b）H2BC 谱
顶部为氢谱，左侧竖直方向为碳谱

从图 7.29 的比较谱中可以观察到一些特征。首先，坐标 $\delta\,26.0/\delta\,2.17$（C-3′，H-2′）、$\delta\,26.0/\delta\,0.98$ 和 $\delta\,0.96$（C-3，CH$_3$-4′和 CH$_3$-5′）和 $\delta\,68.3/\delta\,2.41$（C-8，H-7A）处出现的两键 C—H 交叉峰很清晰。其次，H2BC 实验的灵敏度明显较低，原因是虽然这两个实验都是用相同数量的①增量和②每个增量的瞬态进行，但在垂直范围上 H2BC 谱显示是 HMBC 谱的三倍。

当采用 H2BC 实验时，核磁专家必须注意以下几点。首先，该实验仅适用于质子化的原子核，因此，对于 5 位和 6 位季碳以及同碳耦合质子 $\delta\,48.8/\delta\,0.81$（C-5，CH$_3$-14）和 $\delta\,43.3/\,2.41$ 或 $\delta\,1.91$（C-6，H-7A 或 H-7B）观察不到 H2BC 相关。像 COSY 和 DQF-COSY 实验一样，HMBC 和 H2BC 谱是互补的，而不是相互取代的，因此除了通常的 HMBC 谱之外，还应该进行 H2BC 实验。其次，二键和三键 X—H 耦合的区别依赖于是否存在合适的相邻（三键）H—H 耦合常数。当这些耦合常数太小时，由两键 X—H 耦合产生的交叉峰也可能不存在。图 7.29 中给出了一个实例，其中 H-7A（$\delta\,2.41$）和 C-8（$\delta\,68.3$）具有很强的双键相关性，而 H-7B（$\delta\,1.91$）和 C-8 则没有。检查第 8 章末尾的表 8.6，可以发现原因：$^3J_{7A,8}=5.5\ \text{Hz}$，而 $^3J_{7B,8}=0\ \text{Hz}$。

此外，当分子的几何结构有利于长程 H—H 耦合时，可以观察到长程 C—H 耦合。图 7.29 还显示了 C-11（$\delta\,67.6$）与 H-7B（$\delta\,1.91$）和 CH$_3$-16（$\delta\,1.75$）间非常弱的相关性。这些各自的弱三键和四键 C—H 相关分别是由 H-11（$\delta\,4.34$）和 H-7B（$\delta\,1.91$）以及 H-11 和 CH$_3$-16（$\delta\,1.75$）间的弱①四键 W-耦合和②五键高烯丙基耦合产生的。

如果使用得当，对于那些确定分子结构的人来说，H2BC 实验是一种有用的技术。以下参数适用于 H2BC 实验：

① $\Delta\delta(f_2) = -0.5\sim9.5$；
② $\Delta\delta(f_1) = -5\sim220$；
③ SS = 16；
④ ns/i = 16～64；
⑤ DT = 0.5～1 s；
⑥ $^1J_{CH}$ = 145 Hz（如果使用两步 J 过滤器，则为 130 Hz 和 165 Hz）；
⑦ Δ_{CT}（锁定时间）= 16～22 ms；
⑧ f_2 维变迹：高斯函数；
⑨ f_1 维变迹：高斯函数；
⑩ np = 2048，ZF(f_2) = 4096，ni = 256，LP = 1024，ZF(f_1) = 2048。

7.3.5.5 非均匀采样技术

我们在 7.3.5.4 节中看到，二维实验中 t_1 维灵敏度与时间的关系尤为重要，即使采用 LP 和零填充，f_2 维的数据点通常是 f_1 维数据点的两倍。另一个降低异核二维实验中 f_1 维分辨率的因素是 f_1 维谱宽通常比 f_2 维要大得多。这样造成已经很少的数据点必须分布在更大的频率范围内。图 7.9 中很容易地看到 f_1 维和 f_2 维的分辨率差异，图中横向（f_2）维的交叉峰明显比纵向（f_1）维的交叉峰分布要窄。

限制间接（f_1）维分辨率的一个关键因素是要求以均匀的间隔执行数据采样，这是进行离散傅里叶变换的要求。几十年前，有人提出一种被称为 NUS[18-21] 的技术，二维 NMR 实验演化周期中使用的等距时间增量（ni）可以被一系列不规则的间隔代替。此时的频谱不再通过离散傅里叶变换来得到，而是通过几种算法提供，如最大熵重建（MaxEnt）、迭代软阈值（IST）和压缩感知（CS）等。当前实践中的基本要求是，用于非均匀采样的实际演化时间必须是均匀间隔演化时间的子集，该子集将用于采集具有相同 f_1 维谱窗和最大演变时间的 2D 谱。

开始收集 2D 数据时，将按以下方式执行 NUS。二维 NMR 谱的数据仅针对均匀采集演化时间的选定子集获得，该子集有时被称为 Nyquist 网格，通常包括最后的增量。NUS 的采样覆盖率是指通过 NUS 所选择均匀增量集占原始增量总数的比例，通常为 Nyquist 网格的 25%～33%。因此，这将数据采集的时间减少到 67%～75%。图 7.30 给出了两个干涉图，其中顶部（a）迹线是一个 50%采样的干涉图，未采集数据处有"零强度"点，这些点沿着标记为（a）的水平线排列，而底部（b）迹线为 NUS 重建后的干涉图。

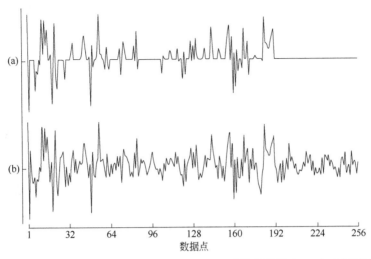

图 7.30　HSQC 实验（a）间接维 50% NUS 采样的数据和（b）相同数据
重建后的全部 256 个数据点网格

　　在现代实验中 NUS 的使用越来越常见，尤其是在采集溶液中小分子的二维
NMR 数据时。选择非均匀数据采集时，应考虑多个准则。NUS 过程中较小数据
点集必须有足够的信噪比，这至关重要。一般来说，如果间接采样维（f_1）的信
噪比太低，通过常规均匀采样无法获得二维核磁数据时，那么使用 NUS 也没有用
处。另外，核磁专家必须注意采样的数量不能太少。t_1 维中非均匀采样的间隔数
应至少是任何给定 f_1 片层中预期信号数的两倍。直接维（f_2）的 S/N 越高，覆盖
的范围就越小，因此高浓度的溶液应该用 33%或 50%的覆盖率仔细处理。此外，
如果覆盖度太小，无论使用哪种方法来重建数据，非均匀采样间隙过大都会导致
最终重建谱中出现类似噪声的伪峰。

　　NUS 可用于减少实验的采集时间或提高谱分辨率，代表谱图如图 7.31 所示。
图 7.31（a）为 T-2 毒素的常规 HSQC 谱，128 个 ni 增量，采集时间为 6 min。图
7.31（b）的 NUS 密度为 25%（ni = 32），但用 NUS 处理数据后谱图的分辨率增
加，其数据点的分辨率与图 7.31（a）基本相同，但所用的采集时间为前者的三分
之一。图 7.31（c）的采集时间为 22 min，几乎是图 7.31（a）的 4 倍。但是，它
有 512 个 ni 增量，它的谱图分辨率更高。图 7.31（d）在 6 min 内获得的分辨率
与 22 min 实验相同，因为它的增量与图 7.31（a）相同（ni = 128）。很明显，虽
然图 7.31（c），（d）中的分辨率大大提高，但灵敏度受损。产生这种效果的原因
是非均匀采样的数据点分散在更大的 t_1 维上，随着干涉图衰减到零强度，后面的
数据点强度降低。然而，如果是谱图拥挤的难题，那么在采集图谱上花费更多时
间当然值得，这可以获得优异的数据点分辨率。

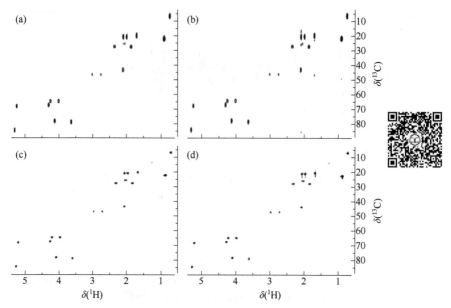

图 7.31 T-2 毒素的 NUS HSQC 谱（扫描二维码看彩图）图谱是使用多重度编辑版本，因此 CH 和 CH₃ 的相关峰是红色，CH₂ 为蓝色。（a）常规采样，ni = 128，t = 6 min；（b）128 个数据点矩阵，25% 密度 NUS 32 个增量采集，t = 2 min；（c）常规采样，ni = 512，t = 22 min；（d）512 个数据点矩阵，25% 覆盖 NUS 128 个增量采集，t = 6 min。（a）和（d）的采样时间都是 6 min，但是（d）的分辨率与用时 22 min 的（c）一样高，所有图谱的信噪比几乎一样。NUS 实验中有些接近于噪声水平的伪峰

Mestrelab Research 公司提供了可以对现代主流谱仪制造商的 NUS 实验数据进行快速处理的软件。

7.3.5.6 纯位移 NMR 谱

纯位移 NMR 谱[22-24]是核磁共振领域三个最新进展中的第二个 [NUS 是第一个，协方差 NMR 是第三个（7.3.5.7 节）]。这里无论 1D 还是 2D 的 ¹H NMR 谱，纯位移 NMR 都是去耦的，所有质子的多重峰都被简化成单峰，当然，它的前提是没有诸如 ³¹P 或 ¹⁹F 这样的 NMR 活性核；如果有，它们将继续发挥自旋耦合的效应。所谓的宽带质子去耦基于重聚质子-质子耦合的演化，同时允许质子化学位移演化。因此，所得的氢谱中移除了质子的同核耦合，只剩下 ¹H 的化学位移。薄荷醇（7.3）的标准一维和纯位移氢谱见图 7.32 所示。

7.3

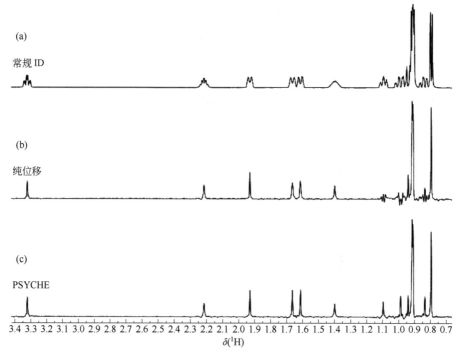

图 7.32 薄荷醇的（a）常规、（b）Zangger-Sterk 纯位移、（c）PSYCHE 纯位移一维氢谱。与通常的一维氢谱相比，纯位移氢谱垂直方向的坐标扩大了约 600 倍

图 7.32 所示的薄荷醇氢谱中顶部（a）是作为对比的常规谱图。谱图 δ 0.9～1.0 的区域特别拥挤，δ 0.8～1.1 的区域也很拥挤，因此不能确定 4β、6β、7 和 9 位质子的化学位移。中间的迹线使用了早期的 Zangger-Sterk 重聚单元，可以看到大大简化的传统氢谱。然而，H-2（δ 1.10）、H-3β（δ 0.83）和 H-4β（δ 0.98）的信号扭曲很明显。底部的迹线采用 chirp 激发（PSYCHE）重聚单元产生的纯位移，它将薄荷醇中每个 ^{1}H 核的信号与对其相邻质子进行去耦。现在得到一个由 13 条单峰组成的谱图，很容易识别出以前重叠的 H-4B、H-6B、Me-7 和 Me-9 质子的化学位移。

薄荷醇的标准和纯位移 HSQC 谱如图 7.33 所示。标准和 ^{1}H 去耦 HSQC 谱间的差异并不像一维谱那样拥挤，主要是因为 HSQC 的信号被分散到二维谱中。它的一个优点是没有灵敏度损失，没有通过梯度的空间分离来实现去耦。HSQC 实验中已经编辑出与 C-12 结合的质子，因此对 ^{1}H—^{1}H 去耦后剩下的唯一耦合是 CH_2 上同碳质子间的耦合。这些质子不能用这种方法进行去耦，因为它们共用一个碳原子。由于消除了 CH_2 同碳耦合外的所有 ^{1}H—^{1}H 偶合，水平 f_2 维上 C—H 相关峰看起来更窄。

我们可以通过研究一对自旋耦合核 H_A 和 H_X 的行为，跟踪它们在一个时间段

τ 内的磁化强度演化来理解纯位移 NMR。在时间 τ 内的中点（$\tau/2$）选择性施加一个 180° 重聚脉冲到 H_X，从而产生自旋回波（5.5 节，图 5.13）。如果我们研究 H_A 的行为，我们看到在时间 τ 内化学位移发生演化，原因是 H_A 不受重聚脉冲的影响。相反，只有 H_X 被选择性重聚脉冲反转，故 J_{AX} 自旋耦合演化在 τ 结束时重聚。这种选择性反转具有反转自旋耦合演化方向的作用，从而消除了 H_A 和 H_X 间的自旋耦合。

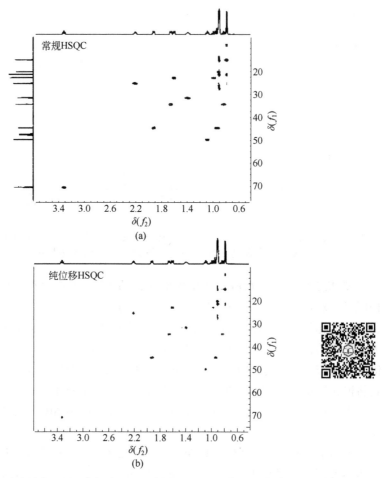

图 7.33　薄荷醇多重度编辑（a）常规和（b）纯位移 HSQC 谱。同碳质子为蓝色，没有被 ^{1}H 去耦，因此沿 f_2 维的灵敏度增强没有红色的 CH 和 CH_2 显著（扫描二维码看彩图）

　　纯位移实验得到一个宽带去耦的氢谱，它需要对分子中每个质子的自旋耦合伙伴进行去耦，则后者必须同时被反转，而观测的质子不受影响。考虑到有许多同碳质子化学位移非常相似，当自旋耦合强时，这个要求通常特别严格。选择性地照射任何质子而不影响相邻耦合的同伴不是一件轻松的事情。现已发展出几种

核磁共振波谱学：
原理、应用和实验方法导论

方法可以完成这个苛刻的要求，Morris 等人开发的 PSYCHE 方法[22,23] 可在灵敏度损失最小的同时，实现全同核去耦，因此有望应用于更广泛的领域。

7.3.5.7 协方差 NMR 谱

正如 Brüschweiler 所提出的那样，协方差 NMR 无疑是核磁领域最值得注意的发展方向之一[25~28]。这项技术中，两个二维 NMR 实验以某种方式结合在一起，大大提高了二维谱组合的分辨率和灵敏度。我们已经在 7.2.1.2 节和 7.3.5.5 节中接触过 f_1 维与 f_2 维的分辨率问题，其中 f_2 维的分辨率几乎总是大于 f_1 维，原因是 f_2 维的数据点数量几乎总是大于 f_1 维增量的数目，特别是在当今庞大的数据系统中。虽然 LP 和 NUS 处理可以在一定程度上缓解这种失衡，但 f_1 维相关峰的信号展宽是核磁专家和化学家不得不面对的一个难点，并且随着 NMR 谱越加拥挤，这个问题变得更加严重。

协方差 NMR 对单个 2D 谱组合产生第三个 2D 谱。它的一个绝对前提是，组合的 2D 谱必须有一个共同的坐标轴（谱宽可以不完全相同），如果 f_1 维比它们对应的 f_2 维数字分辨率更低，那就是完美的候选者。像 COSY 谱一样的同核实验中，两个二维谱可以沿 f_1 维组合成两个维度上分辨率相同的 COSY 谱。

如果是异核图谱组合，如 HSQC 加 COSY 或 TOCSY，当一个图谱采样受限时，所得的（HSQC+COSY）或特别是（HSQC+TOCSY）2D 谱更加难以直接观测。请注意，我们使用（HSQC+COSY）或（HSQC+TOCSY）以区别于直接测定的 HSQC-COSY 或 HSQC-TOCSY 实验。下面将讨论最常见协方差谱图的两个实例。

7.3.5.7.1 直接协方差 NMR

直接协方差 NMR 涉及 COSY、TOCSY、NOESY 和 ROESY 谱等同核实验[25,27,28]。传统的二维 NMR 实验中，沿 (t_2, t_1) 时间矩阵的直接时间维（t_2）进行傅里叶变换，生成一个时间-频率混合矩阵（f_2, t_1），然后沿间接时间维（t_1）进行傅里叶变换，就得到大家都熟悉的 (f_2, f_1) 频率对称矩阵（6.1 节）。对比发现，当使用协方差处理时，(t_2, t_1) 时间矩阵沿直接时间维（t_2）再次傅里叶变换后生成一个混合时间-频率的矩阵（f_2, t_1），标记为 $\mathbf{S}$。然而，第二个步骤将上述混合时频矩阵转置后与自身相乘，得到协方差矩阵（$\mathbf{C}^2$），即 $\mathbf{C}^2 = (f_2, t_1)^{\mathrm{T}}(f_2, t_1)$ 或 $\mathbf{S}^{\mathrm{T}}\mathbf{S}$。

如果研究上述两个步骤，我们看到传统的 2D 谱沿 f_2 维有 1024 个数据点，f_1 维有 256 个。相反，协方差 2D 谱中，所得的数据矩阵（$\mathbf{C}^2$）在 t_1 维有四倍的数据点，两个维度都有 1024 个数据点。借助这种办法，分辨率从直接（f_2）维有效转移到间接（f_1）维上。图 7.34 表明用直接协方差 NMR 可以得到 f_1 维分辨率大大增强的图谱。

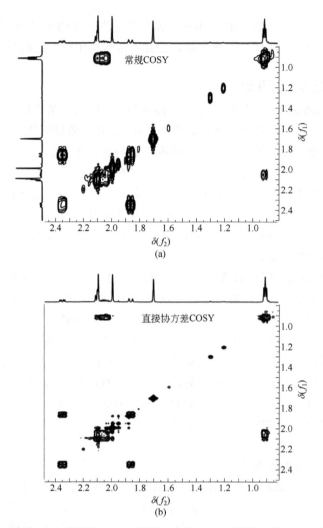

图 7.34　T-2 毒素（a）常规和（b）直接协方差 COSY 谱的选择区域比较。协方差处理过的图谱在 f_1 维的分辨率明显增强。顶部和左侧为常规的氢谱

7.3.5.7.2　广义间接协方差 NMR

上节中介绍的直接协方差实验生成对称的谱图矩阵，从中可计算出平方根，由此推导出对称的 ^{1}H—^{1}H 二维谱。但是，不对称的矩阵如 ^{1}H—^{13}C 相关谱不能进行平方根运算。为此，Brüschweiler 和 Snyder[26,28]发展出广义间接协方差实验，生成"中间对称的协方差矩阵"，从中可以计算出非对称矩阵的平方根。

例如，一个 HSQC（H）和一个 TOCSY（C）可以组合生成一个新的堆叠谱 **S**：

$$\mathbf{S} = \begin{bmatrix} H \\ C \end{bmatrix}$$

核磁共振波谱学：
原理、应用和实验方法导论

下一步，**S** 乘以它的转置矩阵生成一个广义的协方差矩阵 **C**：

$$\mathbf{C} = \mathbf{SS}^{\mathrm{T}} = \begin{bmatrix} H \\ C \end{bmatrix} [H^{\mathrm{T}} C^{\mathrm{T}}]$$

现在的关键是得到对称的矩阵 **C**，因此可以进行平方根的运算。这样 HSQC 和 COSY 或 TOCSY 谱将结合在一起，以远低于直接 HSQC-COSY 和特别是 HSQC-TOCSY 实验所需的时间内生成（HSQC+COSY）甚至（HSQC+TOCSY）谱[29~31]。

Martin 已经证明，直接 HSQC-TOCSY 与协方差（HSQC+TOCSY）程序所需的实验时间分别为 4 h 和小于 20 min，信噪比为 8∶1 和 77∶1[29]。T-2 毒素的图谱比较如图 7.35 所示。

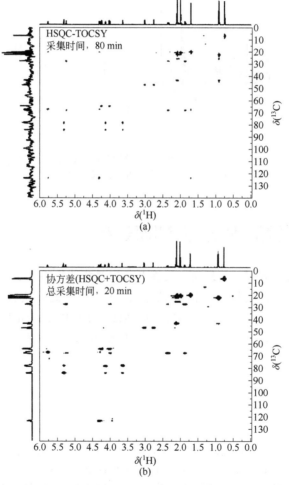

图 7.35　T-2 毒素（a）常规和（b）协方差的 HSQC-TOCSY 谱比较。每个图谱中左边的垂直迹线为 f_1 维投影，见图 7.36。顶部为常规氢谱

通过与直接观察的 T-2 毒素 HSQC-TOCSY 实验比较，结果充分展示了广义间接协方差实验在灵敏度方面的巨大优势。图 7.35（a）为直接观察的 HSQC-TOCSY 谱，采集时间为 80 min。图 7.35（b）中对应的协方差（HSQC+TOCSY）谱，HSQC 和 TOCSY 谱总的采集时间仅为 20 min。仔细检查并比较这两种谱，后者的灵敏度明显优于前者。然而，协方差实验相对于直接观测实验的灵敏度优势还体现在图 7.36 中沿 f_1 维的相应投影上。广义间接协方差（HSQC+TOCSY）谱比直接观测的 HSQC-TOCSY 谱的灵敏度更高。

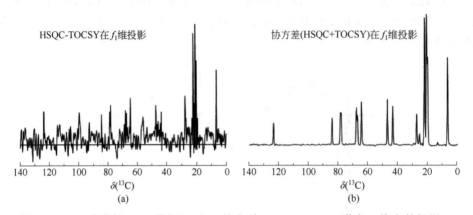

图 7.36　T-2 毒素的（a）常规和（b）协方差 HSQC-TOCSY 谱在 f_1 维上的投影。协方差实验的 S/N 值高大约 10 倍

7.3.6　纯位移-协方差 NMR 谱

协方差 NMR 谱方面的最新发展涉及协方差和纯位移方法的结合，用来产生纯位移-协方差 NMR 实验，其中 ^{1}H 信号为单峰[32,33]。这些实验对于 ^{1}H 谱信号严重重叠而异常复杂的情况应该非常有用。Mestrelab Research 是几种广泛使用的数据处理平台之一，它提供了快速的协方差 NMR 处理过程，且无需用户太多的输入。

参考文献

[1] Bildsoe, H., Donstrup, S., Jakobsen, H.S., and Sorensen, O.W. (1983). *J. Magn. Reson.* 53: 154-162.

[2] Doddrell, D.M., Pegg, D.T., and Bendall, M.R. (1982). *J. Magn. Reson.* 48: 323-327.

[3] Sanders, J.K.M. and Mersh, J.D. (1982). *Prog. Nucl. Magn. Reson. Spectrosc.* 15: 353-400.

[4] Hwang, T.L. and Shaka, A.J. (1995). *J. Magn. Reson. A* 112: 275-279.

[5] Reynolds, W.F. and Enriquez, R.G. (2002). *J. Nat. Prod.* 65: 221.

[6] Hoch, J.C. and Stern, A.S. (1996). *NMR Data Processing*. New York: Wiley-Liss.

[7] Bax, A. and Freeman, R. (1981). *J. Magn. Reson.* 44: 542.

[8] Bax, A. and Davis, D.G. (1985). *J. Magn. Reson.* 65: 355.

[9] Bax, A. and Subramanian, S. (1986). *J. Magn. Reson.* 67: 565.

[10] Bodenhausen, G. and Rubin, D.J. (1980). *Chem. Phys. Lett.* 69: 185.

[11] Bax, A. and Morris, G.A. (1981). *J. Magn. Reson.* 42: 501.

[12] Bax, A. and Summers, M.F. (1986). *J. Am. Chem. Soc.* 108: 2093.

[13] Reynolds, W.F., McLean, S., Perpick-Dumont, M., and Enriquez, R.G. (1989). *Magn. Reson. Chem.* 27: 162.

[14] Macura, S., Huang, Y., Suter, D., and Ernst, R.R. (1981). *J. Magn. Reson.* 43: 259-281.

[15] Bothner-By, A.A., Stephens, R.L., Lee, J. et al. (1984). *J. Am. Chem. Soc.* 106: 811-813.

[16] Nyberg, N.T., Duus, J.O., and Sorensen, O.W. (2005). *J. Am. Chem. Soc.* 127: 6154-6155.

[17] Nyberg, N.T., Duus, J.O., and Sorensen, O.W. (2005). *Magn. Reson. Chem.* 43: 971-974.

[18] Barna, J.C.J., Laue, E.D., Mayger, M.R.S. et al. (1987). *J. Magn. Reson.* 73: 69.

[19] Barna, J.C.J. and Laue, E.D. (1987). *J. Magn. Reson.* 75: 384.

[20] Mobli, M. and Hoch, J.C. (2008). *Concepts Magn. Reson. Part A* 32: 436-448.

[21] Mobli, M. and Hoch, J.C. (2014). *Prog. Nucl. Magn. Reson. Spectrosc.* 83: 21-41.

[22] Foroozandeh, M., Adams, R.W., Nilsson, M., and Morris, G.A. (2014). *J. Am. Chem. Soc.* 136: 11867-11869.

[23] Foroozandeh, M., Adams, R.W., Nilsson, M., and Morris, G.A. (2014). *Angew. Chem. Int. Ed.* 53: 6990-6992.

[24] Adams, R.W. (2014). *eMagRes* 3: 1-15.

[25] Brüschweiler, R. and Zhang, F. (2004). *J. Chem. Phys.* 120: 5253-5260.

[26] Snyder, D.A. and Brüschweiler, R. (2009). *J. Phys. Chem. A* 113: 12898-12903.

[27] Snyder, D.A. and Brüschweiler, R. (2010). *Multidimensional Correlation Spectroscopy by Covariance NMR*, 97-105. Wiley.

[28] Snyder, D.A. and Brüschweiler, R. (2016). Multidimensional spin correlations by covariance NMR. In: *Modern NMR Approaches to the Structure Elucidation of Natural Products*, 244-258. Cambridge: RSC Books.

[29] Blinov, K.A., Larin, N.I., Williams, A.J. et al. (2006). *J. Heterocycl. Chem.* 43: 163-166.

[30] Blinov, K.A., Larin, N.I., Williams, A.J. et al. (2006). *Magn. Reson. Chem.* 44: 107-109.

[31] Martin, G.E., Hilton, B.D., Irish, P.A. et al. (2007). *J. Nat. Prod.* 70: 1393-1396.

[32] Fredi, A., Nolis, P., Cobas, C. et al. (2016). *J. Magn. Reson.* 266: 16-22.

[33] Fredi, A., Nolis, P., Cobas, C., and Parella, T. (2016). *J. Magn. Reson.* 270: 161-168.

第 **8** 章

结构解析的两种方法

8.1

图谱分析

本书已经介绍并讨论了大量的 NMR 实验。为了说明在实际工作中如何利用这些实验，我们将指导大家完成化合物 T-2 毒素的整个结构解析过程，第 7 章已经给大家提供了这个化合物大部分的二维谱。T-2 毒素是白色固体，可溶于氯仿。如果化合物结构未知，相关的研究将从红外光谱、^1H 和 ^{13}C 谱以及高分辨率质谱的结果开始。

高分辨质谱（$M = 466.5573$）为我们提供了化合物的一些信息。分子量（466）为偶数，表示未知物包含偶数个氮原子，也可能没有 ［如碳连氢测试法（APT）实验中，零被认为是偶数］。如果未知物只有碳、氢和氧三种元素，那么根据高分辨质谱确定的分子量可推出的分子式为 $C_{24}H_{34}O_9$，它反过来表明分子中存在 8 个不饱和单元。虽然这个不饱和数目提示分子中有芳香环，但氢碳比明显大于 1 表明未知物可能主要由脂族碳组成。推测的分子式也表明 T-2 毒素分子重度氧原子化。

分子在 1740 cm^{-1} 和 1100～1300 cm^{-1} 处有强的红外吸收，表明分子中存在两个或更多的羰基，它更可能是酯而不是酮官能团。此外，分子式中有 9 个氧，那么羰基的吸收峰可能是来自酯基而不是酮基。

8.1.1 ^1H NMR 谱数据

图 8.1 为 15 mg 未知物样品的氢谱。

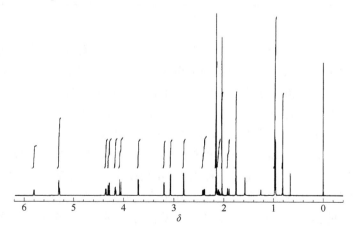

图 8.1 T-2 毒素的 500 MHz 氢谱

^{1}H 信号用字母（A～V）按化学位移降序表示（为了避免混淆，跳过"H"）。表 8.1 总结了它们的化学位移、耦合数据和积分值。通过图 8.1 的放大图我们可以精确测量出化学位移、耦合常数和积分值。

表 8.1　^{1}H NMR 谱的数据表

符号	δ（^{1}H）①	耦合常数/Hz	积分（H 数目）
A	5.81 d	5.0	1
B	5.31 d	2.4	1
C	5.28 d	5.5	1
D	4.34 d	5.0	1
E	4.28 d	12.6	1
F	4.16 ddd	5.0, 2.4, 2.4	1
G	4.06 d	12.6	1
I	3.70 d	5.0	1
J	3.20 d	2.4	1
K	3.06 d	4.0	1
L	2.80 d	4.0	1
M	2.41 dd	14.0, 5.5	1
N	2.17 d	6.3	2
O	2.16 s	—	3
P	2.11 m	6.4, 6.3	1
Q	2.03 s	—	3
R	1.91 d	14.0	1
S	1.75 s	—	3
T	0.98 d	6.4	3
U	0.96 d	6.4	3
V	0.81 s	—	3

① 多重度：d—双重峰，m—多重峰，s—单重峰。

氢谱的积分值对未知样品的分析尤为重要。氢谱中有 6 个信号，每个信号的积分值为三个质子，表明这个未知物中至少包含有 6 个甲基。积分的真正难题出现在以 δ 2.17、2.16 和 2.11 为中心的信号上，由于信号重叠无法单独对 δ 2.17 和 2.16 处的质子积分，这里得到 5 个质子。然而，δ 2.16（O）处的信号是一个尖锐的单峰，很可能是一个甲基质子。δ 2.17 处的信号（N）仍然有两个质子，似乎是一个亚甲基双峰，其低频（高场）的信号被 δ 2.16 处尖锐的甲基单峰（O）所掩盖。这些亚甲基的质子只表现出一种耦合（6.3 Hz），这意味着它们是对映异位体，可能位于侧链上。如果它们处在环中，几乎肯定是非对映异构。

δ 2.11 处的信号（δ 2.16 和 2.03 处甲基信号之间）是一个复杂的多重峰，但积分值对应着一个质子。氢谱的总积分值为 34，这与高分辨质谱得到的质子数一

核磁共振波谱学：
原理、应用和实验方法导论

样。此外,根据表中所列耦合常数的数据,信号出现在 δ 4.28 和 4.06(均为 $J = 12.6$ Hz)以及 δ 2.41 和 1.91(均为 $J = 14$ Hz)的质子似乎是同碳质子。我们还观察到其它类似甚至相同的耦合,但在采集相关谱(COSY 谱)之前,最好不急于建立自旋体系。

快速查看表 8.1 中的数据证实了先前的推断,即未知化合物中有少量质子与烯烃或芳香碳相连(3.2 节和图 3.9)。

8.1.2 ^{13}C NMR 谱数据

图 8.2 为 50 mg 未知化合物对氢去耦的碳谱。

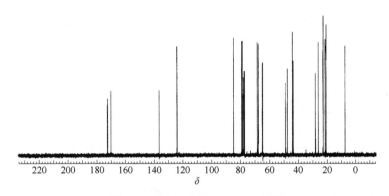

图 8.2 T-2 毒素的 125 MHz 碳谱

按化学位移递减的顺序用数字(1~24)表示 ^{13}C 谱的信号。它们的化学位移以及连接质子的数目见表 8.2。超过阈值的 ^{13}C 信号被编成化学位移列表,所选阈值的标准是尽可能包括所有高于噪声的信号。^{13}C 谱中季碳的信号强度最小,通常阈值由最高频率(最低场)共振信号的强度决定,非常小的信号(NOE 效应弱或 T_1 异常长)有时几乎与噪声相当。故设置阈值时必须谨慎,要意识到选取信号的过程中可能会丢失真正的共振信号。

表 8.2 ^{13}C NMR 谱和 HSQC 谱的数据汇总

符号	δ (^{13}C)	$n^{①}$	与碳直接相连的质子
1	173.0	0	—
2	172.8	0	—
3	170.5	0	—
4	136.6	0	—
5	124.2	1	A

符号	$\delta\,(^{13}C)$	$n^{①}$	与碳直接相连的质子
6	84.5	1	B
7	79.2	1	I
8	78.5	1	F
9	68.3	1	C
10	67.6	1	D
11	64.9	2	E, G
12	64.6	0	—
13	48.8	0	—
14	47.4	2	K, L
15	43.8	2	N
16	43.3	0	—
17	27.9	2	M, R
18	26.0	1	P
19	22.5	3	T
20	22.4	3	U
21	21.1	3	O
22	21.0	3	Q
23	20.3	3	S
24	7.0	3	V

① 连接的质子数目。

　　有时可以根据线宽来区分噪声的尖峰和弱的共振峰，前者峰宽往往非常窄。如果高分辨质谱与未知化合物观测到的 ^{13}C 信号数量不相符，那么肯定与丢失的信号有关。虽然质谱的分子量可以揭示共振峰缺失的现象，但核磁专家必须小心，分子的对称性会导致观察到的 ^{13}C（和 ^{1}H）信号数目比质谱数据提示的要少。请记住，^{13}C 峰值的强度不能作为判断碳原子的相对数量标准（这点与 ^{1}H 的信号强度相反）。目前 T-2 毒素的情况是碳共振峰的数量是 24 个，与高分辨质谱的数据相同。

　　初步检查表 8.2 中的数据也支持以下假设：本质上未知化合物属于脂肪族化合物（3.5 节和图 3.11）。三个最高频率（低场）信号（C-1～C-3）位于酯羰基范围内（3.5.3 节），而 C-4 和 C-5 似乎是烯烃，这就需要有单取代的碳碳双键（3.5.2 节）。C-6～C-12 的共振峰处在与氧相连脂肪族碳的化学位移范围内（3.5.1 节）。

8.1.3　DEPT 谱实验

　　对于未知化合物，最好用 DEPT 实验来确定每个碳连接的氢原子个数（5.6

核磁共振波谱学：
原理、应用和实验方法导论

节和 7.1.2.2 节）。图 8.3 为 50 mg T-2 毒素的 DEPT 谱。

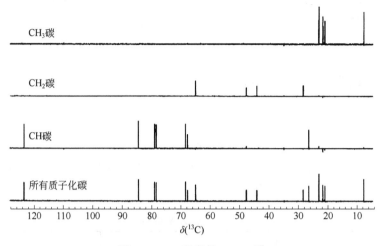

图 8.3　T-2 毒素的 DEPT 谱

DEPT 谱的结果表明这个未知物有 6 个 CH_3，4 个 CH_2 和 7 个 CH 碳。24 减去 17 就可以确定有 7 个季碳。DEPT 的数据列于表 8.2 的第三列。此外，18 个 CH_3、8 个 CH_2 和 7 个 CH 质子相加得到 33 个质子。而分子式和表 8.1 中的氢谱积分值需要 34 个质子，因此剩余的质子必须与氧原子相连。

8.1.4　HSQC 谱实验

分析完氢谱和碳谱后，下一步有一些核磁专家倾向于通过 COSY 实验构建质子的自旋体系。然而，由于长程的质子可能表现出自旋耦合，解释未知化合物中的 COSY 相关峰相对困难。此外，即使进行 COSY45 实验，也并不能总是能区分出重叠图谱中的邻位和同碳耦合（6.1 节）。因此，通过异核单量子相关（HSQC）实验（6.2 节和 7.3.2.2 节）初步确定与特定碳相连的质子就很有用。图 7.15 为 15 mg 未知化合物样品的标准和梯度 HSQC 谱，除 δ 124.2 处的信号外，其它所有与质子连接的碳都包含在内。并且，两个谱都显示这个碳与 δ 5.81 的质子直接相连。

HSQC 数据见表 8.2 的第四列。我们看到 H_A 与 C-5，H_B 与 C-6，H_E 与 H_G 与 C-11，H_S 与 C-23，H_V 与 C-24 相连。当然 7 个季碳没有与之相连的质子，而 H_J 则没有与碳的连接，因此 H_J 必须是氧上的质子。HSQC 数据证实了质子 E 和 G 以及质子 M 和 R 属于同碳质子对，这与它们的耦合常数大小（分别为 12.6 Hz 和 14 Hz）一致。然而，这些数据也证明质子 K 和 L 构成了第三个同碳质子对，但

第 8 章　结构解析的两种方法　349

是它们的耦合常数非常小，只有 4 Hz（4.6 节），很容易被误认为相邻的质子对。此外，$\delta\,2.17$（N）处的双峰确实属于第四个同碳质子对。从 DEPT 和 HSQC 实验得到的信息对未知物解析非常有用，它们是对谱图一致性的再次验证。

8.1.5 COSY 谱实验

质子自旋耦合网络的构建主要通过各种 COSY 实验来实现（6.1 节和 7.3.1.1 节）。图 7.11 给出了 15 mg 未知化合物样品的标准和双量子滤波 COSY（DQF-COSY）谱，这些数据在表 8.3 中汇总。从 ^1H NMR 谱中测量出的耦合常数与交叉峰相对应，并列在表中的括号内。

表 8.3　COSY 数据

符号	自旋耦合同伴[①]	符号	自旋耦合同伴[①]
A	C, D(5.0), S	K	L(4.0)
B	F(2.4)	L	K(4.0)
C	A, M(5.5), R, S	M	C(5.5), E, R(14.0)
D	A(5.0), G, R, S	N	P(6.3)
E	G(12.6), M	P	N(6.3), T(6.4), U(6.4)
F	B(2.4), I(5.0), J(2.4)	R	C, D, M(14.0)
G	D, E(12.6)	S	A, C, D
I	F(5)	T	P(6.4)
J	F(2.4)	U	P(6.4)

① 耦合常数值（单位：Hz）来自氢谱，见括号。

在 COSY 投影图中观察到 4 个 ^1H 自旋体系，其中 3 个如图 8.4 所示。

根据 ^1H 谱可识别出的第一个、也是最简单的 K，L 自旋体系。第二组由 H_P、质子 N 和甲基 T、U 组成。H_P 与质子 N、甲基 T 和 U 耦合，表明分子中含有 H_P 位于中间的异丙基片段。第三个体系由质子 B、F、I 和 J 组成，H_F 与这一组的其它三个成员耦合，但质子 B、I 和 J 间不存在耦合。第四个也是最大的自旋网络包括质子 A、C、D、E、G、M、R 和甲基 S。除了在这个系统中已经识别出的同碳质子对（E 和 G，M 和 R）外，H_A 和 H_D、H_C 和 H_M 还构成相邻的质子对。

在①甲基 S 和质子 A、C 以及 D，②H_D 和质子 G 以及 R，③H_E 和 H_M，还有在④H_C 和 H_R 之间观察到较弱的交叉峰。由于 H_A 与 sp^2（5）碳相连，从化学位移来看甲基 S 也可能类似（3.2.2 节），因此 H_A 及其邻位（H_D）与甲基 S（分别为烯丙基和均烯丙基，4.7 节）间的耦合并非不合理。此外，质子 C、M 和 R 形成一个三自旋体系，$^3J_{CM}=5.5$ Hz。由于在 COSY 谱中 $^3J_{CR}$ 是一个弱交叉峰，但在氢

核磁共振波谱学：
原理、应用和实验方法导论

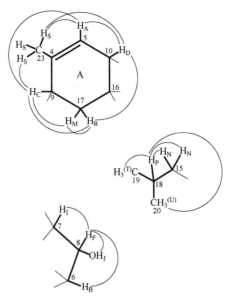

图 8.4 根据 COSY 谱建立的分子片段图

谱中没有观察到,这说明 H_C—C_9—C_{17}—H_R 之间二面角应该接近于 $90°$。这个自旋体系很好说明了距离近和长距离的耦合可以产生外观非常相似的 COSY 交叉峰现象。H_C 和甲基 S 间以及 H_D 和 H_R 间的弱交叉峰将 H_C—H_M—H_R 和 H_D—H_A—甲基 S 两个自旋体系连接起来。

尽管质子自旋网络 A、C、D、E、G、M、R 和甲基 S 的延伸看起来像利用了接力耦合,但在这个结构指认中我们并未进行全相关谱(TOCSY)实验。然而,一般来讲,只有体系中每个成员间以及前后质子间存在明显耦合的自旋体系才适合进行 TOCSY 实验。如果在长链上的某些位置有非常小的耦合,那么接力传递将可能会在此处终止。从图 7.11(a)和表 8.1 中很容易看出,这个延伸体系中的 11 个相关峰中有 7 个非常小,它们只出现在 COSY 谱的投影图中。TOCSY 实验推断出的信息很可能不会比 COSY 实验中更多。

此外,根据化学位移(δ 67.6~84.5),C-6、C-7、C-8、C-9 和 C-10 几乎肯定与氧原子相连(3.5.1 节)。图 8.4 中所示的三个分子片段可根据上述 COSY 的相关峰来构建。如果得以证实,这些片段将占据未知化合物中一半以上的碳、氢以及两个不饱和单元。

8.1.6 HMBC 谱实验

由于未知化合物的 ^{13}C NMR 谱比氢谱分散更好,因此利用异核多键相关

（HMBC）（6.2 节和 7.3.3.1 节）实验来建立长程 C—H 相关网络是首选。图 7.18 为 15 mg 未知化合物样品的标准和梯度 HMBC 谱，这些投影图的数据汇总在表 8.4。

表 8.4　HMBC 谱的数据总结

符号	$\delta\ (^{13}C)$	长程连接的质子
1	173.0	C, N
2	172.8	B, C(H$_O$)$_3$
3	170.5	E, G, C(H$_Q$)$_3$
4	136.6	C, D, R, C(H$_S$)$_3$
5	124.2	C, D, C(H$_S$)$_3$
6	84.5	F, I, C(H$_V$)$_3$
7	79.2	B, J, K
8	78.5	B, I, J
9	68.3	A, D, R, C(H$_S$)$_3$
10	67.6	A, E, G, I, R, C(H$_S$)$_3$
11	64.9	M, R
12	64.6	B, I, K, L, C(H$_V$)$_3$
13	48.8	B, D, E, G, I, C(H$_V$)$_3$
14	47.4	无
15	43.8	C(H$_T$)$_3$, C(H$_U$)$_3$
16	43.3	B, C, D, E, G, M, R, C(H$_V$)$_3$
17	27.9	C, D, E, G
18	26.0	N, C(H$_T$)$_3$, C(H$_U$)$_3$
19	22.5	N, C(H$_U$)$_3$
20	22.4	N, C(H$_T$)$_3$
21	21.1	无
22	21.0	无
23	20.3	A
24	7.0	无

8.1.7　通用分子的结构解析策略

用来解析结构的众多核磁技术中，没有哪一个比间接化学位移的相关实验如 HMBC、TOCSY（同核和异核）和 FLOCK 更具价值。一旦通过 COSY 和 HSQC 实验确定了分子片段，核磁专家就试图利用这些技术将分子片段连接在一起。这些方法对核磁专家来说必不可少，但它们有一个共同的局限性：通常不能区分二键和三键 C—H 耦合。偶尔还能观察到四键和五键的 C—H 耦合，这就让问题进一步复杂化。然而，至今还没有一个能全面解决检测到 C—H 耦合化学键数目不确定性的方案。

分子组装过程可以通过以下方式进行。如果可能的话，选择从分子骨架上的一个碳原子开始，其余部分从一个方向上构建。当然，甲基是很好的起点。如果有相邻的质子，可以从 COSY 投影图中识别出来，直接连接的碳原子可以从 HSQC 或 HMQC 图中得到。如果存在图谱拥挤或交叉峰弱的问题，那么可以使用投影图（对于不重叠的图谱）、甲基质子或碳迹线（重叠程度一般）扫描 HMBC 或 FLOCK 谱。如果①相邻的碳（如果观察到甲基质子的迹线）或质子（如果观察到甲基碳的迹线）有交叉峰，这两种情况下都代表双键耦合，②与任何其它碳或质子的交叉峰，表示三键耦合（但始终要牢记可能是一个或多个，第二组可能是由于 $^nJ_{CH} > 3$ Hz）。幸运的是，这些 2D 实验也可以提供更多信息，不仅可以通过 COSY（$^3J_{HH}$）和 HSQC（$^1J_{CH}$）相关的组合识别，还可以通过 HMBC / FLOCK（$^2J_{CH}$）上的相关峰来识别相邻的碳。

碎片中的第二个碳原子（靠近开始的甲基）如果有质子，它不仅与开始的甲基碳，而且还与分子碎片中的第三个碳有双键 C—H 耦合。因此，可以用二键 C—H 耦合来建立碳原子的连接，确证先前推断的 C—C 连接，再用三键 H—H 和 C—H 耦合来拓展分子结构。这些二键和三键 C—H 耦合网络的前后连接如图 8.5 所示。为避免线路太多造成混淆，就未显示相应的 H—H 耦合。

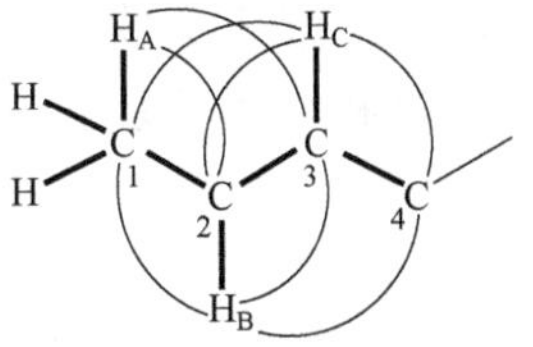

另外，当甲基 ^1H 的信号表现为增宽的单峰时，可以扫描 COSY 谱（投影图或甲基的迹线）来搜索长

图 8.5　常见的二键和三键 C—H 耦合连接

程耦合的交叉峰。如前所述，如果有①与相邻季碳的双键耦合和②与更远碳之间的三键耦合（警告：通常要求 $^nJ_{CH} > 3$ Hz），可以用 HMBC 或 FLOCK 谱的投影图或甲基迹线以寻找交叉峰。最后，请注意，三键 C—H 相关与 NOE 一样，并不一定是对等的，例如在图 8.5 所示四个碳组成的碎片中，在 H_A 和 C-3 之间实际上可以观察到一个强交叉峰，但在 H_C 和 C-1 之间观察到一个弱交叉峰，或者根本没有。这些相关性弱或没有相关性的主要原因是相邻耦合常数大小与 H_A—C_1—C_2—C_3 和 H_C—C_3—C_2—C_1 二面角有关（Karplus 关系，4.6 节），它们很少相同。在很大程度上双键的耦合不需要考虑这个问题，因此 H_A 和 C-2 间以及 H_B 和 C-1 间应检测到交叉峰。然而，事实上观察相邻 C—H 相关时得到上述各种丰富信息在构建分子结构时非常宝贵。

影响 H—H 耦合的因素如二面角、取代基电负性、键长和键序（第 4 章）等也同样适用于 C—H 耦合。一般来说，C—H 耦合常数约为相应 H—H 耦合常数的 2/3。以烯烃为例，顺式和反式 H—H 耦合平均值分别为约 11 Hz 和 18 Hz，而相应的 C—H 耦合常数分别为约 7 Hz 和 12 Hz。

8.1.8　特殊分子的结构解析步骤

检查图 8.4 中的三个片段，如果异丁基与分子中其它的碳和质子还有相关的话，那么它就可作为未知化合物结构解析的良好起点。如果没有其它相关，则猜测的环己烯体系的甲基质子 S 可以是另一个起点。

HMBC 数据（表 8.4）证实了存在异丁基结构。HMBC 谱中甲基质子（T 和 U）与 C-18 和 C-15 都相关。此外，甲基质子 T 与 C-20 相连，U 与 C-19 相连。由于 H_P 接近甲基 O 和 Q，因此与 H_P 的相关峰被掩盖住。然而，亚甲基质子 N 到 C-18、C-19 和 C-20 间的连接证实了异丁基的存在。

第四个 HMBC 相关峰属于亚甲基质子 N 和去屏蔽最强碳之间的相关。从化学位移（δ 173.0，3.5.3 节）的角度来说，该碳（C-1）似乎是酯羰基，它还与 H_C 有远程相关。这个相关至关重要，因为它是唯一的信号表示（通过异戊酯基团中的氧）C-1 和猜测环己烯片段的 C-9 间接相连。如果得到证实，分子片段 **8.1**（带有 HMBC 相关）将有三个不饱和单元和 12 个碳（包括先前推测的碳碳双键）、17 个氢和 2 个氧原子。

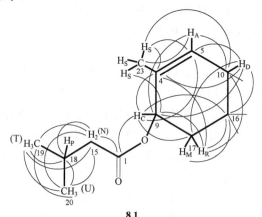

8.1

下一步的结构解析是确认所提出的环己烯（A）环，COSY 和 HMBC 谱的几个相关峰为此提供了证据。H_C C_9 片段是这个问题的核心，先前 H_C 和 H_M 间的邻位耦合确定 C-9 与 $C_{17}H_MH_R$ 片段相连。这个结论得到 H_C 与 C-17、H_R 与 C-9 间的 HMBC 相关峰以及 H_C 与 H_R 之间的 COSY 交叉峰证实。此外，C-9 与 H_A、H_D 和甲基质子 S 间有 HMBC 连接，而 H_C 与 C-4、C-5 和 C-16 有 HMBC 相关。

由于 H_A 和 H_D 为邻位耦合，它们直接相连的碳（5 位和 10 位）必须相邻，这点已经被观察到的 H_A 和 C-10 间以及 H_D 和 C-5 间的 HMBC 相关峰所证实。此外，对 ^{13}C NMR 数据的检索表明，只有两个非羰基的 sp^2 碳，将它们归属为 C-4 和 C-5

核磁共振波谱学：
原理、应用和实验方法导论

合乎逻辑。H_C 和 H_D 均与 C-4 和 C-5 有 HMBC 相关，证实了 4,5-双键的存在。这些数据还表明 C-5 位于 C-4 和 C-10 之间。

COSY 和 HMBC 谱信号表明甲基-23 位于 C-4 上，因此它与 C-9 相连。首先，甲基质子 S 与 H_A、H_C 之间有 COSY 交叉峰，以及①甲基质子 S 与 C-4、C-5 和 C-9 间和②H_A 与甲基 C-33 之间出现 HMBC 相关峰，表明 Me-23 位于 C-4 上。其次，这些相关加上①H_A 和 H_C 间（的 COSY 峰）和②H_A 和 C-9 间以及 H_C 和 C-5 间的远程相关（来自 HMBC），都要求 C-4 与 C-9 相连。

最后，C-16 表现出与 H_C、H_D、H_M 和 H_R 的 HMBC 连接，说明它位于 C-10 和 C-17 之间，这就构成完整的六元 A 环。H_D 和 C-17、H_R 和 C-10 之间的 HMBC 相关支持这种结构。4,5-双键和 A 环则提供了第二和第三个不饱和度。

在 A-环（H_D 到 C-9 和甲基质子 S 到 C-10）中观察到两个烯丙基（四键）C—H 连接，它提醒大家 HMBC 的交叉峰并不局限于二键和三键的相关。由于烯丙基和高烯丙基上 C—H 耦合的长程相关可能被误认为是邻位耦合常数小而出现的弱交叉峰，因此利用 HMBC 实验对非饱和环体系的结构分析可能需要面对这种特殊的问题。这种情况可以另外用结构 **8.2** 所示的 A 环组装过程来说明。

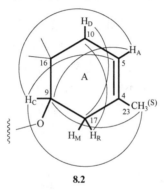

8.2

大多数用于推导 A-环的 HMBC 相关可能用于环结构的调整。然而，它们的强度将是问题。如 **8.1** 中有两个烯丙基的耦合（H_D 与 C-9 和甲基 S 与 C-10 之间），现在必须有三个烯丙基的耦合（H_A 与 C-9、H_D 与 C-17 和 H_R 与 C-10 之间）、一个 W 型耦合（4.7 节）（甲基 S 到 C-9）和 **8.2** 中 H_C 和 C-5 间一个不明显的四键耦合。即使这些耦合确实存在，预计它们在 HMBC 谱中的交叉峰强度也不会与 **8.1** 相应的耦合一样大。

与 **8.2** 结构有关的另一个问题是 H_A 和 H_C 以及 H_C 和甲基质子 S 间有 COSY 交叉峰。它们分别代表 **8.1** 中的烯丙基和 W 型耦合，但在 **8.2** 中必须是不明显的五键耦合。因此，可以排除子结构 **8.2** 的可能性。

除了提到的相关外，C-16 还有与同碳质子 E 和 G 的两个相关，并且这个亚甲基对与 C-10 和 C-7 还有相关。此外，C-11 与质子 M 和 R 有三键相连。这些相

关性表现在子结构 **8.3** 的右下方，因此 C-11 必须与 C-16 直接相连。注意，当这些结构片段被添加到 **8.1** 得到 **8.3** 和后续子结构时，这些增加部分用红色标记。

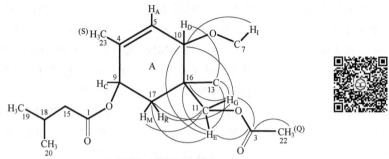

8.3（扫描二维码看彩图）

H_E（δ4.28）和 H_G（δ4.06）的化学位移明显在高频（低场），提示它们都是伯醇（carbinol）质子，它们直接与碳键合的氧结合，是酯基的一部分（3.2.1 节）。质子 E 和 G 也表现出与 C_3 相连，而 C_3 又表现出与甲基质子 Q 相关。这些连接要求乙酸基团$(H_Q)_3C_{22}(O)O$ 与 C-11 结合。H_D、亚甲基质子 E 和 G 也与 C-13 有三键相关，因此必须接到 C-16 上。

C-10（δ 67.6）的化学位移表明它与氧原子成键（3.5.1 节）。此外，它还与 H_I 三键连接。H_I 直接相连的 C-7（δ 79.2）化学位移表明它也与氧成键。C-10 和 C-7 通过氧原子相连，这与 ^1H、^{13}C 化学位移值以及 HMBC 的数据一致，它们完成了子结构 **8.3**，它为第四个不饱和单元，共有 17 个碳、23 个氢和 5 个氧。

将推断的结构延伸至 C-7 尤其重要，原因是它将子结构 **8.3** 与图 8.4 所示的第三个分子片段（包括 C_7—C_8—C_6）相连，生成子结构 **8.4**。

8.4（扫描二维码看彩图）

和我们研究环己烯体系的方法类似，下一步的结构解析是证实第三个片段的结构。与前面的亚单元不同，后者根据 COSY 和一维自旋耦合数据归属很清楚。然后进一步利用 HMBC 数据检查二者是否一致。H_I 分别与 C-8 和 C-6 呈两键和三键相关，C-7 与 H_B 和羟基质子 J 相关。此外，H_B 和 H_F 分别与 C-8 和 C-6 呈二

核磁共振波谱学：
原理、应用和实验方法导论

键相关。中间的碳（C-8）表现出上述的相关，它还与 OH$_J$（双键）相连。

$\quad$H$_B$ 与 C-2 有 HMBC 相关，C-2 又与甲氧基的质子相连。这些相关性要求乙酸根(H$_Q$)$_3$C$_{22}$(O)O 与 C-6 相连。子结构 **8.4** 为第五个不饱和单元，共有 21 个碳、29 个氢和 8 个氧。至此还剩下 3 个碳、5 个氢、1 个氧和 3 个不饱和单元未确定。

$\quad$剩余加入到子结构 **8.4** 中的碳顺序如下：季碳 C-12、亚甲基 C$_{14}$H$_K$H$_L$ 和甲基 C$_{24}$(H$_V$)$_3$。此外，C-6 和 C-7 分别需要连接到另外一个原子上，季碳 C-13 需要三个。由于无法归属的只有一个氧，没有不饱和的 sp^2 碳，所以剩下的三个不饱和单元必须来自环状结构，而不是碳—碳或碳氧双键。甲基质子 V 与结构中的 C-16 和 C-13 相关，而相连的 C-6 和 C-12 不在结构中。这些相关性要求 C-12 和 24 位 C(H$_V$)$_3$ 也与 C-13 相连。它们说明了 **8.5** 所示结构中的甲基。

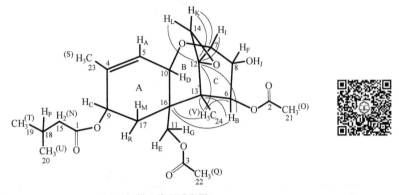

8.5（扫描二维码看彩图）

$\quad$除了已经提到的与 C-7 和 C-8 的连接外，H$_B$ 还与 C-12、C-13 和 C-16 相关。它与 C-16 的最后一个相关特别强，说明它是三键而不是长程耦合。如果这个假设正确，那么作为 H$_B$ 到 C-12 和 C-16 三键耦合路径的一部分，C-6 必须连接到 C-13。

$\quad$C-12（δ 64.6）的化学位移表明它与剩余的氧结合。此外，C-7（δ 79.2）的化学位移要求其仅与一个氧（3.5.1 节）相连，如子结构 **8.4** 所示，最后它未分配的键是与另一个碳（C-12 或 C-14）相连。由于 C-12 已经与 C-13 相连，因此它剩下的两个键必须是 C-7 和 C-14。这种结构要求 C-14 最后未分配的键与 C-12 所结合的氧成键，形成环氧。这样就能够解释所有的碳、氢和氧。此外，结构 **8.5** 中所示的完整未知化合物结构满足八个不饱和单元要求。

$\quad$最终的 HMBC 相关峰支持结构 **8.5**。例如，C-12 与 H$_B$、H$_I$、H$_K$ 和 H$_L$ 相关，而 C-7 与 H$_K$ 相关。某种程度上 H$_K$ 和 H$_L$ 的直接连接碳（C-14）有些孤立，原因是它没显示质子连接。当连接碳有许多不能区分为双键或三键的 HMBC 相关峰时，这些相关峰说明了判断环状化合物结构的难度。

8.1.9 NOESY 谱实验

完成未知化合物二维结构解析后,大家感兴趣的下一个问题是它的三维结构,如各种碳原子或基团（如 H_M 或 Me-24）的相对取向。对于分子量为 466 的分子,NOE（NOESY）实验（6.3 节和 7.3.4.1 节）可以提供丰富的立体化学信息。化合物 15 mg 样品的 NOESY 谱如图 7.23（a）所示。这些数据在表 8.5 中汇总,部分在结构 **8.6** 中显示。

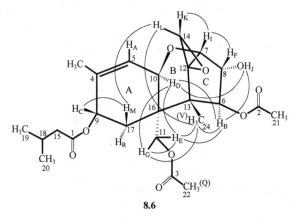

8.6

表 8.5　NOESY 数据

符号	NOE 增强[①]	符号	NOE 增强[①]
A	s D, S	M	C, w L, s R
B	s D, E, w F, J, O, V	N	w Q, T, U（P 模糊）
C	M, w Q, w R, S	O	B, w E, w F
D	A, s B, E, w G, w J	P	T, U（N 模糊）
E	B, D, s G, w O, w V	Q	w C, w N
F	w B, s I, J, w O	R	w C, G, s M, s V
G	w D, s E, R, s V	S	A, C
I	s F, w K	T	P
J	B, w D, F	U	P
K	w I, s L	V	B, w E, s G, s L, s R
L	s K, w M, s V		

① s = 强, w = 弱。

NOESY 交叉峰是确定 T-2 毒素分子立体化学的关键。例如,NOE 表明质子 B、D、E、G 和 J 位于分子的一个区域,质子 C、L 和 M 位于另一个区域,质子 F、L 和 K 位于第三个区域。此外,24 位 $C(H_V)_3$ 和 H_L 在空间上靠近。

核磁共振波谱学:
原理、应用和实验方法导论

因为 4,5-双键的存在，故 A-环必须为半椅式的构象。此外，COSY 和耦合数据要求 H_C 不能均分角 H_M—C_{17}—H_R，即 H_C—C_9—C_{17}—H_M 二面角必须约为 20°，而 H_C 和 H_R 间的二面角必须约为 90°（4.6 节）。这种结构可以通过 C-17 向上折叠而 C-16 向下折叠来实现。相反取向使 H_C 与 H_M 的二面角保持在约 20°，而 H_C—C_9—C_{17}—H_R 的二面角则达到约 180°。这种结构将造成 H_C、H_M 和 H_R 间有三个易于观察到的大耦合常数，这与实测的结果相反。

H_D、H_E 和 H_G 之间的 NOESY 相关峰对于确定六元环 B 与环 A 间的连接方式至关重要。考虑到 AB 环的反式连接要求 H_D 和 C_{11}—H_E—H_G 位于 AB 环平面的对向侧，H_D 与 H_E 和 H_G 二个质子间的 NOE 说明这种取向不可能，因此可以排除 AB 环反式连接的方式。

两个顺式 AB 环系统可以按以下方式进行形成：①环 B 的 C-13 可以接在 C-16 的水平位置，醚氧接在 C-10 的伪垂直位置（二者都相对于环 A），如子结构 **8.6** 所示或②C-13 能占据 C-16 的垂直位置和醚氧在 C-10 的伪水平位置，如子结构 **8.7** 所示。

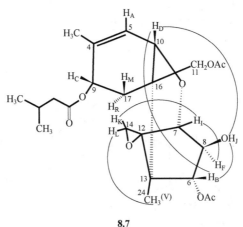

8.7

虽然两个子结构都满足 H_L 和 24 位 $C(H_V)_3$、H_K 和 H_I、H_I 和 H_F 以及 H_B、H_D 和 OH_J 间的 NOE 相关要求，但 H_M 和 H_L 之间的 NOE 相关只有子结构 **8.6** 满足。因此，可以排除子结构 **8.7**，原因是它将 H_M 和环氧基放置在环 A 的反向（这种结构可能很难在图形中显示出来，但很容易从 Dreiding 模型看出），H_M 和 H_L 不可能表现出强的 NOE 增强效应。因此，环 B 以椅式的构象存在，其中 C-13 向下折叠，醚氧向上折叠，C-7、C-12、C-10 和 C-16 共面。

这种结构中（相对于环 A）H_D 在伪水平方向，$C_{11}H_EH_GOA_C$ 基团直立。五元环 C 与环 B 几乎垂直，C-7、C-8、C-6 和 C-13 位于同一平面，C-12 向上折叠（这些折叠不可能全部用图形显示出来）。如果环 A 位于纸平面内，则 C-12 中的环氧基团投影向读者，见子结构 **8.6**。注意，环氧上的氧指向 C-6 处的乙酰氧基，H_L

面向 H_M 以解释 H_L/H_M 间的 NOE 相关峰。

$C_{11}H_EH_GOA_C$（下角表示位置）基团很有意思，原则上它可以绕 C_{11}—C_{16} 键旋转一定角度。除了 H_E 和 H_G 相互间的 NOE 峰以及前面提到的它们与 H_D 的 NOE 外，它们都表现出与 24 位 $C(H_V)_3$ 的 NOESY 相关。H_E 的 NOE 效应比 H_D 的要强，而 H_G 到 24 位 $C(H_V)_3$ 的 NOE 更强。此外，H_E 与 H_B 和 21 位 $C(H_O)_3$ 与 NOE 相关，而 H_G 与 H_R 也相关。而且，$(H_Q)_3C_{22}C_3(O)O$ 与 H_C 和亚甲基质子 N 相连。当环 A 被放置在纸平面上时，这些 NOE 相关（如结构 **8.8** 所示）表明 $C_{11}H_EH_GOC_3(O)C_{22}(H_Q)_3$ 基团面向自己，H_G 指向读者，H_E 向后指向 C_8，并且有些平行于 C_{16}—C_{17} 键，$(H_Q)_3C_{22}C_3(O)O$ 位置向后，指向甲基-23，在此甲基-23 参与质子 N 和 H_C 的弛豫。

结构 **8.8** 是一个合理近似的三维 T-2 毒素完整结构。很容易看出这个分子中没有分子平面。而且，在某种程度上像 α 和 β 的立体化学描述符是不能确定的。然而，当环 A 水平放置时，其它取代基相对取向可最终描述如下：C_9 上的异戊酯基团在 α 位直立键，H_M 在 β 位直立键，H_R 在 β 位平伏键。AB 环连接处的取代基不能简单用直立或平伏描述，因为这些描述符取决于是否用环 A 或环 B 为参考点。更好的选择是将 H_D 和 $C_{11}H_EH_GOA_C$ 部分标记为 α。在 BC 环连接处，H_I 和甲基-24 都在 β 位。

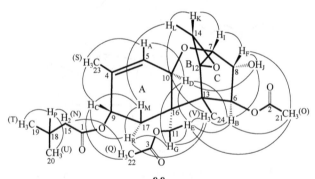

8.8

环 C 中有数个支持 H_B 和 OH 在 α 位的推论。首先，这种结构使两个氢都靠近于 H_D，因而所有三个核间都观察到 NOE 增强。如果两组都是 β 型，那么它们都会远离 H_D。其次，由于 H_I 和 H_F 间有 5 Hz 的耦合，OH_J 必须是 α（H_F 必须是 β）。由于 H_I—C_7—C_8—R_β 二面角约为 20° 且 H_I—C_7—C_8—R_α 二面角约为 90°，如果 H_F 不是 β，则它与 H_I 只是轻微耦合（4.6 节）。

环氧基团中，H_I 和 H_K 之间、H_L 和 H_M 与 24 位 $C(H_V)_3$ 二者间的 NOE 相关表明 H_K 是 β 并且指向 H_I，而 H_L 是 α，朝向 24 位甲基。通过解释这些的 NOE 相关峰，最终完成 T-2 毒素的二维和三维结构鉴定。

8.2
计算机辅助结构解析（CASE）

早在 20 世纪 50 年代后期，NMR 波谱就被认为是测定有机化合物结构的强大工具。人们很快就对结构解析的过程中是否可以引入计算机分析产生了兴趣，20世纪 60 年代末已经开发了第一个为小分子有机化合物结构解析的计算机辅助（CASE）程序。然而，早期的结构测定程序在很多方面受到相当大的限制，特别是按照今天的标准，计算机的能力非常有限。此外，当时可用的只有一维 ^{1}H NMR谱，尚未开发出一维 ^{13}C 和二维 NMR 实验。

随着①^{13}C 谱的出现，②能够测定直接和间接同核例如 ^{1}H-^{1}H COSY（6.1 节）和 TOCSY（6.1 节），和异核例如 ^{13}C-^{1}H HSQC（6.2 节）和 HMBC（6.2 节）相关谱的二维核磁实验发展，以及③高性能计算机系统的发展，CASE 的能力提升显著。CASE 程序的一大优点是避免了"相似性的偏见"。现在未知物的图谱与过去已分离一些化合物的 NMR 谱类似，看起来就像同系列化合物时，就会发生这种事情。

CASE 程序没有记忆，因此对这种偏见免疫。虽然它们提出的一些结构看起来极不合理或化学上不可能，但是它们通过提出甚至没有考虑过的结构和化合物类别很好地弥补了这一缺陷。现在已经有更强大的结构解析程序，下面将以Advanced Chemistry Development Inc 开发的"ACD / Structure Elucidator"为例进行说明。

8.1 节给出了一个未知有机化合物结构解析的系统步骤。8.2 节主要涉及借助计算机使用 ACD/Labs 程序确定结构，以下方法大部分来自于它的手册。

8.2.1 CASE 步骤

（1）谱图数据要求：

① ^{1}H NMR 谱：信号多重度的识别和积分信息很关键。

② ^{1}H-^{13}C HSQC、^{1}H-^{1}H COSY 和 ^{1}H-^{13}C HMBC 谱：对建立原子的连接至关重要。

③ ^{1}H-^{1}H TOCSY 谱：当有扩展的自旋系统时很有用。

④ ^{13}C NMR 数据：对于没有 HMBC 相关的季碳至关重要。

⑤ 高分辨质谱数据提供分子式。

⑥ 红外和紫外/可见光谱数据提供官能团的信息。

（2）按下面两种形式之一提交 NMR 数据：

① 使用一维和二维谱图数据［自由诱导衰减（FID）（1.4 节）及其处理参数］，其中 1D 谱峰和 2D NMR 的交叉峰（6.1 节）用软件选取。因为这种方法的数据输入快速、直接，所以它更可取，并且避免了抄录错误。

② 使用文本（TXT）文件，保存化学家/核磁专家通过对 NMR 谱的分析建立的各种同核和异核的连接。后一种方法不太受欢迎，因为数据输入既费力又有可能出现抄录错误。

（3）NMR 数据处理可能涉及许多条件，但通常采用以下方法：

① HMBC 的相关峰按照以下方式归属：a．强：两到三键的 C—H 偶耦合；b．弱：两到四键的 C—H 耦合。

② 不允许杂原子与杂原子直接相连。

③ 不允许三元环、四元环和五元环内的三键连接。

（4）然后生成一个分子连接图，并显示所有 NMR 数据，并与分子式关联。NMR 数据包括异核（HMBC 谱）和同核（COSY 和 TOCSY 谱）连接。这些连接的信息丰富，但通常过于复杂，无法单独使用生成可能的结构。

（5）生成数以百计的潜在结构，计算每个潜在结构的 ^{13}C 化学位移。预测和实验数据间的差异，最初报告为"快速偏差"统计 $d_F(^{13}C)$，然后按照 $d_F(^{13}C)$ 增加顺序排名。

（6）下一步将对① $d_F(^{13}C) \leqslant 4$/碳的所有结构或②前 50 个结构进行更精确的 ^{13}C 化学位移计算。使用神经网络 $[d_V(^{13}C)]$ 值或 HOSE（环境的分层有序球形描述）$[d_A(^{13}C)]$ 值，将精确预测的数据与实验数据间的差异报告为"精确偏差"统计。这两种方法得出的结果有些相似。当 ACD/Labs 谱库中有与未知化合物相似的化合物时，HOSE 的结果更好，对那些结构不相似的化合物，神经网络的效果更好。潜在的结构按 $d_{A/N}(^{13}C)$ 值增加的顺序重新排列，通常舍弃 $d_{A/N}(^{13}C) > 4$/碳的结构。根据 ACD/Labs 经验，到这一步通常可以得到正确的结构。

（7）当最小计算 $d_{A/N}(^{13}C)$ 值非常接近时，通过计算 $d_{A/N}(^1H)$ 值可以得到最佳的结构，并且，如果有好的 MS 数据，也可以计算 $d(MS)$ 值。

8.2.2　T-2 毒素

T-2 毒素是倍半萜，是霉菌毒素单端孢菌家族的成员，其结构（**7.1**）出现在 7.1.3.1 节。本书中广泛使用 T-2 的核磁谱来说明各类 NMR 实验。

最近，利用 ACD/Labs 的结构解析程序练习处理了一维和二维核磁原始数据。这些数据见 8.1 节中的表：^{1}H NMR 谱（表 8.1）、^{13}C 谱和 HSQC 谱（表 8.2）、COSY 谱（表 8.3）和 HMBC 谱（表 8.4）。结构解析程序生成了四个结构，其各自的 d_A（[13]C）值分别为 0.816、2.187、4.095 和 4.459（**8.9a**）。筛选出只包含环氧基的前两个结构（编号 **8.9a-1** 和 **8.9a-2**），即它们的 d_A（[13]C）值小于 4，并且比相应的 d_N（[13]C）值区分度更好。两个排名最高的结构 **1**（**8.9b**）和 **2**（**8.9c**）[13]C 和 [1]H 实验的化学位移如图所示。这两种结构非常相似，主要区别是亚甲基碳 δ 27.86 和季碳 δ 43.25 的位置，在两种结构中它们相互转换。然而结构 **1** 的 d_A（[13]C）值比结构 **2** 更好（分别为 0.816 和 2.187）。此外，正如我们在 8.1 节中所看到的，

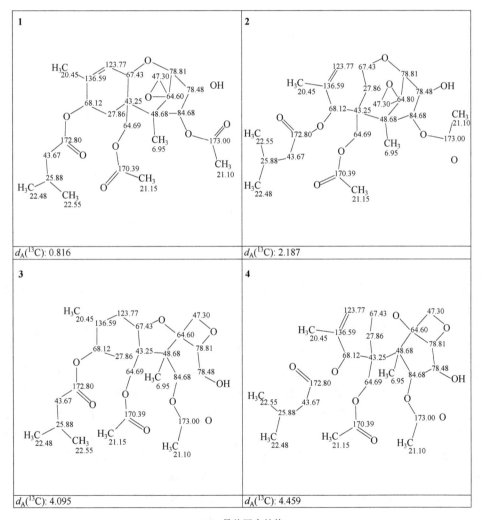

8.9a 最佳四个结构

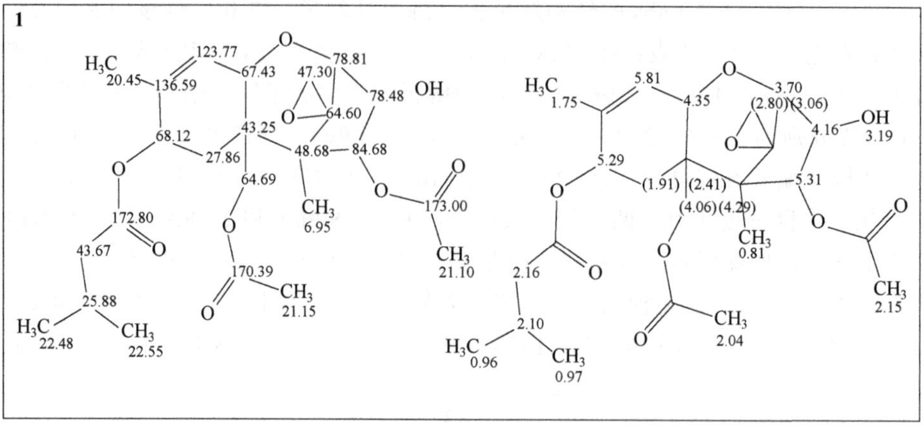

8.9b 正确结构（排名第一）

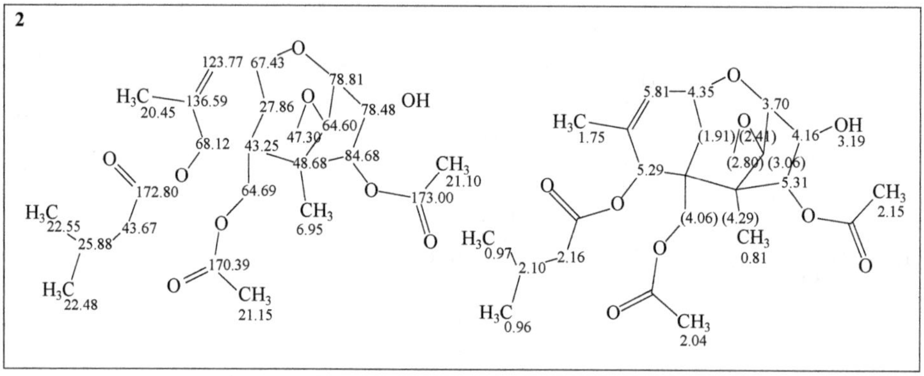

8.9c 不正确结构（排名第二）

结构 **1** 被证明是对的。特别值得注意的是，在这两个结构的指认过程中，CASE 的数据录入和分析只需要一个小时的谱图处理！

正确（**1**）和错误（**2**）结构间的差别很小，它们涉及相邻亚甲基（7）和季碳（6）的交换。这两种结构中观察到 12 种 HMBC 相关峰（8 种为中心季碳，4 种为亚甲基碳），HMBC 实验几乎无法区分这两种结构。然而，仔细检查结构 **1** 和结构 **2**，这些相邻碳的 HMBC 连接是这样的：一个结构中是双键，另一个结构中是三键。我们在 6.2 节中看到，通常无法通过 HMBC 实验区分二键和三键 C—H 的耦合。然而，两个相邻质子 [$\delta 2.41$（H-7A）和 $\delta 5.28$（H-8）] 间存在一个关键的 5.5 Hz 三键耦合，因此结构 **1** 可以被识别为正确的结构。在结构 **2** 中，这种 H-7A/H-8 耦合必须发生在四个键上。由于刚性平面系统中最大的四键耦合不可能大于 2 Hz，结构 **2** 与观察到的 5.5 Hz 耦合常数不一致。表 8.6 包含 T-2 毒素的 ^{13}C 和 ^{1}H 谱化学位移数据，它们根据实际的位置编号分类。

表 8.6 T-2 毒素的 NMR 数据

位置	$\delta\ (^{13}C)$	$\delta\ (^{1}H)$
2	79.2	3.70 d (5.0)
3	78.5	4.16 ddd (5.0, 2.4, 2.4)
4	84.5	5.31 d (2.4)
5	48.8	—
6	43.3	—
7	27.9	2.41 dd (14.0, 5.5), 1.91 d (14.0)
8	68.3	5.28 d (5.5)
9	136.6	—
10	124.2	5.81 d (5.0)
11	67.6	4.34 d (5.0)
12	64.6	—
13	47.4	3.06 d (4.0), 2.80 d (4.0)
14	7.0	0.81 s
15	64.9	4.28 d (12.6), 4.06 d (12.6)
16	20.3	1.75 s
1′	172.8	—
2′	43.8	2.17 d (6.3)
3′	26.0	2.11 m (6.4, 6.3)
4′	22.5	0.98 d (6.4)
5′	22.4	0.96 d (6.4)
4-OAc(CH₃)	21.1	2.03 s
4-OAc(CO)	173.0	—
15-OAc(CH₃)	21.0	2.16 s
15-OAc(CO)	170.5	—
3-OH	—	3.19

附录 A

NMR 方程的推导

原子核 N 的磁矩μ_N大小与其自旋角动量J成正比，比例常数为旋磁比γ_N［方程（A.1）］。

$$\mu_N = \gamma_N J \tag{A.1}$$

矢量具有大小和方向，用粗体字来表示。标量只有大小，用简单的常规字体来表示。物理学家和化学家更喜欢用没有维度的自旋I（$J = \hbar I$，其中$\hbar$为普拉克常数除以2π）来讨论这些概念。则方程（A.1）变成方程（A.2）。

$$\mu_N = \gamma_N \hbar I \tag{A.2}$$

自旋是量子化的，它只取某些数值。其大小I可以取 0（^{12}C、^{16}O）、1/2（^{1}H、^{13}C）、1（^{2}H、^{14}N）、3/2（^{7}Li、^{35}Cl）等值，增量为 1/2。在外磁场强度B_0中 z 方向的自旋有$2I+1$个数值，其范围从$-I$到$+I$，增量为 1，如自旋 1/2 的原子核，I_z取值是$-1/2$和$+1/2$，自旋$I = 1$的核，I_z取值为-1，0 和$+1$。

在没有B_0场时，空间中原子核磁体所有取向的能量相同。但是当B_0场与原子核磁体相互作用后，它们的能量改变，与I_z成函数关系。由于能量具有标量性质，它由磁矩和外磁场的标量积或点乘得到［方程（A.3）］。

$$能量 = \mu B \tag{A.3}$$

把方程（A.2）中原子核磁体表示代入方程（A.3），得到方程（A.4）。

$$能量 = \gamma \hbar I B \tag{A.4}$$

这里，已经不用下标 N。由于磁场中没有 x 或 y 成分，所以用B_0代替B_z，通常这个表达式（$I \cdot B = I_x B_x + I_y B_y + I_z B_z$）可以简化，能量可用方程（A.5）表示。

$$能量 = \gamma \hbar I_z B_0 \tag{A.5}$$

其中假设I_z只有两个数值（$-1/2$和$+1/2$），两个自旋态的能量由方程（A.5a）和（A.5b）给出。

$$E_1 \ (I_z = -1/2) = -1/2 \gamma \hbar B_0 \tag{A.5a}$$

$$E_2 \ (I_z = 1/2) = 1/2 \gamma \hbar B_0 \tag{A.5b}$$

这种裂分为多重态的情况被称为塞曼效应。通常我们把低能量的E_1归属于$I_z = -1/2$的能级。两个自旋态间的能量差由方程（A.6）给出。

$$\Delta E = E_2 - E_1 = \gamma \hbar B_0 \tag{A.6}$$

利用普朗克关系式（$\Delta E = h\nu_0$），这个数值对应于频率为ν_0的电磁波能量。方程（A.7）表明这两种能量表示等价。

$$\Delta E = h\nu_0 = \gamma \hbar B_0 \tag{A.7}$$

方程（A.7）右面的两个表达式中消除普朗克常数则得到以频率为单位的方程（A.8）。

$$\nu_0 = \frac{\gamma B_0}{2\pi} \qquad (A.8)$$

或以角频率为单位的方程（A.9）。

$$\omega_0 = \gamma B_0 \qquad (A.9)$$

两个量 ν_0 和 ω_0（单位不同）被称作拉莫尔频率，它只与实验室磁场 B_0 和旋磁比 γ 大小有关。

核磁共振波谱学：
原理、应用和实验方法导论

附录 B

布洛赫方程

布洛赫方程提供了一种利用经典矢量模型对磁化强度进行数学表示的办法。总的磁化 M 可表示为三个笛卡尔坐标成分之和 [方程（B.1）]。

$$M = iM_x + JM_y + kM_z \qquad (B.1)$$

产生塞曼裂分的磁场 B_0 位于 z 方向，所施加的 B_1 磁场作用于 xy 平面。

当受到 z 方向上的微扰，磁化偏离平衡，如在 NMR 实验中，系统将以一阶速率返回到平衡态时，其进动的时间常数为 T_1（它被称作自旋-晶格弛豫或纵向弛豫时间）。那么，从微扰态 M_z 返回到平衡态 M_0 的速率可用方程（B.2）表示。

$$\frac{dM_z}{dt} = \frac{1}{T_1}(M_0 - M_z) \qquad (B.2)$$

同样 xy 平面的弛豫过程由自旋-自旋或纵向弛豫时间 T_2 主导，因此用方程（B.3）和方程（B.4）来分别描述从微扰态 M_x 和 M_y 返回到平衡态时为零的速率。

$$\frac{dM_x}{dt} = -\frac{M_x}{T_2} \qquad (B.3)$$

$$\frac{dM_y}{dt} = -\frac{M_y}{T_2} \qquad (B.4)$$

各种磁化成分受到磁场 B_0 和 B_1 的影响。矢量 M 和 B 之间的作用力是 NMR 实验中把磁化偏离平衡态的驱动力。方程（B.2）～方程（B.4）仅仅讲述了磁化返回到平衡态的过程。为了包括磁化与磁场相互作用的过程，布洛赫使用了一个不是基于理论而是纯粹现象性的描述方式。所有磁场 B 对单个核磁矩 μ 的总影响可用矢量的叉乘来表示，正如两个矢量间的力（力矩或扭矩）一样。经典力学中，力矩为角动量 J 与时间的交换速率相同 [方程（B.5）][见 The Feynman Lectures of Physics，卷 1，方程（20.11）～方程（20.13）]。

$$\frac{dJ}{dt} = \mu \cdot B \qquad (B.5)$$

根据方程（A.2）（$\mu = \gamma\hbar I$）和无维度自旋的定义（$J = \hbar I$），方程（B.5）可以改写成（B.6）。

$$\frac{dI}{dt} = \gamma I \cdot B \qquad (B.6)$$

由于 M 为所有自旋的加和（$M = \sum I$），故受到磁场微扰后的磁化变化速率由方程（B.7）给出。

核磁共振波谱学：
原理、应用和实验方法导论

$$\frac{\mathrm{d}\boldsymbol{M}}{\mathrm{d}t} = \gamma \boldsymbol{M} \cdot \boldsymbol{B} = \gamma \begin{vmatrix} \boldsymbol{i} & \boldsymbol{j} & \boldsymbol{k} \\ M_x & M_y & M_z \\ B_x & B_y & B_z \end{vmatrix} \tag{B.7}$$

它被扩展为矢量叉乘的标准矩阵形式。

我们的最终目标是获取方程（B.7）中矩阵中间一排三个磁化矢量成分的精简表示。根据方程（B.7）中 $\boldsymbol{B}$ 对 $\boldsymbol{M}$ 的作用力，我们能估计 $\boldsymbol{M}$ 的每个成分的交换速率值，结果见方程（B.8）～方程（B.10）。

$$\frac{\mathrm{d}M_z}{\mathrm{d}t} = \gamma M_x B_y - \gamma M_y B_x \tag{B.8}$$

$$\frac{\mathrm{d}M_x}{\mathrm{d}t} = \gamma M_y B_z - \gamma M_z B_y \tag{B.9}$$

$$\frac{\mathrm{d}M_y}{\mathrm{d}t} = -\gamma M_x B_z + \gamma M_z B_x \tag{B.10}$$

即使能够用 $B_0 = B_z$ 替代，但仍然需要 B_1 的 B_x 和 B_y 表述方式。如图 B.1 所示，B_1 沿 x 方向的线性振荡等价于在 xy 平面的圆周运动。严格来讲，线性矢量等价于沿圆周运动方向相反的两个矢量之和。两个圆周运动的矢量和得到沿 x 方向的线

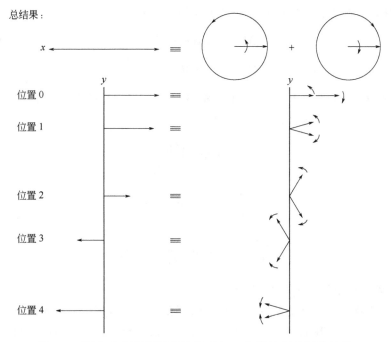

图 B.1　两个反向圆周振荡的频率与一个线性振荡频率等价

性矢量，而 y 成分的矢量（方向朝上和朝下）互相抵消。顺时针方向的矢量大小在任何时间 t 时可表示为 $B_x = B_1 \cos \omega t$，$B_y = -B_1 \sin \omega t$，逆时针方向的矢量大小为 $B_x = B_1 \cos \omega t$，$B_y = B_1 \sin \omega t$（ω 为拉莫尔频率）。按照惯例，可用顺时针方向的矢量来描述 B_1 场。

把这些数值代入方程（B.8）～方程（B-10），与方程（B-2）～方程（B-4）组合，得到方程（B.11）～方程（B.13）。

$$\frac{\mathrm{d}M_z}{\mathrm{d}t} = -\gamma M_x B_1 \sin \omega t - \gamma M_y B_1 \cos \omega t + \frac{(M_0 - M_z)}{T_1} \qquad \text{（B.11）}$$

$$\frac{\mathrm{d}M_x}{\mathrm{d}t} = -\gamma M_y B_0 + \gamma M_z B_1 \sin \omega t - \frac{M_x}{T_2} \qquad \text{（B.12）}$$

$$\frac{\mathrm{d}M_y}{\mathrm{d}t} = -\gamma M_x B_0 + \gamma M_z B_1 \cos \omega t - \frac{M_y}{T_2} \qquad \text{（B.13）}$$

在使用旋转坐标系的坐标变化进行求解之前，这些表达式可以进一步简化。z 方向上没有变化，但是围绕 z 轴的坐标转动代替了 x 和 y。新坐标 x' 沿 B_1（同相）一起转动，新坐标 y' 在 x' 后转动 90°（相位不同）。因此，xy 平面的磁化可用复数 M_{xy} 的实部 u 和虚部 v 来表示，如 $M_{xy} = u + \mathrm{i}v$（u 与 M_x' 一样，v 与 M_y' 一样）。方程（B.14）和方程（B.15）定义了坐标的完整变化。

$$M_x = u \cos \omega t - v \sin \omega t \qquad \text{（B.14）}$$

$$M_y = -u \sin \omega t - v \cos \omega t \qquad \text{（B.15）}$$

把这些代入方程（B.11）～方程（B.13），经过大量的代数和三角函数计算后，得到新的微分方程（B.16）～方程（B.18）。

$$\frac{\mathrm{d}M_z}{\mathrm{d}t} = \gamma B_1 v + \frac{(M_0 - M_z)}{T_1} \qquad \text{（B.16）}$$

$$\frac{\mathrm{d}u}{\mathrm{d}t} = -(\omega_0 - \omega)v - \frac{u}{T_2} \qquad \text{（B.17）}$$

$$\frac{\mathrm{d}v}{\mathrm{d}t} = (\omega_0 - \omega)u - \frac{v}{T_2} - \gamma B_1 M_z \qquad \text{（B.18）}$$

（另外共振条件用 ω_0 取代了 γB_0）。

在慢绝热通道的平衡条件下，这些时间变量的所有三个参数都比较小，可以设置为零。那么，我们有三个方程，含有三个未知数（u，v 和 M_z）。可以从代数上解出这些方程，得到方程（B.19）～方程（B.21）。

$$u = M_0 \frac{\gamma B_1 T_2^2 (\omega_0 - \omega)}{1 + T_2^2 (\omega_0 - \omega)^2 + \gamma^2 B_1^2 T_1 T_2} \qquad (B.19)$$

$$v = -M_0 \frac{\gamma B_1 T_2}{1 + T_2^2 (\omega_0 - \omega)^2 + \gamma^2 B_1^2 T_1 T_2} \qquad (B.20)$$

$$M_z = M_0 \frac{1 + T_2^2 (\omega_0 - \omega)^2}{1 + T_2^2 (\omega_0 - \omega)^2 + \gamma^2 B_1^2 T_1 T_2} \qquad (B.21)$$

尽管 u 或 v 都能被检出，但是与 B_1 场相位不同的成分（v 或 $M_{y'}$）也都被检测和观察到，这个成分被称作吸收模式。而与 B_1 场同相的成分（u 或 $M_{x'}$）被称为色散模式。共振位置 $\omega = \omega_0$ 处色散模式信号为零（用于电子自旋共振），吸收模式为 $-M_0 \gamma B_1 T_2 / (1 + \gamma^2 B_1^2 T_1 T_2)$，它在 $\omega = \omega_0$ 时值也最大。

u 和 v 的相位关系最好从反向坐标变换方程（B.22）和（B.23）的角度来看[与方程（B.14）和方程（B.15）相比]。

$$u = M_x \cos \omega t - M_y \sin \omega t \qquad (B.22)$$

$$v = -M_x \sin \omega t - M_y \cos \omega t \qquad (B.23)$$

如果没有 x 磁化，那么 u 为正弦函数，v 为余弦函数，两者之间相位差 90°。同样，如果没有 y 磁化，那么 u 为余弦函数，v 为正弦函数，两者之间相位差 90°。同样 x 和 y 磁化线性之和的相位差也是 90°。二者的相位关系见图 B.2 所示。当磁化沿转动坐标体系的 y 轴（称作 y'）朝上排列时，得到正吸收信号 [图 B.2（a）]。当沿 $-y$ 轴时，则为负吸收信号 [图 B.2（b）]。当信号沿 x 方向（与 B_1 同相）时，观察到负色散信号 [图 B.2（c）]。最后，当信号沿 $-x$ 方向时，为正色散信号 [图 B.2（d）]。

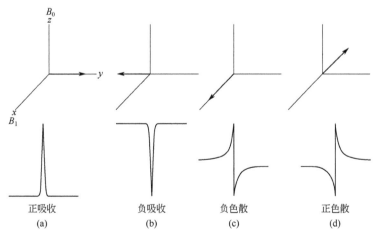

图 B.2　NMR 信号的相位关系和斜率

资料来源：引自参考文献[1]，已获 Elsevier 复印允许

参考文献

[1] Claridge, T.D.W. (1999). *High-Resolution NMR Techniques in Organic Chemistry*, 19. Amsterdam: Pergamon Press.

核磁共振波谱学：
原理、应用和实验方法导论

双自旋体系的量子力学解释

现代的图谱分析大部分都没有 NMR 量子力学基础的踪迹。结果，必须相信很多常见的 NMR 现象。但是，如果没有量子力学处理的知识，我们不能回答以下的常见问题：

- 标量耦合常数 J 来自哪里？
- 即使等价核或等时核相互间有耦合，为什么它们不相互裂分？
- 从自旋态的角度来说，紧密耦合和二级耦合的含义是什么？
- 如何确定二级谱峰的信号强度？
- 耦合常数的符号代表什么含义？
- AB 谱中怎么测量化学位移差？

为了回答上述和其它问题，我们在本附录中讲解了双自旋体系的量子力学处理方法。这些内容为薛定谔方程的确切解提供了实例。

薛定谔波方程［方程（C.1）］提供了一个评价波函数能量的方法。

$$\mathcal{H}\Psi = E\Psi \qquad\qquad (C.1)$$

分子科学中用波函数来描述分子状态，而 NMR 用波函数来描述 $+1/2$ 和 $-1/2$ 自旋态。哈密顿算符 $\mathcal{H}$ 提供在波函数上执行的命令，从而根据方程（C.1）得到对应的能量值。这个表示中我们的目标包括 4 个方面：①描述自旋体系的波函数；②根据薛定谔方程得到波函数对应的能量；③推导自旋态间的跃迁频率；④评估所得 NMR 吸收的强度。除了影响谱峰宽度的弛豫时间以外，这个信息提供了 NMR 图谱所需的其它全部参数。

NMR 的哈密顿算符包含了很多项，最重要的是定义了化学位移和耦合常数的两项。既然我们处理的是矢量间相互作用的标量能量（对于化学位移、耦合常数分别是磁矩 $\boldsymbol{\mu}$ 和磁场 $\boldsymbol{B}$ 间，自旋 I 之间的相互作用），那么哈密顿算符为矢量点的乘积，如方程（C.2a）和（C.2b）。

化学位移
$$\mathcal{H}^0 = \sum_i \boldsymbol{\mu}_i \cdot \boldsymbol{B} \qquad\qquad (C.2a)$$

耦合常数
$$\mathcal{H}^1 = \sum_i \sum_j J_{ij}\boldsymbol{I}(i) \cdot \boldsymbol{I}(j) \qquad\qquad (C.2b)$$

哈密顿的上标表示化学位移是零阶哈密顿（$\mathcal{H}^0$），耦合常数为一阶哈密顿（$\mathcal{H}^1$）。大家熟悉的耦合常数 J 为哈密顿算符和自旋点积间的比例常数，定量表示自旋间的相互作用强弱。$\mathcal{H}^0$ 中对 i 加和表示包括所有原子核，在 $\mathcal{H}^1$ 中对 i 和 j（$i<j$）双加和，保证包括所有自旋间的相互作用，但仅为一次。

在附录 A 中，我们看到 $\boldsymbol{\mu}\cdot\boldsymbol{B}$ 表示的展开方式。把它代入到方程（C.2a）中，有 $\mathcal{H}^0 = \gamma\hbar\boldsymbol{I}\cdot\boldsymbol{B}$，只有 B_0 时，上式对应着 $\gamma\hbar I_z B_0$［方程（A.5）］。利用方程（A.6）和

方程（A.7），化学位移的哈密顿算符变为 $h\nu_0 I_z$ 或以频率为单位的 $\nu_0 I_z$，完整的哈密顿算符由方程（C.3）给出。

$$\mathcal{H} = \mathcal{H}^0 + \mathcal{H}^1 = \sum_i \nu_i I_z(i) + \sum_i \sum_j J_{ij} \boldsymbol{I}(i) \cdot \boldsymbol{I}(j) \qquad (\text{C.3})$$

为了应用薛定谔方程，我们需要定义自旋的波函数。对于 $I = 1/2$ 的单个自旋，$I = -1/2$ 低能自旋态的波函数称为 β，$I = +1/2$ 高能自旋态的波函数称为 α。它们的乘积用做构建含有多个自旋体系波函数的基本波函数。对于双自旋体系而言，基本波函数中包含有乘积 β(1)β(2)、α(1)β(2)、β(1)α(2) 和 α(1)α(2)。正常的理解是第一个字母代表原子核 1，以此类推，所以可以不用括号，这样就变成了 ββ、αβ、βα 和 αα。对于多自旋体系，这个过程可以根据逻辑来推导（如三自旋体系，有 βββ、βαβ 和 αββ 等）。基本波函数都是正交的，即波函数到自身的投影值为 1（归一化），到其它函数的投影为零（正交）。在方程（C.4a）和（C.4b）中有

$$\langle \alpha | \alpha \rangle = 1, \ \langle \beta | \beta \rangle = 1 \qquad (\text{C.4a})$$

$$\langle \alpha | \beta \rangle = 0, \ \langle \beta | \alpha \rangle = 0 \qquad (\text{C.4b})$$

这里使用了积分的简写狄拉克量子力学记号，所以有 $\langle \alpha | \alpha \rangle = \int \alpha \alpha d\nu$，其中积分是对整个空间元素 ν 来进行。把这些方程扩展到双自旋体系，有 $\langle \alpha\alpha | \alpha\alpha \rangle = 1$，$\langle \alpha\alpha | \alpha\beta \rangle = 0$。

自旋体系的完整波函数可通过各种基本波函数的线性组合来构建，就如方程（C.5）。

$$\Phi_q = \sum_m a_{qm} \Psi_m \qquad (\text{C.5})$$

其中，Φ_q 为第 q 个自旋态的完整函数；Ψ_m 为 m 个基本波函数系列；a_{qm} 为每个 m 基函数的混合系数。定义为一级双自旋体系（AX，而不是 AB）时，每个自旋态之间没有混合，所以基本函数也是最终的或静态波函数，这就是量子力学所说的一级耦合。表 C.1 提供了一级波函数 Φ_q 的列表。S_z 值是组成 I_z 态自旋量子数之和，所以对于 αα 态，$S_z = (1/2+1/2) = 1$；对于 αβ 和 βα 态，$S_z = (-1/2+1/2) = 0$；对于 ββ 态，$S_z = (-1/2-1/2) = -1$。各能态的能量可通过哈密顿矩阵得到，其中各成分的数值为 $H_{mn} = \langle \Phi_m | \mathcal{H} | \Phi_n \rangle$。在一级条件下，利用正交波函数对称化这个矩阵，所以有 $H_{mn}(m \neq n) = 0$ 以及 H_{nn} 由方程（C.6）给出。

$$H_{nn} = \langle \Phi_n | \mathcal{H} | \Phi_n \rangle = E_n \langle \Phi_n | \Phi_n \rangle = E_n \qquad (\text{C.6})$$

因此，自旋态能量是哈密顿矩阵对角化后的对角元素。偏对角元素在一级条件下为零（没有混合），所以能量直接从对角元素[方程（C.6）]计算得到。

表 C.1　双自旋一级体系（AX）无（$J=0$）和有耦合（$J\neq 0$）时的参数

q	$\varPhi_q$	S_z	E_q（$J=0$）	E_q（$J\neq 0$）
1	αα	+1	$1/2(\nu_A+\nu_X)$	$1/2(\nu_A+\nu_X)+1/4J$
2	αβ	0	$1/2(\nu_A-\nu_X)$	$1/2(\nu_A-\nu_X)-1/4J$
3	βα	0	$-1/2(\nu_A-\nu_X)$	$-1/2(\nu_A-\nu_X)-1/4J$
4	ββ	−1	$-1/2(\nu_A+\nu_X)$	$-1/2(\nu_A+\nu_X)+1/4J$

当 $J=0$ 时，哈密顿算符由方程（C.7）给出。

$$\mathcal{H}=\mathcal{H}^0=\sum_i \nu_i I_Z(i) \qquad (C.7)$$

如对于 αα 态，I_Z 对于两个原子核都是+1/2，因此有 $\mathcal{H}=1/2\,\nu_A+1/2\,\nu_X$，如表 C.1 中的第四列所示。其它三个数值的计算过程类似。表 C.1 给出了自旋态的序，它也被称作能级图。共振对应着所示任意两个能级之间的跃迁。但是只有 S_z 相邻的跃迁是允许的，即满足 $\Delta S_z=1$ 的选律。4→1 和 3→2 的跃迁是禁阻的，分别被称作双（$\Delta S_z=2$）和零（$\Delta S_z=0$）量子跃迁。它们偶尔也会以弱峰的形式出现。A 核有两个允许的跃迁（"A 型跃迁"）：从 3 到 1（13）和从 4 到 2（24）。X 核也有两个允许的跃迁（"X 型跃迁"）：从 2 到 1（12）和从 4 到 3（34）。表 C.1 表明，当进行相减时，$\Delta E_{13}=\Delta E_{24}=\nu_A$，$\Delta E_{12}=\Delta E_{34}=\nu_X$。这就是 4 个允许跃迁的共振频率。图 C.1 右边能级图所示的图谱包含有两个单重峰，分别位于 ν_A 和 ν_X 处（这里定义 $\nu_A>\nu_X$），每条谱线包含有两个相同能量的跃迁。双量子跃迁的位置则由 $\Delta E_{14}=2h\nu$ 得到。所得的频率为 $(\nu_A+\nu_X)/2$，即谱图的中央。

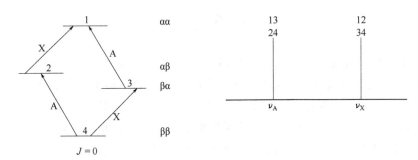

图 C.1　一级双自旋体系（$J=0$）的能级图和跃迁

为了描述 AX 耦合的图谱（$J\neq 0$），有必要评估哈密顿矩阵的 $\mathcal{H}^1$ 部分，把它加入 $\mathcal{H}^0$ 中。最简单的结果已出现在表 C.1 最后一列。可以看出，源自 $\mathcal{H}^0$ 的部分受到源自 $\mathcal{H}^1$ 自旋耦合 J 调制的影响 [方程（C.3）]，积分为 $\langle\varPhi_n|\mathcal{H}^1|\varPhi_m\rangle=J_{ij}\langle\varPhi_n|I(i)\cdot I(j)|\varPhi_m\rangle$。这个积分的计算要求指定算符 I 对波函数的影响，见方程（C.8），其中 $i=\sqrt{-1}$。

核磁共振波谱学：
原理、应用和实验方法导论

$$
\begin{aligned}
I_x\alpha &= \frac{1}{2}\beta \\
I_y\alpha &= \frac{1}{2}i\beta \\
I_z\alpha &= \frac{1}{2}\alpha \\
I_x\beta &= \frac{1}{2}\alpha \\
I_y\beta &= -\frac{1}{2}i\alpha \\
I_z\beta &= -\frac{1}{2}\beta
\end{aligned}
\tag{C.8}
$$

由于这是一级体系，所以 H_{nm} 部分的数值为零，能量由方程（C.6）中的 H_{nn} 给出。图 C.2 讲述了利用$\mathcal{H}^1$ 计算 E_1 的过程。通过这种方法，得到 $J \neq 0$ 时的能量，见表 C.1，故图 C.1 中所讲的能量稍微向上（对于αα和ββ态）和向下（对于αβ和βα态）移动 1/4J，见图 C.3 最左侧能级箭头所示。当对表 C.1 的能量 E_q（$J \neq 0$）相减时，其跃迁能量各不相同。$\Delta E_{13} = \nu_A + 1/2J$，$\Delta E_{24} = \nu_A - 1/2J$，$\Delta E_{12} = \nu_X + 1/2J$，$\Delta E_{34} = \nu_X - 1/2J$。现在各个允许的跃迁能量不同，图谱中就出现了 4 个峰，每组峰分别以 ν_A 和 ν_X 为中心。每组峰的间隔为耦合常数 J：$[(\nu_A+1/2J)-(\nu_A-1/2J)] = J$ 和 $[(\nu_X+1/2J)-(\nu_X-1/2J)] = J$。

$$
\begin{aligned}
E_1^1 = H_{11}^1 &= \langle\alpha\alpha|\mathcal{H}^1|\alpha\alpha\rangle \\
&= J\langle\alpha\alpha|I(1)\cdot I(2)|\alpha\alpha\rangle \\
&= J\langle\alpha\alpha|I_xI_x+I_yI_y+I_zI_z\rangle\ |\alpha\alpha\rangle \\
&= J(\langle\alpha\alpha|I_xI_x|\alpha\alpha\rangle+\langle\alpha\alpha|I_yI_y|\alpha\alpha\rangle+\langle\alpha\alpha|I_zI_z|\alpha\alpha\rangle)
\end{aligned}
$$

把这些分解到单个自旋，有

$$
\begin{aligned}
E_1{}^1 = J(&\langle\alpha(1)|I_x(1)|\alpha(1)\rangle\langle\alpha(2)|I_x(2)|\alpha(2)\rangle+ \\
&\langle\alpha(1)|I_y(1)|\alpha(1)\rangle\langle\alpha(2)|I_y(2)|\alpha(2)\rangle+ \\
&\langle\alpha(1)|I_z(1)|\alpha(1)\rangle\langle\alpha(2)|I_z(2)|\alpha(2)\rangle)
\end{aligned}
$$

由于自旋 1 和 2 等价，所以

$$
E_1{}^1 = J(\langle\alpha|I_x|\alpha\rangle^2+\langle\alpha|I_y|\alpha\rangle^2+\langle\alpha|I_z|\alpha\rangle^2)
$$

通过方程（C.8），积分为

$$
\begin{aligned}
E_1{}^1 &= J(\langle\alpha|\frac{1}{2}\beta\rangle^2+\langle\alpha|\frac{1}{2}i\beta\rangle^2+\langle\alpha|\frac{1}{2}\alpha\rangle^2) \\
&= J(0+0+\frac{1}{4})
\end{aligned}
$$

图 C.2

$$=\frac{1}{4}J$$

同样有

$$E_2{}^1 = J(\langle \alpha\beta | I \cdot I | \alpha\beta \rangle) = -1/4J$$

$$E_3{}^1 = J(\langle \beta\alpha | I \cdot I | \beta\alpha \rangle) = -1/4J$$

以及

$$E_4{}^1 = J(\langle \beta\beta | I \cdot I | \beta\beta \rangle) = -1/4J$$

图 C.2　一级双自旋体系（AX）标量耦合的哈密顿对角元素推导过程

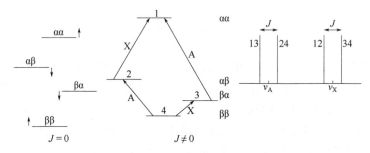

图 C.3　一级双自旋 AX 体系有标量耦合（$J \neq 0$）时的能级和跃迁图

当 A 和 X 的化学位移相近时，一些基本波函数会产生混合。这时不能再忽略偏对角的矩阵元素，此时的图谱为二级谱。只有 S_z 值相同的波函数才能混合，αα 和ββ态 S_z 值分别为 $S_z = +1$ 和 $S_z = -1$，所以它们不能与其它的波函数混合，故保持原有的静态波函数，但是 $S_z = 0$ 的态（αβ和βα态）可以发生混合。

最简单的事情是首先检查化学位移相同的极端情况如 A_2。我们可以在知道只有在每个自旋的贡献必须相等的情况下才能构造静态波函数，这种条件只有当（αβ+βα）和（αβ−βα）两个态的混合系数相同时才有可能。为了让这些波函数正交，必须引入混合系数 $1/\sqrt{2}$，即$(\alpha\beta+\beta\alpha)/\sqrt{2}$和$(\alpha\beta-\beta\alpha)/\sqrt{2}$。具体情况见$\langle(\alpha\beta+\beta\alpha)/\sqrt{2}\,|(\alpha\beta+\beta\alpha)/\sqrt{2}\rangle$ 和 $\langle(\alpha\beta-\beta\alpha)/\sqrt{2}\,|(\alpha\beta-\beta\alpha)/\sqrt{2}\rangle$ 积分的评估过程。

这些波函数具有重要的对称性，对于αα、ββ和$(\alpha\beta+\beta\alpha)/\sqrt{2}$，如果相互交换两个 A 原子核后最终得到的数值与初始的波函数相同，那么这种波函数对称。相反，交换$(\alpha\beta-\beta\alpha)/\sqrt{2}$中的原子核，得到$(\beta\alpha-\alpha\beta)/\sqrt{2}$，其数值与初始波函数的符号相反，这种波函数被称为反对称。这里就有第二个选律，名义上只有当波函数具有这些性质时，对称性相同波函数间的跃迁才是允许的，所以对称和不对称波函数间的跃迁是禁阻的。

为了实现第二个选律需要引入两个新算符：升算符 F_+，把β升为α，但不能对α进行操纵；和降算符 F_-，把α降为β，但不能对β进行操纵（我们将只使用升算

符），操纵办法见方程（C.9）。

$$F_+|\beta\rangle = |\alpha\rangle, \; F_+|\alpha\rangle = 0$$
$$F_-|\beta\rangle = 0, \; F_-|\alpha\rangle = |\beta\rangle \qquad (C.9)$$

跃迁概率为积分的平方：$\langle\Phi_n|F_+|\Phi_m\rangle^2$，即把 Φ_m 升为 Φ_n 的概率。图 C.4 计算了这些积分中的两种情况，证实了对称选律。注意 F_+ 作用于 $\beta\beta$ 生成（$\alpha\beta+\beta\alpha$），其原因是 F_+ 必须独立作用于每一个自旋 [如 $F_+ = F_{1+}+F_{2+}$，其中 F_{1+} 作用于第一个自旋（$\beta\beta\rightarrow\alpha\beta$），$F_{2+}$ 作用于第二个自旋（$\beta\beta\rightarrow\beta\alpha$）]，当自旋态间的对称性不同时跃迁为零，对称性相同时跃迁为 2。这个例子说明了数值 2 的重要性。

从 $\beta\beta$ 态到 $(\alpha\beta+\beta\alpha)/\sqrt{2}$ 态的跃迁概率

$$= \langle(\alpha\beta+\beta\alpha)/\sqrt{2}\,|F_+|\beta\beta\rangle^2$$
$$= \frac{1}{2}\langle(\alpha\beta+\beta\alpha)|(\alpha\beta+\beta\alpha)\rangle^2$$
$$= \frac{1}{2}(\langle\alpha\beta|\alpha\beta\rangle + \langle\alpha\beta|\beta\alpha\rangle + \langle\beta\alpha|\alpha\beta\rangle + \langle\beta\alpha|\beta\alpha\rangle)^2$$
$$= \frac{1}{2}(1+0+0+1)^2$$
$$= 2$$

从 $\beta\beta$ 态到 $(\alpha\beta-\beta\alpha)/\sqrt{2}$ 态的跃迁概率

$$= \langle(\alpha\beta-\beta\alpha)/\sqrt{2}\,|F_+|\beta\beta\rangle^2$$
$$= \frac{1}{2}\langle(\alpha\beta-\beta\alpha)|(\alpha\beta+\beta\alpha)\rangle^2$$
$$= \frac{1}{2}(\langle\alpha\beta|\alpha\beta\rangle + \langle\alpha\beta|\beta\alpha\rangle - \langle\beta\alpha|\alpha\beta\rangle - \langle\beta\alpha|\beta\alpha\rangle)^2$$
$$= \frac{1}{2}(1+0-0-1)$$
$$= 0$$

图 C.4　化学位移相同的双自旋体系（A_2）的跃迁概率的计算过程

表 C.2 中包含有 A_2 体系的参数，其波函数已经根据对称性进行排序。我们首先考察了 $J = 0$ 的情况。E^0 值从 $\sum_i v_i I_Z(i)$ [方程（C.7）] 和哈密顿成分 H_{nm} [方程（C.6）] 中得到。当 $v_A = v_B$ 时，表 C.1 中 $\alpha\alpha$ 和 $\beta\beta$ 态的结果必须一致。而 $(\alpha\beta\pm\beta\alpha)/\sqrt{2}$ 的结果非常有意思，如同方程（C.10a）和方程（C.10b）中那样，它们的共振频率相互抵消。

$$E^0(S_0) = \frac{[E^0(\alpha\beta) + E^0(\beta\alpha)]}{\sqrt{2}} = \frac{[\frac{1}{2}(v_A - v_A) + \frac{1}{2}(-v_A + v_A)]}{\sqrt{2}} = 0 \qquad (C.10a)$$

$$E^0(A_0) = \frac{[E^0(\alpha\beta) - E^0(\beta\alpha)]}{\sqrt{2}} = \frac{[\frac{1}{2}(\nu_A - \nu_A) - \frac{1}{2}(-\nu_A + \nu_A)]}{\sqrt{2}} = 0 \quad (C.10b)$$

所以，对于 S_0 和 A_0 态而言，E^0 项都为零，这与 B_0 场和这些态没有相互作用的说法是一致的。

表 C.2　双自旋一级体系（A_2）无耦合（$J=0$）和有耦合（$J \neq 0$）时的参数

q	Φ_q	S_z	E_q（$J=0$）	E_q（$J \neq 0$）
S_1	$\alpha\alpha$	$+1$	ν_A	$\nu_A + 1/4J$
S_0	$(\alpha\beta+\beta\alpha)/\sqrt{2}$	0	0	$1/4J$
S_{-1}	$\beta\beta$	-1	$-\nu_A$	$-\nu_A + 1/4J$
A_0	$(\alpha\beta-\beta\alpha)/\sqrt{2}$	0	0	$-3/4J$

图 C.5 给出了能级示意图。自旋态间允许跃迁的能量相减表明，共振发生在 $\Delta E(S_0 \to S_1) = \nu_A$ 和 $\Delta E(S_{-1} \to S_0) = \nu_A$。因此，两个跃迁在相同的位置出现，其结果是在 ν_A 处出现单峰。尽管有四个自旋态，只有两个能够向上跃迁。但是这些跃迁的概率为 2（图 C.4），故所有四个态的平均概率为(0+0+2+2)/4 或 1。

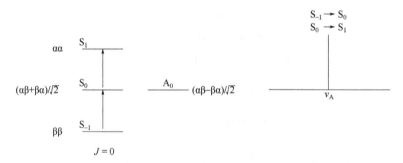

图 C.5　化学位移相同的双自旋体系(A_2)$J=0$ 时的能级图和跃迁

当 $J \neq 0$ 时，$\mathcal{H}^1$ 的数值可如图 C.2 那样进行计算。对称自旋态的能量增加 $1/4J$，反对称的自旋态能量降低 $-1/4J$，计算过程见图 C.6。最左侧示意图中能级边上的箭头表明能量改变了方向。由于对称的自旋态受到的微扰相同，跃迁的能量保持不变：$\Delta E(S_0 \to S_1) = \Delta E(S_{-1} \to S_0) = \nu_A$。两个跃迁出现在相同位置，结果是在 ν_A 处出现单重峰。因此，关于等价核不能相互裂分的解释很微妙。首先，对称自旋态和反对称自旋态间的跃迁是禁阻的，所以它们之间的微扰并不相关。其次，每个对称自旋态受到的微扰相同，因耦合造成各自旋态间的差别就无法体现。甚至禁阻的 $S_{-1} \to S_1$ 态的双量子跃迁也无法看到，原则上它将在 $\nu_A(2h\nu) = 2\nu_A$ 位置以较低的强度出现。

核磁共振波谱学：
原理、应用和实验方法导论

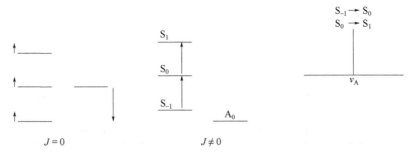

图 C.6　化学位移相同的双自旋体系（A_2）$J \neq 0$ 时的能级图和跃迁

当两个原子核的化学位移相似，但不完全相同（$\Delta v/J \leqslant 10$）时，AX 自旋体系变成 AB 体系。其中 $\alpha\alpha$ 和 $\beta\beta$ 依然是静态波函数，但是 $\alpha\beta$ 和 $\beta\alpha$ 混合成未知、不相等的波函数。常用的波函数 $[a(\alpha\beta)+b(\beta\alpha)]$ 具有两组 a 和 b 值以产生两个波函数。我们需要得到这些数值来计算自旋态的能量、共振频率以及共振峰的强度。

可通过哈密顿矩阵计算得到各自旋态能量。对于 $\alpha\alpha$ 和 $\beta\beta$ 态，其结果与表 C.1 的一样，那么这个体系的哈密顿矩阵就可缩减为 2×2，其偏对角元素（H_{23} 和 H_{32}）代表混合程度。减去对角元素的变量，然后对角化，把结果设置为零后再计算，过程如图 C.7 所示。对角元素 H_{22} 和 H_{33} 与表 C.1 中的一样。而偏对角元素如 H_{23} 从 $\langle \Psi_m | \mathcal{H} | \Psi_n \rangle$ 计算得到。根据 $\langle \alpha\beta | \mathcal{H}^1 | \beta\alpha \rangle$ 和 $\langle \beta\alpha | \mathcal{H}^1 | \alpha\beta \rangle$ 计算出 E^0 成分，结果等于 $1/2J$，具体方法见图 C.2。

图 C.7 定义一个新参数 C。如果 J 和 C 已知，可以计算出（$v_A - v_B$）化学位移差。表 C.3 总结了相关结果。插入 C 后，当化学位移差远大于耦合常数 [$(v_A - v_B) \gg J$] 时，E_q 的数值与表 C.1 中的一级情况一样。

$$H_{mn} = \begin{vmatrix} H_{22} & H_{32} \\ H_{23} & H_{33} \end{vmatrix}$$

$$\begin{vmatrix} H_{22} - E & H_{32} \\ H_{23} & H_{33} - E \end{vmatrix} = 0$$

$$\begin{vmatrix} \frac{1}{2}(v_A - v_B) - \frac{1}{4}J - E & \frac{1}{2}J \\ \frac{1}{2}J & -\frac{1}{2}(v_A - v_B) - \frac{1}{4}J - E \end{vmatrix} = 0$$

$$[(\frac{1}{2}(v_A - v_B) - \frac{1}{4}J - E)(-\frac{1}{2}(v_A - v_B) - \frac{1}{4}J - E) - \frac{1}{4}J^2] = 0$$

$$-\frac{1}{4}(v_A - v_B)^2 + \frac{1}{16}J^2 + \frac{1}{2}JE + E^2 - \frac{1}{4}J^2] = 0$$

$$(E + \frac{1}{4}J)^2 = \frac{1}{4}[(v_A - v_B)^2 + J^2]$$

$$E_\pm = \pm \frac{1}{2}[(v_A - v_B)^2 + J^2]^{1/2} - \frac{1}{4}J$$

$$E_\pm = \pm C - \frac{1}{4}J$$

图 C.7

其中：

$$2C = [(\nu_A - \nu_B)^2 + J^2]^{1/2}$$
$$4C^2 = [(\nu_A - \nu_B)^2 + J^2]$$
$$\nu_A - \nu_B = [4C^2 - J^2]^{1/2}$$

图 C.7　二级双自旋 AB 体系 $S_z = 0$ 哈密顿矩阵的对角化过程处理和自旋态能量计算过程

表 C.3　二级双自旋体系（AB）（$J \neq 0$）的参数

q	Φ_q	S_z	E_q（$J \neq 0$）
1	$\alpha\alpha$	+1	$1/2(\nu_A + \nu_X) + 1/4J$
2	$a(\alpha\beta) + b(\beta\alpha)$	0	$C - 1/4J$
3	$a'(\alpha\beta) + b'(\beta\alpha)$	0	$-C - 1/4J$
4	$\beta\beta$	−1	$-1/2(\nu_A - \nu_X) + 1/4J$

图 C.8 给出了 AB 体系的能级和跃迁，自旋态能量相减得到四个跃迁频率。习惯上把图谱的中心定义为零频率，故有 $1/2(\nu_A + \nu_B) = 0$。相对于中心点，四个跃迁频率为：$(-C + 1/2J)$ 对应着 2→1（12），$(-C - 1/2J)$ 对应着 4→3（34），$(C + 1/2J)$ 对应着 3→1（13）和 $(C - 1/2J)$ 对应着 2→4（42）跃迁，因此 J 值对应着第一（13）和第二（24）个谱峰间、或第三（12）和第四（34）个谱峰间的能量差，C 值对应着第一和第三或第二和第四个谱峰间能量差的一半，具体如图所示。化学位移差源自两点：$(\nu_A - \nu_B) = (4C^2 - J^2)^{1/2}$。当 $J = 0$ 时，谱峰变成图 C.1 所示的双峰形状。

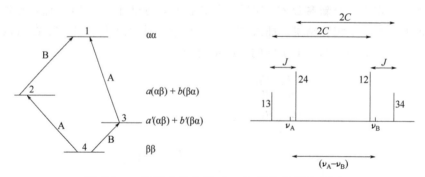

图 C.8　二级双自旋体系（AB）的能级图和跃迁

剩下的事情是计算 $S_z = 0$ 时静态波函数的系数，测定内部和外部谱峰的相对强度，从图 C.8 中可以看出二者不相等。测定这些系数的一种方法是确认它们的比值对应着它们的矩阵共因子的比值（特殊矩阵的共因子可采用删除它所在位置的第一行和列得到）。参考图 C.7，$\alpha\beta$（H_{22}）的共因子是 $[-1/2(\nu_A - \nu_B) - 1/4J - E]$，$\beta\alpha$（$H_{33}$）的共因子是 $1/2J$，方程（C.11）公式为

$$a/b = \frac{1}{2}J[-(\nu_A - \nu_B) \pm 2C] \tag{C.11}$$

核磁共振波谱学：
原理、应用和实验方法导论

在把图 C.7 中 E_+ 和 E_- 数值代入到 αβ 态共因子中的 E 值时，就得到比例系数。为了得到归一化的波函数，我们也要求 $(a^2+b^2) = 1$，而系数 a 和 b 未知，需要从两个方程中求出。当我们利用 $\sin2\theta = J/2C$ 定义的角度（没有任何物理意义）时，就能得到一个简化的结果。当进行取代后，当 $b = \sin\theta$ 时 $a = \cos\theta$，当 $b = -\cos\theta$ 时 $a = \sin\theta$ ［注意 $(\sin^2\theta+\cos^2\theta) = 1$ 对应于 $(a^2+b^2) = 1$］。此时，静态波函数由方程（C.12a）和方程（C.12b）给出

$$\phi_2 = \cos\theta(\alpha\beta) + \sin\theta(\beta\alpha) \qquad (C.12a)$$

$$\phi_3 = \sin\theta(\alpha\beta) - \cos\theta(\beta\alpha) \qquad (C.12b)$$

当 $\theta = 0$ 时，ϕ_2 变成 αβ，ϕ_3 为 βα，它是 AX 一级体系的静态波函数。当 $\theta = 45°$ 时，ϕ_2 变成 $(\alpha\beta+\beta\alpha)/\sqrt{2}$，$\phi_3$ 为 $(\alpha\beta-\beta\alpha)/\sqrt{2}$，它是 A_2 体系的静态波函数。

利用升算符可获得强度或跃迁概率，具体见图 C.9 所示。强度比（内峰/外峰）为 $(1+2ab)/(1-2ab)$，在数学上等于 $(a+b)^2/(a-b)^2$ 或 $(1+a/b)^2/(1-a/b)^2$。从方程（C.11）得到的 a/b 比插入到后面的表达式中，其强度比来自 J、C 和 $(\nu_A-\nu_B)$。如果把定义 $2ab = J/2C = \sin2\theta = 2\sin\theta\cos\theta$ 代入到图 C.9 中的概率表达式，更容易直接得到强度比。跃迁 24 和 12 强度为 $1+J/2C$，13 和 34 为 $1-J/2C$。它们的比例变成 $(1+J/2C)/(1-J/2C)$ 或 $(2C+J)/(2C-J)$，它实际上与 $(\nu_{13}-\nu_{34})/(\nu_{24}-\nu_{12})$ 值是一样的，因此强度比对应于外峰与内峰的间距比。

4→2 跃迁概率

$$\{\langle [a(\alpha\beta) + b(\beta\alpha)] \,|\, F_+ \,|\, \beta\beta \rangle\}^2$$
$$= \{\langle [a(\alpha\beta) + b(\beta\alpha)] \,|\, (\alpha\beta + \beta\alpha) \rangle\}^2$$
$$= \{\langle [a(\alpha\beta \,|\, \alpha\beta) + b(\beta\alpha \,|\, \alpha\beta) + a(\alpha\beta \,|\, \beta\alpha) + b(\beta\alpha + \beta\alpha)] \rangle\}^2$$
$$= \{a(1) + b(0) + a(0) + b(1)\}^2$$
$$= (a + b)^2$$
$$= 1 + 2ab$$

3→1 跃迁概率

$$\{\langle [\alpha\alpha \,|\, F_+ \,|\, [a'(\alpha\beta) + b'(\beta\alpha)] \rangle\}^2$$
$$= \{\langle \alpha\alpha \,|\, F_+ \,|\, [b(\alpha\beta) - a(\beta\alpha)] \rangle\}^2 \qquad ［根据方程（C.12）］$$
$$= (b - a)^2$$
$$= 1 - 2ab$$

图 C.9　二级双自旋体系（AB）跃迁概率的计算过程

三自旋或更多自旋体系的表示可以用相同方式进行推导，但是需要用更多的矩阵元素。

附录 **D**

三自旋和四自旋体系的二级谱图分析

4.7 节已经讲述双自旋（AB）体系二级谱的分析步骤，具体解释见附录 C。看来，即使没有计算机的帮助，我们也能分析几个二级体系。三自旋体系谱图的分析覆盖了简单（AX_2 和 AMX 体系）到复杂（很多 ABC 体系）的自旋体系。随着 AX 化学位移差减小，AX_2 体系的简并度上升，谱峰的强度发生改变，出现新峰（图 D.1）。极端情况下，AB_2 体系中会观察到整整 9 个谱峰，其中 4 个谱峰源自质子 A 的自旋翻转，4 个谱峰来自质子 B 的自旋翻转，最后一个来自质子 A 和 B 的自旋同时翻转。第 9 个峰被称为组合峰，它在一级（AX_2）的情况下是禁阻的，即使在极端 AB_2 的情况下它也很少被观察到。只有在顶部最紧密耦合的情况下才能看到组合峰，即最右侧强度非常小的谱峰（第 9 号）。

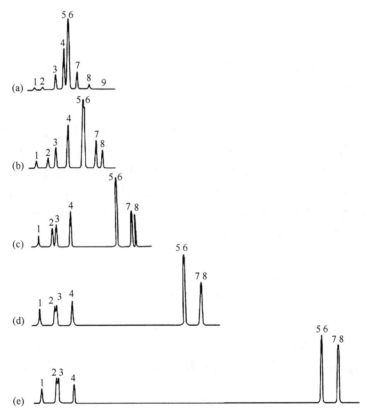

图 D.1　一级（AX_2，底部）到二级（AB_2，底部）的跃迁，J_{AB} 固定为 10 Hz，$\Delta \nu_{AB}$（$\Delta \nu_{AX}$）可变：10 Hz（顶部）、20 Hz、40 Hz、80 Hz 和 160 Hz

当观察到 8 条谱线时，凭借眼睛可能分析出 AB_2 图谱。图 D.1 中谱峰从原子核 A 到 B，通常按从左到右顺序编数。图 D.1（e）中几乎是一级图谱，谱峰 2/3、5/6 和 7/8 是简并对，出现 AX_2 自旋体系的三重峰和双峰。在图 D.1（b）和 D.1

（c）中，所有简并态解除，给出整套的 8 个谱峰。在图 D.1（a）中，谱峰 5/6 再次简并，第 9 条组合谱线勉强可见。当化学位移差在靠近极端的 A_3 情况时接近于零，图谱中间的谱峰强度增加。质子 A 的化学位移总是对应于图谱中第 3 个谱峰所在的位置［方程（D.1）］。

$$\nu_A = \nu_3 \tag{D.1}$$

质子 B 的化学位移为第 5 和第 7 个谱峰的平均值［方程（D.2）］。

$$\nu_B = \frac{1}{2}(\nu_5 + \nu_7) \tag{D.2}$$

AB 的耦合常数则是 4 个谱峰位置的线性组合［方程（D.3）］。

$$J_{AB} = \frac{1}{3}(\nu_1 - \nu_4 + \nu_6 - \nu_8) \tag{D.3}$$

所以无须参考组合谱峰就能解析出这个图谱。但当所有的 8 个谱峰分辨不明显时，如图 D.1（a）和 D.1（d）中谱峰重叠的情况，判断时要非常审慎，必要时求助于计算机工具。

当三自旋体系中三个原子核的化学位移各不相同时，图谱将更加复杂，如其中一个与其它两个显著不同的 ABX 体系。这种图谱的特征由 6 个参数 ν_A、ν_B、ν_X、J_{AB}、J_{AX} 和 J_{BX} 来决定。ABX 图谱中 X 核共振一般有 6 条谱线（重叠的双三重峰），ν_X 在谱图中央（图 D.2），两个强度最高谱峰的间距为耦合常数 J_{AX} 和 J_{BX} 之和。最外侧两条谱线的间距为一对重要的参量（分别命名为 D_+ 和 D_-）之和的 2 倍，最内侧谱峰的间距为这两个参数之差的 2 倍。所以，D_+ 和 D_- 由方程（D.4）定义，

$$D_\pm = \frac{1}{2}\{[(\nu_A - \nu_B) \pm \frac{1}{2}(J_{AX} - J_{BX})]^2 + J_{AB}{}^2\}^{1/2} \tag{D.4}$$

它们可以从 X 核的共振位置推导出。如前所述，J_{AB} 的数值从图谱中 AB 部分获得。D_+、D_- 和 J_{AB} 已知，根据方程（D.4）可得到（$\nu_A - \nu_B$）和（$J_{AX} - J_{BX}$）数值。由于 $J_{AX} + J_{BX}$ 数值已从 X 部分得到，就能分别计算出 J_{AX} 和 J_{BX} 的数值。但

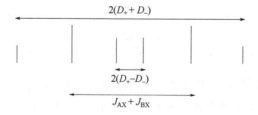

图 D.2　ABX 谱中的 X 部分特征

核磁共振波谱学：
原理、应用和实验方法导论

是可能有 2 个解，它取决于两个耦合常数的符号是否相同（同正或同负）或相反（一正一负）。仔细对照图谱的 AB 部分，就可以区分这两种可能性。

ABX 图谱中的 AB 部分由两个互相重叠的四重峰组成（图 D.3）。从两个四重峰上的第 1 和第 2 条谱线之间、第 3 和第 4 条谱线之间双峰的间距得到 4 个独立测量的 J_{AB} 值（得不到符号的绝对或相对信息）。交替谱峰间的间距（第 1 和第 3 或第 2 和第 4 个谱峰的间距）提供了更多测定 D_+ 和 D_- 的办法。根据两个四重峰的中点位置差可测量出 $1/2$（$J_{AX}+J_{BX}$）数值，所有的这些间距如图所示。

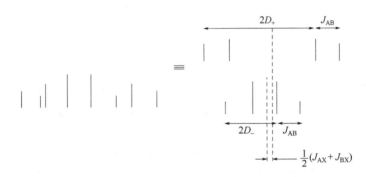

图 D.3　ABX 谱中的 AB 部分

对于一个特定的 ABX 谱，通过计算能获得 ν_X、（$\nu_A-\nu_B$）和 J_{AB} 的准确值。但是 J_{AX} 和 J_{BX} 有两套数值，符号可能正确也可能不正确。这两个解都能给出所有谱峰正确的位置，但是只有一个能给出准确的 X 核部分信号强度比例。区分这两套数值最直接的办法是利用计算机，计算对应于各套数据的图谱。绝大部分现代谱仪都有根据输入的化学位移和耦合常数来计算模拟图谱的简单程序。只有参数正确才能重建 X 核的实验信号强度比例。

ABC 图谱中三个原子核紧密耦合，这将得到 15 条谱线（4 条 A 型、4 条 B 型、4 条 C 型和 3 条组合谱峰），通过眼睛来解析图谱非常困难，此时我们可以求助于一些常用的计算机方法，如 LAOCN3 或 DAVINS，或者 Castellano 和 Waugh 发明的 EXAN II 程序，它专门针对 ABC 体系设计，已经成功解决了超过 90% 的问题。

四自旋体系的数学分析例子非常有限。一级谱图（AX_3、A_2X_2）分析比较简单，但是二级图谱（包括 AA′XX′、AA′BB′、ABXY、ABCX 和 ABCD 等）中，只有 AA′XX′ 体系容易分析。只有磁不等价时这种常见的谱图才是二级图谱，它由 6 个参数来确定：ν_A、ν_X、$J_{AA'}$、$J_{XX'}$、J_{AX}（$=J_{A'X'}$）和 $J_{AX'}$（$=J_{A'X}$）。注意，这样一个图谱取决于化学等价核之间的耦合常数（$J_{AA'}$ 和 $J_{XX'}$）。谱图中 A 和 X 部分一样，其化学位移（ν_A 和 ν_X）很容易从对应部分的中间位置得到。图 D.4 给出了一个具有镜面对称性 AA′XX′体系谱图 A 部分关于 ν_A 的示意图。当（$\nu_A - \nu_X$）变小，这个对称性消失，图谱变成 AA′BB′模式。

图 D.4　AA′XX′谱中的 A 部分

方程 D.5 和随后的讨论表明，AA′XX′的图谱主要取决于它们的耦合常数和以及差值，而不是耦合常数本身。

$$K = J_{AA'} + J_{XX'}; \quad L = J_{AX} + J_{AX'}; \quad M = J_{AA'} - J_{XX'}; \quad N = J_{AX} + J_{AX'} \quad \text{（D.5）}$$

两个主峰（ν_{12}，ν_{32}）每个都是简单的谱线对，其间距（$\nu_{1,2} - \nu_{3,4}$）对应于 N，即 J_{AX} 和 $J_{AX'}$ 之和。图谱剩余部分对应于两个 AB 型的四重峰（ν_{5-8} 和 ν_{9-12}）。在每个四重峰中，相邻的外侧谱线间距分别为 K[（$\nu_5 - \nu_6$）和（$\nu_7 - \nu_8$）]和 M[（$\nu_9 - \nu_{10}$）和（$\nu_{11} - \nu_{12}$）]。最后根据方程（D.6a）和（D.6b）中的关系，以及任意一个四重峰中交错谱峰的间距以及 K 和 M 数值计算得到 L。

$$(\nu_5 - \nu_7) = (K^2 + L^2)^{1/2} \quad \text{（D.6a）}$$

$$(\nu_9 - \nu_{11}) = (M^2 + L^2)^{1/2} \quad \text{（D.6b）}$$

如果能够观察到所有的 10 条谱线，那么 AA′XX′自旋体系的图谱解析就比较直接，很容易完成，比如图 4.2 中 1,1-二氟乙烯的谱图。当观察到的谱峰更少时，如 1,2-二氯苯图谱那样（此时是 AA′BB′而不是 AA′XX′体系）（图 4.3），图谱的解析更加困难，需要计算机程序的辅助。通常这种图谱被称作伪一级（或欺骗性简单）图谱，但实际分析却不能区分 $J_{AA'}$ 和 $J_{XX'}$、或 J_{AX} 和 $J_{AX'}$。

AA′XX′自旋体系图谱的一个常见例子见环状或非环状化合物的二亚甲基片段（—CH$_2$—CH$_2$—），$J_{AA'}$ 和 $J_{XX'}$ 二者都是 ^2J 耦合，J_{AX} 和 $J_{AX'}$ 为 ^3J 耦合。这种情况下 ^2J 通常耦合约为 -12 Hz，绝对值模式下 K 值很大。结果，ν_5 和 ν_8 很好被移除，强度也很小，ν_6 和 ν_7 简并。$J_{AA'}$ 和 $J_{XX'}$ 数值一般相似，几乎相同，ν_9 与 ν_{10} 以及 ν_{11} 与 ν_{12} 的间距（M）很小接近于零，故 ν_9 和 ν_{12} 移动到提供相邻耦合之和（N）的两个高峰 $\nu_{1,2}$ 和 $\nu_{3,4}$ 内侧。如果 M 为零，那么相邻的耦合常数之差（L）由 $\nu_{9,10}$ 和 $\nu_{11,12}$ 之差给出［图 D.5（a）］，否则 L 从 M 和方程（D.6b）［图 D.5（b）］计算得到。因此这个图谱方便给出 J_{AX}、$J_{AX'}$ 和（$J_{AA'} - J_{XX'}$）值，但不是（$J_{AA'} - J_{XX'}$）数值，结果经常得不到同碳 ^2J 耦合常数。图 4.4 中 2-氯乙醇的图谱为 AA′BB′自旋体系，

但是它还是一个接近于图 D.5（a）的实例，其中谱线 9/10 落在 6/7 的顶部，造成每个部分中间谱线强度更大，而谱线 11/12 以一个小峰的形式出现在中心谱峰的侧面。

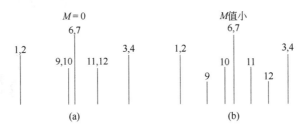

图 D.5　环状化合物—CH$_2$—CH$_2$—片段的 AA′XX′谱（A 部分）
在（a）$M = 0$ 和（b）M 值很小情况下的例子

激发态的原子核与约为 $10^8 \sim 10^9$ s^{-1} 频率范围的涨落磁场之间相互作用时将出现自旋-晶格弛豫现象。能量从激发态的原子核转移到周围晶格的磁场源头中。由于分子翻滚是磁场涨落的主要来源，最好用角频率 ω 单位（rad/s）来表述频率。这个过程的时间常数（转动一个弧度的平均时间）被称作有效相关时间 τ_c，单位是 s。但是 ω 是一个瞬时速率，τ_c 是平均周期，因此，τ_c 只是粗略等价于翻转速率的倒数。有效相关时间与许多因素有关，包括分子大小、溶剂黏度、实验温度、溶剂和溶质的氢键作用，甚至 pH 值等。对于分子而言，每个原子的 τ_c 不尽相同，如部分运动会造成分子中一些基团（特别是甲基）比其它部分转动更快。当 $1/\tau_c$ 和共振（拉莫尔）频率 ω_0 大小相当如 $\omega_0\tau_c \approx 1$ 时，弛豫的效率最高。

最常见的涨落磁场源自周围磁偶极的翻转。这种偶极由磁性核提供，通常是一个质子（称作 S 核，意思是"灵敏"；从旋磁比的角度来讲，质子是磁灵敏度最高的原子核之一）。共振质子的弛豫（称作 I 核，意思是"不灵敏"；当共振原子核不是质子时，如 ^{13}C 或 ^{15}N，其灵敏度不可避免比质子的要低）发生在与相邻质子翻转场间的相互作用，对于甲基（CH$_3$）和亚甲基（CH$_2$）而言，是在同一个碳上的质子发生；但对于次甲基（CH）来讲，主要是相邻或相距更远的质子。如果碳或氮（I 核）周围有质子，通常通过与所相连或更远质子（S 核）场间的相互作用来进行弛豫。方程（5.1）（见第 5 章）给出了偶极相互作用大小与距离的关系。

像甲醇大小的小分子翻转速度 ω 非常快，高达 10^{12} s^{-1}。样品中不是所有分子的翻转速度都一样。分子间或与器壁的碰撞能使其速度减小到零，然后加速到 10^{12} s^{-1} 的最大值。同一个样品的翻转速率存在一个范围，表明它们产生一系列的磁场。特定频率 ω 下场的浓度（或在频率 ω 下分子翻转的时间比率）被称作光谱密度 J(ω)，共振频率下光谱密度值 $J(\omega_0)$ 对于分子的高效弛豫非常关键。由于小分子翻转速率接近 10^{12} s^{-1}，在所需范围 $10^8 \sim 10^9$ s^{-1} 内它们的光谱密度很小（$1/\tau_c \gg \omega_0$），当速率超过 10^{12} s^{-1} 时变成零。这种情况如图 E.1（a）所示。分子越大，弛豫速率增加，翻转速率变慢（$\omega_0\tau_c \approx 1$），如图 E.1（b）。这时拉莫尔频率下的光谱密度足够高，这就为分子的有效弛豫提供了途径。对于翻转缓慢的大分子，曲线[图 E.1（c）]进一步后退，拉莫尔频率处的数值很小（$1/\tau_c \gg \omega_0$）。

$$J(\omega) = 2\tau_c / (1 + \omega^2\tau_c^2) \qquad (E.1)$$

方程（E.1）给出了用翻转频率和相关时间表示的光谱密度关系式。这里需要指出的是从零到最大速率区间，光谱密度维持不变，然后很快下降到零（图 E.1）。曲线中长平的部分对应于 $1/\tau_c$ 远大于 ω 的区域，所以当 $\omega_0\tau_c \ll 1$ 时，$J(\omega) = 2\tau_c$（常数），这就是极窄条件。这种条件下，所有谱线的偶极增宽完全被平均掉，因而在极端条件下变窄。对于分子量高达几千的液体分子而言，在正常情况下极窄条件是有效的。

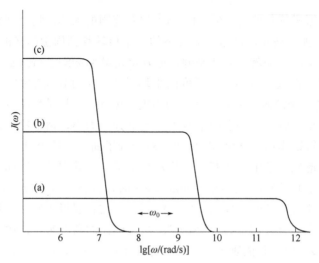

图 E.1　光谱密度 $J(\omega)$ 与翻转频率（ω）对数的曲线图

　　偶极作用的大小主要取决于两个偶极间的距离和相对取向，而不是相关时间。相反，偶极作用的交换速率依赖于 τ_c，故与弛豫效率有关。尽管 τ_c 决定了场频的上限，涨落场的整个大小与 τ_c 无关。图 E.1 中三条曲线下的面积必须相同，但是它们的上限不同。曲线（a）分子的翻转很快，因此光谱密度小。在曲线（b）和曲线（c）中，频率的上限随 τ_c 增加而下降，因此光谱密度按比例增加，积分面积维持不变。

　　由于弛豫在 $\omega_0\tau_c \approx 1$ 时最有效（即 $1/\tau_c$ 与 ω_0 的数量级相当），所以用弛豫时间对相关时间作图将会有一个最小值（图 E.2）。此时方程（E.1）变成方程（E.2）：

$$T_1^{-1} = \gamma^2 [B_{xL}^0]^2 \left[\frac{2\tau_c}{(1+\omega_0^2\tau_c^2)} \right] \qquad (\text{E.2})$$

它用来表示弛豫速率（弛豫时间的倒数）。其中，γ 为旋磁比，B_{xL}^0 为涨落场 x 成分的根均方平均值。注意在弛豫速率的表达式中，ω_0 替代了 ω。在极窄条件下，可以简化为 $2\gamma^2[B_{xL}^0]^2\tau_c$，弛豫时间随 τ_c 的增加或流动性下降如分子大小增加、温度降低而下降。这个区域见图 E.2 左侧的 T_1 变化曲线：注意这里的 T_1 值大小与共振频率 ω_0 无关。

　　当 $\tau_c = 1/\omega_0$ 时，在 $1/T_1 = \gamma^2[B_{xL}^0]^2/\omega_0$ 处的弛豫时间最小（弛豫速率达到最大值），T_1 最小值与共振频率有关。由于 T_1 与 ω_0 直接成正比，高场下 T_1 的最小值更大。这种情况如图 E.2 中的短划线曲线所示（实线和短划线分别代表 100 MHz 和 400 MHz 的情况）。当光谱密度的曲线偏离长平区域，快速下降到零时出现 T_1 最小值。自旋锁定或转动平面弛豫时间的最小值 $T_{1\rho}$ 出现在更短的 T_1 值处，原因是有效共振频率（自旋锁定频率）非常小——接近于 40 kHz。

　核磁共振波谱学：
　　　原理、应用和实验方法导论

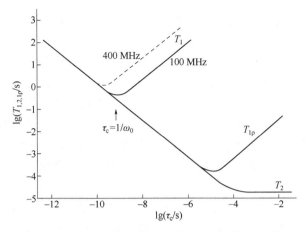

图 E.2　弛豫时间相对于有效相关时间的对数图

当 $1/\tau_c$ 更短时，如大分子的 $\omega_0^2\tau_c^2$ 远远大于 1，方程（E.2）的分母变成 $\omega_0^2\tau_c^2$，$1/T_1 = \gamma^2[B_{xL}{}^0]^2[2/(\omega_0^2\tau_c)]$。这个区域中 T_1 和相关时间 τ_c 直接成正比。因此，当 τ_c 增加时，T_1 也增加，但柔性下降，这与极窄条件的结果刚好相反。这种情况见图中上部和朝右方向的实线和短划线的曲线所示。这个部分显然与共振频率有关，因此短划线和实线部分不再重合。

横向或自旋-自旋弛豫（T_2）不仅受到涨落磁场的影响，还受到自旋之间直接作用的影响。两个自旋间的相互交换没有向晶格转移能量（绝热），也不改变 z 方向的净磁化，因此自旋-自旋作用改变 T_2 而不影响 T_1。非绝热情况下，两个弛豫过程的时间近似相等。在图 E.2 中极窄限制条件之外，当 T_1 增加（表明弛豫变慢）时，迁移率降低。绝热项并不对应着以相同的方式降低迁移率，相反，它持续单向降低，直到在非常长的 τ_c 下晶格变成刚性（自旋移相但无弛豫）。当 τ_c 比 T_2 更长时，T_2 达到一个渐近极限（刚性的晶格值）。

除了偶极作用机制外，自旋-晶格弛豫还可通过多种机制：

① 化学屏蔽各向异性　由于原子核的屏蔽效应随分子相对于 B_0 场的取向而改变，作用于原子核的磁场也会随之变化（除非极端对称的分子），所以分子的翻转调制了局域场，从而提供了一种弛豫机制。这个翻转过程与偶极弛豫的相同，因而两个机制的相关时间 τ_c 相同。结果，在极窄限制下，两个机制受到温度的影响相同，如它们随温度降低而变小。在高场下，这个机理更加重要，它的大小随 B_0 的平方而变化。现在谱仪的场强非常高，当弛豫以化学屏蔽各向异性的机制来进行，造成弛豫时间变短时，谱峰会增宽。

② 自旋转动　分子的自发转动（或分子片段转动）将产生磁场。这些转动因分子的碰撞而被终止，从而造成磁场的涨落。这个机理中的相关时间 τ_{SR}（SR 代表自旋转动）取决于碰撞时间，因此它与偶极-偶极作用和化学屏蔽各向异性弛豫

的 τ_c 不同。而且 τ_{SR} 随温度的升高而下降，高温下，通过自旋转动的弛豫更快 [T_1（SR）降低]，这与极窄区域中的偶极作用弛豫 [T_1（DD）] 机制相反。当分子很小，τ_c 太短而无法进行有效的偶极弛豫时，这个机理就很重要 [图 E.1（a）]。对于有快速转动基团的分子它也很重要，如端甲基碳的弛豫可能包含自旋转动的重要贡献，而内侧的亚甲基碳原子转动更慢，没有相应的贡献。三氟甲基（CF_3）上的碳几乎总是通过自旋转动进行弛豫，以 T_1 对 $1/T$ 作图，将出现一个最大值，其原因是低温的偶极弛豫转换成高温下的自旋转动弛豫。在图中的最大位置处，来自两个弛豫机制的贡献相同，曲线对温度的相关性表明它的弛豫属于两种机制的混合。

③ 标量耦合　J-耦合常数能通过两种机制进行改变：a. 如果分子处于两种形式的分子动态交换过程，两种形式下 J 值大小的差异表现出 J 值与时间的相关性，从而调制局部磁场，引起弛豫。这种机理被称为第一种标量弛豫，相对少见。它的相关时间为交换过程的相关时间。b. 当激发的原子核与四极核耦合时，耦合数值的大小取决于后者的弛豫速率，如我们常常把溴当作非磁性核，但是 ^{79}Br 和 ^{81}Br 的自旋量子数都是 3/2。快速的四极矩弛豫相互转换溴的自旋态，因而邻近的 ^1H 和 ^{13}C 只受到平均的影响，没有表现出相互的耦合，但相互作用的大小与激发核的四极矩弛豫速率有关。故 J 值调制提供了一个涨落磁场和一种弛豫机制。例如，直接与溴共价连接的碳原子除了标量耦合外还有其它弛豫机制起作用，由此表现为谱峰增宽。当相互耦合核的拉莫尔频率相似时，这种效果最大，如 ^{13}C 和 ^{79}Br 的情况。这种机理的时间常数就是激发核的弛豫时间常数。

④ 四极矩　这种机理仅适用于四极矩核，已经在 5.1 节中详细讨论过。

⑤ 未成对电子　电子的磁矩比质子的高 3 个数量级，产生激发核和电子间的偶极作用极其强烈，所造成涨落磁场引起的弛豫很有效。因此顺磁杂质能缩短弛豫时间，出现不确定的增宽甚至显著增加。当测量 T_1 时，通常样品需除气，故含有未成对电子的溶解氧对弛豫时间没有影响。分子内未成对自旋的影响相同，产生接触位移，同时伴随谱线的增宽。有时，引入少量含未成对自旋的弛豫试剂可以缩短弛豫时间，降低脉冲的间隔时间。当弛豫受到多个机理影响时，弛豫速率为所有贡献之和 [方程（E.3）]。

$$T_1^{-1} = T_1^{-1}(DD) + T_1^{-1}(SR) + \cdots \tag{E.3}$$

除了利用这些分子内的机理外，分子间也有弛豫发生，如前面所说的溶解氧一样。分子间也能发生偶极弛豫，特别是与溶剂之间，但是它的贡献通常较小。

核 Overhauser 效应（NOE）要求灵敏（S）核对不灵敏（I）核的偶极弛豫。如图 5.10 所示，W_2 弛豫提供了增加 I 核强度的一种机理。这种机理应用于极窄限制上相对较小的分子，原因是它的运动频率相对于 W_2 足够快。当核 I 和 S 都是质

核磁共振波谱学：
原理、应用和实验方法导论

子时，最大的增强强度为 50% （但实际上达不到）；而原子核不同时，最大强度的变化为 $100\gamma_S/2\gamma_I$（单位是%）。当 $\omega_0^2\tau_c^2 \gg 1$ 时，即大分子的情况，运动频率对应于 W_0，此时 W_1 和 W_2 弛豫并不有效。当核 I 和 S 都是质子时，这个区域内 NOE 的最大强度为−100%。因此大分子的 NOE 为负值，是极窄条件下分子的两倍。W_0 弛豫机理不改变净 z 磁化，原因是 I 和 S 核的自旋相互交换。这种情况下，自旋扰动可以超越原先被扰动的原子核向外扩散，这个过程被称为自旋扩散。$\omega_0^2\tau_c^2 \gg 1$ 的区域有时被称作自旋扩散限制。例如，自旋饱和能在整个样品中传播，压制大分子信号。自旋扩散时 NOE 的距离选择性消失。当 I 核的旋磁比小时，如 ^{13}C 或 ^{15}N，翻转慢的分子信号基本不变，这与极窄限制中所得的 ^{13}C 信号增强现象相反。这个结论来自 W_0 弛豫引起的自旋 I 布居数小小的扰动。在查看同时含小分子和大分子的样品时，如在细胞中，这个现象特别有用，小分子中碳原子的 NOE 为正，信号变大。这时可通过缩短 NOE 时间来限制自旋扩散，例如缩短照射时间，从而恢复 NOE 与距离的相关性等。

积算符公式和相干级图

布洛赫方程（附录 B）讲述了受到外磁场 B_0 和施加的磁场 B_1 影响下原子核所产生的磁化情况。为了包括原子核间的耦合效应，有必要使用量子力学方法（附录 C）来计算，这样就可以计算自旋态的能量以及它们之间的跃迁概率。在连续波实验的时代，这些方法得到了发展，但是现在大量使用脉冲和脉冲序列，强调磁现象随时间演化的重要性，因此需要引进新的公式来理解脉冲、脉冲序列期间弛豫、自旋作用和多个时域等因素的影响。恩斯特等人引入积算符公式，与量子力学密度矩阵理论相比，它提供了一个更直接的理论。

附录 C 使用自旋算符来计算耦合效应，这里再次使用 NMR 实验的整个哈密顿算符［方程（C.3）］，见方程（F.1）。

$$\mathcal{H} = \mathcal{H}^0 + \mathcal{H}^1 = \sum_i v_i I_Z(i) + \sum_i \sum_j J_{ij} I(i) \cdot I(j) \tag{F.1}$$

式中，频率量（v_i，J_{ij}）的单位为 Hz。这里有必要把线频率 v 乘以 2π 转换为角频率（$\omega = 2\pi v$）单位。相应的方程（F.1）转换为方程（F.2）。

$$\mathcal{H} = \mathcal{H}^0 + \mathcal{H}^1 = \sum_i \omega_i I_z(i) + \sum_i \sum_j 2\pi J_{ij}(i) I_z(j) \tag{F.2}$$

式中，耦合效应仅在 z 轴方向表示，开始时 xy 平面上没有磁化。附录 C 中，每个坐标轴上都估算了自旋算符 I 的影响［方程（C.8）］。在哈密顿算符中通过尝试增加一个时间因子，这样积算符公式得以拓展，我们就能计算磁化随时间的演化。

这里必须考虑三种常见现象对时间的影响：①脉冲、②化学位移和③自旋-自旋耦合。为了表示沿 x 轴施加的一个 90°（$\pi/2$）脉冲对 z 磁化的影响，我们使用方程（F.3）的公式。

$$I_z \xrightarrow{\quad 90°I_x \quad} I_y \tag{F.3}$$

它表明一个 90° I_x 脉冲（箭头上）作用于 I_z（z 磁化）时，把 I_z 转变成 I_y（y 磁化），如大家熟悉的图 F.1 中矢量图所示。

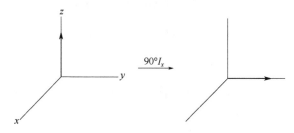

图 F.1　x 方向 90°脉冲的矢量表示

方程（F.3）和图 F.1 表示的现象相同，其它脉冲序列也有相似的表示，例如方程（F.4）。

$$I_z \xrightarrow{\ 90°I_y\ } -I_x \tag{F.4}$$

表示沿 y 轴的 90° 脉冲对 z 磁化的影响。方程（F.5）。

$$I_z \xrightarrow{\ 90°(-I_x)\ } -I_y \tag{F.5}$$

表示沿 $-x$ 轴的 90° 脉冲对 z 磁化的影响。方程（F.6）。

$$I_y \xrightarrow{\ 90°I_x\ } -I_z \tag{F.6}$$

表示沿 x 轴的 90° 脉冲对 y 磁化的影响。方程（F.7）。

$$I_x \xrightarrow{\ 90°I_x\ } I_x \tag{F.7}$$

表示沿 x 轴的 90° 脉冲对 x 磁化的影响。注意，在最后的例子中，平行脉冲对磁化没有影响，与早些所提到的一样。这些方程引入与矢量图等价的算符公式，例如对于一般角度 θ 的脉冲，方程（F.8）给出了其作用于 z 磁化的效果。

$$I_z \xrightarrow{\ \theta I_x\ } I_z \cos\theta + I_y \sin\theta \tag{F.8}$$

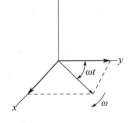

图 F.2　未耦合（$J=0$）自旋矢量在频率为 ω xy 平面随时间 t 的演化

在矢量公式中，化学位移的影响（拉莫尔频率差）用 xy 平面上的矢量从 y 轴的一个位置旋转到它之前的 ωt 角度来表示（图 F.2）。

坐标体系以参考频率 ω 绕 z 轴旋转，因此磁化矢量以 $\Delta\omega = \omega - \omega_r$ 的速率远离坐标轴，与 y 轴呈 $(\Delta\omega)t$ 的夹角。为了简化，我们舍弃 Δ，参考原子核的频率以及它与参考频率的差值 ω，如图 F.2 所示（真实对应于 $\omega_r = 0$ 的特殊情况）。积算符公式中，化学位移的影响用哈密顿项 $\mathcal{H}^0$ 作用于磁化来表示，如方程（F.9）～（F.11）的三个笛卡尔坐标所示。

$$I_x \xrightarrow{\ \omega t I_z\ } I_x \cos\omega t - I_y \sin\omega t \tag{F.9}$$

$$I_y \xrightarrow{\ \omega t I_z\ } I_y \cos\omega t + I_x \sin\omega t \tag{F.10}$$

$$I_z \xrightarrow{\ \omega t I_z\ } I_z \tag{F.11}$$

正如前面所说，为了包括化学位移随时间的演化以及把算符转换成角度单位（弧度），算符需要乘上时间 t。

化学位移在 z 轴上没有演化［方程（F.11）］，它在 xy 平面的演化表现为正弦和余弦成分之和［方程（F.9）和方程（F.10）］。例如在图 F.2 中，磁化从 y 轴开

　核磁共振波谱学：
原理、应用和实验方法导论

始（$t = 0$）［见方程（F.10）左边表示］，然后在化学位移的影响下（箭头上的符号），演化成 y 轴上的余弦成分（刚开始为 1）和 x 轴的正弦成分（刚开始为零），结果见方程（F.10）右侧的表达式。对这些三角函数成分进行傅里叶变换后得到 $\pm\omega$ 的拉莫尔频率。注意，这个实验不能区别在参考频率两侧差值相同的信号，这就需要利用正交检测进行挑选。没有耦合时，方程（F.12）给出了积算符公式中一个典型 NMR 情况的例子：开始时只有纵向（z）磁化，施加一个 x 方向 90° 脉冲后产生横向（y）磁化，随后在检测期中化学位移演化，对应于图 F.1 和图 F.2 所描述的矢量示意图。

$$I_z \xrightarrow{\;90°I_x\;} I_y \xrightarrow{\;\omega t I_z\;} I_y \cos\omega t + I_x \sin\omega t \qquad (\text{F.12})$$

在连续波 NMR 的时代，基本上耦合常数值是用来指认相邻质子的多重度和借助 Karplus 公式测定立体化学的工具。在复杂的脉冲序列中，耦合常数通常作为结构连接的谱图修正工具。从积算符公式角度来讲，哈密顿的耦合常数项［方程（F.2）］乘以时间 t 就是方程（F.13）和方程（F.14）中与原子核 j 耦合的原子核 i 沿 x 和 y 轴的磁化。

$$I_x(i) \xrightarrow{\;2\pi J_{ij} I_z(i)I_z(j)t\;} I_x(i)\cos(\pi J_{ij}t) - 2I_y(i)I_z(j)\sin(\pi J_{ij}t) \qquad (\text{F.13})$$

$$I_y(i) \xrightarrow{\;2\pi J_{ij} I_z(i)I_z(j)t\;} I_y(i)\cos(\pi J_{ij}t) + 2I_x(i)I_z(j)\sin(\pi J_{ij}t) \qquad (\text{F.14})$$

双自旋体系中一个成员耦合演化的矢量表示见图 5.9（a）～（c）。把转动坐标系的参考频率设置为拉莫尔频率，因此与原子核 j 耦合的两个矢量移动到 y 轴的正负方向，且速率相等（偏离轴 $J/2$，或相距 J）。图 F.3（a）来自图 5.9（c）。图 F.3（b）中，两个矢量投影到 xy 平面，一个矢量代表与 j 原子核 α 矢量的耦合，另外一个为与 β 矢量的耦合，每个矢量能分解成 x 和 y 成分，见图 F.3（c）所示。沿 y 轴的同相分量开始时偏离大，然后随矢量偏离后而降低，所以它受到余弦函数的调制，数学上表示为方程（F.14）中的第一项：$I_y(i)\cos(\pi J_{ij}t)$。这就是检测到的信号，实验中傅里叶变换后得到最终的图谱。

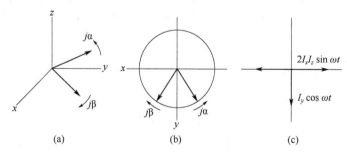

图 F.3　从两个角度［（a）和（b）］看到的 xy 平面标量耦合（J）的两个矢量演化，以及沿 x 和 y 轴的分解（c）

异相（或反相）的 x 成分由沿$+x$ 和$-x$ 轴能相互抵消的成分构成 [图 F.3（c）：xy 平面中逆时针方向移动的部分与顺时针移动的部分完全相互抵消]。反相的 x 成分没有被检测出来，它们相互抵消，宏观磁化为零。如果把原子核 j 的β自旋说成指向$+x$，α自旋指向$-x$，那么这个矢量表示为 $I_x(i)[I_\beta(j)-I_\alpha(j)]$。这个约定是任意的，它取决于 i 和 j 耦合常数的符号。α和β能级间的布居数差$[I_\beta(j)-I_\alpha(j)]$对应着 $2I_z$，故数学上 x 成分表示为 $I_x(i)[2I_z(j)]$。这个变量随时间的变化受到正弦函数调制影响，变成方程（F.14）中的第二项，随后方程（F.14）描述了图 5.9（c）、图 F.3（a）和其它地方两个矢量的演化过程，分别表示为沿 y 和 x 轴的两个不同分量。

方程（F.14）中第二项（反相）首次包含两个算符的乘积：$I_x(i)I_z(j)$，因此耦合被认为是通过一个算符转换成两个算符之积 $I_y \rightarrow 2I_x I_z$ 的过程，它创建一个新算符。当把时间 t 设为恒定值时，那么值得考虑一个特殊的情况，如第 5 和第 6 章中的许多例子一样。如果把 t 等于$(2J)^{-1}$，由于 $\cos(\pi/2) = 0$，$\sin(\pi/2) = 1$，那么方程（F.14）可变成方程（F.15）。

$$I_y(i) \xrightarrow{\pi I_z(i)I_z(j)} 2I_x(i)I_z(j) \tag{F.15}$$

此时没有同相成分，唯一的磁化是反相成分。例如，INEPT 序列（5.6 节）就是利用这种方式选择反相的磁化。如果在耦合常数相同的影响下允许继续进动，反相成分将以与方程（F.14）平行的方式进行角色转换、反转，反相成分乘以余弦项，同相成分乘以正弦项，得到方程（F.16）。

$$2I_x(i)I_z(j) \xrightarrow{2\pi J_{ij}I_z(i)I_z(j)t} 2I_x(i)I_z(j)\cos(\pi J_{ij}t) - I_y(i)\sin(\pi J_{ij}t) \tag{F.16}$$

经过另外一个周期 $t = (2J)^{-1}$，变成方程（F.17）。

$$2I_x(i)I_z(j) \xrightarrow{\pi I_z(i)I_z(j)} -I_y(i) \tag{F.17}$$

这样，磁化像沿$-y$ 轴的回波一样被重聚，正如我们在 5.6 节所见。这个序列的第二部分涉及通过 $2I_x I_z \rightarrow I_y$ 过程的算符湮灭，因此耦合操作能同时起到创建和湮灭算符的作用。通过这种方式，相干被转移。方程（F.18）作为方程（F.16）的补充，可用于解释沿 y 轴的磁化转移。

$$2I_y(i)I_z(j) \xrightarrow{2\pi J_{ij}I_z(i)I_z(j)t} 2I_y(i)I_z(j)\cos(\pi J_{ij}t) + I_x(i)\sin(\pi J_{ij}t) \tag{F.18}$$

双自旋体系总共由 16 个积算符，两个自旋各有 3 个笛卡尔坐标：$I_x(i)$、$I_y(i)$、$I_z(i)$、$I_x(j)$、$I_y(j)$ 和 $I_z(j)$。通过方程（F.3）～方程（F.14），这 6 个算符根据脉冲、化学位移和耦合常数的各种影响进行转换，化学位移和耦合常数的影响同时发生。在没有强耦合的情况（一级条件）下，由于算符对易，它们可以表示为顺序发生。这里没有列出所有可能的方程，其它的也能根据相似性推导得到。这里还有归一

核磁共振波谱学：
原理、应用和实验方法导论

化算符或单元算符，它参与运算但不改变函数，有 9 个与两个自旋相关的积算符。我们早已看到四个反相自旋的磁化强度——$2I_x(i)I_z(j)$、$2I_y(i)I_z(j)$、$2I_z(i)I_x(j)$ 和 $2I_z(i)I_y(j)$——由方程（F.16）～方程（F.18）或类似的方程通过耦合进行的变换得到。算符 $2I_z(i)I_z(j)$ 据说拥有纵向的双自旋序数，它专指不会造成任何净自旋极化的自旋扰动。剩下的 4 个算符——$2I_x(i)I_x(j)$、$2I_y(i)I_y(j)$、$2I_x(i)I_y(j)$ 和 $2I_y(i)I_x(j)$——表示双自旋相干，它需要进一步的解释。

相干指的是双自旋态间通过自旋翻转的一种联系。NMR 实验开始时，所有自旋沿 z 轴随机进动，没有相位相干（图 1.10）。通过简单的自旋翻转，磁化转移到 xy 平面，z 磁化下降，出现 xy 磁化，相位开始相干而不是随机（图 1.11）。在脉冲 NMR 的王国里，相干项具有更加复杂的含义。单自旋体系中一个简单的自旋翻转涉及 β 自旋变成 α 自旋，它表明两个相邻的自旋能级间存在联系。自旋量子数不同，$\Delta m = [1/2-(-1/2)]$ 为 1，Δm 符号对应着吸收或发射，但在这个过程中不重要。Δm 被定义为相干序 p，因此简单自旋翻转的相关序为 1（$p = \pm 1$），为单量子相干。在更复杂的耦合系统中，这种现象将持续出现，例如从 ββ 到 αβ 态的跃迁涉及单自旋翻转，这也是单量子相干。

前面我们说到两个自旋同时翻转的跃迁是禁止的，因此发生的概率低。不管这种说法是否正确，但仍可利用脉冲来实现这些现象。当两个自旋同时翻转时，磁化量子数的净变化 Δm 要么是 0，要么是 2。例如从 ββ 到 αα 的跃迁 $\Delta m = 2$，被认为是双量子相干（$p = \pm 2$）；从 αβ 到 βα 的跃迁 $\Delta m = 0$，为零量子相干（$p = 0$）。在脉冲序列的过程中，这种相干可以被产生、利用或湮灭，因此寻找低强度的双或零量子跃迁不再是一个简单问题。我们不再考虑涉及两个以上自旋态的相干。

我们只能观察到单量子相干，这相当于只能观察到单自旋翻转的过程。积算符公式中，这些过程用符号来代表，例如与方程（F.3）里 $I_y(i)$ 表示沿 y 轴观测核 i 一样。双自旋相干(双自旋翻转)如 $2I_x(i)I_x(j)$ 和 $2I_y(i)I_y(j)$ 不可观测，反相相干如 $2I_x(i)I_z(j)$ 可以转换成单量子相干。当 i 和 j 存在耦合时，它能通过与方程（F.17）类似的过程被观测到。应该意识到反相相干真正具有一个横向成分（I_x 或 I_y）（对应于单自旋翻转）和任意数目的纵向成分（I_z）。当然纵向磁化本身并不能可观测，因此一个核的系综可以在一个脉冲序列期间经历多或零量子跃迁，但是为了被检测到，必须以 I_y 和 I_x 来结束。

在各种算符之间能发生变换，例如方程（F.19）和方程（F.20）。

$$2I_y(i)I_z(j) \xrightarrow{90°[I_x(i)+I_x(j)]} -2I_z(i)I_y(j) \qquad (\text{F.19})$$

$$2I_x(i)I_z(j) \xrightarrow{90°[I_x(i)+I_x(j)]} 2I_z(i)I_y(j) \qquad (\text{F.20})$$

表明反相 i 磁化转换为反相 j 磁化，反相 i 磁化转换成双自旋相干。这些关系要求积算符独立进行转换。这里有符号约定，我们不准备深入但会讨论，例如参考文献[1]中也给出了一个双自旋体系所有可能操作的完整表格。

脉冲序列可用各种不同方式来描述：①脉冲角度和时间周期表，例如单个 90°（采样）脉冲，180°-τ-90°（采样）反转恢复脉冲序列；②连续线相连的一系列区域，例如图 F.1 所示的单脉冲和 COSY 实验，和③图 1.15 的单脉冲和图 F.2 的 COSY 实验中三维笛卡尔坐标系中的矢量运动。这些表示成功把不相干的磁化（I_z）变成单量子相干（I_y）或反相[$2I_x(i)I_z(j)$]，但是无法把它们表示为零和多量子相干，例如 $2I_x(i)I_x(j)$ 或 $2I_y(i)I_x(j)$。至此，Ernst、Bodenhausen、Bain 和其它人一起发展了第 4 种 NMR 实验的表示方法，其中强调了相干序。

图 F.4 描述了简单的一维 90°脉冲后随即采样的相干序变化。实验从绕 z 轴随机进动的自旋开始，表示为图中零相干（$p = 0$）的水平粗线。当施加 90°脉冲时，矢量进入到转动坐标系上的 y 轴，随即单量子相干演化，表示为 $p = 1$ 处的水平线粗移动。这个信号可以认为是信号频率沿 y 轴的振荡，或是两个信号在 xy 平面顺、逆时针方向转动（与图 1.12 和 B.1 类似）。信号频率为+ω和-ω，分别标记为 $p = +1$ 和-1（符号差异是人为的，文献中并没有统一的表述），这两种可能性分别用图 F.4 中的（a）和（b）图代表。调整正交检测来接收其中的一个信号，它们二者之间相位差 90°。这种表示称为相干级示意图。

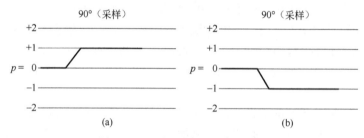

图 F.4 90°脉冲的相干级示意图

这个图中 180°脉冲的效果取决于之前所发生的事情。反转恢复实验中 180°脉冲反转不相干的自旋，相干序没有变化，所以脉冲没有改变水平线。反转恢复实验［180°-τ-90°（采样）］的相干级图与图 F.4 的唯一不同是 90°（采样）的粗线变化维持一个恒定时间τ。但是如果 90° 脉冲开始时把相干序移至+1，那么 180°脉冲的结果是把它变成-1，正如在简单的无去耦自旋回波实验［90°-τ-180°（采样）］一样。图 5.13 给出了反转恢复脉冲序列的矢量图，图 F.5 则提供了相干级图，其中仅显示了 $p = +1$ 的

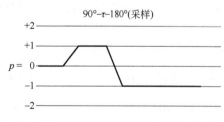

图 F.5 反转恢复实验的相干级示意图

成分，在随后的描述中化学位移的重聚并不明显。

现在让我们用积算符公式来检验最基本的二维实验：COSY。这里将使用前面方程给出的绝大部分关系。（图 F.1）脉冲序列涉及两个 90°脉冲，中间间隔了一个周期 t_1，随后是第二个周期 t_2，[90°-t_1-90°-t_2（采样）]。化学位移和耦合常数的影响在两个周期内都有表达。我们可以通过检测一个耦合双自旋（核 i 和 j）的体系来了解其理论。方程（F.21a）中的表示

$$I_z(i) \xrightarrow{90°I_x} I_y(i) \xrightarrow{\omega I_z(i)t_1} I_y\cos\omega_i t_1 + I_x\sin\omega_i t_1 \qquad (\text{F.21a})$$

包括了开始 90°脉冲影响的积算符和核 i 上的化学位移演化。相似方程作用于核 j，根据拉莫尔频率 ω_i，磁化移至 y 轴，在 t_1 期内演化。这个结果源于方程（F.3）和方程（F.10），那么方程（F.21b）

$$\xrightarrow{2\pi J_{ij}I_z(i)I_z(j)t_1} [I_y(i)\cos\omega_i t_1 + I_x(i)\sin\omega_i t_1]\cos(\pi J_{ij}t_1)$$
$$+ [2I_x(i)I_z(j)\cos\omega_i t_1 - 2I_y(i)I_z(j)\sin\omega_i t_1]\sin(\pi J_{ij}t_1) \qquad (\text{F.21b})$$

给出了来自耦合常数 J_{ij} 影响的信息。这个变换中包含两项：余弦项，对应于同相信号；正弦项，表示反相信号。这个结果源于方程（F.13）和（F.14）。

在这个阶段，沿 x 轴施加第二个 90°脉冲，方程（F.21b）中每个部分的转换近似：基于方程（F.6）的第一个同相，来自方程（F.7）的第二个同相部分，第一个反相部分来自方程（F.20）（反相 i 转换为多量子相干），第二个反相成分来自方程（F.19）（反相 i 磁化转换为反相 j 磁化）。总的结果见方程（F.21c）。

$$\xrightarrow{90°[I_x(i)+I_x(j)]} [-I_z(i)\cos\omega_i t_1 + I_x(i)\sin\omega_i t_1]\cos(\pi J_{ij}t_1)$$
$$+ [2I_x(i)I_y(j)\cos\omega_i t_1 + 2I_z(i)I_y(j)\sin\omega_i t_1]\sin(\pi J_{ij}t_1) \qquad (\text{F.21c})$$

在新 t_2 周期内，磁化将根据检测期内化学位移和耦合常数的数值进行演化。方程（F.21c）中只有第 2 和第 4 项才有可检测的信号，第 1 是纵向成分，第 3 部分含有两个横向成分，所以检测期 t_2 内，方程（F.21c）可简化成方程（F.21d）。

$$\xrightarrow{90°[I_x(i)+I_x(j)]} I_x(i)\sin\omega_i t_1\cos(\pi J_{ij}t_1) + 2I_z(i)I_y(j)\sin\omega_i t_1\sin(\pi J_{ij}t_1) \qquad (\text{F.21d})$$

现在单独考虑这个方程中两个部分在 t_2 时间内的演化。根据方程（F.9）的结果，核 i 的化学位移作用于方程（F.21d）的同相部分得到方程（F.21e）。

$$I_x(i)\sin\omega_i t_1\cos(\pi J_{ij}t_1) \xrightarrow{\omega I_z(i)t_2} I_x(i)\sin\omega_i t_1\cos(\pi J_{ij}t_1)\cos\omega_i t_2$$
$$- I_y(i)\sin\omega_i t_1\cos(\pi J_{ij}t_1)\sin\omega_i t_2 \qquad (\text{F.21e})$$

耦合［方程（F.13）和方程（F.14）］作用于方程（F.21e），得到方程（F.21f）。

$$\xrightarrow[\text{（同相部分）}]{2\pi J_{ij} I_z(i) I_z(j) t_2} I_x(i) \sin\omega_i t_1 \cos(\pi J_{ij} t_1)\cos\omega_i t_2 \cos(\pi J_{ij} t_2)$$
$$-I_y(i)\sin\omega_i t_1 \cos(\pi J_{ij} t_1)\sin\omega_i t_2 \cos(\pi J_{ij} t_2) \tag{F.21f}$$

因为我们只需要包括方程（F.13）和（F.14）中的同相部分，所以它是简化的结果。反相部分引入不可观测的多量子态，必须牢记 t_2 是检测期。方程（F.21f）中沿 y 轴的可观测量（第二项）在 t_2 演化期和 t_2 检测期内只有核 i 的频率（ω_i），因此二维图谱中这个检出的磁化出现在对角线上。因为信号受到 t_2 中耦合项的余弦调制，它是同相［记得图 F.3（c）中同相的定义］，方程（F.21d）的第一项产生二维实验的对角线信号。

根据方程（F.10），化学位移对方程（F.21d）第二项的操作得到方程（F.21g）。

$$2I_z(i)I_y(j)\sin\omega_i t_1 \sin(\pi J_{ij} t_1) \xrightarrow{\omega_j I_z(i) t_2} 2I_z(i)I_y(j)\sin\omega_i t_1 \sin(\pi J_{ij} t_1)\cos\omega_j t_2$$
$$+2I_z(i)I_x(j)\sin\omega_i t_1 \sin(\pi J_{ij} t_1)\sin\omega_j t_2 \tag{F.21g}$$

根据方程（F.13）和方程（F.14），耦合操作后得到方程（F.21h）。

$$\xrightarrow{2\pi J_{ij} I_z(i) I_z(j) t_2} 2I_z(i)I_y(j)\sin\omega_i t_1 \sin(\pi J_{ij} t_1)\cos\omega_j t_2 \cos(\pi J_{ij} t_2)$$
$$+I_x(j)\sin\omega_i t_1 \sin(\pi J_{ij} t_1)\cos\omega_j t_2 \sin(\pi J_{ij} t_2)$$
$$+2I_z(i)I_x(j)\sin\omega_i t_1 \sin(\pi J_{ij} t_1)\sin\omega_j t_2 \cos(\pi J_{ij} t_2) \tag{F.21h}$$
$$-I_y(j)\sin\omega_i t_1 \sin(\pi J_{ij} t_1)\sin\omega_j t_2 \sin(\pi J_{ij} t_2)$$

这种情况下，我们必须包括方程（F.13）和方程（F.14）的同相和反相项。第一和第三项源自耦合操作的同相部分，而方程（F.21g）的两项受到方程（F.13）和方程（F.14）的余弦项调制。在最后的表达式中，这些项反相，无法检测，故可以忽略。第二和第四项开始时作为耦合操作的反相项，但是第二次施加耦合算符后湮灭了一个算符。建议最好从 Freeman 的表得到算符操作。算符 $I_z(i)I_z(y)$ 作用于 $2I_z(i)I_y(j)$ 得到 $I_x(j)$，相同算符作用于 $2I_z(i)I_x(j)$ 得到 $-I_y(j)$。这个操作也可以用其它的方法得到，$I_z(i)I_x(j) = 1/4$，消除了因子 2。方程（F.21h）中的第二和第四项是可检测的信号。注意，对于这些项的信号，t_1 期内的化学位移为 ω_i，但在 t_2 期内是 ω_j，因此在傅里叶变换后，信号为两个频率域中不同频率的交叉峰。t_2 期内，这些项受到耦合项的正弦调制影响，因而与对角线峰同相，相位差 90°。例如当对角峰为色散时，交叉峰为吸收型，反之亦然。

需要指出的是，为了简化这些方程的分析，避免迷失在三角函数中，方程（F.22）讲述了二维实验的详细步骤，这些操作将产生核 i 可观测的对角线信号。沿 x 轴施加 90° 脉冲后，核 i 的初始纵向磁化移动至 y 轴。在 t_1 时间内，受到核 i

核磁共振波谱学：
原理、应用和实验方法导论

化学位移和与核 j 耦合的影响。在这个简化版本中，只保留了沿 x 轴的磁化，最终转化为被检测的 y 磁化。第二个 90°脉冲对同相 x 磁化没有影响，根据上述的化学位移和耦合常数，它在 t_2 时间内演化，得到了描述可观察的磁化项。这项在两个时域里包含相同频率 ω_i，以保证观察到的信号落在二维图谱的对角线上，它在检测期中受到耦合项的余弦调制，故与信号同相。

$$I_z(i) \xrightarrow{90°I_x} I_y(i) \xrightarrow{\omega} I_x(i)\sin\omega_i t_1 \xrightarrow[\text{(同相部分)}]{J} I_x(i)\sin\omega_i t_1 \cos(\pi J_{ij} t_1)$$

$$\xrightarrow[\text{(同相部分)}]{90°I_x} I_x(i)\sin\omega_i t_1 \cos(\pi J_{ij} t_1) \xrightarrow{\omega} I_y(i)\sin\omega_i t_1 \cos(\pi J_{ij} t_1)\sin\omega_i t_2 \quad (F.22)$$

$$\xrightarrow{J} I_y(i)\sin\omega_i t_1 \cos(\pi J_{ij} t_1)\sin\omega_i t_2 \cos(\pi J_{ij} t_2)$$

方程（F.23）描写了二维实验中产生核 i 偏对角线信号的详细步骤，其初始过程与方程（F.22）对角信号相同，直到 t_1 演化期中选择反相项。在第二个 90°脉冲后，源自反相 i 磁化项在第二个 t_2 周期内根据相关的化学位移和耦合常数进行演化。我们选择了来自化学位移操作项，其最终生成 y 磁化。现在耦合操作作为湮灭算符，产生沿 y 轴的单量子相干。这个简化的描述中，已经忽略了符号，最终信号在 t_1 内显示 ω_i，t_2 时间内展示 ω_j，所以以交叉峰的形式出现。由于在周期 t_2 内受到耦合项的正弦调制，所以与对角线信号相比，这个信号 90°反相。

$$I_z(i) \xrightarrow{90°I_x} I_y(i) \xrightarrow{\omega} I_x(i)\sin\omega_i t_1 \xrightarrow[\text{(反相部分)}]{J} 2I_y(i)I_z(j)\sin\omega_i t_1 \sin(\pi J_{ij} t_1)$$

$$\xrightarrow[\text{(反相部分)}]{90°I_x} 2I_z(i)I_y(j)\sin\omega_i t_1 \sin(\pi J_{ij} t_1)$$

$$\xrightarrow{\omega} 2I_z(i)I_x(j)\sin\omega_i t_1 \sin(\pi J_{ij} t_1)\sin\omega_j t_2$$

$$\xrightarrow{J} I_y(j)\sin\omega_i t_1 \sin(\pi J_{ij} t_1)\sin\omega_j t_2 \sin(\pi J_{ij} t_2) \quad (F.23)$$

COSY 实验的相干级见图 F.6 所示。初始时 90°脉冲产生 y 磁化，它可以顺或逆时针进动，对应于图 F.4 的 $p = \pm 1$ 相干模式。在实验结束时相位循环选择能被检测的相干，例如 $p = -1$。当初始和被检测的相干一样，如图 F.6（a）所示时，这种实验通常被称作 P 型（反回波）实验；当初始和被检测的相干数相反时，如图 F.6（b），该实验被称作 N 型（回波型）实验。二者之间只是原始信号的进动（$\pm\omega$）意义不同。N 型实验中，第二个 90°脉冲改变了相干数 p，从 +1 到 -1，但对 P 型实验没有影响（如同耦合算符引起的反相位移结果一样）。相敏的 COSY 实验中，± 1 通道在 t_1 时间内必须被保留。

正如 6.3 节讨论的那样，NOESY 和 EXSY 实验探索 COSY 实验的第二个 90°脉冲后剩余的纵向磁化。当信号通过产生 NOE 的偶极弛豫或通过改变核特性的化学交换进行调制时，这个纵向磁化被允许在混合时间 τ_m 内演化。第三个 90°脉

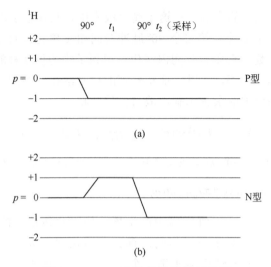

图 F.6　COSY 实验的相干级示意图

冲把被改变的纵向磁化移至 xy 平面来检测。图 F.7 给出了 NOESY 和 EXSY 实验的相干级图。从相干级的角度来讲，开始的 90°脉冲产生单量子相干（$+\omega$ 和 $-\omega$ 都被显示），它在 t_1 期内基于化学位移演化。第二个 90°脉冲把磁化恢复至 z 轴（它产生零量子相干），然后在 τ_m 内受到偶极弛豫和化学交换的扰动。由于存在单量子和双量子的 COSY 信号，这个实验必须选择零量子信号，并且通过第三个 90°脉冲把它转移到 $p = -1$ 用来观察。6.3 将此过程描述为一个简单的 90°脉冲，沿 z 轴留下不需要的信号。实际上，选择相干数要么通过相位循环，要么通过脉冲场梯度来进行。5.8 节讲述的相位循环能通过探索相位的差异选择一个特别的相位相干。脉冲场梯度的相干选择通常更加高效（见 6.6 节）。

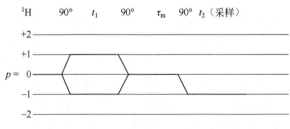

图 F.7　NOESY 和 EXSY 实验的相干级图

6.1 节描述了双量子滤波 COSY 实验（DQF-COSY），与 COSY 谱相比，它缺少没有同核耦合对象原子核的信号。COSY 实验产生双量子相干［方程（F.21c）中的第三项］，这被我们当作不可观测量而忽略。图 F.8 显示了这些相干在 DQF-COSY 实验中的演化，零［方程（F.21c）中第一项］和单量子相干（第二项

核磁共振波谱学：
原理、应用和实验方法导论

和第四项）也在，但是没有在图谱中显示。使用相位循环或脉冲场梯度选择双量子相干，把它们转换成可被观测的单量子相干。图 F.7 和 F.8 的比较表明 NOESY 和 DQF-COSY 实验极其相似，它们唯一的差别是第二个 90° 脉冲后混合时间 τ_m 的长短。这段时间可选为偶极弛豫，也可选为同核耦合。另外，第三个 90° 脉冲的相位循环差异取决于相干选择。

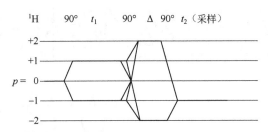

图 F.8 DQF-COSY 实验的相干级图

最后，让我们再次从相干级图（图 F.9）的角度讨论二维 INADEQUATE 实验（6.4 节）。这个实验仅利用不灵敏核如 ^{13}C 频率的脉冲，开始的 90° 脉冲产生单量子相干，选择 τ 时间以产生 ^{13}C 核与其耦合同伴的反相排列，^{13}C 核的中心峰来自没有相邻 ^{13}C 核的信号，它被留在 z 轴。在 t_1 时间内，双量子相干以与 DQF-COSY 实验相似的过程演化。这些相干按拉莫尔频率和 $\omega_i + \omega_j$ 演化，用方程（F.21a）和方程（E21b）表示，并通过最后 90° 脉冲的相位循环来进行选择。t_2 期内观测到的信号出现在 ν_1 轴 $\omega_i + \omega_j$ 处和 ν_2 轴的 ω_i 与 ω_j 位置，如图 6.33 所示。这里没有对角峰，原因是它们已经被选择出来了。这个实验一般会用异核去耦来压制 ^{1}H—^{13}C 的耦合，并利用可能的异核 NOE。

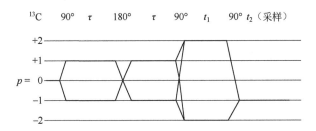

图 F.9 二维 INADEQUATE 实验的相干级图

参考文献

[1] Freeman, R. (1987). *A Handbook of Nuclear Magnetic Resonance*. Essex: Longman Scientific & Technical.

附录 **G**

核磁结构解析中的
立体化学

很久以前，NMR 谱中就引入等时性、等价和位性（topicity）等术语来描述所研究的原子核。如果原子核或官能团等时，那么它们化学等价。但是，磁等价比化学等价的要求更加严格，它由潜在磁等价的原子核组与每个核间的耦合常数来决定（4.2 节）。最后，位性与化学等价核或基团互换的对称操作本质有关。

在 NMR 图谱中，与前手性官能团（CaabCxyz 体系中的配体"a"）有关的特殊类型结构依然是困惑之源。例如，乙基苯和异丙基苯中的 R—CH₂—R′和 R—C(CH₃)₂—R′结构就是其中的典型例子。即使在 R 或 R′基团中含有手性中心，在适当的条件下这些体系中的同碳质子或甲基质子常常被误认为等价（这个术语通常没有被定义，但根据上下文意思，它指的是基于化学位移标准的磁等价，4.2节）。此外，通常根据耦合常数的标准，亚甲基质子磁等价，它把相邻的质子裂分成三重峰（当然自旋耦合的质子可以被相邻的其它质子和异核进一步裂分）。前手性基团中观测到非等价或前手性质子经常无法按照预期的方式自旋耦合等现象，常常归因于分子中含前手性的结构转动缓慢。

对映异位的原子核或基团大部分或完全满足前面与对称性相关的预测。另外，它们的化学位移取决于 NMR 实验时所用的介质以及谱仪的分辨率，后者受到磁场强度的影响。在非手性或外消旋介质中，对映异位体基团是等时的，它们形成 A₂，X₂ 等自旋体系，但它们在手性介质中表现出潜在的非等时性质。

当分子中存在一个或多个手性中心时，大部分前手性基团不能通过任何对称操作进行交换，它们非对映异位，形成 AB、XY 等体系。因此当面对前手性基团时，化学家期待它们为非对映异位，或许当它们不是非对映异位时化学家会喜出望外。

在深入调查研究有手性中心存在时非对映异位、前手性基团的化学位移不等价事情之前，让我们来深入分析更加熟悉的等位和对映异位基团例子，看看它们的 NMR 表现与其非对映异位部分的差异。特别是我们将看到甲基质子的磁等价，它们的化学位移实际上被快速转动平均，而非对映异位的前手性质子磁不等价，主要是它们的化学位移不能被快速转动而平均。

G.1
等位

我们首先考虑图 G.1 上 HₐHᵦH꜀C—Cxyz 分子中的甲基质子。众所周知，即使甲基质子与手性中心相邻，它也是化学等价（因此等时）的。这些甲基质子的等时性可用下面的方式来阐明。为了简单起见，我们忽略其他构象的贡献，只考虑到一个对映异位体中的三个交叉型构象（图 G.1 中的 A、B 和 C）。

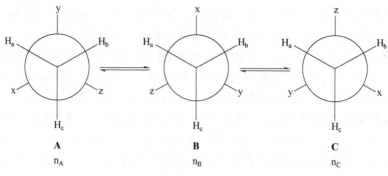

图 G.1　等位配体（H_a、H_b、H_c）

此外，任意特定质子如 H_a 的化学位移不仅是它相邻基团（包括图 G.1 中的 H_b 和 H_c）的函数，还是这些基团间几何关系的函数。至于它们对邻近质子化学位移（与图 G.1～图 G.4 中所示的一样）的贡献，可以根据纽曼投影式识别出三种类型的基团：①与被研究的质子邻交叉的基团（α）；②依此与第一个基团邻交叉的基团（β）；③与目标质子呈反式的基团（γ）。由于基团之间的相互作用，这些取代基的取向对其相邻质子的化学位移有不同的影响，如共振的立体阻碍等，这是它们在分子中特定的几何结构所特有的情况。

例如，构象 **A**、**B** 和 **C** 中，H_a 的化学位移分别表示为 $\delta_{yH(b)z/xH(c)z}$，$\delta_{xH(b)y/zH(c)y}$ 和 $\delta_{zH(b)x/yH(c)x}$ 的函数，根据图 G.1 中构象的顺时针/逆时针角度，取代基分别按照 α、β、γ 排序。此外，构象 **A**、**B** 和 **C** 的摩尔分数分别为 n_A、n_B 和 n_C，则 H_a、H_b 和 H_c 的平均化学位移由方程（G.1）～方程（G.3）给出，即

$$\delta_{H(a)} = n_A \delta_{yH(b)z/xH(c)z} + n_B \delta_{xH(b)y/zH(c)y} + n_C \delta_{zH(b)x/yH(c)x} \tag{G.1}$$

$$\delta_{H(b)} = n_A \delta_{zH(c)x/yH(a)x} + n_B \delta_{yH(c)z/xH(a)z} + n_C \delta_{xH(c)y/zH(a)y} \tag{G.2}$$

$$\delta_{H(c)} = n_A \delta_{xH(a)y/zH(b)y} + n_B \delta_{zH(a)x/yH(b)x} + n_C \delta_{yH(a)z/xH(b)z} \tag{G.3}$$

从化学位移的角度来讲，当然无法区分 H_a、H_b 和 H_c，$n_A = n_B = n_C = 1/3$。那么甲基质子的平均化学位移可以重新改写成方程（G.4）～方程（G.6）。

$$\delta_{H(a)} = \frac{1}{3}\delta_{yHz/xHz} + \frac{1}{3}\delta_{xHy/zHy} + \frac{1}{3}\delta_{zHx/yHx} \tag{G.4}$$

$$\delta_{H(b)} = \frac{1}{3}\delta_{zHx/yHx} + \frac{1}{3}\delta_{yHz/xHz} + \frac{1}{3}\delta_{xHy/zHy} \tag{G.5}$$

$$\delta_{H(c)} = \frac{1}{3}\delta_{xHy/zHy} + \frac{1}{3}\delta_{zHx/yHx} + \frac{1}{3}\delta_{yHz/xHz} \tag{G.6}$$

最终 H_a、H_b 和 H_c 的平均化学位移可以用方程（G.7）来表示。

$$\delta_{H(a)} = \delta_{H(b)} = \delta_{H(c)} = \frac{1}{3}\delta_{yHz/xHz} + \frac{1}{3}\delta_{xHy/zHy} + \frac{1}{3}\delta_{zHx/yHx} \tag{G.7}$$

核磁共振波谱学：
原理、应用和实验方法导论

从方程（G.7）可以看出，每个甲基质子对整体的化学位移贡献完全相同，所以三个质子的化学位移具有潜在一致性。如果绕 $H_aH_bH_cC—Cxyz$ 中 C—C 键的转动非常缓慢，将观测到三个强度相同的甲基质子信号。实际上真正只观测到一个甲基质子的 NMR 信号，说明绕目标碳—碳键的转动在 NMR 时间尺度上必须足够快，以便平均三个质子化学位移的贡献。在时间平均的情况下，甲基质子是等时的。但是，H_a 的信号能被 H_b 和 H_c 平均仅仅是因为在三个布居数相同的构象中所有三个质子的加和对化学位移贡献一样，这个认识非常重要。此外，三个信号实际上被平均了，其原因是围绕 $H_aH_bH_cC—Cxyz$ 中 C—C 单键的转动速度相对于 NMR 实验的时间尺度来说非常快。

快速转动的条件下，大家都知道甲基质子磁等价。这种磁等价可用一个近似方法来说明，首先图 G.1 中的基团 y 和 z 被质子 H_1 和 H_2 取代，得到图 G.2，然后测定 H_a、H_b、H_c 和 H_1、H_2 之间的耦合是邻交叉型（gauche）还是反式（anti）。例如，H_a 和 H_1 间的耦合常数在构象 **A** 和 **B** 中是邻交叉型而在构象 **C** 中为反式。检查图 G.2 中的三个转动异构体，结果表明 H_a、H_b、H_c 和 H_1、H_2 之间的平均耦合常数由方程（G.8）～方程（G.13）给出。

$$J_{H(a)H(1)} = n_A J_{\text{gauche}} + n_B J_{\text{gauche}} + n_C J_{\text{anti}} = \frac{1}{3} J_{\text{anti}} + \frac{2}{3} J_{\text{gauche}} \quad （G.8）$$

$$J_{H(b)H(1)} = n_A J_{\text{anti}} + n_B J_{\text{gauche}} + n_C J_{\text{gauche}} = \frac{1}{3} J_{\text{anti}} + \frac{2}{3} J_{\text{gauche}} \quad （G.9）$$

$$J_{H(c)H(1)} = n_A J_{\text{gauche}} + n_B J_{\text{anti}} + n_C J_{\text{gauche}} = \frac{1}{3} J_{\text{anti}} + \frac{2}{3} J_{\text{gauche}} \quad （G.10）$$

$$J_{H(a)H(2)} = n_A J_{\text{anti}} + n_B J_{\text{gauche}} + n_C J_{\text{gauche}} = \frac{1}{3} J_{\text{anti}} + \frac{2}{3} J_{\text{gauche}} \quad （G.11）$$

$$J_{H(b)H(2)} = n_A J_{\text{gauche}} + n_B J_{\text{anti}} + n_C J_{\text{gauche}} = \frac{1}{3} J_{\text{anti}} + \frac{2}{3} J_{\text{gauche}} \quad （G.12）$$

$$J_{H(c)H(2)} = n_A J_{\text{gauche}} + n_B J_{\text{gauche}} + n_C J_{\text{anti}} = \frac{1}{3} J_{\text{anti}} + \frac{2}{3} J_{\text{gauche}} \quad （G.13）$$

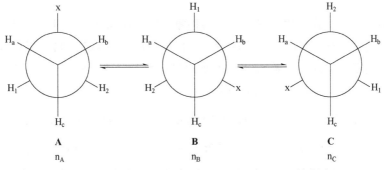

图 G.2　等位配体（H_a、H_b、H_c）与 H_1 和 H_2 的耦合

如果对于不同的反式耦合，各种邻交叉耦合本质上是一样或相似，那么我们很容易能根据方程（G.8）～方程（G.13）推断出来 H_a、H_b 和 H_c 自己与 H_1 和 H_2 的平均耦合常数相同。从定义上来说，这三个质子是磁等价的。这里涉及对化学位移的平均贡献，它变成一个检测到的信号。这个观点同样应用到自旋耦合的平均贡献，解释变成单个观测到的耦合常数。

G.2
对映异位

接下来我们考虑图 G.3 中 $H_aH_bYC\text{-}CR_1R_2X$ 分子中的亚甲基质子，主要聚焦于含 H_a 和 H_b 的前手性基团上。如果 $R_1 = R_2$，那么因为存在一个 σ 平面平分构象 A 中的 X 和 Y 基团，所以这两个质子化学等价和对映异位。在非手性和外消旋的介质中它们也是等时的。H_a 和 H_b 更加受限的等时（R_1 和 R_2 当然一样）可用下面的方式来理解。

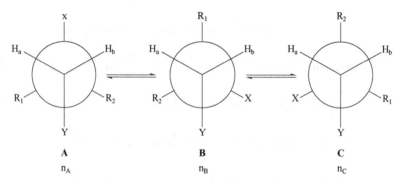

图 G.3　对映异位配体（H_a、H_b）

在 G.1 节中，我们假定三个基本的构象、其它构象不重要以及相邻基团的几何排列对化学位移有影响，上面的考虑同样可应用于图 G.3 的转动异构体。和前面一样，利用相同的邻近基团顺时针/逆时针取代表示法，H_a 和 H_b 的平均化学位移由方程（G.14）和方程（G.15）给出。

$$\delta_{H(a)} = n_A\delta_{XH(b)R(2)/R(1)YR(2)} + n_B\delta_{R(1)H(b)X/R(2)YX} + n_C\delta_{R(2)H(b)R(1)/XYR(1)} \quad （G.14）$$

$$\delta_{H(b)} = n_A\delta_{R(2)YR(1)/XH(a)R(1)} + n_B\delta_{XYR(2)/R(1)H(a)R(2)} + n_C\delta_{R(1)YX/R(2)H(a)} \quad （G.15）$$

从化学位移的角度来讲，R_1 和 R_2、H_a 和 H_b 不可以区分。但是，当 $n_B = n_C$ 时，

核磁共振波谱学：
原理、应用和实验方法导论

n_A 可以与这两个构象的摩尔分数不相等。那么可以重新写成方程（G.16）和方程（G.17）表示 H_a 和 H_b 的化学位移。

$$\delta_{H(a)} = n_A \delta_{XHR/RYR} + n_B \delta_{RHX/RYX} + n_C \delta_{RHR/XYR} \qquad (G.16)$$

$$\delta_{H(b)} = n_A \delta_{RYR/XHR} + n_B \delta_{XYR/RHR} + n_C \delta_{RYX/RHX} \qquad (G.17)$$

由于 $\delta_{XHR/RYR} = \delta_{RYR/XHR}$、$\delta_{RHX/RYX} = \delta_{RYX/RHX}$ 以及 $\delta_{RHR/XYR} = \delta_{XYR/RHR}$，那么 H_a 和 H_b 的化学位移能进一步用方程（G.18）表示。

$$\delta_{H(a)} = \delta_{H(b)} = n_A \delta_{XHR/RYR} + n_B \delta_{RHX/RYX} + n_C \delta_{RHR/XYR} \qquad (G.18)$$

我们能看出 H_a 和 H_b 自身对于它的总化学位移有三个相同的贡献，因此，两个质子具有潜在的相同化学位移。在转动非常缓慢的条件下，有可能观测到分开的 H_a 和 H_b（R_1 和 R_2）甲基质子信号。如我们在甲基质子中所见的那样，围绕 $H_aH_bYC—CR_1R_2X$ 中 C—C 键的快速旋转平均了三个化学位移的贡献,在非手性和外消旋介质中 H_a/H_b（和 R_1/R_2）对是等时的。但是如果 X 和 Y 基团非常大，C—C 键的旋转不可避免缓慢，原理上就能检测到分开的信号。

如果 $R_1 = R_2 = H$，H_a、H_b、H_1 和 H_2 的形状取决于 ①三种构象的相对布居数（n_A、n_B 和 n_C），②4 个耦合常数 $[J_{H(a)H(1)}$、$J_{H(a)H(2)}$、$J_{H(b)H(1)}$ 和 $J_{H(b)H(2)}]$ 和 ③围绕 $H_aH_bYC\text{-}CH_1H_2X$ C—C 键的转动速率。由于 C—C 键的转动速度总是足够快，能平均化学位移的贡献（如上所述），第三个标准不再考虑耦合常数平均的贡献。

构象 **A**、**B** 和 **C** 的摩尔比和上述的 4 个耦合常数决定了 H_a 和 H_b（H_1 和 H_2）是否磁等价或不等价。能通过一个邻交叉/反式耦合常数的分析来测定总的耦合常数,这与前面甲基质子的分析相似。检查图 G.3 中的三个转动异构体（其中 $n_B = n_C$）表明，H_a、H_b、H_1 和 H_2 间的耦合常数由方程（G.19）～方程（G.22）给出。

$$J_{H(a)H(1)} = n_A J_{gauche} + n_B J_{gauche} + n_C J_{anti} \qquad (G.19)$$

$$J_{H(b)H(1)} = n_A J_{anti} + n_B J_{gauche} + n_C J_{gauche} \qquad (G.20)$$

$$J_{H(a)H(2)} = n_A J_{anti} + n_B J_{gauche} + n_C J_{gauche} \qquad (G.21)$$

$$J_{H(b)H(2)} = n_A J_{gauche} + n_B J_{anti} + n_C J_{gauche} \qquad (G.22)$$

如果 $n_A = n_B = n_C$，本质上各种邻交叉和不同的反式耦合相同，那么根据方程（G.19）～方程（G.22），H_a 和 H_b，H_1 和 H_2 的耦合常数完全一样。从定义上来讲，H_a 和 H_b、H_1 和 H_2 都是磁等价，它们为 A_2B_2 和 A_2X_2 自旋体系，表现为两个三重峰（没有与其它原子核的耦合）。把反式和邻交叉的近似耦合常数值 13 Hz 和 4 Hz 分别代入方程（G.19）～方程（G.22）（和相同布居数的转动异构体），所有的 4 个耦合常数平均为 7 Hz。这个数值与乙烯基片段的典型观测值吻合很好。这种情况在 X 和 Y 基团相对较小的 $H_aH_bYC—CH_1H_2X$ 体系中很常见，如 $BrCH_2CH_2OH$。

与之相反，如果基团 X 和 Y 尺寸适当，构象 **A** 的布居数相对于构象 **B** 和 **C** 增加，此时，有 $n_A > n_B = n_C$，$J_{H(a)H(2)} > J_{H(a)H(1)}$，$J_{H(b)H(1)} > J_{H(b)H(2)}$。由于耦合常数

不相等,从定义上来讲 H_a 和 H_b、H_1 和 H_2 磁不等价,这就组成了 AA′BB′或 AA′XX′ 的自旋体系。这些图谱的特征不仅与构象的相对布居数和耦合常数有关,还与 AA′ 和 BB′质子间的化学位移差有关。

G.3
非对映异位

最后,我们考虑 CaabCxyz 类型的化合物,其中配体"a"为亚甲基质子,分子重新表示为 H_aH_bmC-Cxyz 形式,见图 G.4 所示。H_a 和 H_b 构建了一个前手性基团,由于存在 Cxyz 手性中心,无法通过对称操作来相互交换。Gutowsky 巧妙证明了此类分子中 H_a 和 H_b 本质上非等时(见参考文献[1]),并且,Eliel 和 Wilen 指出,这种固有的不等时性与绕 H_aH_bmC-Cxyz 碳碳键前手性基团的转动速率无关(见参考文献[2])。这些非对映异位体基团的基本不等时性可以用下面的图来说明。

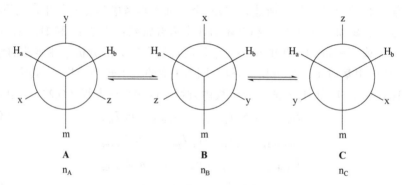

图 G.4 非对映异位配体(H_a 和 H_b)

我们再次考虑三个基本的构型,假设其它构型没有影响,在 G.1 和 G.2 节中,相邻基团的几何结构对化学位移的影响同样用于图 G.4 的转动异构体中。H_a 和 H_b 的平均化学位移由方程(G.23)和方程(G.24)给出。

$$\delta_{H(a)} = n_A\delta_{yH(b)z/xmz} + n_B\delta_{xH(b)y/zmy} + n_C\delta_{zH(b)x/ymx} \quad (G.23)$$

$$\delta_{H(b)} = n_A\delta_{zmx/yH(a)x} + n_B\delta_{ymz/xH(a)z} + n_C\delta_{xmy/zH(a)y} \quad (G.24)$$

同样,从化学位移的角度来说,H_a 和 H_b 不可区分,那么 H_a 和 H_b 的化学位移可以重新用方程(G.25)和方程(G.26)表示。

核磁共振波谱学:
原理、应用和实验方法导论

$$\delta_{H(a)} = n_A \delta_{yHz/xmz} + n_B \delta_{xHy/zmy} + n_C \delta_{zHx/ymx} \qquad (G.25)$$

$$\delta_{H(b)} = n_A \delta_{zmx/yHx} + n_B \delta_{ymz/xHz} + n_C \delta_{xmy/zHy} \qquad (G.26)$$

从这些表达式中,我们能看到 H_a 和 H_b 的化学位移项(表示成 $n\delta_{abc/xyz}$ 的格式)在外观上相似,但并不是完全相同的。例如,x、m 和 z 基团位于构型 **A**(相对于 H_a)的 α、β 和 γ 位置,但是相对于 H_b,它们的位置刚好相反。并且,这三个取代基只有在构型 **A** 中才集中在一起。

因此,在这个体系中 H_a 和 H_b 无论在非手性或外消旋的介质中化学性质不同、非对映异位和不等时。由于它们组成 AB 或 AX 体系,从化学位移的标准来说,它们磁不等价,所以任何从耦合常数标准的角度来考虑磁等价都不适合。有关配体类型的分类总结在表 G.1。

表 G.1　立体化学关系总结

位性	对称类型	配体类型	NMR 特征
同伦(等位)	转动(C_n)	等价	等时
对映异位	平面/中心	等价	非手性和外消旋介质中等时,但在手性介质中潜在不等时
非对映异位	(无)	不等价	在非手性和外消旋介质中潜在不等时

参考文献

[1] Gutowsky, H.S. (1962). *J. Chem. Phys.* 27: 2196.

[2] Eliel, E.L. and Wilen, S.H. (1994). *Stereochemistry of Organic Compounds*, New York: Wiley.

索　引

核磁共振波谱学：
原理、应用和实验方法导论

电场效应（σ_e） 93
电子效应 77
定量 23, 178
动态效应 31
读取脉冲 300
堆叠图 228
β-对苯二酚甲醇 32
对称的谱图矩阵 340
对角峰 228
对映异位 126
对映异位体的比率 148
多重度 21
多重共振 180
多重照射 180
多量子滤波 278, 283
多量子相干（MQC） 202

E

恩斯特角 54
二级谱 124, 145, 386
二阶顺磁效应 97

F

发射 41
发射器偏置 53
翻滚 13, 31
翻转角度（α） 54, 71
翻转速率 187, 188, 393
反对称 380
反门控去耦 60
反向 LP 324
反向检测 244
反转恢复法 168
范德华屏蔽（σ_W） 84
范德华效应（σ_W） 93
McConnell 方程 81
芳环 81
芳香溶剂诱导位移（ASIS） 94
芳香性 Hückel 规则 81

非对称的方向 49
非对映异位 129
非对映异位体 129
非对映异位质子相关峰 316
非加和性 92
非均匀采样（NUS） 334
非均匀采样间隙 335
非选择性辐照或宽带去耦 183
费米接触机制 131
分辨率增强函数 60
分子结构 259
分子扩散 263
分子内屏蔽 93
负 NOESY 交叉峰 324
负色散 373
负吸收 373
复合峰 145
复相 260
傅里叶变换的数字 62

G

感受性 26, 28
干涉图 302
高场 10
高度对称的分子结构 91
高度量规 44
高抗磁屏蔽 10
高频 10
高频（低场）端 54
高斯函数 60
高烯丙基 141, 350
各向同性 79
各向异性转动 170
给电子的原子或基团 77
共轭效应 78
共轭效应 89
共振 5, 296
孤对电子 135
孤对电子的各向异性 84

其它

核磁共振波谱学：
原理、应用和实验方法导论